高等职业教育工科类系列教材

流体力学与热工学基础

主　编　刘晓红　徐　涛
参　编　张　晖　夏挥武
主　审　蒋祖星

机械工业出版社

本书为广东省新世纪教改工程的成果之一，主要介绍流体力学、工程热力学、传热学的内容。

流体力学部分主要介绍流体的基本特性、流体静力学、流体动力学基础及能量损失与管路计算等知识；工程热力学部分在讲述工程热力学的基本理论和常用工质的性质基础上，主要论述了热工理论在工程上的一些应用，传热学部分内容包括导热、对流换热、辐射换热、传热过程及换热器。

本书可作为高职高专轮机工程专业轮机工程基础课程及热工基础等课程的教材，还可作为有关工程技术人员的参考用书。

本书配有电子课件，凡使用本书作为教材的教师可登录机械工业出版社教材服务网 www.cmpedu.com 注册后下载。咨询邮箱：cmpgaozhi@sina.com。咨询电话：010-88379375。

图书在版编目(CIP)数据

流体力学与热工学基础/刘晓红，徐涛主编．—北京：机械工业出版社，2012.8（2025.7 重印）

高等职业教育工科类系列教材

ISBN 978-7-111-39213-2

Ⅰ.①流…　Ⅱ.①刘…②徐…　Ⅲ.①流体力学-高等职业教育-教材②热工学-高等职业教育-教材　Ⅳ.①O35②TK122

中国版本图书馆 CIP 数据核字(2012)第 180490 号

机械工业出版社(北京市百万庄大街 22 号　邮政编码 100037)

策划编辑：刘良超　责任编辑：刘良超

版式设计：霍永明　责任校对：张　媛

封面设计：鞠　杨　责任印制：张　博

北京建宏印刷有限公司印刷

2025 年 7 月第 1 版第 10 次印刷

184mm×260mm · 17.5 印张 · 429 千字

标准书号：ISBN 978-7-111-39213-2

定价：49.80 元

电话服务	网络服务
客服电话：010-88361066	机　工　官　网：www.cmpbook.com
010-88379833	机　工　官　博：weibo.com/cmp1952
010-68326294	金　　书　　网：www.golden-book.com
封底无防伪标均为盗版	机工教育服务网：www.cmpedu.com

前　　言

本书根据《STCW78/95 公约》和我国国家海事局颁布的《海船船员适任考试与评估大纲》的要求编写而成。

本书主要介绍流体力学、工程热力学、传热学的内容。本书作为轮机工程专业课程教学内容与体系改革的一部分，本着“基础、够用”的原则，删除了一些偏难、偏深的内容，避开一些繁琐的理论推导和数学运算。“流体力学与热工学基础”属于专业基础课，课程内容的编排上应主要考虑后续专业课程学习对基础知识的需要，重点介绍一些最基本的概念、原理及其应用。为了强化学生分析和解决问题的能力，书中结合专业需要引入了大量涉及专业领域的工程实例及与专业和工程问题有关的例题和习题。

本书由广东轻工职业技术学院刘晓红教授和华南理工大学徐涛博士担任主编，由广州航海高等专科学校张晖老师和广州海运集团培训中心夏挥武老师担任参编。徐涛负责编写第一章至第四章，刘晓红负责编写第五章至第十章、第十四章，夏挥武负责编写第十一章至第十三章，张晖负责编写第十五章至第十八章。全书由广东交通职业技术学院蒋祖星教授担任主审。

由于编者水平有限，书中难免存在一些不足之处，希望读者批评指正。

本书配有电子课件，凡使用本书作为教材的教师可登录机械工业出版社教材服务网 www.cmpedu.com 注册后下载。咨询邮箱：cmpgaozhi@sina.com。咨询电话：010-88379375。

编　者

目　录

前言

第一篇　流体力学

第一章　流体的基本特性 …… 1
第一节　流体的主要物理性质 …… 1
第二节　作用在流体上的力 …… 8
思考与练习题 …… 9
第二章　流体静力学 …… 11
第一节　流体静压力及其特性 …… 11
第二节　流体静力学基本方程及其应用 …… 13
思考与练习题 …… 20
第三章　流体动力学基础 …… 22
第一节　流体流动的基本概念 …… 22
第二节　稳定流动的连续性方程 …… 25
第三节　伯努利方程 …… 26
第四节　伯努利方程在工程上的应用 …… 31
思考与练习题 …… 37
第四章　能量损失与管路计算 …… 40
第一节　流动阻力与水头损失 …… 40
第二节　流体流动的两种形态 …… 41
第三节　圆管层流的沿程损失计算 …… 44
第四节　圆管湍流的沿程损失计算 …… 47
第五节　局部损失计算 …… 53
第六节　管路水力计算 …… 56
思考与练习题 …… 59

第二篇　工程热力学

第五章　工程热力学的基本概念 …… 62
第一节　工质、热源及热力系统 …… 62
第二节　热力学状态及其参数 …… 65
第三节　热力过程 …… 69
思考与练习题 …… 72
第六章　热力学第一定律 …… 74
第一节　热力学第一定律的实质 …… 74
第二节　闭口系统能量方程 …… 78
第三节　开口系统能量方程 …… 79
第四节　热力学第一定律能量方程的应用 …… 82
思考与练习题 …… 84
第七章　理想气体的热力性质与热力过程 …… 87
第一节　理想气体的定义 …… 87
第二节　理想气体的比热容 …… 90
第三节　理想气体的热力学能、焓和熵的计算 …… 94
第四节　理想气体的热力过程 …… 96
思考与练习题 …… 108
第八章　热力学第二定律 …… 110
第一节　热力循环 …… 110
第二节　热力学第二定律的表述 …… 113
第三节　卡诺循环和卡诺定理 …… 114
第四节　熵方程和熵增原理 …… 119
思考与练习题 …… 122
第九章　水蒸气热力性质和热力过程 …… 125
第一节　水蒸气的基本概念 …… 125
第二节　水的定压加热汽化过程 …… 126
第三节　水蒸气表和图 …… 129
第四节　水蒸气的基本热力过程 …… 132
思考与练习题 …… 135
第十章　气体和蒸汽的流动 …… 137
第一节　气体稳定流动的基本方程 …… 137
第二节　促使气流速度改变的条件 …… 139
第三节　喷管和扩压管的选型分析 …… 141
第四节　喷管的流速和流量计算 …… 142
第五节　绝热节流 …… 146
思考与练习题 …… 148
第十一章　压气机的热力过程 …… 149
第一节　单级活塞式理想压气机工作过程分析 …… 149
第二节　余隙容积的影响 …… 151
第三节　多级压缩与级间冷却 …… 153
第四节　叶轮式压气机的工作原理 …… 157

思考与练习题 …… 159

第十二章　气体动力循环 …… 161

第一节　活塞式内燃机理想循环 …… 161

第二节　活塞式内燃机理想循环的比较及循环的平均压力 …… 165

第三节　燃气轮机动力装置的理想循环 …… 168

思考与练习题 …… 169

第十三章　制冷循环 …… 171

第一节　蒸汽压缩式制冷循环 …… 171

第二节　热泵循环 …… 178

思考与练习题 …… 179

第十四章　理想混合气体和湿空气 …… 180

第一节　理想混合气体 …… 180

第二节　湿空气的基本概念 …… 182

第三节　湿空气 h-d 图 …… 186

第四节　湿空气的典型过程 …… 188

思考与练习题 …… 191

第三篇　传　热　学

第十五章　导热 …… 193

第一节　导热的基本概念和基本定律 …… 193

第二节　平壁和圆筒壁的稳态导热 …… 197

思考与练习题 …… 202

第十六章　对流换热 …… 204

第一节　对流换热及基本公式 …… 204

第二节　影响表面传热系数的因素分析 …… 205

第三节　受迫对流换热的分析与计算 …… 208

第四节　自然对流换热计算 …… 215

第五节　凝结和沸腾换热 …… 217

思考与练习题 …… 221

第十七章　辐射换热 …… 222

第一节　热辐射的基本概念 …… 222

第二节　热辐射的基本定律 …… 225

第三节　物体间的辐射换热计算 …… 228

第四节　遮热板原理 …… 232

思考与练习题 …… 233

第十八章　传热过程及换热器 …… 234

第一节　传热过程的分析和计算 …… 234

第二节　换热器 …… 236

第三节　传热过程的削弱和强化 …… 246

思考与练习题 …… 250

附录 …… 252

附录 A　饱和水与饱和蒸汽表（按温度排序） …… 252

附录 B　饱和水与饱和蒸汽表（按压力排序） …… 253

附录 C　未饱和水与过热蒸汽表 …… 255

附录 D　R12 饱和液体及蒸汽的热力性质表 …… 261

附录 E　R22 饱和液体及蒸汽的热力性质表 …… 263

附录 F　HCFC134a 饱和液体及蒸汽的热力性质表 …… 265

附录 G　HCFC134a 过热蒸汽性质表 …… 266

附录 H　干空气的热物理性质（$p=1.013\times10^5$ Pa） …… 266

附录 I　饱和水的热物理性质 …… 267

附录 J　干饱和水蒸气的热物理性质表 …… 268

附录 K　几种饱和液体的热物理性质表 …… 269

附录 L　水蒸气 h-s 图 …… 270

参考文献 …… 272

第一篇　流体力学

物质是由分子组成的，在一定的外界条件下，根据组成物质的分子间的距离和相互作用的强弱不同，物质的存在状态分为气态、液态和固态。气态物质在标准状态下分子间的平均距离大于分子直径的10倍，分子间的相互作用微弱，不能保持一定的体积和形状，当外部压力增大时，其体积按一定的规律缩小，具有较大的可压缩性。液态物质分子间平均距离约为分子直径的一倍，分子间相互作用较大，通常可以保持其固有体积，但不能保持其形状。固态物质则具有固定的形状和体积。

从物质受力和运动的特性来看，物质又可分为两大类：一类物质不能抵抗切向力，在切向力的作用下可以无限的变形，这种变形称为流动，这类物质称为流体，其变形速度即流动速度与切向力的大小有关，气体和液体都属于流体；另一类是固体物质，它能承受一定的切应力，其切应力与变形的大小呈一定的比例关系。

流体力学的基本理论包括两个基本部分，即流体静力学和流体动力学。前者研究流体在静止（或相对平衡）状态下的力学规律；后者研究流体流动时的运动规律。

流体力学在舰船工程中应用非常广泛，如船舶与水相互作用所体现出的浮性、稳性、抗沉性、速航性、摇摆性和操纵性等，轮机机械中用各种泵来输送液体（水、润滑油、燃油等）及风机输送气体（空气、蒸汽等），其工作原理和工作特性无不与流体的平衡规律、运动规律密切相关。

综上所述，工程流体力学是研究流体的平衡和运动规律及其工程应用的科学。

第一章　流体的基本特性

【学习目的】 理解流体的重度、密度、膨胀性与压缩性、粘滞性、表面张力、空气分离压、粘温性、理想流体等基本概念；掌握流体内摩擦力定律，流体粘度的种类及其影响因素。

第一节　流体的主要物理性质

流体的物理性质包括其密度、重度、压缩性、膨胀性、粘滞性、表面张力、含气量及空气分离压等。

一、流体的密度和重度

1. 流体的密度和比体积

流体的密度以单位体积流体所具有的质量来表示，它代表了流体在空间的密集程度。取包围某点的微元体积 ΔV，其中所包含的流体质量为 Δm，比值 $\Delta m/\Delta V$ 即为 ΔV 中流体的平均密度，当 $\Delta V \to 0$ 时，即为该点的密度。

$$\rho = \lim_{\Delta V \to 0} \Delta m/\Delta V$$

对空间各点密度相同的匀质流体，其密度为

$$\rho = m/V \tag{1-1}$$

式中，ρ 为流体的密度，单位为 kg/m^3；m 为流体的质量，单位为 kg；V 为流体的体积，单位为 m^3。

流体密度的倒数称为流体的比体积，即

$$v = 1/\rho$$

式中，v 为流体的比体积，单位为 m^3/kg。

2. 重度

在匀质流体中，流体具有的重量与其所占的体积之比称为重度，用 γ 表示，即

$$\gamma = G/V = \rho g \tag{1-2}$$

式中，γ 为流体重度，单位为 N/m^3；G 为匀质流体重量，单位为 N；V 为流体体积，单位为 m^3；$g = 9.81 m/s^2$ 为重力加速度。

流体的密度和重度均为压力和温度的函数，即同一种流体的密度和重度将随温度和压力而变化。表 1-1 列出了标准大气压下水在不同温度时的密度和重度。从表中可看出，在温度低于 4℃时，水的体积随温度升高而减小；在温度高于 4℃时，水的体积随温度升高而增大。故通常将 4℃称为水在一个标准大气压下的转回温度。表 1-2 中还列出了几种常见流体的密度。

在工程上一般认为水的密度 ρ 和重度 γ 变化不大，常取 4℃蒸馏水的 $\rho = 1000 kg/m^3$ 和 $\gamma = 9800 N/m^3$ 作为日常计算值。

表 1-1　标准大气压下水在不同温度时的密度和重度

t/℃	0	4	10	20	40	60	80	100
ρ/（kg/m^3）	999.87	1000.00	999.75	998.26	992.35	983.38	971.94	958.65
γ/（N/m^3）	9798.73	9800.00	9797.54	9782.95	9725.03	9637.12	9525.01	9394.77

表 1-2　几种常见流体的密度

流体的种类	温度/℃	密度/（kg/m^3）	流体的种类	温度/℃	密度/（kg/m^3）
海水	15	1020～1030	重油	20	980
润滑油	15	890～920	水银	0	13600
液压油	15	860～900	酒精	15	790～800
柴油	20	840～900	空气	0	1.293
汽油	15	700～750	二氧化碳	0	1.977

二、流体的压缩性和膨胀性

当温度保持不变，流体所受压力增大时，体积缩小的性质称为流体的压缩性。当压力保持不变，流体的温度升高时，体积增大的性质称为流体的膨胀性。

1. 压缩性

流体的压缩性的大小用体积压缩系数 β_p 来度量。它表示当流体温度不变时，增加一个单位压力所引起的体积相对缩小量，即

$$\beta_p = -\frac{1}{V}\left(\frac{\mathrm{d}V}{\mathrm{d}p}\right)_T \tag{1-3}$$

式中，β_p 为流体体积压缩系数，单位为 m^2/N；V 为流体原有体积，单位为 m^3；dV 为流体体积的缩小量，单位为 m^3；dp 为流体压力增加量，单位为 N/m^2。负号是考虑到压力增大，体积减小，所以 dV 与 dp 始终是反号的，为保持 β_p 为正数，加了一个负号。β_p 值越大，则流体压缩性越大。

由试验得知，液体的体积压缩系数非常小，例如水在0℃时，压力增加0.1MPa时，$\beta_p=1/2000\approx 0$。因此，在工程实际中，常将液体当作不可压缩流体处理。只有某些特殊情况下，如研究高压液体传动、水下爆炸及管路中的水击时，才考虑液体的压缩性。

由于气体的压缩性很大，一般只能当做可压缩流体对待。但在流速低于50~70m/s，其压力和温度变化不大时，体积或密度变化可忽略不计。如船舶通风等问题，可以将气体当做不可压缩流体处理。所以，不可压缩流体得出的规律，不仅适用于液体运动，也适用于低速气体的运动。在工程流体力学的分析中，认为不可压缩流体的密度 ρ 为常数。

2. 膨胀性

流体膨胀性的大小用体积膨胀系数 β_T 来度量。它表示当流体压力不变时，温度升高1℃所引起的体积相对增加量，即

$$\beta_T = \frac{1}{V}\left(\frac{\mathrm{d}V}{\mathrm{d}T}\right)_p \tag{1-4}$$

式中，β_T 为流体体积膨胀系数，单位为 $1/K$；V 为流体原有体积，单位为 m^3；dV 为流体体积的增加量，单位为 m^3；dT 为流体温度增加量，单位为K。

由试验得知，液体的体积膨胀系数非常小。例如水，在0.1MPa下，温度在0~10℃范围内变化时，其体积膨胀系数 $\beta_T=14\times10^{-6}$；当温度在10~20℃范围内变化时，其体积膨胀系数 $\beta_T=150\times10^{-6}$。其他液体的体积膨胀系数也很小，液体的体积膨胀系数在大多数工程问题上都可忽略不计。气体的体积膨胀系数则较大，气体的体积随温度和压力的变化规律可通过气体状态方程来反映，比如对于理想气体，其体积膨胀系数为 $1/T$。

三、粘滞性

1. 粘滞性的概念

凡流体都具有流动性，流动的实质是流体内部发生了切向变形，但各种流体的流动性通常有较大差别。例如，日常生活中从瓶里倒出水和油，可以看到水和油的流动速度不同。这是因为水和油在流动过程中克服其内部及其与瓶壁间的阻滞作用的能力不同。

流体在运动状态下具有的抵抗剪切变形的物理性质称为流体的粘滞性。流体在静止时不能抵抗剪切变形（一旦发生剪切变形，静止状态即遭到破坏），但在运动状态下，具有抵抗剪切变形的能力。例如，水比油的流动性好，是因为水容易发生切向变形，它的粘滞性小，而油的粘滞性大。所有流体都有不同程度的粘滞性，它是流体流动时产生阻力的内因，这种阻力称为切向力（或称内摩擦力）。当流体内部发生相对变形（即剪切变形）时，这种内部出现的内摩擦力将抵抗流体内部的相对运动，从而影响流体的运动状态。

假定两块平行板，其间充满液体，下板 A 静止不动，上板 B 则以匀速度 u_0 向右移动，如图 1-1 所示。由于粘滞作用，与上下两板相邻的极薄液体层将粘附在板上，与板保持相同的运动状态，即最上层液体以 u_0 的速度向右移动；最下层液体则静止不动。而这两层液体在运动中影响相邻液体层。也就是说第一层液体将通过粘滞作用影响第二层液体的流速，第二层液体又通过粘滞作用影响第三层液体，如此逐渐影响下去，所以中间的液体层分别以不同的速度分层运动。可见平板通过液体的粘滞性而对液体运动起阻滞作用。如果某层液体以速度 u 运动，相邻 dy 处的上层液体则以 $u+du$ 的速度流动，既然速度不同，就产生了相对运动，相邻接触面上有内摩擦力出现，相互阻滞，相互制约，流得快的液体层对流得慢的液体层起拖动作用，而快层作用于慢层的摩擦力与流向一致，反之慢层对快层起阻滞作用，且慢层作用于快层的摩擦与流向相反。这种内摩擦力就是粘滞力。单位面积上的粘滞力称为粘滞切应力，粘滞内摩擦力和粘滞切应力分别用 F 和 τ 来表示。

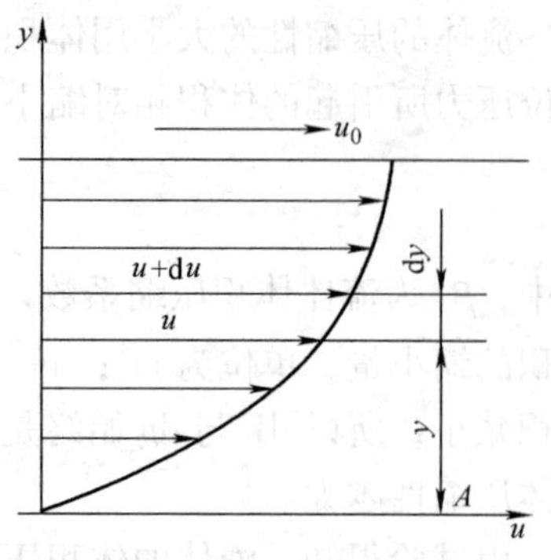

图 1-1　流体层流速度分布图

2. 牛顿内摩擦力定律

根据牛顿研究的结果，流体作层流运动时，各流层间产生的内摩擦力与沿接触面法线方向的速度梯度成正比，与接触面的面积成正比，与液体的物理性质有关，而与接触面上的压力无关，此即牛顿内摩擦力定律，其数学表达式为

$$F = \mu A \frac{du}{dy} \tag{1-5}$$

或用粘滞切应力表示为

$$\tau = \mu \frac{du}{dy} \tag{1-6}$$

式中，F 为流体层接触面上的内摩擦力，单位为 N；A 为流体流层间的接触面积，单位为 m^2，du/dy 为沿接触面法线方向的速度梯度，单位为 1/s；μ 为反映流体物理性质的比例系数，称为动力粘度，单位为 Pa · s；τ 为粘滞切应力，单位为 N/m^2。

在运动的流体中，内摩擦力总是成对出现的，它们大小相等、方向相反，分别作用在对方流层上。流体静止时，速度梯度为零，则内摩擦力或切应力等于零，即流体在静止时不能呈现出内摩擦力或切应力。这说明流体的粘滞性只有在流体发生运动或变形时才能呈现出来。而流体的运动或变形一旦停止，阻碍流体运动的内摩擦力或切应力也随之消失，流体就不再呈现为粘滞性。值得注意的是，我们不能说静止不动的流体就不具有粘滞性，实际上粘滞性是一切流体的基本属性，只不过流体只有在运动或变形时其本身具有的粘滞性才表现出来。

必须强调指出的是，牛顿内摩力定律只适用于流体作层流运动的情况。对某些特殊液体（如泥浆、胶状液体、接近凝固的石油等）是不适用于牛顿内摩擦力定律的。为了区别，通常将符合牛顿内摩力定律的流体称为“牛顿流体”，反之称为“非牛顿流体”。

3. 流体的粘度

粘度是反映流体粘滞性大小的参数，根据用途和测量方法不同，常用的粘度有以下几

种:

（1）动力粘度μ　即粘性动力系数，其物理意义是在相同的速度梯度du/dy下，表征流体粘滞性的大小。由式（1-6）可知，当速度梯度等于1时，在数值上μ等于接触面上的粘滞切应力。动力粘度的国际单位为Pa·s。

（2）运动粘度ν　即粘度运动系数，它是流体动力粘度μ与流体密度ρ之比值。其国际单位为m^2/s，即

$$\nu = \mu/\rho \tag{1-7}$$

运动粘度不能像动力粘度那样直接表示流体粘滞性的大小，只有对密度相近的流体才可用来大致比较它们的粘滞性。在液压系统计算及液压油的牌号表示上常用运动粘度。机油的号数就是根据这种油在一定温度下的运动粘度的平均值来编号的。

（3）相对粘度　直接测定动力粘度μ与运动粘度ν都是很困难的，只能间接测量。对于流体，如液压系统中的液压油，实际上都是用粘度计测量的。用各种粘度计测得的流体粘度都称为相对粘度。由于测量流体粘度的方法不同，各国采用的相对粘度单位有所不同，美国用赛氏粘度（*SSU*），英国用雷氏粘度（*Red*），我国用恩氏粘度（°*E*）。

恩氏粘度是利用恩氏粘度计测定的，如图1-2所示，它是由两个同心安装的黄铜容器1和2组成。容器1的球形底部中心有一个小管嘴3，管嘴的孔口用具有锥形顶部的针杆4塞住。在容器1和2之间的空间内充水，并通过电热器保持一定的温度。

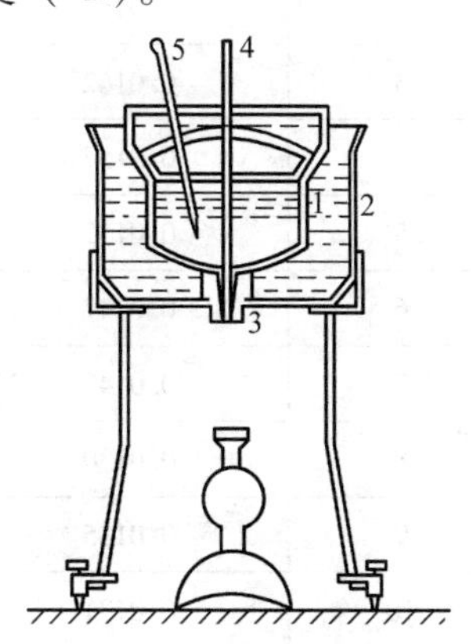

图1-2　恩氏粘度计
1、2—容器　3—管嘴
4—针杆　5—温度计

测定之前先关闭管嘴，再将$200cm^3$的待测液体注入储液器内，然后用电热器将水槽中的水加热，使恒温槽中的水保持一定的温度，并用温度计测量槽内水的温度。当稳定在规定温度后，开启针杆，则待测液体自管嘴滴入量筒内。这时测出$200cm^3$待测液体在规定温度下出流完毕所需的时间t_1，然后以同样的办法测定$200cm^3$蒸馏水在20℃出流完毕所需的时间t_0（一般为50~53s，取平均值为51s），则t_1与t_0之比称为恩氏粘度，即

$$°E = t_1/t_0$$

显然，恩氏粘度无量纲，工业上一般以20℃、50℃、100℃作为测定恩氏粘度的标准温度，并以符号$°E_{20}$、$°E_{50}$、$°E_{100}$表示。

（4）流体的粘温性　流体粘度随温度而变化的特性称为粘温性。温度对流体粘度的影响较大，但它对液体和气体却有相反的影响。温度升高时，液体的粘度降低，而气体粘度反而增大。这是由于液体分子的间距较小，相互吸引的内聚力起主要作用，而切应力主要取决于内聚力。当温度升高时，分子间距增大，液体的内聚力减小，因而切应力也随之减小。而气体的分子间距较大，内聚力极其微小。根据分子运动理论，分子的动量交换率随温度升高而加剧，因而切应力也随之增加。相对地说，温度的影响对液体较气体更为明显。油液的粘温性对液压元件性能有较大的影响，温度升高时由于粘度下降，使流量发生波动，工作不平衡，所以液压系统中要求采用粘温性较好的油液，即粘度随温度变化越小越好。燃油的粘温性对船舶燃油输送和雾化质量有较大影响。采用对燃油适当加热的方法，降低其粘度，可减

少燃油输送功率消耗和提高雾化质量。但润滑油粘温性对于主辅机、水泵、风机等转动机械轴承的润滑性能将产生不利的影响，在温度超过60℃时，由于润滑油粘度下降，妨碍润滑油膜的形成，会造成轴承温度升高，甚至发生“烧瓦”现象。因此，轴承温度一般都保持在60℃以下。表1-3给出了正常压力下水的运动粘度与温度的关系。

压力对流体的粘度也有一定的影响。一般液体的粘度随压力的升高而增大。因为当液体压力增加时，分子间距离减小，其粘度增加。当压力在30MPa以下时粘度随压力的变化一般呈线性关系。当压力极高时，粘度会急剧增加。所以当液压油压力在20MPa以上且变化幅度较大时，应当计算其粘度的变化。当液压油压力在10MPa以下时，其粘度变化可忽略不计。

表1-3　正常压力下水的运动粘度与温度的关系

温度 /℃	运动粘度 ν /cm^2/s	温度 /℃	运动粘度 ν /cm^2/s	温度 /℃	运动粘度 ν /cm^2/s
0	0.0179	15	0.0114	65	0.00436
2	0.0167	20	0.0100	70	0.00406
3	0.0162	25	0.00894	75	0.00380
4	0.0157	30	0.00801	80	0.00357
5	0.0152	35	0.00723	85	0.00336
6	0.0147	40	0.00660	90	0.00316
7	0.0143	45	0.00599	95	0.00299
8	0.0139	50	0.00549	100	0.00285
9	0.0135	55	0.00506		
10	0.0131	60	0.00469		

（5）理想流体　自然界中存在的流体都具有粘性，统称为粘性流体或实际流体。不具有粘性的流体称为理想流体，这是客观世界中并不存在的一种假想流体。在流体力学中引入这一概念是因为：①在静止流体和速度均匀且作直线运动的流体中，流体的粘性表现不出来，在这种情况下完全可将粘性流体当做理想流体来对待；②在许多场合，求解粘性流体的精确解是很困难的，对于某些粘性不起主要作用的问题，可以先不计粘性的影响，使问题的分析大为简化，从而有利于掌握流体流动的基本规律。至于粘性的影响可通过试验加以修正。

【例1-1】　某输油管直径 $d=5\text{cm}$，管中速度分布的方程式为 $u=0.5-800y^2$（m/s），已知靠近管壁单位面积上的粘滞切应力 $\tau=43.512\text{N/m}^2$，试求该油种的动力粘度（y 为管子轴心至管壁距离，以m计）。

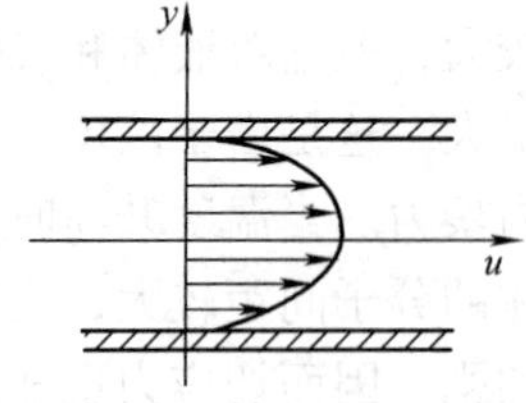

图1-3　例1-1用图

解：以管子中心轴为横坐标表示流速 u，垂直中心轴沿管径方向的轴为纵坐标表示长度 y，绘制流速分布图，得 u-y 曲线，如图1-3所示。

管壁处的速度梯度为

$$\left.\frac{\mathrm{d}u}{\mathrm{d}y}\right|_{y=\pm 0.025} = -1600y\,\Big|_{y=\pm 0.025} = \mp 40\mathrm{s}^{-1}$$

取管壁处速度梯度为正值，由于管壁处 $\tau = 43.512\mathrm{N/m^2}$，则根据牛顿内摩擦力定律式（1-6）有

$$\mu = \tau \Big/ \left.\frac{\mathrm{d}u}{\mathrm{d}y}\right|_{y=\pm 0.025} = 43.512 \times \frac{1}{40}\mathrm{Pa \cdot s} = 1.0878\mathrm{Pa \cdot s}$$

【例 1-2】　图 1-4 所示为一轴和滑动轴承，间隙 $\delta = 0.1\mathrm{cm}$，轴的转速 $n = 180\mathrm{r/min}$，轴的直径 $D = 15\mathrm{cm}$，轴承宽度 $b = 25\mathrm{cm}$，求所消耗的功率？（润滑油的 $\mu = 0.245\mathrm{Pa \cdot s}$）。

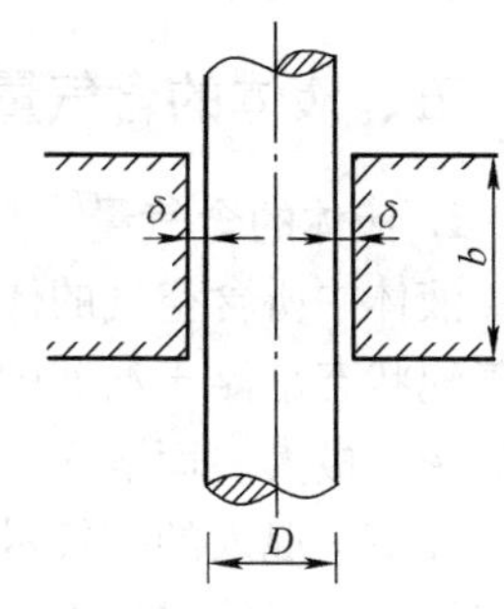

图 1-4　例 1-2 用图

解： 轴表面的圆周速度为

$$u = \frac{\pi D n}{60} = \frac{3.14 \times 0.15 \times 180}{60}\mathrm{m/s} = 1.413\mathrm{m/s}$$

因油层很薄，故可以取

$$\frac{\mathrm{d}u}{\mathrm{d}y} = \frac{u}{\delta} = \frac{1.413}{0.001}\mathrm{s}^{-1} = 1413\mathrm{s}^{-1}$$

则内摩擦力为

$$F = \mu A \frac{u}{\delta} = 0.245 \times 3.14 \times 0.15 \times 0.25 \times 1413\mathrm{N} = 40.76\mathrm{N}$$

滑动轴承所消耗的功率为

$$N = Mu = F\frac{D}{2}\frac{2\pi n}{60} = 40.76 \times \frac{0.15}{2} \times \frac{2\pi \times 180}{60}\mathrm{W} = 56.75\mathrm{W}$$

四、液体表面张力

在液体的自由液面上，由于液体分子两侧分子吸引力的不平衡，使自由表面上液体分子受有极其微小的拉力，这种表面上所受的拉力称为表面张力。表面张力仅仅存在于自由表面上，液体内部并不存在，所以它是一种局部受力现象。

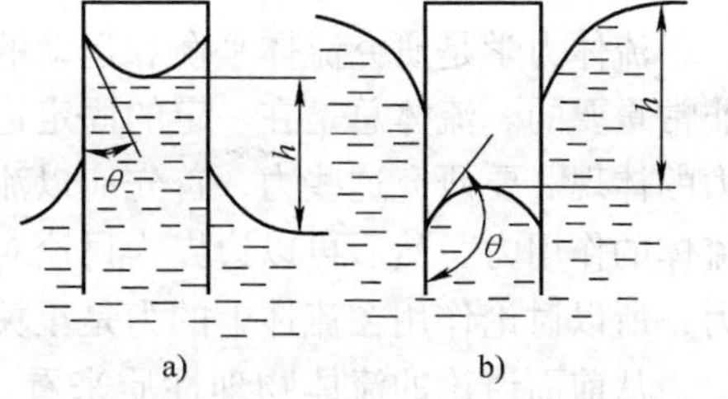

图 1-5　液体与固体壁面的接触情况

液体与固体壁面接触时，其间存在着附着力。若附着力大于液体分子间的内聚力，就产生液体能润湿固体壁面的现象，如图 1-5a 所示；若附着力小于液体分子间的内聚力，就产生液体不能润湿固体壁面的现象，如图 1-5b 所示。对于能润湿壁面的液体，接触角（液体表面的切面与固体壁面所构成的角）为锐角，对不能润湿固体壁面的液体，接触角为钝角。如水与玻璃的接触角 $\theta = 8° \sim 9°$，水银与玻璃的接触角为 $\theta = 139°$。

将毛细管插入液体内，管内、外的液面产生高度差的现象称为毛细现象。如果液体能润湿壁面，则管内液面升高；如果液体不能润湿壁面，则管内液面下降。图 1-6 所示为玻璃管插入水和水银中的情况。液面高度差主要取决于流体的性质和管子的

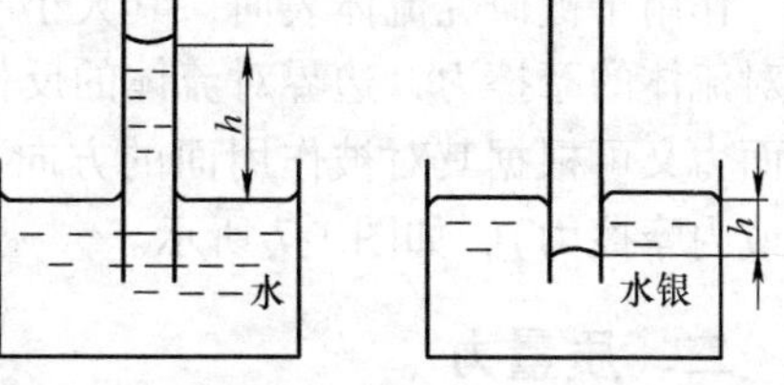

图 1-6　玻璃管插入水和水银中的情况

直径。

对于20℃的水，玻璃管中水面高出容器中水面的高度 h 约为

$$h = 29.8/d$$

对于水银，玻璃管中水银面低于容器中水银面的高度差 h 约为

$$h = 10.15/d$$

这里管径 d 的单位均以 mm 计。

五、液体的含气量和空气分离压

1. 液体的含气量

液体中所含空气的体积分数称为含气量，油液中的空气有混入和溶入两种。混入的气体呈气泡状态悬浮于油液中，它对油液的体积弹性模量和粘性均产生影响，尤其对体积弹性模量的影响极大。而溶入气体对油液的体积弹性模量和粘性影响极小。

油液中混入的空气量取决于油液的性质及其与空气接触和搅动的情况；而油液中溶入的空气量正比于绝对压力。当压力加大后部分混入的空气会溶入油液中。油液中混入空气后，不仅使油液的体积弹性模量急剧下降，而且油液的动力粘度呈线性增加。

2. 空气分离压

在某一温度和压力 p_0 下，设油液中空气溶解量为 a_0，当压力降为 p_1 时，相应的空气溶解量为 a_1，则 $a_0 - a_1$ 为油液中空气的过饱和量。当压力继续下降到某一压力 p_g 时，过饱和空气将从油液中析出而产生气泡，这个压力 p_g 称为该温度下的空气分离压。空气分离压与油液的种类、温度、空气溶解量及混入量有关。通常是油温高、空气溶解量和混入量大，则空气分离压高。

第二节　作用在流体上的力

流体力学是研究流体平衡和运动的各种力学规律的科学，弄清作用在流体上的各种力是非常重要的。流体总是在一定的固定边界内运动的，流体与固体边界之间的相互作用，就是力的体现。要研究这些力，首先应以流体为讨论对象，研究流体所受的力，其中包括边界对流体的作用力，然后再以边界为讨论对象，通过作用与反作用原理，得出流体对边界的作用力，所以讨论作用在流体上的力是至关重要的。

从前面讨论的流体物理性质来看，作用于流体上的力有重力、惯性力、弹性力、摩擦力、表面张力等。按其作用的特点，可分为表面力和质量力两大类。

一、表面力

作用于被研究流体表面，其大小与被作用面的面积大小有关的力称为表面力。如固体边界对流体的摩擦力，边界对流体的反作用力，相邻两部分流体在接触面上所产生的压力等。表面力又可根据其对被作用面的方向，分为法向表面力（如压力）和切向表面力（如摩擦力或内摩擦力），如图 1-7 所示。

二、质量力

通过所研究流体的每一部分质量而作用于流体，其大小与流体质量成正比的力称为质量

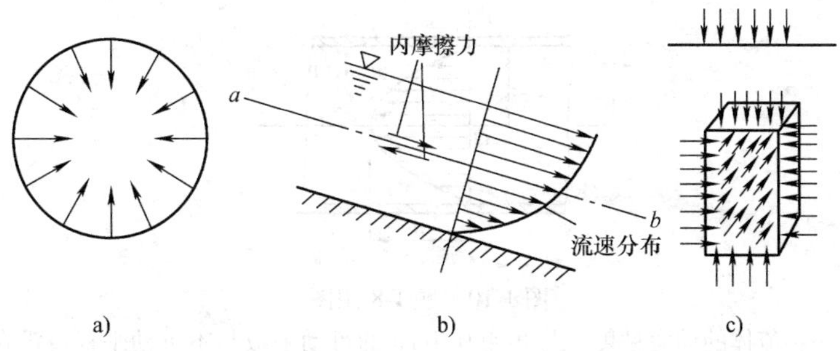

图 1-7　作用在流体上的表面力

力。就匀质流体来说，质量与体积是成正比的，所以质量力又称为体积力。质量力有重力和惯性力两种。重力是地球对流体每一个质点的吸引力。惯性力是流体质点受外力作变速运动时，由于惯性而在质点上体现的一种力，其大小等于该质点质量与其加速度的乘积，方向和加速度的方向相反。

由于质量力与流体的质量成正比，故一般采用单位质量力的表示方法，即表示为单位质量流体的质量力。设所讨论的流体总质量为 m，所受的质量力合力为 F，其沿三个坐标轴上的分量为 F_x、F_y、F_z，则沿三个轴向的单位质量力可以表示为

$$X = F_x/m, Y = F_y/m, Z = F_z/m$$

可见，单位质量力及其分量的单位与加速度的单位相同，为 m/s^2。

思考与练习题

1-1　流体的内摩擦力（切应力）产生的原因是什么（用分子的微观运动说明）？它与哪些因素有关？液体承受拉力、切应力、压力的能力如何？

1-2　为什么静止流体不存在切应力？静止的流体是否具有粘滞性？

1-3　液体和气体的粘度随温度的变化有何不同？为什么？

1-4　何谓质量力和表面力？哪些力是质量力和表面力？

1-5　流体的物理性质有哪几个参数来表示？它们随温度、压力如何变化？

1-6　如图 1-8 所示，气缸内壁直径 $D=12$cm，活塞直径 $d=11.96$cm，活塞长度为 $l=17$cm，活塞往复运动的速度为 1m/s，润滑油的动力粘度 $\mu=0.1$Pa·s。试求作用在活塞上的粘滞力。

1-7　如图 1-9 所示，水轮机轴径 $d=0.36$m，轴承长 $l=1$m，同心缝隙 $\delta=0.23$mm，润滑油的动力粘度 $\mu=0.072$Pa·s，试求水轮转速 $n=200$r/min 时，消耗于轴承上的摩擦功率。

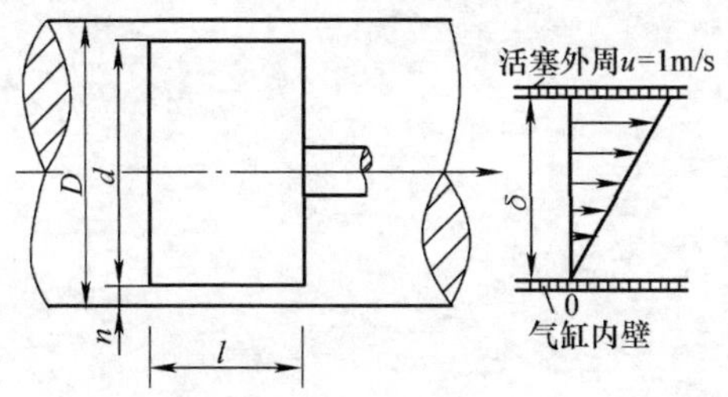

图 1-8　题 1-6 用图

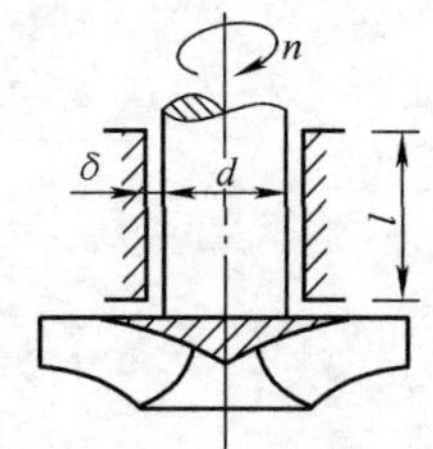

图 1-9　题 1-7 用图

1-8　已知管内液体质点的轴向速度 u 与质点所在半径 r 呈抛物线型分布，如图 1-10 所示。当 $r=0$ 时，$u=W$；当 $r=R$ 时，$u=0$。试建立 $u=u(r)$ 和 $\tau=\tau(r)$ 的函数关系，如果 $R=6$mm，$W=3.6$m/s，$\mu=0.1$Pa·s时，试求 $r=4$mm 处的切应力。

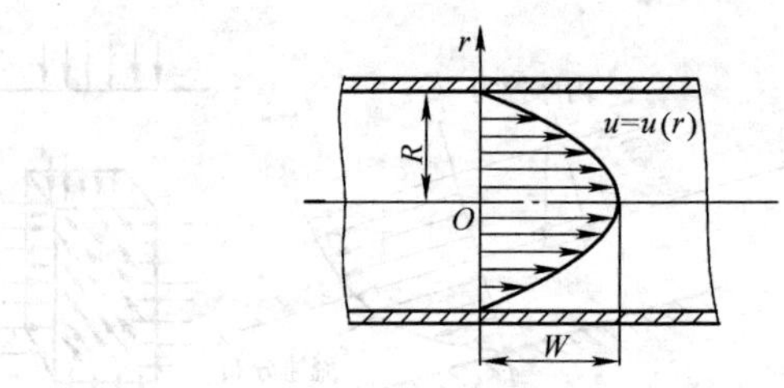

图 1-10　题 1-8 用图

1-9　为测量某一种流体的动力粘度，将相距 0. 4mm 的可动平板与不可动平板浸没在该流体中，可运平板以 0. 3m/s 的速度移动，为了维持这个速度需要在单位面积上施加 $2N/m^2$ 的作用力，求流体的粘度。

第二章　流体静力学

【学习目的】　理解流体静压力的基本特性；熟练掌握流体静力学基本方程的意义和工程应用；掌握帕斯卡定律的基本原理及工程应用；了解作用在流体边界上的静压力的分布规律。

第一节　流体静压力及其特性

一、流体静压力

流体在静止状态时的压力称为流体静压力。在流体力学中，为衡量压力的大小，常用单位面积上所受的总压力（即压力强度）来表示。如果受压面 A 上作用有总压力 F，则 F/A 就称为 A 上所受的平均静压力，以符号 p 表示，即

$$p = F/A \tag{2-1}$$

一般来说，与流体相接触的受压面上所受的静压力不是均匀分布的，所以用式（2-1）计算出的平均静压力不能代表受压面上各处的真实受力情况，因此还需建立点的静压力的概念。

如图 2-1 所示，在分离体表面 ab 上取含 K 点在内的微小面积 ΔA，设作用在此面积上的总压力为 ΔF，那么 ΔA 面上的平均静压力应为 $\Delta F/\Delta A$。如果让面积 ΔA 无限缩小至趋近于 K 点，此时 $\Delta F/\Delta A$ 的极限值称为 K 点的静压力，即

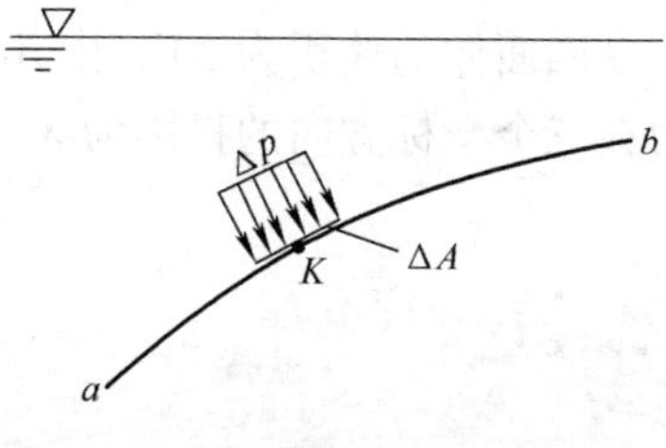

图 2-1　点的静压力的概念

$$p = \lim_{\Delta A \to 0} \frac{\Delta F}{\Delta A}$$

K 点的静压力简称为静压力。静压力的单位为 kPa 或 MPa。

二、流体静压力的特性

流体静压力具有两个极其重要的特性。

1. 流体静压力的方向垂直并指向受压面

一处于静止状态的流体 M，如图 2-2a 所示，如用 N-N 面将流体 M 分成Ⅰ、Ⅱ两部分，当取第Ⅱ部分流体为分离体作受力分析时，在分割面 N-N 上，第Ⅰ部分对第Ⅱ部分流体将有静压力。设分割面上某点 k 处所受的静压力为 p，现讨论该静压力 p 的

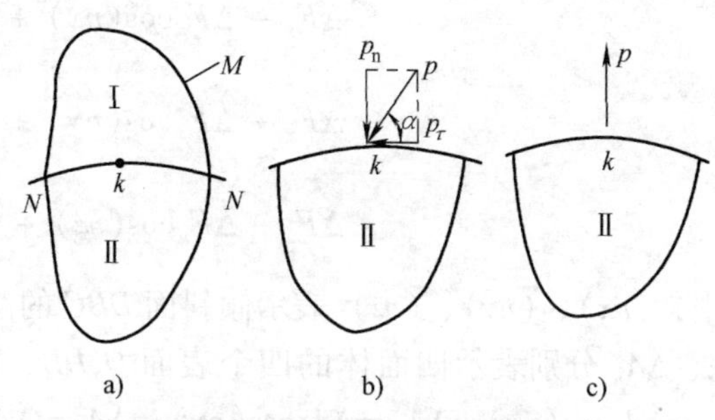

图 2-2　流体静压力的方向

方向。在 p 的方向未定之前，暂且认为在点 k 处 p 与作用面并不垂直，而与切线方向成角度 α，如图 2-2b 所示。这样就可将压力 p 分解为两个作用力，一个是垂直于 k 点表面的 p_n，一个是平行于 k 点表面的 p_τ。如果存在 p_τ，势必使相邻流体受到剪切力。由流体的物理性质可知，流体在剪切力作用下必将产生很大的变形（流动），使静止状态遭到破坏。要保持静止状态，必须使 $p_\tau=0$，所以静压力 p 只能与 k 点处表面垂直。又由于处于静止状态的流体是不能承受拉力的。所以，在静止状态下，静压力的唯一可能方向是垂直并且指向受压面，也就是说，静压力只能是垂直压力。这一特性，明确了流体静压力的方向要素。

2. 静止流体内部任意点处的流体静压力在各个方向上是相等的

设在平衡流体内分割出一块无限小的四面体 $O'DBC$（见图 2-3）；斜面 DBC 的法线方向是 n，为简单起见，让四面体的三个棱边与坐标轴平行，各棱边长度为 Δx、Δy、Δz，并让 z 轴与重力方向平行。

因为微小四面体是从静止流体中（取分离体）中分割出来的，它在所有外力作用下必处于平衡。作用于微小四面体上的外力包括两部分，一部分是四个面上的表面力，另一部分是质量力。

令 Δp_x 为作用在 $O'DB$ 面上的流体总静压力，Δp_y 为作用在 $O'DC$ 面上的流体总静压力，Δp_z 为作用在 $O'BC$面上的流体总静压力，Δp_n 为作用在斜平面 DBC 上的流体总静压力，并均沿作用面的内法线方向。

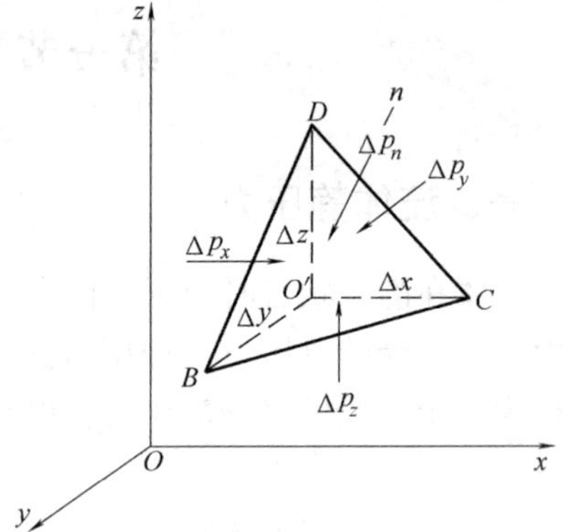

图 2-3　平衡流体中的微小四面体

令四面体的体积为 ΔV，由几何学可知，$\Delta V=\Delta x\Delta y\Delta z/6$。假设作用在四面体上的单位质量力在三个坐标方向的投影为 X、Y、Z；总质量力在三个坐标方向投影为

$$F_x = \frac{1}{6}\rho\Delta x\Delta y\Delta zX$$

$$F_y = \frac{1}{6}\rho\Delta x\Delta y\Delta zY$$

$$F_z = \frac{1}{6}\rho\Delta x\Delta y\Delta zZ$$

按照静力学的静平衡条件，作用于微小四面体上的所有外力在各坐标轴上投影的代数和应分别为零，即

$$\left.\begin{aligned}\Delta F_x - \Delta F_n\cos(nx) + \frac{1}{6}\rho\Delta x\Delta y\Delta zX = 0\\ \Delta F_y - \Delta F_n\cos(ny) + \frac{1}{6}\rho\Delta x\Delta y\Delta zY = 0\\ \Delta F_z - \Delta F_n\cos(nz) + \frac{1}{6}\rho\Delta x\Delta y\Delta zZ = 0\end{aligned}\right\} \tag{2-2}$$

式中，(nx)、(ny)、(nz) 表示倾斜面 DBC 的法线 n 与 x、y、z 轴的交角。若以 ΔA_x、ΔA_y、ΔA_z、ΔA_n 分别表示四面体的四个表面 $O'DB$、$O'DC$、$O'BC$、DBC 的面积，则从几何学得 $\Delta A_x=\Delta A_n\cos(nx)$，$\Delta A_y=\Delta A_n\cos(ny)$、$\Delta A_z=\Delta A_n\cos(nz)$。

将式（2-2）中第一式各项同时除以 ΔA_x，并注意到 $\Delta A_x=\Delta A_n\cos(nx)=\Delta y\Delta z/2$ 的关

系，则有

$$\frac{\Delta F_x}{\Delta A_x} - \frac{\Delta F_n}{\Delta A_n} + \frac{1}{3}\rho\Delta xX = 0$$

上式中$\frac{\Delta F_x}{\Delta A_x}$、$\frac{\Delta F_n}{\Delta A_n}$分别表示 ΔA_x 及 ΔA_n 面上的平均静压力。如果让微小四面体无限缩小至 O' 点，Δx、Δy、Δz 以及 ΔA_x、ΔA_n 均趋近于零，对上式取极限，则有

$$\lim_{\Delta F_x \to 0}\frac{\Delta F_x}{\Delta A_x} = \lim_{\Delta F_n \to 0}\frac{\Delta F_n}{\Delta A_n}$$

即

$$p_x = p_n$$

对式（2-2）中第二、三式分别除以 ΔA_y 及 ΔA_z，并作类似处理后同样可得

$$p_y = p_n \text{ 或 } p_z = p_n$$

因斜面的方向是任意选取的，所以当四面体无限缩小至一点时，各个方向静压力均相等，即

$$p_x = p_y = p_z = p_n \tag{2-3}$$

流体静压力的第二个特性表明在连续介质的平衡流体中，任一点的静压力是空间坐标的函数，而与受压面方向无关，即

$$p = p(x,y,z) \tag{2-4}$$

式（2-4）表明静止流体中任一点，无论从何方向去考察它，其静压力大小不变。根据流体静压力的基本特性，在实际工程中进行受力分析时，可画出不同受压面上流体静压力的方向，如图 2-4 所示。

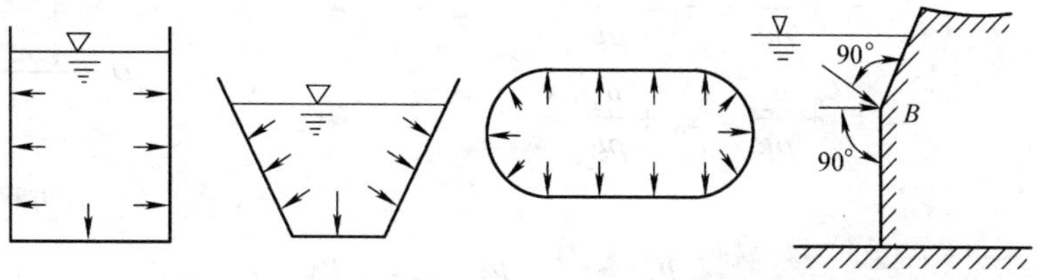

图 2-4　受压面上流体静压力的方向

第二节　流体静力学基本方程及其应用

一、流体静力学基本方程

在重度为 ρg 的液体中，任意取一截面微小的铅直液柱，如图 2-5 所示。设液柱的截面积为 $\mathrm{d}A$，两端面位于液面以下的深度分别为 h_1 和 h_2。两端面上的静压力分别为 p_1 和 p_2。液柱在垂直方向上受到的力有：

下端面液体的总静压力：$F_2 = p_2\mathrm{d}A$

上端面液体的总静压力：$F_1 = p_1\mathrm{d}A$

重力：$G = \rho g\mathrm{d}A(h_2 - h_1)$

由于液体处于静止状态，根据力的平衡条件有

$$p_2\mathrm{d}A - p_1\mathrm{d}A = \rho g\mathrm{d}A(h_2 - h_1)$$

化简后得到

$$p_2 - p_1 = \rho g(h_2 - h_1) \tag{2-5}$$

如果将上端面取在液面上，并设液面上压力为 p_0，自由表面下某点（深度为 h）的静压力为

$$p = p_0 + \rho g h \tag{2-6}$$

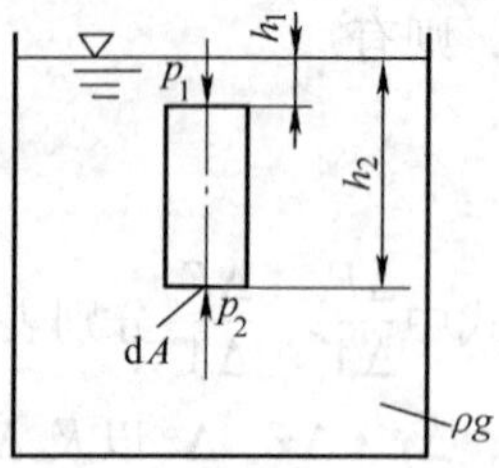

式（2-6）即为不可压缩流体仅在重力作用下的静压力计算公式，通常称为流体静力学基本方程。它说明静止流体中任意点的静压力，是由自由表面压力 p_0 与流体柱重量 $\rho g h$ 两部分组成的。当密度为常数时（即在同一容器的同种流体中），静压力的大小与深度 h 呈线性变化，即距自由表面下深度相同的各点的静压力都相等。静止流体内部任一点静压力的大小与容器的形状无关。

图 2-5　静止液体内部微小液柱的受力分析

二、流体静力学基本方程的意义

将流体静力学基本方程中的深度换成高度时可得到该方程的另一种形式。如图 2-6 所示，水箱水面压力为 p_0，水中 1、2 点到基准面 O-O 的高度分别为 z_1 和 z_2。根据式（2-6）可得

$$p_1 = p_0 + \rho g h_1 = p_0 + \rho g(z_0 - z_1)$$

$$p_2 = p_0 + \rho g h_2 = p_0 + \rho g(z_0 - z_2)$$

上两式除以 ρg，并整理得到：

$$z_1 + \frac{p_1}{\rho g} = z_0 + \frac{p_0}{\rho g}$$

$$z_2 + \frac{p_2}{\rho g} = z_0 + \frac{p_0}{\rho g}$$

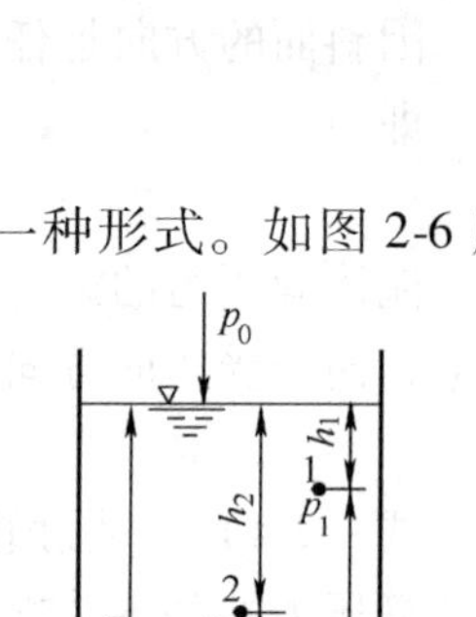

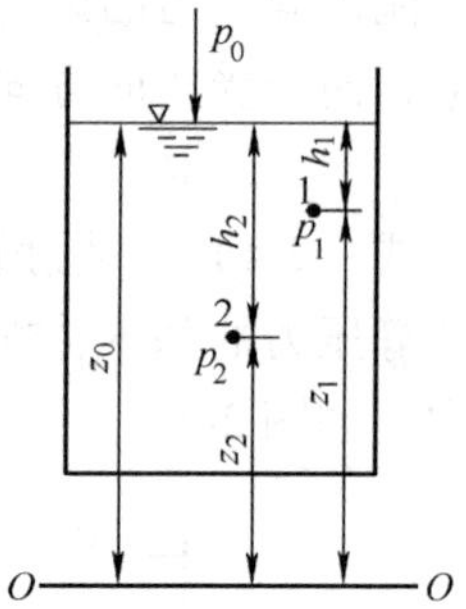

图 2-6　流体静力学方程示意图

两式联合而有

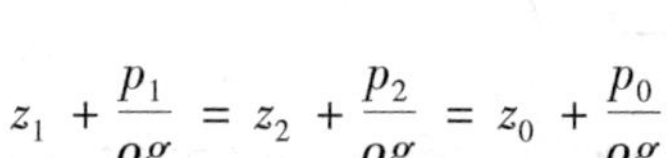

$$z_1 + \frac{p_1}{\rho g} = z_2 + \frac{p_2}{\rho g} = z_0 + \frac{p_0}{\rho g}$$

1、2 点是任选的，因而上述关系可以推广到整个流体，并得到一个普遍规律：

$$z + \frac{p}{\rho g} = C \tag{2-7}$$

这就是流体静压力分布的另一种形式，C 为常数。

如果在式（2-7）两侧各乘以重力加速度 g，则有

$$gz + pv = C'$$

由物理学可知，gz 为流体相对基准面的位能；pv 为流体的压力能。所以 z 代表了单位重量流体的位能，称为比位能；$p/\rho g$ 代表单位重量流体的压力能，称为比压力能；比位能与比压力能之和称为比总能。

这样式（2-7）的物理意义可表述为：静止流体中比位能与比压力能之和，即比总能处处相等，在不同的位置两部分能量可以相互转换，但两者的总和保持不变。所以式（2-7）实质上是能量的转化和守恒定律的具体应用。

基准面到流体中某点的高度 z 具有长度的量纲，而 $p/\rho g$ 也具有长度的量纲，可见式

(2-7) 的各项均具有长度的量纲，而且是可以直接测量的高度。如图 2-7 所示，若在静止流体中任意两点 1 和 2 的压力分别为 p_1' 和 p_2'，则在其压力作用下，两闭口测压管中的流体相应上升的高度各为 $p_1'/\rho g$ 和 $p_2'/\rho g$。

z_1 和 z_2 表示点 1 和点 2 所在位置距基准面的垂直高度，称为位置水头。$p_1'/\rho g$ 和 $p_2'/\rho g$ 表示点 1 和点 2 的压力水头，又称静压力高度，它是以绝对真空作为基准测得的压力高度。

$z_1+p_1'/\rho g$ 和 $z_2+p_2'/\rho g$ 表示点 1 和点 2 处流体质点位置水头和压力水头的总和，即闭口测压管液面距离其准面的垂直高度，称为静力水头，分别以符号 H_1 和 H_2 表示。对于不可压缩的连续匀质流体，必有

$$z_1 + p_1'/\rho g = z_2 + p_2'/\rho g$$

此式说明不可压缩的静止流体中各点位置水头和压力水头可以相互转换，但各点静力水头却是相同的，即闭口测压管最高液面处在同一水平线 1-1 上，图中 1-1 称为静力水头线。

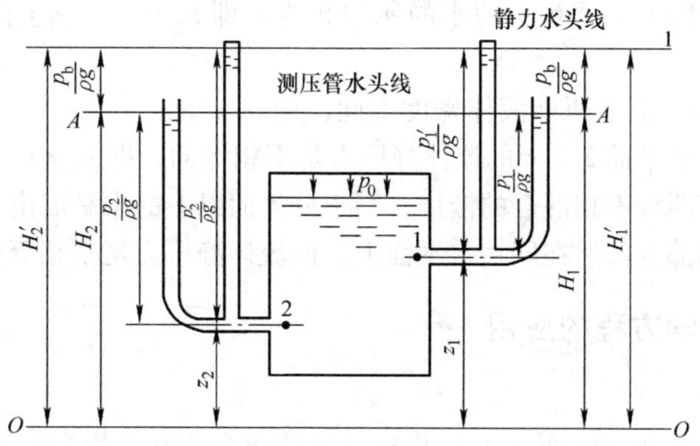

图 2-7 静力水头与测压管水头线

测压管上端抽成完全真空，既麻烦又不可能。因此实际工程上测压管不是闭口而是开口的，如图 2-7 中左、右两外侧的测压管上端与大气相通，点 1 和点 2 流体在开口测压管中上升的高度为 $p_1/\rho g$ 及 $p_2/\rho g$，相应的比 $p_1'/\rho g$ 和 $p_2'/\rho g$ 低，即

$$\frac{p_1}{\rho g} = \frac{p_1'}{\rho g} - \frac{p_b}{\rho g},\ \frac{p_2}{\rho g} = \frac{p_2'}{\rho g} - \frac{p_b}{\rho g},$$

式中，p_b 为大气压力。由于一个工程大气压相当于 10m 水柱，故开口测压管流体高度比闭口测压管高度低 10m 水柱。

$p_1/\rho g$ 及 $p_2/\rho g$ 称为压力水头，又称为测压管高度，它是以一个大气压为基准而测量的压力高度。而 $z_1+p_1/\rho g$ 和 $z_2+p_2/\rho g$ 为测压管水头。从图中可看出

$$z_1 + p_1/\rho g = z_2 + p_2/\rho g$$

连接各开口测压管最高点所得到的水平线 A-A 称为测压管水头线，即在不可压缩的静止流体中，各点的测压管水头是一常数。

三、等压面

在静止流体中，流体静压力相等的各点所组成的面称为等压面。等压面的显著例子是液体的自由表面，其上各点的压力等于液面上气体的压力。等压面上压力 p = 常数，即 $\mathrm{d}p=0$，等压面的重要性质是：作用于静止流体中任意点的质量力必然垂直于通过该点的等压面，或

者说等压面永远与质量力正交。

由式（2-6）可知，位于液面下同一深度的各点流体静压力都相等。因此，在重力作用下的静止流体中，任意一个水平面必是等压面。又如两种互不掺混的液体储存在同一容器中，密度大的液体在下，密度小的液体在上，分界面一定是水平面，也是等压面。

必须指出，式（2-6）和等压面的概念，只适用于容器相互连通的同一种液体。对于中间被气体或另一种液体隔断的不相连通的液体就不适用了。如图 2-8 所示，1-2、4-5-6 面是等压面，都在相连通的同种液体上。2-3 面距 4-5-6 面的高度为 h，根据流体静力学基本方程可以列出

$$p_5 = p_2 + \rho_{油} gh$$

$$p_6 = p_3 + \rho_{水} gh$$

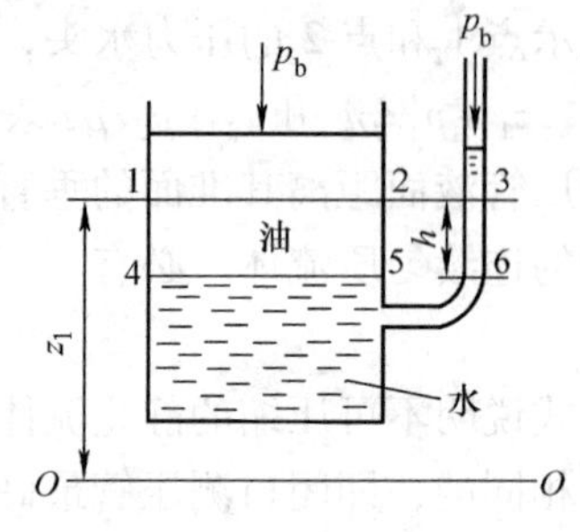

图 2-8　流体静力学基本方程的适用范围

式中，p_5 和 p_6 是等压面，4-5-6 上的水静压力相等，即 $p_5 = p_6$。

比较上两式可知，由于两种液体密度不同，即 $\rho_{水} \neq \rho_{油}$，两容器中作用在同一水平面 2-3 上的流体静压力是不相等的，即 $p_2 \neq p_3$。由此得出结论：在连通器中，如果盛有两种不相混合的液体，高于分界面以上的水平面由于中间被另一种液体所隔断，则不相通的部分虽然在同一水平面上，但流体静压力是不相等的。

四、流体静力学方程的应用

1. 连通器

所谓连通器是指底部（液面以下）互相连通的两个或几个容器。下面利用流体静力学基本方程来分析连通器内液体的平衡规律。

图 2-9 所示的连通器内部装有密度为 ρ 的匀质液体，作用于两端面上的压力分别为 p_1 和 p_2，在两端产生高度差为 h 的情况下处于平衡状态。设等压面 a-a 处的压力为 p，按式（2-6）得

$$p = p_1 + \rho g h_1,\ p = p_2 + \rho g h_2$$

两式相减并移项得

$$h = \frac{p_1 - p_2}{\rho g}$$

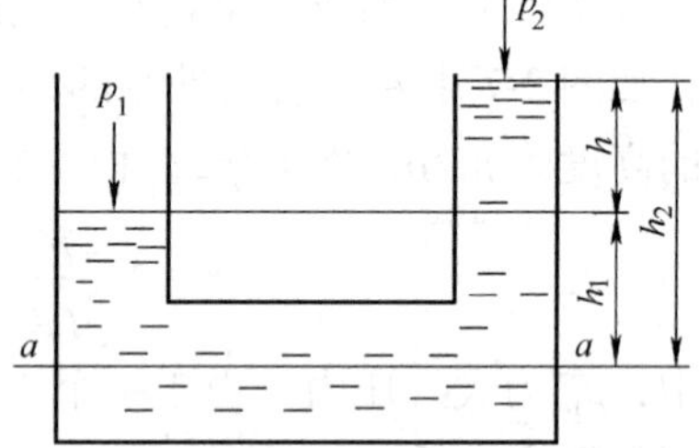

图 2-9　连通器示意图

从上式可知，当两部分容器自由表面上的压力相等时，即 $p_1 = p_2$，或自由液面上只有大气压力时，此时两液面处于同一水平面。这说明在静止的、连续的同种液体内部，同一水平面上各点的静压力值相等。此即连通器内液体平衡的规律。

利用连通器原理，可制成锅炉水位计。在锅炉侧壁上装一个玻璃管，其下端与锅炉内液体空间相连，其上端与锅炉的蒸汽空间相连通，则玻璃管内的液面高度即指示出了锅炉中的水位。

如果在图 2-10a 所示的左边容器中注入另一种密度为 ρ_1（$\rho_1 < \rho_2$）的液体，它在原自由表面上产生了附加压力，因而左边交界面下降，如图 2-10b 所示；而右边容器中自由表面则上升，重新建立平衡。

设两种液体分界面为 cd 并向右延长至 e。令左右两容器中液体新的自由表面到 cde 线的深度分别为 h_1 和 h_2，在两容器 cde 线上分别取 A 点和 B 点，由于分界面是一水平的等压面，则 A、B 两点液体静压力分别为

$$p_A = p_{01} + \rho_1 g h_1$$

$$p_B = p_{02} + \rho_2 g h_2$$

于是

$$p_{01} + \rho_1 g h_1 = p_{02} + \rho_2 g h_2$$

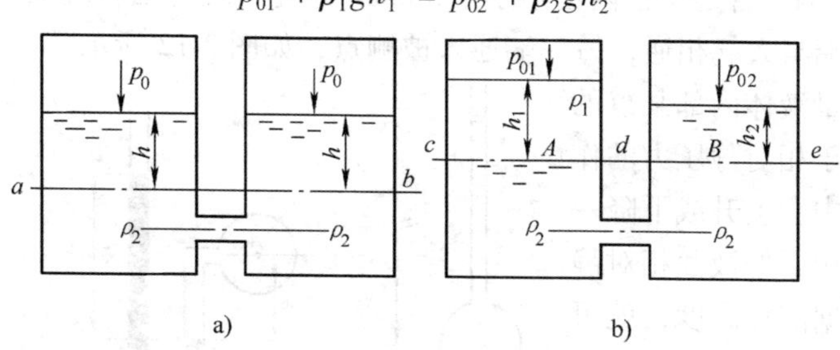

图 2-10　连通器的液体平衡

如果在两容器中，液体自由表面上压力相等，即 $p_{01} = p_{02}$，则

$$\rho_1 g h_1 = \rho_2 g h_2$$

或写成

$$\rho_2/\rho_1 = h_1/h_2 \tag{2-8}$$

由此可知，从液体分界面（及其延长线）至自由表面的高度与两种液体的密度成反比。根据这个结论，可利用连通器内已知液体的密度 ρ_2，再测出 h_1 和 h_2，就可求出未知液体的密度。

由流体静力学基本方程式 $p = p_0 + \rho g h$ 可知，对于同一种连续液体中任意确定点来说，h 将为定值，则 p 将随液面压力 p_0 而变化。当 p_0 增加 Δp 时，只要液体原有的平衡情况未受到破坏，则 p 也必将随着增加 Δp，即

$$p + \Delta p = (p_0 + \Delta p) + \rho g h$$

这个规律可表述如下：在平衡液体内，其液面或任意一点的压力或压力变化，将均匀地传递到液体中的每一点上去，而且其值不变。这就是帕斯卡定律。

帕斯卡定律是液压传动的基本原理。利用这个原理，可以计算液压千斤顶、水压机中力的比例关系。图 2-11 所示为液压千斤顶的工作原理。

在两个互相连通的封闭容器中盛满了液压油，构成封闭的液压传动系统。设小活塞和大活塞的承压面积分别为 A_1 和 A_2，若在小活塞上作用一个外力 F_1，小活塞对它底面接触液体所产生的表面压力为 $p = F_1/A_1$。根据帕斯卡定律这个表面压力 p 将均匀地传递到液体中的每一点上，因此，在大活塞的底面上产生同样的压力 p。如果不计活塞与壁面的摩擦力，则大活塞所受到的总压力为

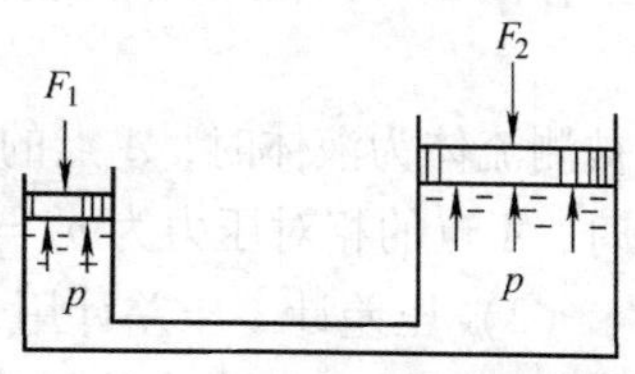

图 2-11　液压千斤顶的工作原理

$$F_2 = pA_2 = F_1 \frac{A_2}{A_1} \quad 或 \quad \frac{F_2}{F_1} = \frac{A_2}{A_1}$$

由于大活塞面积 A_2 比小活塞面积 A_1 大，因此，作用在大活塞上的总压力 F_2 比作用在小活塞上的总压力 F_1 要大得多。这里大小活塞构成的液压传动系统相当于起到了一个力的

放大作用。

注意，帕斯卡定律只适用不可压缩的液体（即系统内的工作流体为液体），如各种液压油和水，不适用于可压缩的气体。

2. 液柱式测压计

根据连通器内液体平衡规律，下面讨论几种流体静压力的测量方法。

（1）测压管　测压管是一根内径不小于5mm（避免出现毛细管现象）的细长玻璃管或U形玻璃管，其一端与大气相通，另一端通入被测点，如图2-12所示。

测压管用于测量液体内部某点的相对静压力值。由于相对静压力的作用，液体在测压管中会上升或下降一定的高度，与大气相通的液面相对静压力为零，因此根据液柱高度，就可得到被测点的相对静压力值。

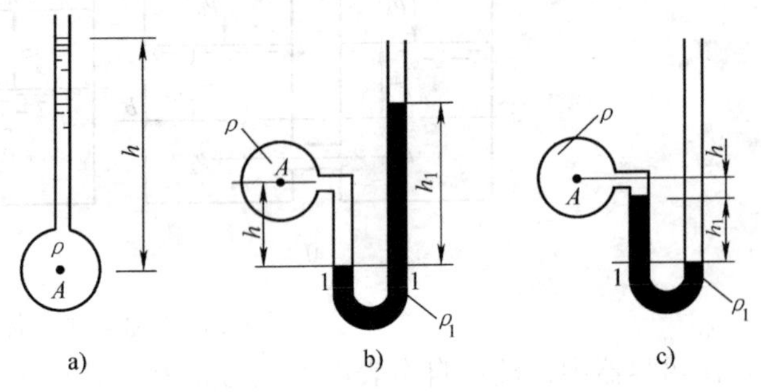

图2-12　测压管

a）直管　b）U形管　c）U形管

用测压管测量流体静压力时，采用直管还是U形管，管内是否需装入一定量的工作流体以及装什么流体合适，应以能较准确、方便地读取液柱高度值为原则，视具体情况而定。

当被测介质为液体，且压力值不是很大时，一般采用直管，如图2-12a所示。这时被测点A的相对压力值即为液柱高度产生的静压力，即$p_A=\rho g h_A$。

当测量气体压力或较大液体压力时，宜采用U形管测压计，且U形管内需装入一定量的密度为ρ_1工作流体，如图2-12b、c所示。常用工作流体有水和水银。一般测量较小压力时用水，测量较大压力时用水银。

在图2-12b中，A点压力大于大气压。取1-1为等压面，则

$$p_A+\rho g h=\rho_1 g h_1 \tag{2-9}$$

当被测流体为液体时，A点的相对压力（即表压力）为$p_A=\rho_1 g h_1-\rho g h$；当被测流体为气体时，$A$点的相对压力为$p_A=\rho_1 g h_1$。

在图2-11c中，A点压力小于大气压。仍取1-1为等压面，则

$$p_A+\rho g h+\rho_1 g h_1=0 \tag{2-10}$$

当被测流体为液体时，A点的相对压力（即真空度）为$p_A=-\rho_1 g h_1-\rho g h$；当被测流体为气体时，$A$点的相对压力为$p_A=-\rho_1 g h_1$。

（2）压差计　压差计用于测量两点之间的静压差。常用U形管制成，故又称U形管压差计。U形管压差计与U形管测压计不同的是，其两端分别与两个被测点相通，如图2-13所示。

U形管压差计中需装有一定的工作流体。当被测介质为气体时，工作流体为液体；当被测介质为液体时，工作流体可以为液体也可以为气体，但工作流体与被测流体不能相同或相混合。在使用时，仍然是根据等压面的规律进行压差计算。

图2-13a为测量A、B两点压力差的空气压差计。由于气柱高度不大，可认为1、2两液面为等压面，故得

$$p_A - (z + h_1 - h_2)\rho g = p_B - \rho g h_1$$

故 $$p_A - p_B = (z - h_2)\rho g \quad (2\text{-}11)$$

图 2-13b 为测量较大压差时采用的水银压差计。由于 1、2 两点为等压面，故有

$$p_A + h_1\rho_A g = p_B + h_2\rho_B g + z\rho_{水银}g$$

$$p_A - p_B = h_2\rho_B g + z\rho_{水银}g - h_1\rho_A g$$

若 A、B 两处为同种液体时，即 $\rho_A = \rho_B = \rho$，则

$$p_A - p_B = z\rho_{水银}g + (h_2 - h_1)\rho g \quad (2\text{-}12)$$

若 A、B 两处为同种气体时，可进一步简化为

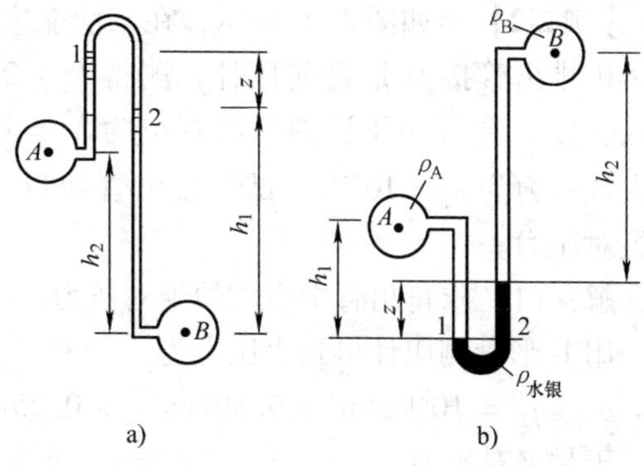

图 2-13　压差计
a）空气压差计　b）水银压差计

$$p_A - p_B = z\rho_{水银}g \quad (2\text{-}13)$$

（3）倾斜式微压计　当被测压力（压差）值较小时（如只有几毫米水柱），为了得到较准确的数值，常采用倾斜式微压（差）计，也称便携式微压计，其结构如图 2-14 所示。

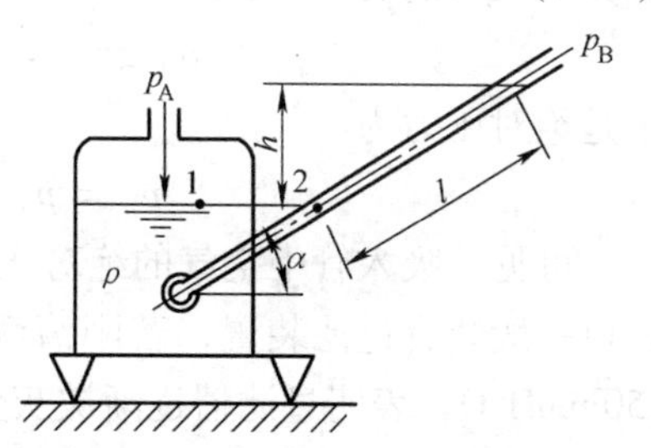

图 2-14　倾斜式微压（差）计

微压（差）度一般用于测量气体压力（压差）。由于测压杯的截面远大于测压管的截面，因而，可忽略测压杯内液面的下降值。当测量两点压差时，测压杯接入压力较大点，测压管接入压力较小点。这时，根据 1、2 两点为等压面，有

$$p_A = p_B + \rho g l \sin\alpha$$

$$p_A - p_B = \rho g l \sin\alpha \quad (2\text{-}14)$$

当测量某点压力时，测压杯与被测点相通，测压管敞口端与大气相通，这时被测点 A 的相对压力为

$$p_A = \rho g l \sin\alpha \quad (2\text{-}15)$$

【例 2-1】　如图 2-15 所示，压差计中水银高度差 $h = 200\text{mm}$，A、B 两容器中为水，其位置高度差为 1m，试求 A、B 两容器中心处的压力差。

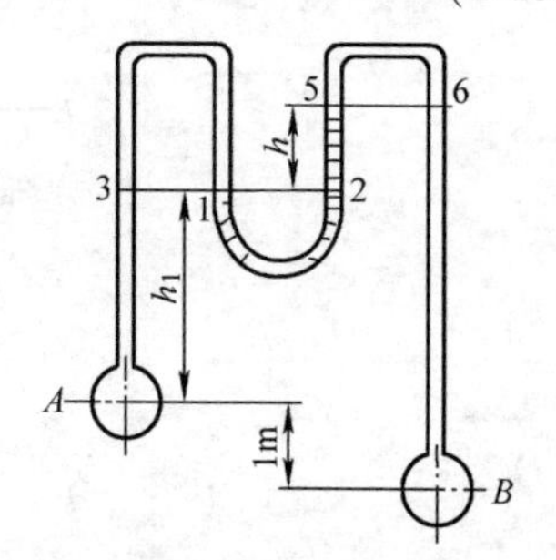

图 2-15　例 2-1 用图

解： 1、2 两点为等压面，所以

$$p_1 = p_2 = p_5 + \rho_{水银}gh$$

1、3 两点为等压面，所以 $p_1 = p_3$

$$p_A = p_1 + \rho_{水}gh_1 = p_5 + h\rho_{水银}g + h_1\rho_{水}g$$

由 5、6 两点为等压面，有

$$p_B = p_5 + (h + h_1 + 1)\rho_{水}g$$

联立上两式，可得

$$\begin{aligned} p_A - p_B &= h\rho_{水银}g - (h + 1)\rho_{水}g \\ &= [0.2\text{m} \times 13.6 \times 10^3\text{kg/m}^3 - (0.2 + 1)\text{m} \times 10^3\text{kg/m}^3] \times 9.807\text{m/s}^2 \\ &= 14.9\text{kPa} \end{aligned}$$

【例 2-2】　如图 2-16 所示，在某船舶空调设备中，通风机排出管接 U 形管测压计，测得 $h_2 = 250\text{mmH}_2\text{O}$，吸入管接 U 形管测压计测得的真空为 $h_1 = 100\text{mmH}_2\text{O}$。设大气压力为 $p_b = 10^5\text{Pa}$，试求排出管和吸入管中空气的绝对压力。

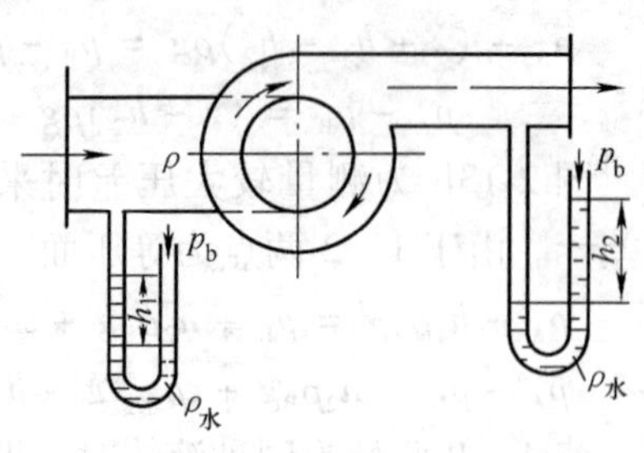

图 2-16　例 2-2 用图

解：(1) 求排出管中空气的绝对压力

用 U 形管测压计得到表压力为

$$p_g = \rho_{水} g h_2 = 10^3\text{kg/m}^3 \times 9.807\text{m/s}^2 \times 0.25\text{m} = 2452\text{Pa}$$

于是绝对压力　$p_2 = p_b + p_g = 1.0245 \times 10^5\text{Pa}$

(2) 求吸入管中空气的绝对压力

由图中的 U 形管测压计可知，吸入管中空气的绝对压力比大气压力低 $100\text{mmH}_2\text{O}$，此值应为吸入口的真空度，即

$$p_v = \rho_{水} g h_1 = 10^3\text{kg/m}^3 \times 9.807\text{m/s}^2 \times 0.1\text{m} = 981\text{Pa}$$

于是绝对压力为

$$p_1 = p_b - p_v = 100000 - 981 = 99019\text{Pa}$$

可见，吸入管中空气的绝对压力比大气压力低，这样通风机才能将空气吸入。通风机吸入口一般装有过滤装置，若刚清洗时测得 $h_1 = 100\text{mmH}_2\text{O}$，运转一段时间后，$h_1$ 会增大到 $150\text{mmH}_2\text{O}$，表明过滤器逐渐被灰尘所阻塞，当 h_1 增大到某一数值时，就应清洗过滤器。

思考与练习题

2-1　流体静力学基本方程适用的条件是什么？静压强有哪几个特性？

2-2　写出流体静力学基本方程式，说明各项的物理和几何意义。

2-3　何谓帕斯卡原理，它在工程上有何应用？

2-4　画出图 2-17 中各受压面上的静压力分布图。

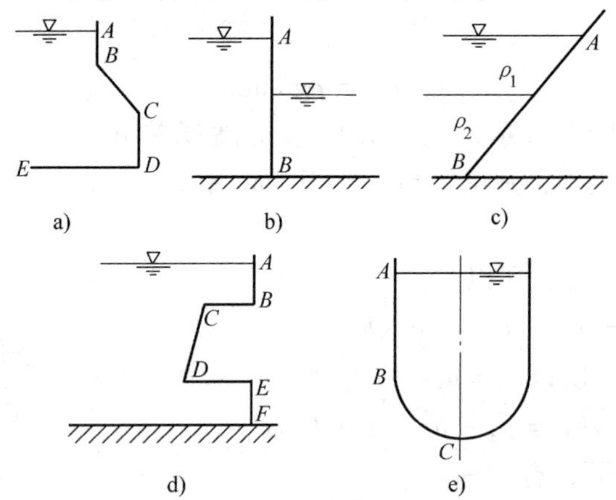

图 2-17　题 2-4 用图

2-5　一封闭容器盛有 ρ_2（水银）$>\rho_1$（水）的两种不同液体，如图 2-18 所示。试问同一水平线上的 1、2、3、4、5 各点的压力哪点最大？哪点最小？哪些点相等？

2-6　图 2-19 所示的灭火器内装有液体，从水银差压计上读得 $h_1 = 26.5\text{mm}$，$h_2 = 40\text{mm}$，$a = 100\text{mm}$，试求灭火器中液体的装液高度 H。

2-7 图 2-20 所示的汽化器喉部真空度用水银 U 形管测压计测得 $h=70\text{mmHg}$，如果空气温度为 15℃，外力为一个标准大气压，试求汽化器喉部空气的绝对压力。

2-8 在图 2-21 所示的水流过的等截面管道中，装有一个水银压差计，其读数为 $h=200\text{mmHg}$，1 与 2 两截面中心垂直距离为 $H=0.5\text{m}$，试计算两截面间的压差。

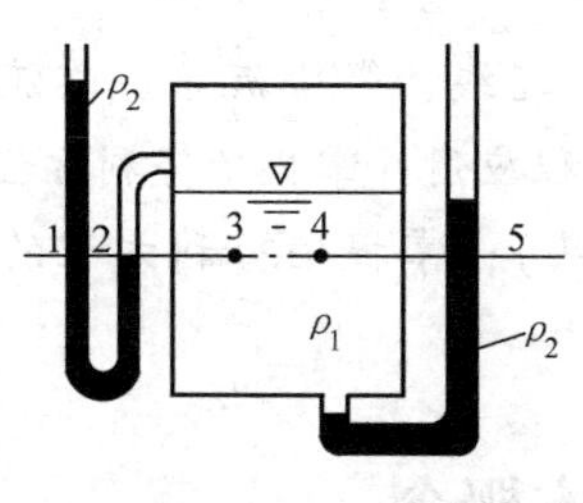

图 2-18 题 2-5 用图

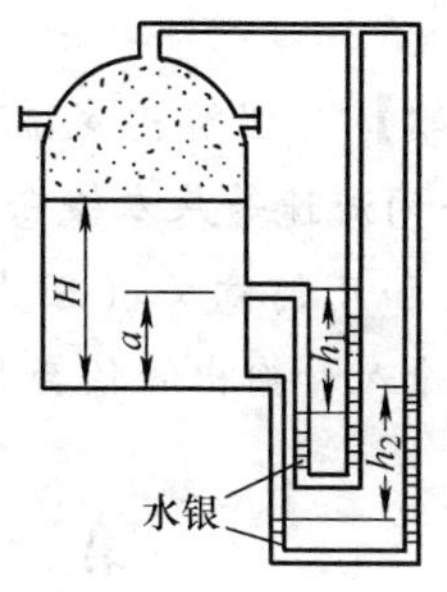

图 2-19 题 2-6 用图

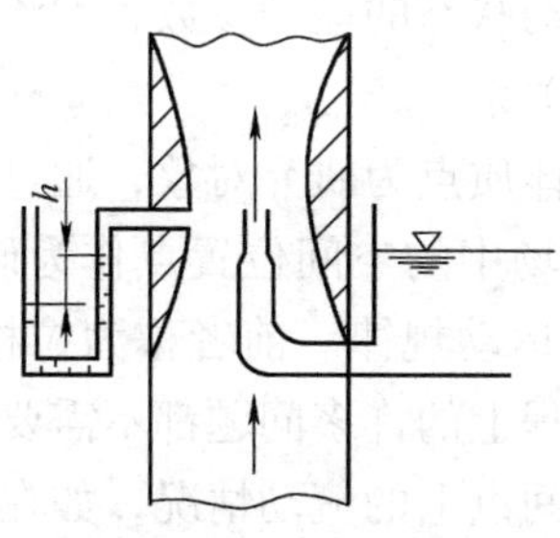

图 2-20 题 2-7 用图

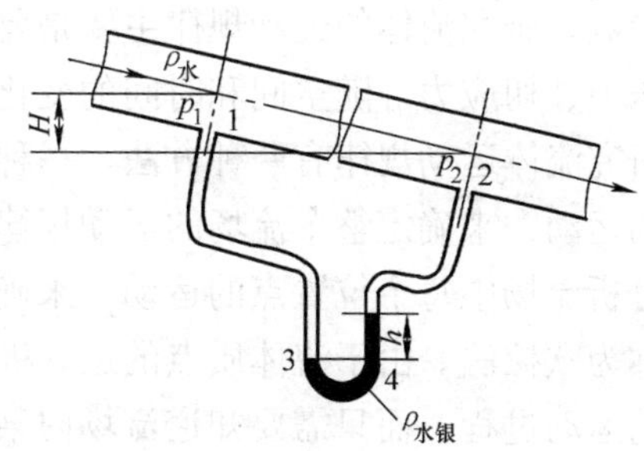

图 2-21 题 2-8 用图

第三章　流体动力学基础

【学习目的】　理解稳定流动、非稳定流动、流线、迹线、微小流束、总流、过流断面、流量、平均流速等基本概念；掌握连续性方程及其工程应用；掌握伯努利方程的适用条件、物理意义和几何意义（压力水头、速度水头、总水头）；掌握伯努利方程的工程应用（包括机械功输入和输出的伯努利方程）。

第一节　流体流动的基本概念

在流体力学中，将流体流动所占据的空间称为流场；将表征流体运动特征的物理量称为运动参数。研究流体的运动规律主要是要确定表征流体运动状态的运动参数，如流速、加速度、压力、切应力等随空间和时间的变化规律及相互间的关系。

研究流体运动规律有两种方法。一种是以流场中的流体质点为研究对象，通过跟踪每个质点的运动，来确定整个流场的运动规律；另一种是以流场中的空间位置点作为研究对象，通过分析流场中每个位置点的运动，来确定整个流场内的运动规律。前者称为拉格朗日法，后者称为欧拉法。由于流体质点的运动极其复杂，加之工程上的许多问题都不需要知道每个质点的运动过程，而只需要知道流场内某一特定位置或空间点上的流动情况，如在管道输送问题中，我们最关心的是流量，要得到流量，只需知道过流断面上的流速分布即可，而不需分析每个流体质点的来龙去脉。因此，工程上普遍采用欧拉法。本书后面的分析均采用欧拉法。

一、稳定流动与非稳定流动

在一般情况下，流体质点的运动参数是空间坐标（x，y，z）和时间 τ 的函数。如果在流场中，流体质点通过任一空间点时，所有运动要素都不随时间而变化，这种流动称为稳定流动。在稳定流动情况下，流场的任一空间点上，无论哪个流体质点通过，其运动要素都是不变的，运动要素仅仅是空间坐标的函数而与时间无关。如其速度 u 和压力 p 可用下列函数表示

$$u = u(x,y,z)$$
$$p = p(x,y,z)$$

例如，当水柜中的水位保持不变时，侧壁孔口的流体流动；离心泵以稳定不变的转速输送液体时，管中各点的速度和压力不随时间而变，这些流体的运动都是稳定流动。

若流体运动时，在流场中的各点上，流体质点的运动要素全部或部分随时间而改变，即质点的各运动要素不仅随空间坐标而改变，也随时间而不同，这种流动称为非稳定流动，可用下列函数式表示

$$u = u(x,y,z,\tau)$$
$$p = p(x,y,z,\tau)$$

例如，液面高度不断变化时水柜的侧壁孔口流体的流动；往复泵抽水时，由于活塞作不等速运动，水管内各点压力和速度大小随时间作周期性变化，这些流动都是非稳定流动。

二、迹线和流线

1. 迹线与流线的概念

某一流体质点在运动过程中的不同时刻所占据的空间点所连成的线称为迹线。或者说迹线是流体质点运动所走过的轨迹线。因拉格朗日法是研究个别流体质点在不同时刻的运动情况，所以，可以说迹线是从拉格朗日法中引出的，此研究方法正是通过流体运动的迹线来获得流体的运动要素的。

流线是某一指定时刻，在流场中所画的一条曲线，且该曲线上的各个流体质点的速度矢量均与该曲线相切，而流场中的这条曲线在某一时刻被众多的流体质点所占据，所以这样的曲线表示了瞬间的流动方向，这种曲线称为流线。欧拉法是考察同一时刻流体质点在不同空间位置的运动情况，所以，可以说流线是从欧拉法中引出的，它是通过流体运动的流线来获得流体运动要素的。流线是欧拉法分析流体运动的基础。

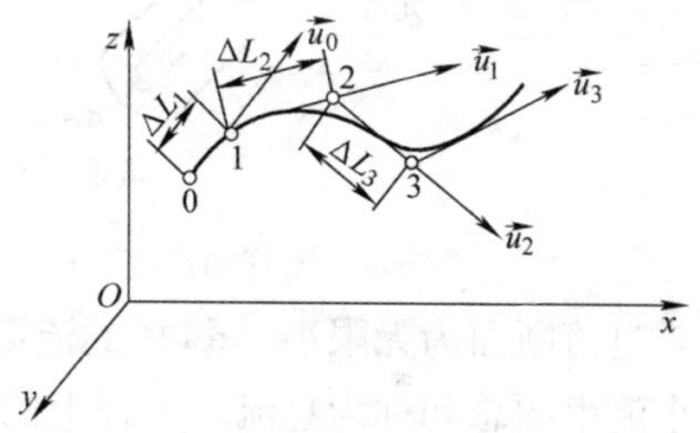

图 3-1 流线的画法

根据流线的定义可以这样来描绘流线：在流体运动的空间里，任意取一空间点 O，在某一瞬时 τ，该点的流体质点的流速为 u_0（见图 3-1），因流速是矢量，按其大小和方向作速度矢量$\vec{u}_0$，在矢量 $\vec{u}_0$相距 O 点为 ΔL_1 处取点 1，该点也为同一流场中的一个位置，这个位置同样有一个流体质点，这个质点在同一瞬间 τ 时具有流速 u_1。由 1 点处作速度矢量$\vec{u}_1$，再在矢量$\vec{u}_1$上距点 1 为 ΔL_2 取另一点 2，该点的位置上的流体质点在同一瞬间 τ 时的速度矢量为$\vec{u}_2$。依此类推，可得一条折线 0-1-2-3…若让所各点距离 ΔL 趋近于零，则折线变成一条曲线，这条曲线就是瞬间 τ 时通过空间点 O 的一条流线。如果能在流场中得到一簇流线，这簇流线就反映了瞬间 τ 时整个流场内的流动情况。

流线的概念是比较抽象的，可以通过图 3-2 所示的流线的实例来理解。水从水箱侧壁小孔流出，假定将一根丝线放在 A 点，则丝线受水冲动，形成 ABC 这样的曲线，而为什么不形成 ABC' 这样的曲线呢？道理很简单，因为曲线 ABC 的形成必须符合丝线上流体质点的运动方向，这就是流体的运动规律。

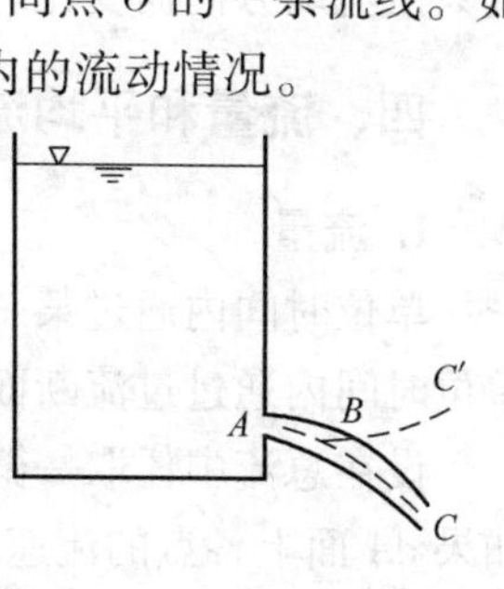

图 3-2 流线的实例

2. 流线的基本特性

根据流线的概念，可得到流线的几个基本特性：

1）稳定流动时，流线的形状和位置不随时间而改变。因为稳定流动时其运动要素是不随时间改变的。对流速来说，流速矢量不随时间而改变，则不同时刻所作的流线形状和位置就不会改变。

2）稳定流动时，迹线与流线相重合；而非稳定流动时，迹线与流线一般不会重合。

3）流线不能相交。如果流线相交，则交点处的流速矢量应同时与这两条流线相切，而一个流体质点在同一时间只能有一个流动方向而不能有两个流动方向，所以流线不可能相交。

4）流线不能有转折。流体是连续介质，流速矢量沿空间的变化亦应是连续的，如果流线发生转折，则在转折处，将出现同时有两个流动方向的矛盾现象，所以流线只能是一条光滑的连续曲线。

三、流管、流束与总流

1. 流管与流束

如图 3-3 所示，在流场中任意画一封闭的曲线（不与流线重合），经过曲线上的所有点作流线，由这些流线组成的管状流道称为流管。流管内部流动的流体称为流束。

2. 微小流束与总流

垂直于流束的断面称为过流断面，沿流束方向可作无数过流断面。过流断面可为平面（或近似平面），也可能是曲面，如图 3-4 所示。

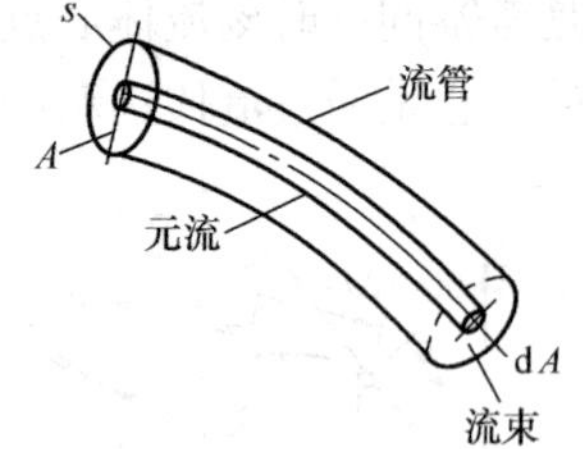

图 3-3　流管和流束

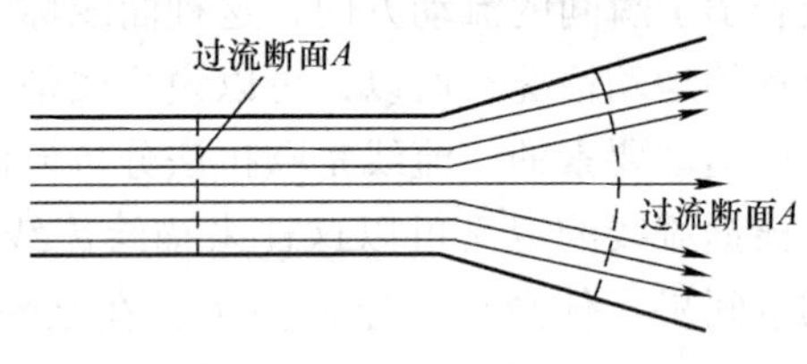

图 3-4　过流断面的形状

过流断面为无限小（dA）的流束称为微小流束；具有一定的过流断面（A），也即无数微小流束的总和称为总流。工程上的管道流动均属总流。

当过流断面无限小时，微小流束即趋于一条流线。由此可得：

1）在某一瞬间，微小流束形状不变，外部流体不能直接流入，内部流体也不能流出。

2）微小流束过流断面上的流动参数可以认为是均匀分布的，因而流速和压力等运动参数只沿流动方向而变化。这种流动参数只随一个坐标变量变化的流动称为一元流动。

四、流量和平均流速

1. 流量

单位时间内通过某一过流断面的流体体积称为体积流量，用符号 q_V 表示，单位为 m^3/s。单位时间内通过过流断面的流体质量称为质量流量，用符号 q_m 表示，其单位为 kg/s 等。

设在总流中任取一微小流束，其过流断面面积为 dA，因断面上各点流速可以认为相等，如果 dA 面上各点的流速均为 u，而且过流断面又与流动方向成垂直，则经过时段 dt，通过过流断面 dA 的流体体积为 $udAdt$，将它除以时间 dt，即得到微小流束的体积流量 udA。通过总流过流断面 A 的体积流量，应为无限多个微小流束的体积流量之和，则沿过流断面 A 对 dq_V 积分为

$$q_V = \int_A u\mathrm{d}A \tag{3-1}$$

2. 平均流速

从式（3-1）可知，要计算总流的流量，需要确定在总流过流断面上的速度分布规律。当流速 u 在断面上的分布不容易确定或不需要确定时，可以引进断面平均流速 $\bar{u}$ 来代替式

(3-1) 中的点流速 u。

过流断面上各点流速的算术平均值就是断面平均流速。这实际上是一个想象的流速，即假定过流断面上各点都以相同速度 $\bar{u}$（即平均流速）流动时所得到的流量，与各点以实际速度流动时所得到的流量相等，则 $\bar{u}$ 就是断面平均流速，如图 3-5 所示。流体的体积流量按平均流速计算时，则有

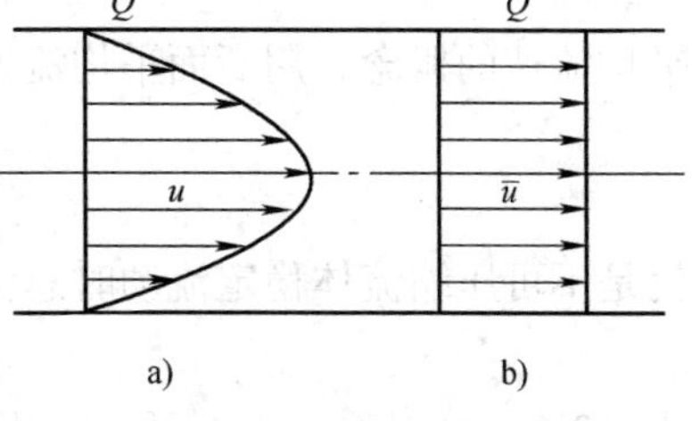

图 3-5　平均流速的含义

$$q_V = \int_A u\mathrm{d}A = \bar{u}A \tag{3-2}$$

上式表明，流体的体积流量等于过流断面面积与断面平均流速的乘积。从式 (3-2) 可知：

$$\bar{u} = q_V/A \tag{3-3}$$

也就是说，断面平均流速等于总流的体积流量除以过流断面面积。

第二节　稳定流动的连续性方程

自然界一切物质的运动都遵循质量守恒定律，流体运动也不例外。连续性方程式就是质量守恒定律在流体力学中的具体表现形式。下面将从质量守恒定律出发，建立稳定流动的连续性方程。

如图 3-6 所示，在流体总流中，任选两个断面 1-1 和 2-2，取一段微小流束，它在两断面处的面积分别为 $\mathrm{d}A_1$ 和 $\mathrm{d}A_2$；两断面处的流速分别为 u_1 和 u_2，对于不可压缩流体来说，密度 ρ 为常数。

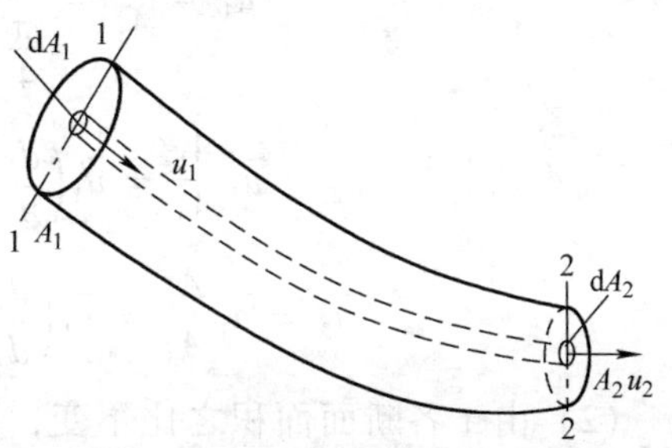

图 3-6　稳定流动连续性方程分析

对于这段流管来说，由于微小流束内外的流体互不穿流，所以流体只能从 $\mathrm{d}A_1$ 流入，从 $\mathrm{d}A_2$ 流出。设 $\mathrm{d}t$ 时间内，流入 $\mathrm{d}A_1$ 的质量为 $\mathrm{d}m_1$，体积为 $\mathrm{d}V_1$，则 $\mathrm{d}m_1 = \rho\mathrm{d}V_1$，而 $\mathrm{d}V_1 = u_1\mathrm{d}A_1\mathrm{d}t$，所以，$\mathrm{d}m_1 = \rho u_1\mathrm{d}A_1\mathrm{d}t$。同样在同一 $\mathrm{d}t$ 时间内，流出 $\mathrm{d}A_2$ 的质量为 $\mathrm{d}m_2 = \rho u_2\mathrm{d}A_2\mathrm{d}t$。根据质量守恒定律，同一时间内流入 $\mathrm{d}A_1$ 的流体质量 $\mathrm{d}m_1$ 应与流出 $\mathrm{d}A_2$ 的质量 $\mathrm{d}m_2$ 相等，即

$$\rho u_1\mathrm{d}A_1\mathrm{d}t = \rho u_2\mathrm{d}A_2\mathrm{d}t$$

将等式两边同除以 $\rho\mathrm{d}t$，就有

$$u_1\mathrm{d}A_1 = u_2\mathrm{d}A_2 \tag{3-4}$$

上式即为不可压缩流体稳定流动时微小流束的连续性方程式。由于流速与流道断面积的乘积即为体积流量，1-1、2-2 断面是任意选取的，对于其他任何一个过流断面都应有

$$\mathrm{d}q_{V1} = \mathrm{d}q_{V2} = \mathrm{d}q_V = \text{常数} \tag{3-5}$$

总流是微小流束的集合，只要将总流中无数多个微小流束在某断面的流量加起来，也就是沿断面对微小流束积分，就可得到总流的流量。设总流在 1-1、2-2 两断面处的面积分别为 A_1 和 A_2，断面流速分别为 u_1 和 u_2，则从式 (3-4) 可得

$$\int_{A_1} u_1 \mathrm{d}A_1 = \int_{A_2} u_2 \mathrm{d}A_2$$

从平均流速的概念，用断面平均流速代替点的流速，则可得到

$$\bar{u}_1 A_1 = \bar{u}_2 A_2 \text{ 或 } \frac{\bar{u}_1}{\bar{u}_2} = \frac{A_2}{A_1} \tag{3-6}$$

这就是不可压缩流体稳定流动时总流的连续性方程式。式（3-6）还可写成

$$q_{V1} = q_{V2} = q_V = \text{常数} \tag{3-7}$$

从式（3-6）可以看出，不可压缩流体的总流中任意两个过流断面通过的流量相等或断面平均流速和过流断面面积成反比。即流道断面面积越小，其流速越大。必须注意的是，这一结论只对不可压缩流体才成立，对于可压缩流体上述结论则不一定正确。可压缩流体在进出口断面上的密度可能不相等，这时连续性方程式应写成

$$\rho_1 \bar{u}_1 A_1 = \rho_2 \bar{u}_2 A_2 \tag{3-8}$$

【例 3-1】 图 3-7 所示输水管道 $d_1 = 2.5\text{cm}$，$d_2 = 4\text{cm}$，$d_3 = 8\text{cm}$。（1）当流量为 4L/s 时，求各管段的平均流速；（2）流量增至 8L/s 时，平均流速如何变化？

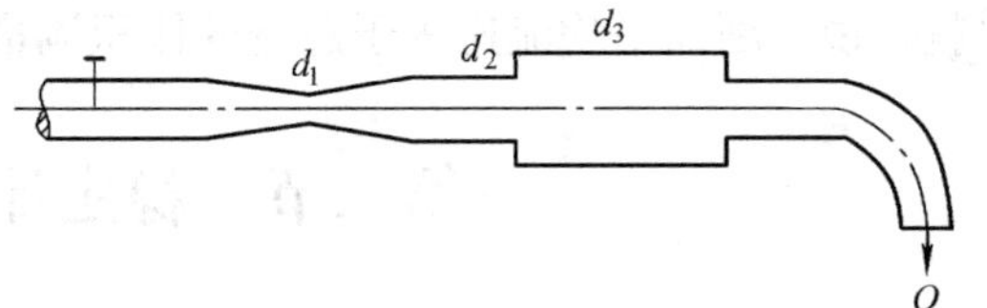

图 3-7　例 3-1 用图

解：（1）根据连续性方程可得

$$q_V = \bar{u}_1 A_1 = \bar{u}_2 A_2 = \bar{u}_3 A_3$$

$$\bar{u}_1 = \frac{q_V}{A_1} = \frac{4 \times 10^{-3}}{\frac{\pi}{4}(2.5 \times 10^{-2})^2} \text{m/s} = 8.15\text{m/s}$$

$$\bar{u}_2 = \bar{u}_1 \frac{A_1}{A_2} = \bar{u}_1 \left(\frac{d_1}{d_2}\right)^2 = 8.15 \times \left(\frac{2.5}{4}\right)^2 \text{m/s} = 3.18\text{m/s}$$

$$\bar{u}_3 = \bar{u}_1 \frac{A_1}{A_3} = \bar{u}_1 \left(\frac{d_1}{d_3}\right)^2 = 8.15 \times \left(\frac{2.5}{8}\right)^2 \text{m/s} = 0.8\text{m/s}$$

（2）由于各断面面积之比不变，流量增加一倍时，各断面的流速也应相应增大一倍，即 $\bar{u}_1 = 16.3\text{m/s}$，$\bar{u}_2 = 6.36\text{m/s}$，$\bar{u}_3 = 1.6\text{m/s}$。

第三节　伯努利方程

伯努利方程又称为稳定流动能量方程，它是能量转换和守恒定律在流体力学中的具体表现形式。不可压缩流体一元稳定流动能量方程反映了流体在管道中流动时流速、压力和位置、高度之间的变化关系，在工程上有广泛的实用价值。下面从动能定理出发，建立不可压缩流体一元稳定流动时的能量方程。

一、不可压缩流体稳定流动微小流束的伯努利方程

1. 不可压缩理想流体稳定流动微小流束的伯努利方程

如图 3-8 所示，在理想流体稳定流动中取一微小流束，并截取其中 1-1 断面与 2-2 断面之间的流段来研究。设 1-1 断面和 2-2 断面的过流断面面积为 $\mathrm{d}A_1$ 和 $\mathrm{d}A_2$，断面形心点距某

一水平基准面0-0的铅垂距离分别为 z_1 和 z_2，两断面上压强分别为 p_1 和 p_2，流速分别为 u_1 和 u_2。若经过 $\mathrm{d}t$ 时段，微小流束段由原来的1-1与2-2移动到新的位置1′-1′与2′-2′。两断面所移动的距离分别为 $\mathrm{d}s_1=u_1\mathrm{d}t$ 和 $\mathrm{d}s_2=u_2\mathrm{d}t$。根据理论力学中的动能定律，微小流束内的流体，在 $\mathrm{d}t$ 时段内动能的增量，应等于作用于该流段的各种外力所做的功。外力所做的功包括表面力及质量力两部分所做功之和。

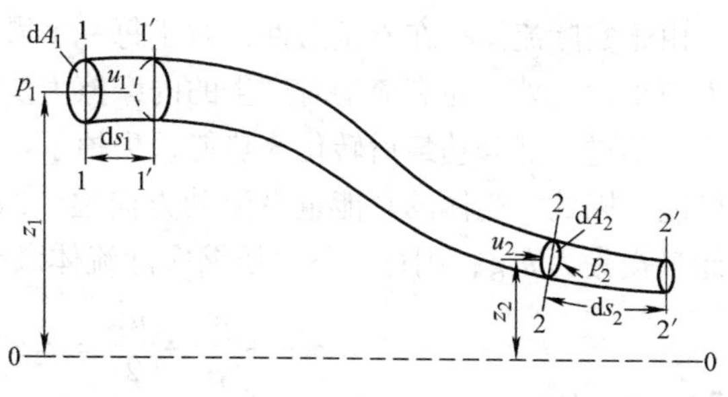

图 3-8　微小流束伯努利方程的推导

（1）表面力做功　作用于微小流束流段上的表面力包括两部分，一部分是微小流束的侧面上的流体动压力，另一部分是微小流束两端过流断面上的流体动压力，其中侧面动压力方向与流体流动方向垂直，其做的功为零。两端过流断面上动压力所做的功为

$$p_1\mathrm{d}A_1\mathrm{d}s_1-p_2\mathrm{d}A_2\mathrm{d}s_2=p_1\mathrm{d}A_1u_1\mathrm{d}t-p_2\mathrm{d}A_2u_2\mathrm{d}t$$
$$=p_1\mathrm{d}q_V\mathrm{d}t-p_2\mathrm{d}q_V\mathrm{d}t=(p_1-p_2)\mathrm{d}q_V\mathrm{d}t$$

由于所研究的运动流体假定为理想流体，因而在微小流束的侧面上没有摩擦力存在，计算表面力做功时，没有考虑摩擦力作用。

（2）质量力做功　设作用于流体上的质量力只有重力。当1-1与2-2断面间流体移动到新的位置1′-1′与2′-2′时，其中间部分，即1′-1′与2-2之间的流体，虽然其内部流体质点发生了移动和部分交换，但在不可压缩流体稳定流动条件下，该部分流体的体积和质量在 $\mathrm{d}t$ 时段内均保持不变，从重力做功的角度来说，可以将该部分流体当做没有移动，即该部分流体没有做功。参与重力做功的仅有1-1与1′-1′之间的流体移动至2-2与2′-2′位置时重力做的功。由不可压缩流体稳定流动微小流束的连续性方程可知，在1-1与1′-1′之间的流体体积与2-2与2′-2′之间的流体体积是相等的，即

$$\mathrm{d}A_1u_1\mathrm{d}t=\mathrm{d}A_2u_2\mathrm{d}t=\mathrm{d}q_V\mathrm{d}t$$

该部分液体的重量为 $\rho g\mathrm{d}q_V\mathrm{d}t$，重力做的功为 $\rho g\mathrm{d}q_V\mathrm{d}t(z_1-z_2)$。

（3）动能增量　与计算重力做功同样的道理，当考察微小流束在 $\mathrm{d}t$ 时段的动能改变时，可以认为1′-1′与2-2之间的流体没有移动，其动能改变量为零，全部动能的增量可当做是2-2与2′-2′之间流体的动能和1-1与1′-1′之间流体动能之差，即

$$\frac{1}{2}\rho\mathrm{d}A_2u_2\mathrm{d}tu_2^2-\frac{1}{2}\rho\mathrm{d}A_1u_1\mathrm{d}tu_1^2=\frac{1}{2}\rho\mathrm{d}q_V\mathrm{d}t(u_2^2-u_1^2)$$

按前述动能定理，有

$$\rho g\mathrm{d}q_V\mathrm{d}t(z_1-z_2)+\mathrm{d}q_V\mathrm{d}t(p_1-p_2)=\rho\mathrm{d}q_V\mathrm{d}t\left(\frac{u_2^2}{2}-\frac{u_1^2}{2}\right)$$

将上式各项同除以 $\rho\mathrm{d}q_V\mathrm{d}t$（即对单位质量流体）并移项可得

$$z_1g+\frac{p_1}{\rho}+\frac{u_1^2}{2}-z_2g+\frac{p_2}{\rho}+\frac{u_2^2}{2}\qquad(3\text{-}9)$$

上式就是不可压缩理想流体稳定流动微小流束的伯努利方程式。

2. 不可压缩实际流体稳定流动微小流束的伯努利方程

由于实际流体存在着粘滞性，对于每一个微小流束来说，作用在它上面的外力除了流体压力与重力之外，还有流动时产生的内摩擦力。内摩擦力的方向与流动的方向平行，它也要做功，不过这部分功最后转化为热能损失掉了。在流体中这部分损失的热能不可能再转化为机械能。因此，流体的总能量沿流动方向逐渐减少。设单位质量流体从断面 1-1 到断面 2-2 的能量损失为 $h'_l g$，则得到不可压缩实际流体微小流束的伯努利方程式为

$$z_1 g + \frac{p_1}{\rho} + \frac{u_1^2}{2} = z_2 g + \frac{p_2}{\rho} + \frac{u_2^2}{2} + h'_l g \tag{3-10}$$

该式只能适用于微小流束，当微小流束的过流断面 dA 趋近于零时，微小流束变成为一根流线，所以式（3-10）对一根流线也同样适用。

二、均匀流过流断面上的压力分布

前面已经推导出了微小流束稳定流动能量方程式，将微小流束稳定流动能量方程式中各项在断面上积分，便可得到总流的能量方程。为此，首先分析均匀流的概念及其过流断面上的压力分布。

流速大小和方向沿流向不发生变化的流动称为均匀流动，反之称为非均匀流动。均匀流的流线是相互平行的直线，因而它的过流断面是平面。可以证明，均匀流过流断面上的压力分布规律与静压力的分布规律相同，即在同一过流断面上，各点的测压管能量值 $zg + p/\rho$ 相等。

严格来说，工程上所遇到的流动都是非均匀流动。非均匀流动中，流速大小或方向沿流动方向变化显著的流动又称为急变流，而变化缓慢的流动又称为渐变流（或缓变流）。如图 3-9 所示，流体在变径管或弯管内的流动为急变流，在直管段内的流动为渐变流。

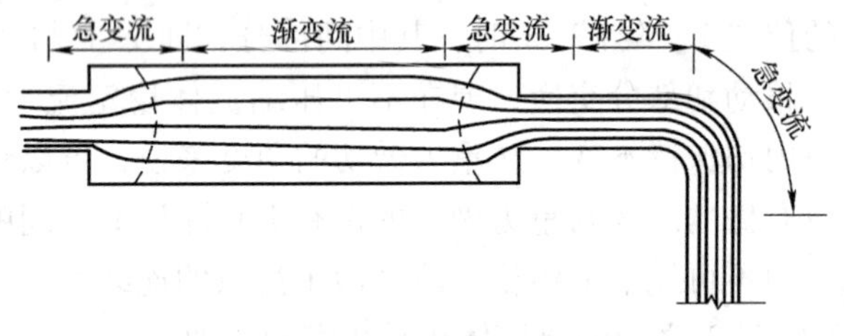

图 3-9　渐变流和急变流

渐变流的流线接近平行的直线，断面可视为平面。因此，在工程上可将其作为均匀流处理，即渐变流过流断面上的压力分布可以认为服从静压力的分布规律。

三、实际流体总流的伯努利方程

在图 3-10 所示的总流中，取渐变流断面 1-1 和 2-2。设 1-1 断面的面积为 A_1，2-2 断面的

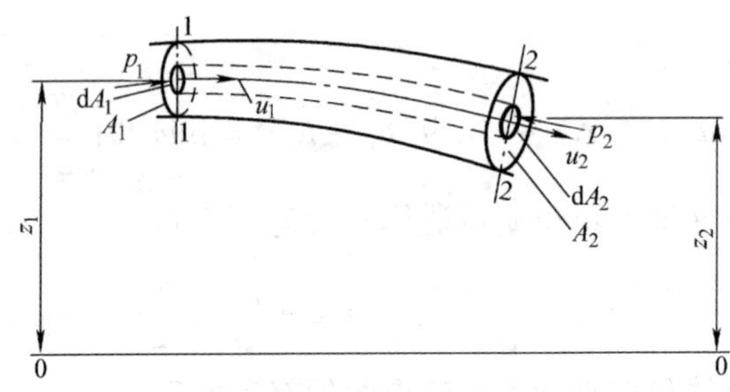

图 3-10　稳定总流能量方程的推导

面积为 A_2。根据总流与微小流束之间的关系，即实际总流的能量应是微小流束的能量在过流断面上的积分，可得到总流能量的平衡方程式为

$$\int_{A_1}\left(z_1 g+\frac{p_1}{\rho}+\frac{u_1^2}{2}\right)\rho \mathrm{d}q_V=\int_{A_2}\left(z_2 g+\frac{p_2}{\rho g}+\frac{u_2^2}{2g}\right)\rho \mathrm{d}q_V+\int_q h_1'\rho g \mathrm{d}q_V \tag{3-11}$$

稳定总流能量方程或稳定总流伯努利方程为

$$z_1 g+\frac{p_1}{\rho}+\frac{\alpha_1\overline{u}_1^2}{2}=z_2 g+\frac{p_2}{\rho}+\frac{\alpha_2\overline{u}_2^2}{2}+h_1 g \tag{3-12}$$

式中，z_1、z_2 分别为选定的1-1、2-2 两断面上任意点距离基准面的高度，单位为 m；p_1、p_2 为与 z_1、z_2 相对应的点的绝对压力（对于液体也可同时为相对压力），单位为 Pa；$\overline{u}_1$、$\overline{u}_2$ 分别为1-1、2-2 两断面的平均流速，单位为 m/s；α_1、α_2 分别为1、2 两断面的动能修正系数；$h_1 g$ 为单位质量流体从1-1 断面流到2-2 断面产生的能量损失，单位为 m。

四、有机械功输入或输出的伯努利方程

实际流体总流伯努利方程式（3-12）只适用于两断面间没有机械功输入或输出的流体运动。如果在两过流断面间安装水泵（或风机）输入机械功，或安装水轮机（或汽轮机）输出机械功，如图 3-11 所示，这时应采用有机械功输入或输出的伯努利方程。

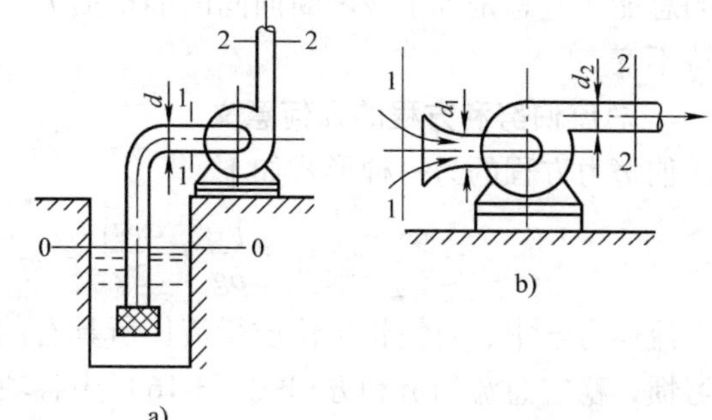

图 3-11　水泵（或风机）输入机械功
a）水泵　b）风机

下面以水泵输入机械功为例进行讨论。设在管道 1-1 及 2-2 过流断面间装有水泵，如图 3-11a 所示。由于水泵对液体做功，即传给液体机械能，而产生液体总流。假定水泵传给单位质量液体的机械功为 hg，则在出口断面 2-2 上液体的能量比入口断面 1-1 上的能量增加了机械功 hg，h 也称为管路所需的水泵扬程。如果再考虑两断面间水的压力能损失 $h_1 g$，则稳定总流伯努利方程应写为

$$z_1 g+\frac{p_1}{\rho}+\frac{\alpha_1\overline{u}_1^2}{2}+hg=z_2 g+\frac{p_2}{\rho}+\frac{\alpha_2\overline{u}_2^2}{2}+h_1 g \tag{3-13}$$

同理，如有机械功输出，则伯努利方程写为

$$z_1 g+\frac{p_1}{\rho}+\frac{\alpha_1\overline{u}_1^2}{2}-hg=z_2 g+\frac{p_2}{\rho}+\frac{\alpha_2\overline{u}_2^2}{2}+h_1 g \tag{3-14}$$

式中，$h_1 g$ 是两断面间的能量损失，但不包括水泵内的能量损失。

单位时间内原动机对水泵做的功称为轴功率。单位质量液体从水泵获得的能量是 hg，而每秒通过水泵的液体质量是 ρq_V，所以液体在每秒钟内实际获得的总能量为 $\rho g q_V h$。考虑到液体通过水泵时有泄漏等损失，水泵还有机械摩擦损失，用水泵效率 η_P 来反映这些影响，则水泵轴功率为

$$N_P=\rho g q_V h/\eta_P \tag{3-15}$$

五、伯努利方程的意义

1. 总流伯努利方程的物理意义

实际流体稳定总流伯努利方程式（3-12）中各项的物理意义为

zg：表示单位质量流体相对基准面所具有的位置势能，简称比位能；

$\frac{p}{\rho}$：表示单位质量流体所具有的压力势能，简称比压力能；

$\frac{\alpha \bar{u}^2}{2}$：单位质量流体所具有的平均动能，简称比动能；

$h_1 g$：表示单位质量流体从断面 1-1 流到断面 2-2 产生的能量损失，简称能量损失；

$zg+\frac{p}{\rho}+\frac{\alpha u^2}{2}$：表示单位质量流体所具有的总能量，简称比总能。

由上述各项的含义可知，实际流体总流的伯努利方程的物理意义为：流体沿流道流动时，不同断面上的位能、压力能和动能可以相互转换，但后一个断面上的总能与前一个断面上的总能之差总是等于该两断面间的能量损失。对于理想流体，由于不计能量损失，总能将保持不变。

2. 总流伯努利方程的几何意义

伯努力方程的另一种形式如下：

$$z_1+\frac{p_1}{\rho g}+\frac{\alpha_1 \bar{u}_1^2}{2g}=z_2+\frac{p_2}{\rho g}+\frac{\alpha_2 \bar{u}_2^2}{2g}+h_1 \tag{3-16}$$

流体力学中，习惯将单位质量流体所具有的能量除以重力加速度称为“水头”。按照这一习惯，稳定总流伯努利方程式（3-16）中各项的几何意义为

z：位置水头或位置高度；

$\frac{p}{\rho g}$：压力水头或测压管高度；

$\frac{\alpha \bar{u}^2}{2g}$：速度水头。它表示所研究的流体在位置 z 时，以速度 $\bar{u}$ 沿垂直方向向上喷射（不计空气阻力）时所能达到的高度；

h_1：水头损失。

$z+\frac{p}{\rho g}+\frac{\alpha \bar{u}^2}{2g}$：总水头（可用 H 表示）。

上述各项都具有高度的量纲，因此可用以基准面为起点的垂直几何线段的长度来形象地表示沿流动方向能量转化的情况，如图 3-12 所示。

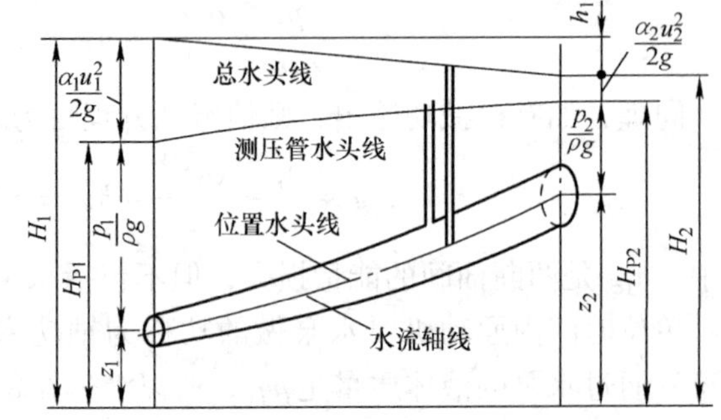

图 3-12　稳定总流伯努利方程几何意义

由上述分析可知，伯努利方程的几何意义为：流体沿流道流动时，不同断面上的位置水头、压力水头和速度水头可以相互转换，但后一个断面上的总水头与前一个断面上的总水头之差等于该两断面间的水头损失。

对于实际流体，总水头线必定是一条沿程逐渐下降的线（直线或曲线），因为总水头总

是沿程减小的。而测压管水头线可能是下降的（直线或曲线），也可能是上升的，甚至可能是一条水平线，具体情况要视总流的几何边界变化情况而定。对于理想流体，由于它没有水头损失，总水头线一定是平行于基准线的水平直线。

六、伯努利方程的适用条件与应用注意事项

1. 伯努利方程的适用条件

稳定流动的伯努利方程是在一定条件下推导出来的，方程式（3-12）的适用范围可归纳为以下几点：

1）流体的运动必须是稳定流动，并且流体既不能压缩又不能膨胀，即密度 $\rho=$ 常数。

2）所取的两个过流断面必须符合渐变流的条件。但在所取两断面之间，可以是急变流，也可是渐变流。

3）作用在流体上的质量力只有重力，在所讨论的两个过流断面之间，没有能量的输入或输出。

4）伯努利方程在推导过程中流量是沿程不变的，所以总流所取的两断面之间，应当没有流体的汇入或分出。

5）不可压缩的粘性流体，一般只适用于液体。当气流速度 $u<50\text{m/s}$ 时，其密度变化不大，可以按不可压缩流体处理，如船舶通风系统等。

2. 应用伯努利方程的注意事项

1）不同的基准面有不同的值，分析各断面的位置水头时，必须选取同一基准面，但基准面的水平高度是任意的。为了避免 z_1 和 z_2 出现负值，一般选取两断面之下或穿过较低断面的形心。如果总流是水平的，将基准面取在中心线上，使 $z_1=z_2=0$ 以方便计算。对于压力水头 $\frac{p}{\rho g}$，在以大气压力等于零作为基准时，可用表压力计算；如果用绝对压力计算时，则等号两边必须同时用绝对压力。

2）在解方程时，常需同时使用总流连续性方程式 $\bar{u}_1A_1=\bar{u}_2A_1$，通过已知管道过流断面找出伯努利方程（3-16）的关系，以便减少一个未知数。伯努利方程中的动能修正系数 α 是由过流断面上的实际流速分布不均匀引起的。流速分布越均匀，α 越接近于1；流速分布越不均匀，α 值越大。试验表明，在湍流管道中 $\alpha=1.05\sim1.10$；在圆管层流运动中 $\alpha=2.0$。在实际工程中，伯努利方程中不同断面上的动能修正系数 α_1 与 α_2 通常认为是相等的，$\alpha_1=\alpha_2=\alpha$，在湍流计算中取 $\alpha=1$；在层流时取 $\alpha=2$。

3）由于所取过流断面上各点的测压管水头（$z+p/\rho g$）均相等，可选定两个断面上任意一点列出伯努利方程。通常为了便于计算，在管流中取轴心上的点，而在大容器中取自由表面上的点。

4）在应用实际流体总流伯努利方程时，关键在于确定水头损失。

第四节　伯努力方程在工程上的应用

1. 毕托管测流速

流场中，流体受到迎面物体的阻碍，被迫向两边（或四周）分流时（见图3-13），在物

体表面上受水流顶冲的点 A 处，水流速度等于零，这点称为驻点。驻点上，流体的动能全部转化为压力。实际工程上，有时需要测量液流中某点的流速，目前广泛采用一种称为毕托管的仪器，就应用了驻点的理论。

毕托管是一根很细的弯管，如图 3-14 所示，其前端和侧面均开有小孔，当需要测量液流中某点流速时，将弯管前端置于该点并正对液流方向，前端小孔和侧面小孔分别由两个不同通道接入两根测压管，测量时只需要读出这两根测压管的水面差，即可求得所测点的流速。现将其原理分析如下：

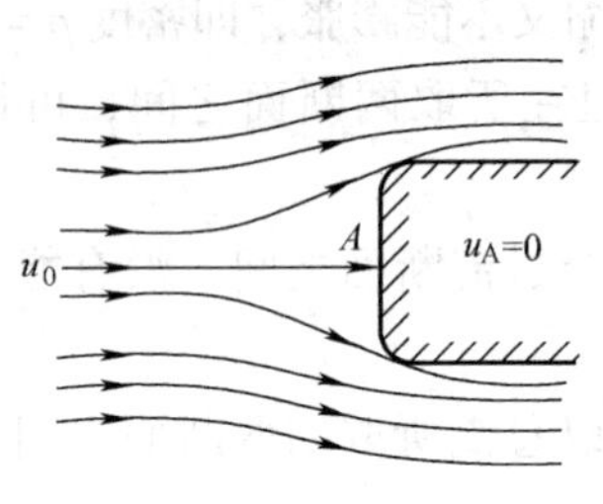

图 3-13　驻点的概念

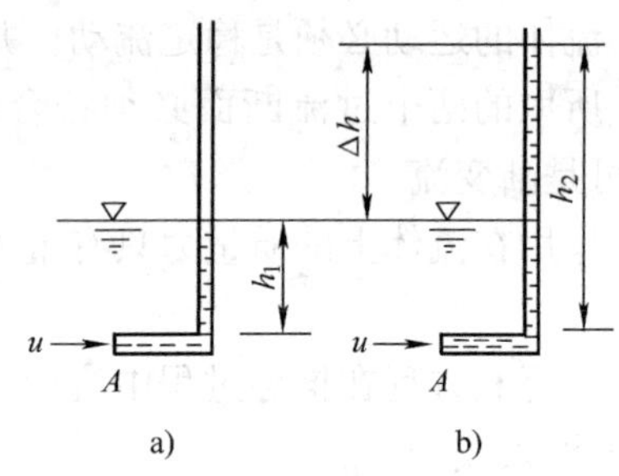

图 3-14　毕托管测流速原理

如图 3-14a 所示，设先将一根弯管的前端封闭，弯管侧面开多个小孔，将弯管正对水流方向，将侧面开孔处置于欲测点 A 的位置。此时弯管（相当于测压管）中水面上升到某一高度 h_1，测压管所量得的高度 h_1 代表了 A 点的动压力水头，即 $h_1 = p_A/\rho g$，设 A 点水流速度为 u，若以通过 A 点的水平面为基准面，则 A 点处的水流总水头为 $H = h_1 + u^2/2g$。

假定再以另一根中样的弯管，如图 3-14b 所示，侧面不开孔，在其前端开一个小孔，将弯管前端置于 A 点并正对水流方向，弯管放入后，由于 A 点水流受弯管的阻挡，速度为零，动能全部转化为压力能（此点即为驻点），使测压管中水面上升至高度 h_2，此 h_2 代表了 A 点处水流的总水头，即 $H = h_2$，上述两不同弯管所得的 A 点总水头应相等，故

$$h_1 + \frac{u^2}{2g} = h_2$$

由此可求得 A 点的流速为

$$u = \sqrt{2g(h_2 - h_1)} = \sqrt{2g\Delta h} \tag{3-17}$$

真实的毕托管，并不需要用两根弯管进行两次测量，而是将两根管子纳入一根弯管当中，只是将前端的小孔和侧面的小孔，由不同的通道接在两支测压管上。由于两个小孔的位置不同，因而测得的不是同一点上的水头，加之考虑毕托管放入水流中所产生的扰动的影响，需要对式（3-17）加以修正，一般乘以修正系数 μ，即

$$u = \mu\sqrt{2g\Delta h} \tag{3-18}$$

式中，μ 称为毕托管的校正系数，一般 μ 约为 0.98 ~ 1.0，从工厂买来的毕托管，说明书上都标有 μ 值。

2. 文丘里流量计

文丘里流量计由一段渐缩管、一段喉管和一段扩压管组成，如图 3-15 所示。将其装在管道上，由于喉段断面较小、流速较大、压力较低，因此 1-1 断面和 2-2 断面处的测压管呈

现一个液柱差。根据该液柱差，即可得知管道内流体的流量。

取通过管轴线的水平面作为基准面，忽略流体的粘滞性，在1-1、2-2两断面上列伯努利方程

$$\frac{p_1}{\rho g}+\frac{\bar{u}_1^2}{2g}=\frac{p_2}{\rho g}+\frac{\bar{u}_2^2}{2g}$$

移项后

$$\frac{\bar{u}_2^2}{2g}-\frac{\bar{u}_1^2}{2g}=\frac{p_1-p_2}{\rho g}=\Delta h$$

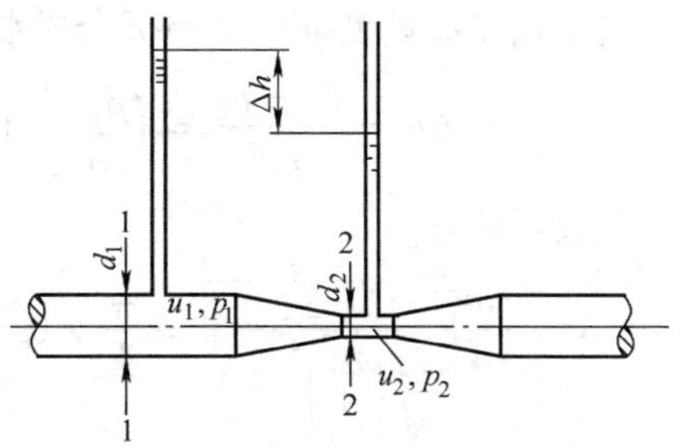

图3-15　文丘里流量计原理

由连续性方程$\frac{\bar{u}_1}{\bar{u}_2}=\frac{A_2}{A_1}=\frac{d_2^2}{d_1^2}$，$\bar{u}_2^2=\bar{u}_1^2\left(\frac{d_1}{d_2}\right)^4$，将其代入上式，得

$$\Delta h=\frac{\bar{u}_1^2}{2g}\left[\left(\frac{d_1}{d_2}\right)^4-1\right]$$

$$\bar{u}_1=\sqrt{\frac{2g\Delta h}{\left(\frac{d_1}{d_2}\right)^4-1}}$$

因此

$$q_V=\bar{u}_1A_1=\frac{\pi d_1^2}{4}\sqrt{\frac{2g\Delta h}{\left(\frac{d_1}{d_2}\right)^4-1}}$$

对于一个既定的流量计，$\frac{\pi d_1^2}{4}\sqrt{\frac{2g}{\left(\frac{d_1}{d_2}\right)^4-1}}$是一个常数，为简单起见，以$K$表示之，则

$$q_V=K\sqrt{\Delta h}$$

由于在推导过程中，没有考虑流体的粘滞性，因此通过上式计算出的流量较实际流量要大。为此，用一个修正系数φ修正，即

$$q_V=\varphi K\sqrt{\Delta h}\tag{3-19}$$

式中，q_V为实际流量，单位为m^3/s；K为流量计仪器常数，单位为$m^{2.5}/s$；φ为流量修正系数，该值通过试验确定，一般在0.95~0.98之间；Δh是1-1和2-2两断面间的液柱差，单位为m。

文丘里流量计中的测压管也可根据需要换成U形压差计，如图3-16所示。这时，应先将1-1、2-2两断面间的压差折算成被测液体的液柱高度差，再按上式计算流量。

【例3-2】　如图3-16所示，图中$d_1=150$mm，$d_1=75$mm，水银U形压差计读数$\Delta h=0.25$mm，该流量计的流量修正系数$\varphi=0.98$，求管内水的流量。

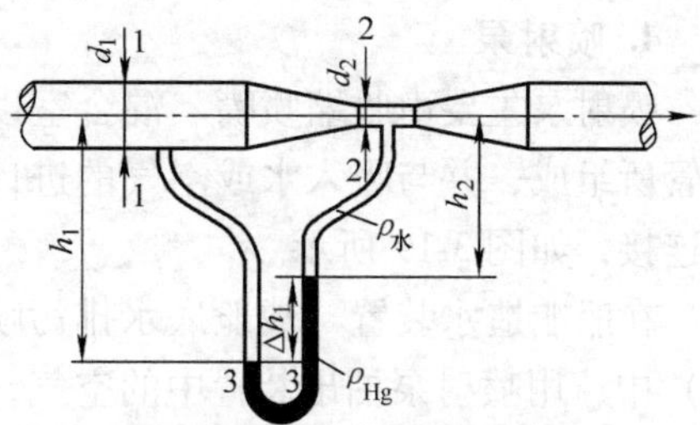

图3-16　U形管测流量装置

解：3-3为等压面，

$$p_1+\rho gh_1=p_2+\rho gh_2+\rho_{Hg}\Delta h_1$$

$$p_1-p_2=\rho_{Hg}g\Delta h_1-\rho g(h_1-h_2)=(\rho_{Hg}-\rho)g\Delta h_1$$

将 1-1、2-2 两断面压力差折合成水柱高度

$$\Delta h = \frac{p_1 - p_2}{\rho g} = \left(\frac{\rho_{Hg}}{\rho} - 1\right)\Delta h_1 = \left(\frac{13600}{1000} - 1\right)\times 0.25\text{m} = 3.15\text{m}$$

又仪器常数

$$K = \frac{\pi d_1^2}{4}\sqrt{\frac{2g}{\left(\frac{d_1}{d_2}\right)^4 - 1}} = \frac{\pi}{4}\times 0.15^2\times\sqrt{\frac{2\times 0.981}{(0.15/0.075)^4 - 1}}\text{m}^{2.5}/\text{s} = 0.02\text{m}^{2.5}/\text{s}$$

所以流量为

$$q_V = \varphi K\sqrt{\Delta h} = 0.98\times 0.02\times\sqrt{3.15}\text{m}^3/\text{s} = 0.035\text{m}^3/\text{s}$$

3. 船用螺旋桨的推力

在各种船舶推进器中，效率比较高，制造比较方便，应用最广泛的就是螺旋桨。它除了能产生推力使船舶前进或拖带驳船和其他船只一起前进外，还可使船舶后退或作为辅助的操纵工具协助船舶回转（如多桨船）。

下面分析螺旋桨产生推力的原理。图 3-17 所示为一船用螺旋桨的侧视图。图中斜直线部位为一片桨叶的切面，一般的桨叶切面有两类：机翼型和弓背型，总之其切面形状并非对称图形。

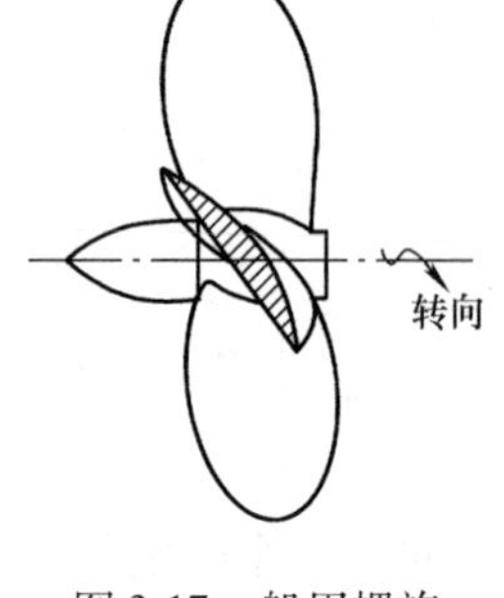

图 3-17　船用螺旋桨的俯视图

图 3-18 所示为螺旋桨推力产生原理，取一片桨叶的切面来讨论为什么会产生推力？从式（3-13）可知，在同一水平流场中，即 $z_1 = z_2$ 时，并 $\alpha_1 = \alpha_2 = 1.0$，有

$$\frac{p_1}{\rho} + \frac{\bar{u}_1^2}{2} = \frac{p_2}{\rho} + \frac{\bar{u}_2^2}{2} + h_1 g$$

可见，在忽略损失的情况下，位能基本不变，上述方程式表明了压力与流速的关系。从图 3-18 中，先看上部，b-c 处与 0-a 处流线比较，b-c 处流线拥挤，而 0-a 处疏松，所以 b-c 处流速大于 0-a 处，即 $u_上 > u_0$，所以 $p_上 < p_0$。再看下部，流线比较平坦地流过，与前方 0-a 处流线的疏密程度相差不大，可认为 $u_下 \approx u_0$，即 $p_下 \approx p_0$，比较上下两侧的压力，可知 $p_下 > p_上$，形成压力差，此压力差在船舶前进方向的投影就是螺旋桨产生的推力。

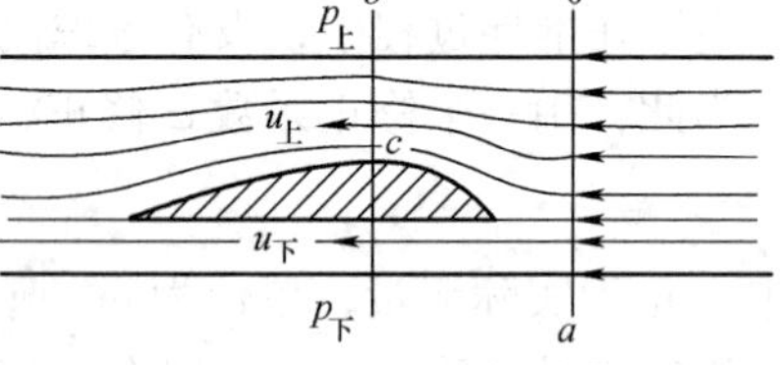

图 3-18　螺旋桨推力产生原理

需要说明的是，实际上螺旋桨与水流的来流速度有一个 α_k，称为攻角（或冲击角）。攻角 α_k 直接影响螺旋桨产生推力的大小。

4. 喷射泵

喷射泵主要由收缩喷嘴、混合室以及扩压管所组成，并与吸入水或空气的进口管路相连接，如图 3-19 所示。

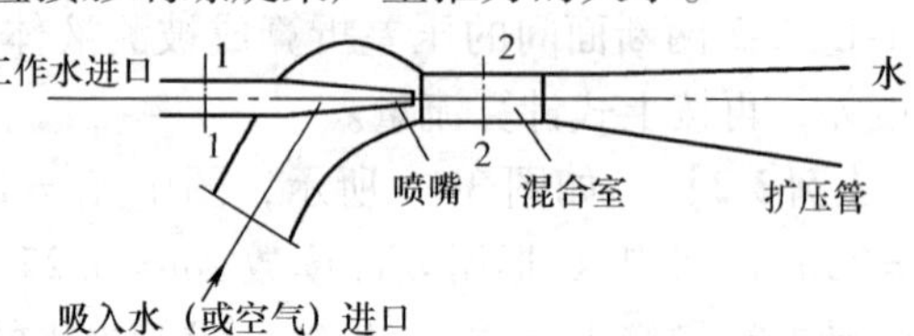

图 3-19　喷射泵

在船舶造水装置（或舱底水排污喷射水泵）中，用喷射泵抽出装置中的空气，使造水装置在真空条件下工作。设喷管进口断面 1-1 的压力为 p_1，通过的流量为 q_V，试求在断面 2-2 处所形成的真空度。

设通过喷射泵的水流是稳定流，所取断面符合渐变流条件。基准面选在管轴线上，忽略管段的能量损失，并取绝对压力，则伯努利方程为

$$\frac{p_1}{\rho}+\frac{\overline{u}_1^2}{2}=\frac{p_2}{\rho}+\frac{\overline{u}_2^2}{2}$$

引用不可压缩流体的连续性方程式，经数学推导可得混合室的真空度为

$$h_r=\frac{p_2}{\rho g}-\frac{p_1}{\rho g}-\frac{8q_V^2}{g\pi^2}\left(\frac{1}{d_1^4}-\frac{1}{d_2^4}\right) \tag{3-20}$$

式中，p_1 可由压力表测得，q_V 可由流量计测出，d_1 和 d_2 对固定装置为已知，就可求出混合室的真空度。

混合室处造成很高的真空度，将造水装置中的空气抽出。空气和海水混合后进入扩压管中，因扩压管出口断面大于进口断面，故出口流速小于进口流速。根据伯努利方程可知，出扩压管时的压力比进扩压管时的压力提高，可高于大气压力，所以空气和海水混合物可以从扩压管排出舷外。

从增加被抽吸的流体（包括气体和液体）的观点来看，应该尽可能提高混合室的真空度。但是，喷射泵的真空度提高有一定的限度。实际上，当混合室处的绝对压力低于对应该温度下的汽化压力时，该处液体即开始沸腾，产生的蒸汽由于占据一定的体积，不但使被抽流体量减少，而且还常伴随产生非常严重的气蚀现象。因此工作中必须注意防止。

5. 空泡现象

在管路狭窄的地方和船用推进器上往往出现材料很快被破坏的现象。如图 3-20 所示，管道截面积减小时，会使管中流速逐渐增大，当流速增至某一数值后，在截面收缩处的中后部产生气泡，呈现白色泡沫状，并伴有强烈振动和巨大噪声，这种现象称为空泡现象。

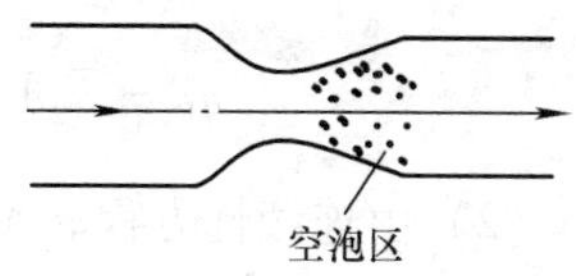

图 3-20　管路中的空泡现象

对不可压缩液体，根据连续性方程可知，截面收缩时流速增大，当管径缩小到一半时，流速增大到原来的四倍。空泡现象产生的原因是由于液体流过管子的狭窄截面时，速度增大，由伯努利方程可知，该处压力随之减小。当压力减小到液体的汽化压力（即饱和蒸汽压力）时，液体汽化为蒸汽，形成气泡（沸腾）。在通过狭窄截面后，截面增大，流速减小，压力随之提高。在达到汽化压力时，气泡中的蒸汽突然全部结为液体，气泡便成为真空。周围液体向真空处冲去，产生撞击和振动，其压力可达数百个，甚至数千个大气压，同时产生巨大的冲击并使材料表面迅速被破坏，这种现象称为气蚀。

船用螺旋桨、潜艇、鱼雷等在水中高速运动时也会发生空泡现象和气蚀现象，降低了螺旋桨的作用；使叶片材料严重剥蚀；产生振动，发生巨大声响，使船员和旅客感到不适，使船体强度降低。防止螺旋桨产生空泡现象的主要手段是从设计上进行考虑。

在液压传动系统中（如船舶的液压舵机系统），管壁和其他液压元件表面，也会因空泡和气蚀现象，逐渐腐蚀，严重时表皮脱落而出现小坑，呈蜂窝状。液压油的汽化压力虽然很低，产生空泡现象的可能性很小，可是实际上压力还远远高于汽化压力时就有空泡现象发生，这是因为溶解于油中的空气分离出来的缘故。液压系统中容易发生空泡现象的地方主要是泵的吸液部分，以及泵内部配油盘、节流孔、喷嘴的部位，而防止空泡和气蚀的主要手段是防止局部压力过低和降低油液中空气的含量。而对于液压泵来说，其安装高度要有一定的

限制。

【例 3-3】 如图 3-21 所示，水从水箱先后经直径 $d_1=20\text{mm}$，入口水头损失为 0.2m，变径截面处的水头损失为 0.15m，第一根管内的总水头损失为 0.1m，第二根管内的总水头损失为 0.2m，若水箱水面保持恒定，已知 $H=5\text{m}$，求：（1）管中水的流量；（2）进口 M 点的压力；（3）绘制总水头线和测压管水头线。

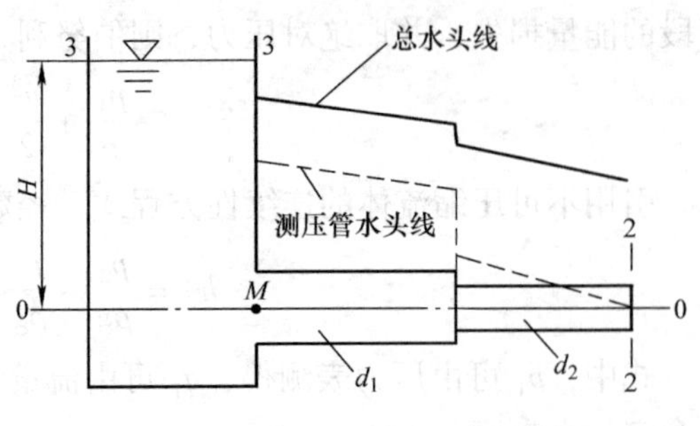

图 3-21 例 3-3 用图

解：（1）取过管轴心线的水平面为基准面，在 3-3 和 2-2 断面列流体的能量方程

$$\frac{p_3}{\rho g}+z_3+\frac{\bar{u}_3^2}{2g}=\frac{p_2}{\rho g}+z_2+\frac{\bar{u}_2^2}{2g}+h_{l3\text{-}2}$$

将 $z_2=0$，$z_3=H$，$p_2=p_3=0$，$u_3=0$，$h_{l3\text{-}2}=(0.2+0.15+0.1+0.2)\text{m}=0.65\text{m}$ 代入上式，得

$$H-h_{l3\text{-}2}=\frac{\bar{u}_2^2}{2g}$$

$$\bar{u}_2=\sqrt{2g(H-h_{l3\text{-}2})}=\sqrt{2\times9.81\times(5-0.65)}\text{m/s}=9.24\text{m/s}$$

$$q_V=\bar{u}_2A_2=9.24\times\frac{\pi}{4}\times0.015^2\text{m}^3/\text{s}=1.63\times10^{-3}\text{m}^3/\text{s}$$

（2）由连续性方程 $u_2A_2=u_1A_1$，有

$$u_\text{M}=u_2\frac{d_2^2}{d_1^2}=9.24\times\left(\frac{15}{20}\right)^2\text{m/s}=5.2\text{m/s}$$

$$\frac{u_\text{M}^2}{2g}=\frac{5.2^2}{2\times9.81}\text{m}=1.38\text{m}$$

在 3-3 断面和 M-M 断面间列伯努利方程

$$\frac{p_3}{\rho g}+z_3+\frac{u_3^2}{2g}=\frac{p_\text{M}}{\rho g}+z_\text{M}+\frac{u_\text{M}^2}{2g}+h_{l3\text{-M}}$$

将 $z_3=H$，$u_3=0$，$p_3=0$，$z_\text{M}=0$，$u_\text{M}=5.2\text{m/s}$，$h_{l3\text{-M}}=0.2\text{m}$ 代入上式，得

$$H=\frac{p_\text{M}}{\rho g}+\frac{u_\text{M}^2}{2g}+h_{l3\text{-M}}$$

则 $$p_\text{M}=\rho g\left(H-h_{l3\text{-M}}-\frac{u_\text{M}^2}{2g}\right)=9.807\times(5-0.2-1.38)\text{kPa}=33.5\text{kPa}$$

（3）将按各断面总水头值所描绘的点连线得总水头线，将按各断面测压管水头值所描绘的点连线得测压管水头线。如图 3-21 所示。

【例 3-4】 图 3-22 中，水泵将水由水箱抽出经水管流入大气，出水流速为 $1.2\text{m}^3/\text{min}$。已知 $h_1=3\text{m}$，$h_3=16\text{m}$，出水管截面积为 0.01m^2，总水头损失假定为 $3\frac{u_3^2}{2g}$，求水泵扬程 H。

解：列出 1-1 断面与 3-3 断面间的伯努利方程

$$\frac{p_1}{\rho g}+z_1+\frac{u_1^2}{2g}+H=\frac{p_3}{\rho g}+z_3+\frac{u_3^2}{2g}+h_{l1\text{-}3}$$

$$h_1+H=h_3+\frac{4u_3^2}{2g}$$

$$H=h_3+\frac{4u_3^2}{2g}-h_1$$

根据体积流量的定义有

$$u_3=\frac{q_V}{A_3}=\frac{1.2}{0.01\times 60}\text{m/s}=2\text{m/s}$$

于是　$H=(16+2\times 4/9.807-3)\text{m}=13.82\text{m}$

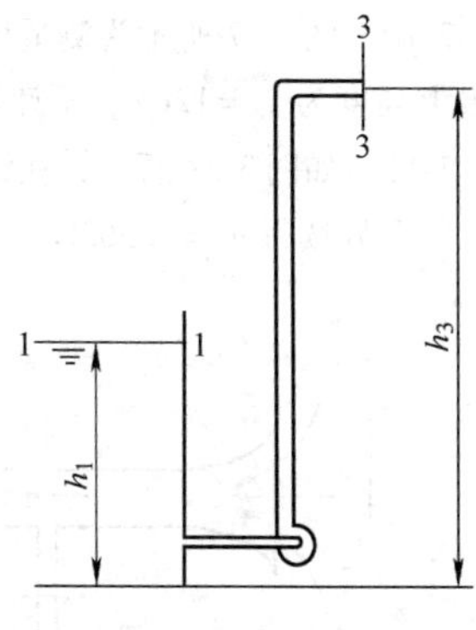

图 3-22　例 3-4 用图

思考与练习题

3-1　什么是迹线？什么是流线？流线和迹线有何区别？流线有哪些特性？

3-2　按流体流动的空间变数、时间变数，可将流体流动分类为哪两种？

3-3　连续性方程是什么定律在流体力学中的表达式，适用于哪些流动？

3-4　伯努利方程反映了什么规律？方程式中各项的物理意义和几何意义是什么？

3-5　实际总水头线与理想总水头线有何不同？

3-6　如图 3-23 所示，有一等径的直立立管，取断面 A-A 及 B-B，若两断面的间距为 20m，水头损失为 5m，断面 A-A 处的压力 $p=49.1\text{kPa}$，在下列情况下，试求断面 B-B 处的压力。(1) 水向上流动；(2) 水向下流动。

3-7　如图 3-24 所示，有一虹吸管，管径 $d=15\text{cm}$，高度 $h_1=2\text{m}$，$h_2=4\text{m}$，若不考虑水头损失，试求虹吸管出口的流速、流量及最高点 C 点的压力。

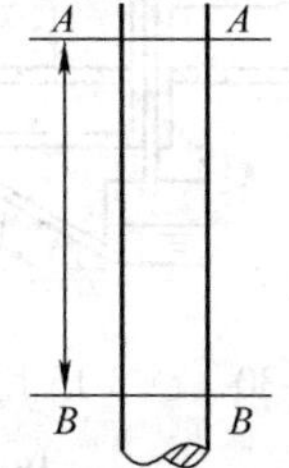

图 3-23　题 3-6 用图

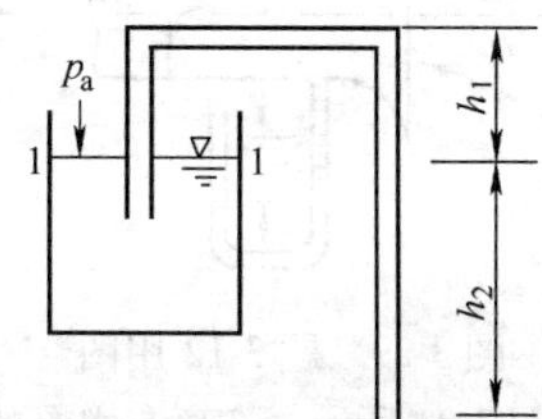

图 3-24　题 3-7 用图

3-8　如图 3-25 所示，水箱中水面稳定，水面高出管道出口部分 $H=3\text{m}$，管径 $d=24\text{cm}$，管长 $l=5\text{m}$，倾角 $\alpha=30°$；若不计水头损失，试求管道中的流量和管道中点 3 的压力。

3-9　如图 3-26 所示，水箱内的水通过三段不同直径的管道组成的水平管，再由喷嘴流入大气。已知 $H=8\text{m}$，且稳定不变，管径分别为 $d_1=26\text{mm}$，$d_2=16\text{mm}$，$d_3=10\text{mm}$。试求不计水头损失时 AB 和 BC 段的平均流速 u_1 和 u_2。

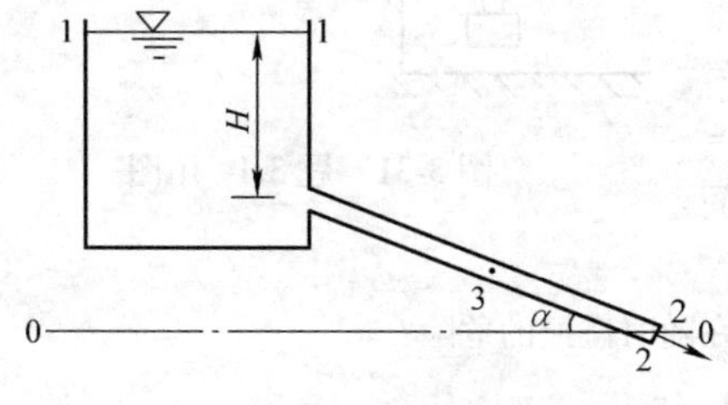

图 3-25　题 3-8 用图

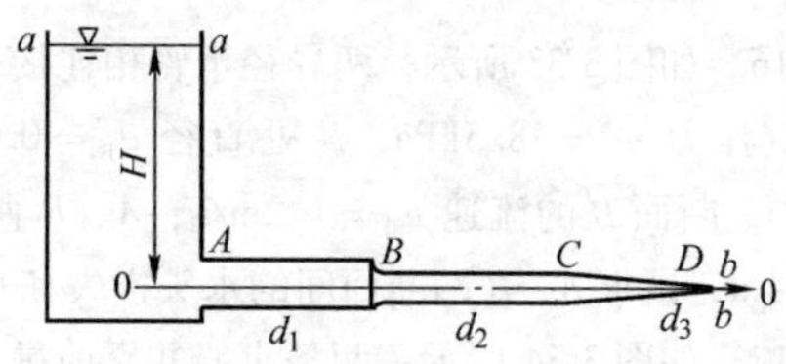

图 3-26　题 3-9 用图

3-10　图3-27所示为测量风机流量用的集流管装置，若风管直径 $d=12\text{cm}$，空气密度 $\rho=1.2\text{kg/m}^3$，水柱吸上高度为 $h_0=12\text{cm}$，不计损失，求空气流量。

3-11　如图3-28所示，在铅直管道中有密度 $\rho=900\text{kg/m}^3$ 的原油流动，管道直径 $d=20\text{cm}$，在相距 $l=20\text{m}$ 的两处读得 $p_1=1.962\text{bar}$[⊖]，$p_2=5.886\text{bar}$，试问流动方向如何？损失水头多少？

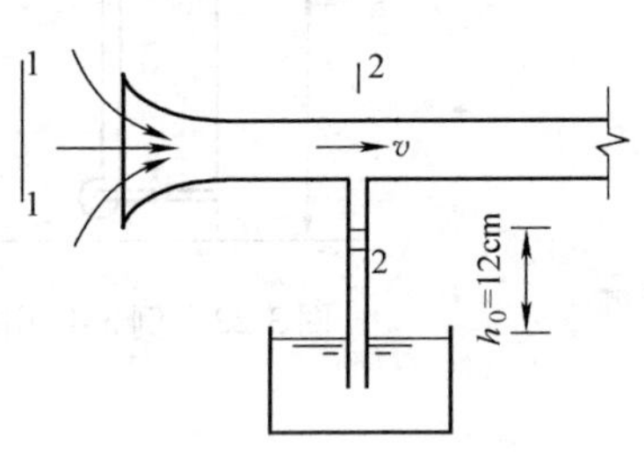

图3-27　题3-10用图

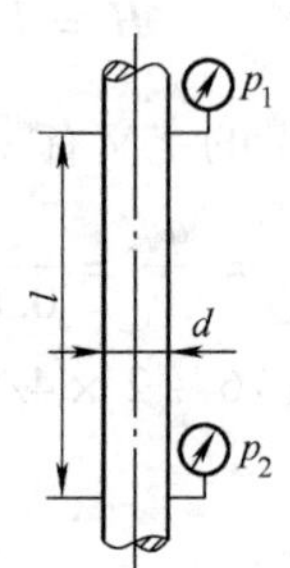

图3-28　题3-11用图

3-12　如图3-29所示，压气机进气管直径 $d=200\text{mm}$，水银柱测压计读数为 $h=20\text{mm}$，流量修正系数为0.98，空气密度 $\rho=1.25\text{kg/m}^3$，试求压气机的空气流量。

3-13　如图3-30所示，用皮托管测量气体管道轴心的速度 u_{max}，皮托静压管与倾斜酒精压差计相连，u_{max} 为管内平均速度的1.2倍。已知 $d=200\text{mm}$，$\sin\alpha=0.2$，$l=75\text{mm}$，气体密度为 1.66kg/m^3，酒精密度为 800kg/m^3，试求气体的质量流量。

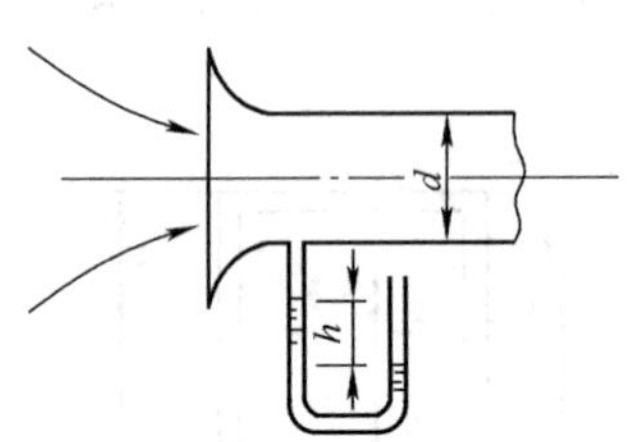

图3-29　题3-12用图

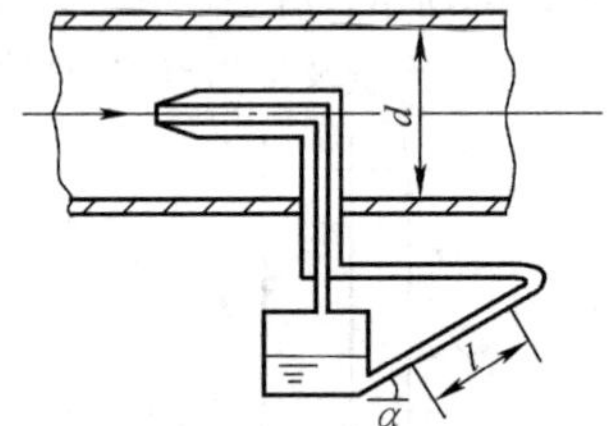

图3-30　题3-13用图

3-14　如图3-31所示，在离心水泵的实验装置上测得吸水管上的表压力 $p_1=-0.04g\text{bar}$，压水管上的表压力为 $p_2=0.28g\text{bar}$（g 为重力加速度），$d_1=300\text{mm}$，$d_2=250\text{mm}$，$a=1.5\text{m}$，$q_V=0.1\text{m}^3/\text{s}$。试求水泵的理论输出功率。

3-15　如图3-32所示，某水泵从水井不抽水，若水泵流量为30L/s，吸水管直径 $d=150\text{mm}$，吸水口真空表读数 $h_v=500\text{mmHg}$，吸水管水头损失 $h_l=1.0\text{m}$，试求水泵的最大安装高度 H_g。

3-16　如图3-33所示，两异径水管相连接，A 处直径 $d_A=0.25\text{m}$，压力 $p_A=78.5\text{kPa}$，B 处直径 $d_B=0.5\text{m}$，压力 $p_B=49.1\text{kPa}$，断面 B 的流速 $u_B=1.2\text{m/s}$，A、B 两断面中心的间距 $z_0=1\text{m}$，试求 A、B 两断面间的水头损失和水流方向。

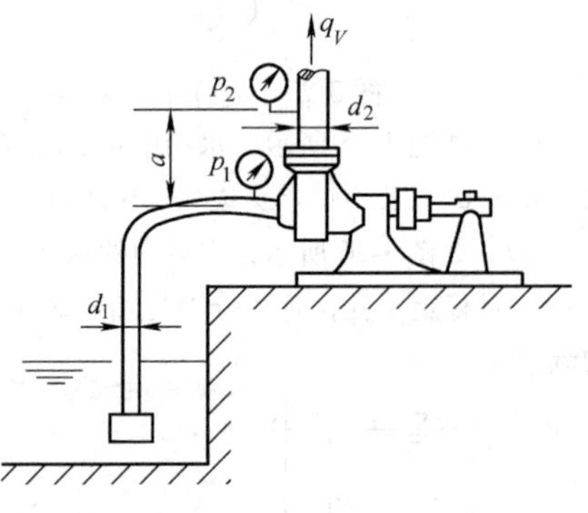

图3-31　题3-14用图

3-17　如图3-34所示，两条小船并靠前进，为什么会存在随时碰撞的危险？

⊖　1bar = 0.1MPa。

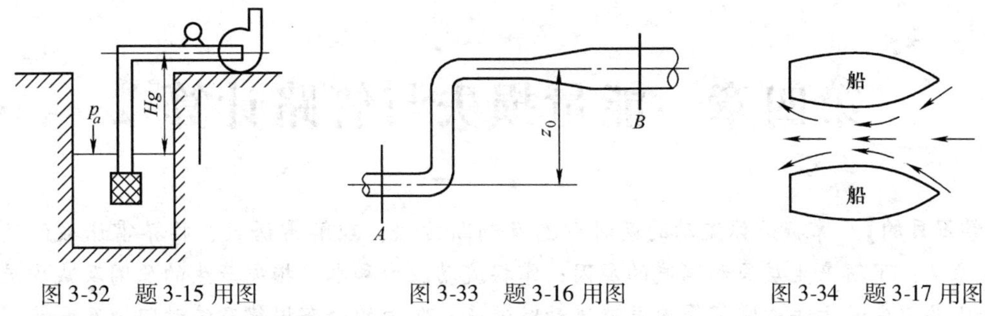

图 3-32　题 3-15 用图　　　图 3-33　题 3-16 用图　　　图 3-34　题 3-17 用图

第四章 能量损失与管路计算

【学习目的】 掌握流体流动的两种形态及判断方法；理解雷诺数、临界雷诺数的定义及物理意义；了解产生层流和湍流的原因；掌握流动阻力和水头损失产生的原因及减少流动阻力和水头损失的方法；掌握管内层流流动时流速、阻力的分布规律及流动阻力及水头损失计算的方法；了解管内湍流流动时流速分布及流动阻力的特点；了解管路水力计算的基本方法。

本章主要讨论流体稳定流动时机械能损失的规律。单位重量流体的能量损失称为水头损失，用符号 h_l 表示。只有确定了实际水头损失的大小，才能应用前述伯努利方程来解决工程实际问题，因此水头损失的分析计算是流体力学的重要内容之一。

水头损失是由于流体流动时的粘滞性引起的。因流体在固体边界的影响下具有一定的流速分布，并在相邻流层间出现粘滞切应力(即流动阻力)，这就使得流体在流动时必须克服阻力而消耗一部分机械能(最终转化为热能)，造成水头损失，所以流动阻力和水头损失是同时存在的。

水头损失与流体的物理性质及边界特征有十分密切的关系，所以必须首先了解水头损失的物理概念，以及水头损失与流体的两种不同流动形态之间的关系，再讨论水头损失的变化规律及其计算方法，最后才能讨论管路水力计算。

第一节 流动阻力与水头损失

流体流经直管段和各种管件时受到的阻力是不相同的，产生的能量损失也不同。为了便于分析和计算，工程计算中常将能量损失分为两类：沿程损失和局部损失。它们的机理和计算方法各有不同。

一、沿程阻力与沿程损失

流体在管径、管壁状态沿程不变的流道上(过流断面的大小和形状都不随流程而变)流过时，其所受到的阻力也将沿程不变，这种流动阻力称为沿程阻力。流体克服这一阻力产生的能量损失称为沿程损失。单位重量流体的沿程损失称为沿程水头损失，用符号 h_f 来表示。在图 4-1 中，h_{fAB}、h_{fBC}、h_{fCD}分别是 AB、BC、CD 管段的沿程水头损失。

由于沿程损失发生在流体流动的一段管路上，沿管段均匀分布，其大小与管段长度成正比。因此，流体在直管段中流动时，流体的总水头线是一条沿程逐渐向下倾斜的直线。

工程上用于计算沿程水头损失的一般公式为

$$h_f = \lambda \frac{l}{d} \frac{\bar{u}^2}{2g} \tag{4-1}$$

式中，l 为管长，单位为 m；d 为管径，单位为 m；$\bar{u}$为断面平均流速，单位为 m/s；g 为重

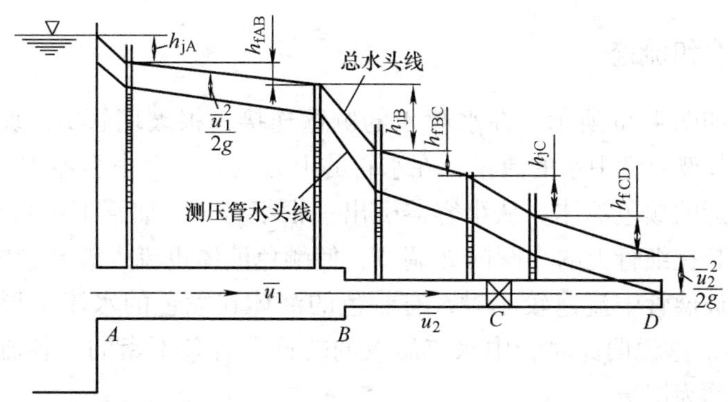

图 4-1 沿程损失与局部损失

力加速度(9.81m/s^2)；λ 为沿程阻力系数。

二、局部阻力与局部损失

当流道边界发生急剧变化时，过流断面的大小和形状，以及流道中流体速度的分布都会发生急剧变化，造成局部的阻力损失。这种阻力称为局部阻力。由此引起的能量损失称为局部损失。单位重量流体的局部损失称为局部水头损失，以符号 h_j 表示。在图 4-1 中，h_{jA}、h_{jB}、h_{jC}分别为 A、B、C 三个管道截面突变处的局部水头损失。

局部损失主要集中于流道局部装置处，其损失的能量主要用于维持旋涡运动，其数值大小与管长无关，主要取决于流道的边界形状。

工程上用于计算局部损失的一般公式为

$$h_j = \xi \frac{\overline{u}^2}{2g} \tag{4-2}$$

式中，ξ 为局部阻力系数。

两种水头损失的外因是有差别的，但内因都是相同的，即实际流体本身是有粘滞性的，流体质点间有相对运动时，必定会产生粘滞切应力(即流动阻力)而引起水头损失。而边界的影响只是区分沿程损失和局部损失的依据。通过以上分析可知，流体在流动过程中产生水头损失的两个必备条件是：①流体具有粘滞性；②由于固体边界的影响，流体内部质点之间产生相对运动。前者是主要的，起决定作用。

如果某段管路由若干直管段和若干局部装置组成(见图 4-1)，则整个管路的损失应等于各段沿程损失和各个局部损失之和，即

$$h_l = \sum h_f + \sum h_j \tag{4-3}$$

由式(4-1)和式(4-2)可知，计算能量损失的关键是确定沿程阻力系数 λ 和局部阻力系数 ξ，这也是本章的核心。下面将逐一对其进行讨论。

第二节 流体流动的两种形态

实践表明，管道中流体流动的速度不同，流体的流动状态就不同。1883 年英国学者雷诺通过大量实验发现，流体运动存在两种不同的形态，即层流和湍流。

一、雷诺实验和流态

雷诺实验装置如图 4-2a 所示，在水箱 A 的侧壁连接一根玻璃管 B，玻璃管末端装有一个阀门 C，用以调节玻璃管中水的流量，在水箱的上方放置一个小容器 D，其中盛有密度与水箱内水的密度相近的颜色液体。从小容器引出一根细管 E，细管下端弯向玻璃管的进口，颜色液体的流量由装在细管上的小阀门 F 调节，使颜色液体也流入玻璃管中。

实验表明，当玻璃管中流速较小时，有颜色的液体在无色的水流中形成一条鲜明的直线，如图 4-2b 所示。这说明此时管中水流质点的轨迹是有条不紊的，各流层的质点互不混杂，这种流动状态称为层流。

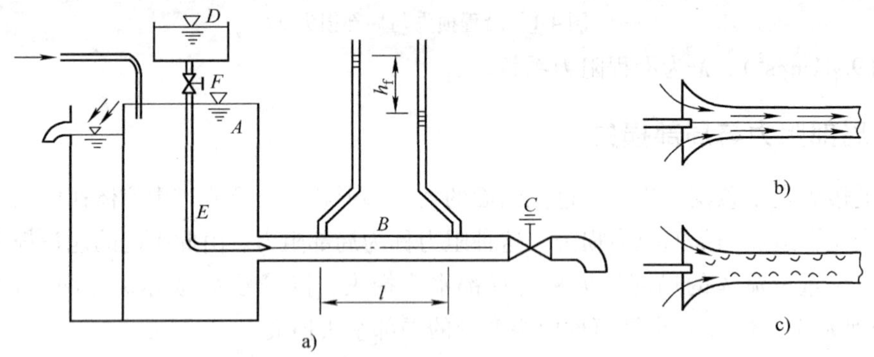

图 4-2　雷诺实验装置

如果逐渐开大阀门 C，则玻璃管中流速逐渐增大，于是有颜色液体的直线流束微微颤抖，发生弯曲。当阀门 C 继续开大，水流速度达到某一数值后，则有颜色液体碎裂成一种紊乱状态，最后与水相混合，如图 4-2c 所示。这说明此时管中水质点的轨迹极为混乱，这样的流动称为湍流。

上述实验并不只限于圆管，流动的液体也并不只限于水，任何其他的实际液体和气体，在任何形状的边界范围内流动时，都可以发生类似的情况。因此可得出结论：任何实际流体的流动都具有两种流动状态，即层流和湍流。

如果将上述实验反序进行，即先开大玻璃管末端的阀门，使管中液体呈湍流状态，然后逐渐关小阀门，降低管内流速，当流速降低到某一数值后，颜色液体流束又恢复为直线流束，此时管中流体呈层流状态。

通常将流动状态转化时，流过圆管过流断面的平均流速称为临界流速。实验表明，由层流转变为湍流时的临界流速大于由湍流转变为层流时的临界流速。前者称为上临界流速，用 $\bar{u}'_c$ 表示，后者称为下临界流速，用 $\bar{u}_c$ 表示。这是由于流动惯性影响的结果，当流速从小到大时，由于管中液体具有保持原有运动的惯性，即使流速已经较大，仍可能保持层流状态。反之，当流速由大减小时，由于管中液体具有保持原有运动的惯性，即使流速较小，流动仍然出现湍流状态。

综合上述的实验结果，可以用临界流速来判别圆管中液体的流动状态。当流体的平均流速 $\bar{u} > \bar{u}'_c$ 时，流动属于湍流形态；当流体的平均流速 $\bar{u} < \bar{u}_c$ 时，流动则属于层流形态。当流体的平均流速介于上、下临界流速之间，即 $\bar{u}_c < \bar{u} < \bar{u}'_c$ 时，流动形态可能是层流，也可能是湍流，流动形态是不稳定的，这主要取决于圆管中流速的变化规律。如果开始时作层流运

动，则当流速增加到超过$\bar{u}_c$时，而未达到$\bar{u}'_c$时，仍有可能保持其层流状态。如果开始时是湍流运动，当流速逐渐减小到低于$\bar{u}'_c$，但仍大于$\bar{u}_c$时，仍有可能保持其湍流状态。但是必须指出，上述条件下的两种流动形态都是不稳定的。如果原来是层流，在某些偶然因素（如机械振动、固体的表面粗糙度等扰动）的影响下，易于转变为湍流。在工程上，扰动是普遍存在的，因此上临界流速$\bar{u}'_c$没有实际意义。所以，一般认为圆管中流速$\bar{u} > \bar{u}_c$时，流动属于湍流。因此临界流速可用下临界流速$\bar{u}_c$表示。

二、流态判别准则——临界雷诺数

雷诺通过大量的实验发现：用同一种流体在不同直径的 B 管内进行实验，所得的临界流速值是各不相同的；用不同的流体在同一直径的 B 管中进行实验，所得的临界流速值也是各不相同的。这说明流体的流动状态不仅与流速有关，还与流体的种类、管的直径有关。而且进一步的实验表明，无论流体的种类和管的直径如何变化，流体的密度 ρ 和粘度 μ、管的直径 d、流体的临界流速$\bar{u}_c$，这四个物理量按下列方式组合的无量纲数 Re_c 不变，而且其值约为 2320，即

$$Re_c = \frac{\rho \bar{u}_c d}{\mu} = \frac{\bar{u}_c d}{\nu} = 2320 \tag{4-4}$$

式中，Re_c 称为临界雷诺数。将上式中的临界流速换为流体的实际平均流速，可得到流体流动的一般雷诺数 Re，即

$$Re = \frac{\rho \bar{u} d}{\mu} = \frac{\bar{u} d}{\nu} \tag{4-5}$$

Re 在 2320 ~ 4000 是从层流向湍流转变的过渡区。工程上，为简便起见，假设当 $Re > Re_c$ 时，流动处于湍流状态。因此，可得圆管内流动流态的判断准则。

层流
$$Re = \frac{\rho \bar{u} d}{\mu} = \frac{\bar{u} d}{\nu} \leqslant 2320$$

湍流
$$Re = \frac{\rho \bar{u} d}{\mu} = \frac{\bar{u} d}{\nu} > 2320$$

流体的流动为什么会存在层流和湍流两种状态呢？为什么临界雷诺数可以作为流态判断标准呢？这是因为在流体运动中总是存在着维持流体运动的惯性力和阻碍流体运动的粘滞力。在流速很小的情况下，粘滞力对流体质点的运动起主导作用，控制质点不作湍流运动，于是出现了层流。当流速很大时，维持流体质点运动的惯性力起着主导作用，使粘滞力失去对流体质点运动的控制，这时就会出现湍流。从层流到湍流的转变取决于惯性力和粘滞力大小的比值。而临界雷诺数就是流体内部这两种力的对比达到使流态起质变的临界值。

在工程问题上，经常给定的条件是流量 q_V 而不是流速$\bar{u}$，这种情况下，流体流经圆管时的雷诺数可用下式表示

$$Re = 21.23 \frac{q_V}{d\nu} \tag{4-6}$$

式中，q_V 为流体的流量，单位为 L/min；d 为圆管的直径，单位为 m；ν 为流体的运动粘度，单位为 m^2/s。

【**例 4-1**】 某低速送风管道，内径 $d = 200\text{mm}$，风速$\bar{u} = 3\text{m/s}$，空气温度为 40℃，运动

粘度为 $17.6\times10^{-6}\text{m}^2/\text{s}$。求(1)风道内气体的流动状态；(2)该风道内空气保持层流的最大速度?

解：(1) 管中的雷诺数 Re 为

$$Re=\frac{\bar{u}d}{\nu}=\frac{3\times0.2}{17.6\times10^{-6}}=3.41\times10^4>2320$$

故管中空气为湍流运动状态。

(2) 空气保持层流的最大流速为

$$\bar{u}_{\max}=\frac{Re_c\nu}{d}=\frac{2320\times17.6\times10^{-6}}{0.2}\text{m/s}=0.2\text{m/s}$$

第三节 圆管层流的沿程损失计算

实际工程上大多数流体处于湍流状态，但在粘性较大的润滑油系统和输油管路中，也会出现层流状态。因此，研究层流运动的沿程阻力损失，仍然具有一定的实际意义，同时也有助于进一步分析湍流的沿程损失。

一、均匀流动方程式

均匀流动是指流速大小和方向均沿程不变的流动。由于这种流动只能发生在壁面(截面形状、大小、表面粗糙度等)，不发生任何变化的直管段上，所以在均匀流动时，只有沿程损失，没有局部损失。为了寻找沿程损失的变化规律，我们先建立沿程损失和沿程阻力之间的关系式，又称为均匀流动方程式。

在图 4-3 所示的均匀流动中，取 1-1、2-2 断面间半径为 r 的圆柱形流段进行受力分析。设流段的长度为 l，断面面积为 A，流段侧面上的切应力为 τ，则流段沿流动方向所受的外力有：1-1、2-2 断面上的压力为 p_1A、p_2A；重力分量为 $\rho glA\cos\alpha$；管壁阻力为 $2\pi lr\tau$。

由于均匀流动为等速运动，所以上述各外力的代数和为零，即

$$p_1A-p_2A+\rho glA\cos\alpha-2\pi rl\tau=0$$

由几何关系知，$l\cos\alpha=z_1-z_2$，代入上式，并将上式两边同除 ρgA，得

$$\left(z_1+\frac{p_1}{\rho g}\right)-\left(z_2+\frac{p_2}{\rho g}\right)=\frac{2\pi rl\tau}{\rho gA}=\frac{2\tau l}{\rho gr}\tag{4-7}$$

又在 1-1 和 2-2 断面列伯努利方程

$$z_1+\frac{p_1}{\rho g}+\frac{\alpha_1\bar{u}_1^2}{2g}=z_2+\frac{p_2}{\rho g}+\frac{\alpha_2\bar{u}_2^2}{2g}+h_1$$

由均匀流动的定义有：$\alpha_1=\alpha_2$，$\bar{u}_1=\bar{u}_2$，$h_1=h_f$，代入上式得

$$h_f=\left(z_1+\frac{p_1}{\rho g}\right)-\left(z_2+\frac{p_2}{\rho g}\right)\tag{4-8}$$

比较式(4-7)和式(4-8)得

$$h_f=\frac{2\tau l}{\rho gr}\quad\text{或}\quad\tau=\rho g\frac{rh_f}{2l}=\rho g\frac{r}{2}J\tag{4-9}$$

式中，$J=h_f/l$ 为单位长度上的沿程损失，表征沿程损失的强度，也称水力坡度。

式(4-9)就是反映沿程损失与沿程阻力之间关系的均匀流动方程式。

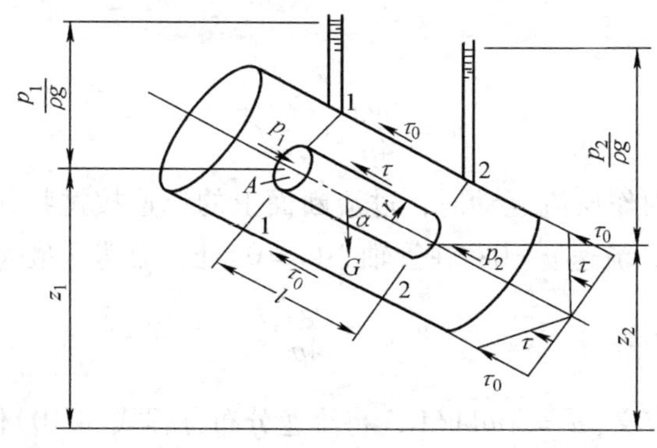

图 4-3　圆管均匀流动

二、圆管层流过流断面上的切应力与流速

1. 切应力分布

对于均匀流动，J 不随 r 变化。由式(4-9)可知，在圆管层流中，过流断面上的切应力与半径呈线性规律变化，如图 4-4a 所示。在管轴心($r=0$)处，切应力 $\tau=0$；在管边壁($r=r_0$)处，切应力为最大，其值为 $\tau=\tau_0=\rho g r_0 J/2$。

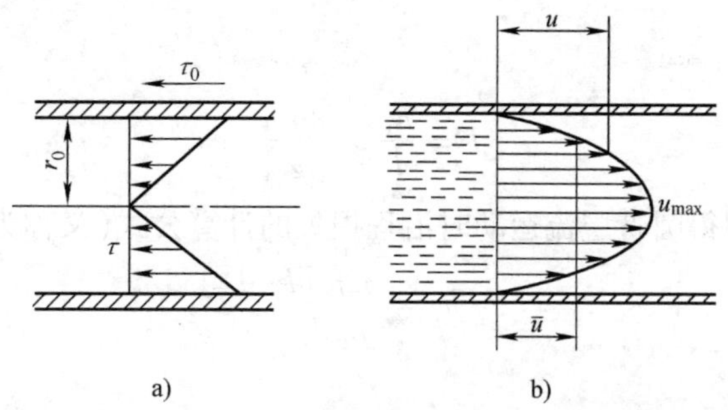

图 4-4　圆管层流过流断面上的切应力和速度

2. 速度分布

在层流状态下，流体所受到的切应力只有粘滞切应力，其大小可通过牛顿内摩擦力定律得到

$$\tau=-\mu\frac{\mathrm{d}u}{\mathrm{d}r}$$

将此式与式(4-9)联立，得

$$\rho g\frac{r}{2}J=-\mu\frac{\mathrm{d}u}{\mathrm{d}r}$$

即

$$\mathrm{d}u=-\frac{\rho g J}{2\mu}r\mathrm{d}r$$

在均匀流动中 J 不随 r 变化，因此对上式积分有

$$u=-\frac{\rho g J}{4\mu}r^2+C$$

上式中 C 为积分常数。将边界条件：$r=r_0$ 时，$u=0$，代入上式有 $C=\frac{\rho gJ}{4\mu}r_0^2$。因此，圆管层流的流速分布方程为

$$u=\frac{\rho gJ}{4\mu}(r_0^2-r^2) \tag{4-10}$$

上式表明，流体在圆管内作层流运动时，过流断面上的流速按抛物线规律变化，如图 4-4b 所示。在管壁($r=r_0$)处，流速 $u=0$；在管轴心($r=0$)处，流速 u 最大，其值为

$$u_{\max}=\frac{\rho gJ}{4\mu}r_0^2 \tag{4-11}$$

按断面平均流速的定义：$\bar{u}=\int u\mathrm{d}A/A$，将流速分布方程式(4-10)代入，可得圆管层流运动的断面平均流速为

$$\bar{u}=\frac{\rho gJ}{8\mu}r_0^2 \tag{4-12}$$

将上式与式(4-11)比较可知，平均流速正好为最大流速的一半，即

$$\bar{u}=\frac{1}{2}u_{\max} \tag{4-13}$$

三、圆管层流运动时的沿程阻力系数

改写式(4-12)，有

$$J=\frac{h_{\mathrm{f}}}{l}=\frac{8\mu\bar{u}}{\rho gr_0^2}$$

将 $d=2r_0$ 代入上式，即得圆管层流运动时沿程损失的计算公式(又称为达西公式)为

$$h_{\mathrm{f}}=\frac{32\mu\bar{u}l}{\rho gd^2} \tag{4-14}$$

将上式与式(4-1)联立

$$\lambda\frac{l}{d}\frac{\bar{u}^2}{2g}=\frac{32\mu\bar{u}}{\rho gd^2}$$

可得圆管层流运动时的沿程阻力系数为

$$\lambda=\frac{64\mu}{\rho\bar{u}d}=\frac{64}{Re} \tag{4-15}$$

上式表明，流体在圆管内层流运动时，沿程阻力系数 λ 与 Re 成反比，与管壁表面粗糙度无关。

【例 4-2】 某制冷系统中，用内径为 $d=10\mathrm{mm}$，长为 $l=3\mathrm{m}$ 的输油管输送润滑油。已知该润滑油的运动粘度 $\nu=1.802\times10^{-4}\mathrm{m^2/s}$，求流量为 $q_V=75\mathrm{cm^3/s}$ 时，润滑油管道上的沿程损失。

解： $u=\frac{q_V}{A}=\frac{4q_V}{\pi d^2}=\frac{4\times75\times10^{-6}}{\pi\times0.01^2}\mathrm{m/s}=0.96\mathrm{m/s}$

$Re=\frac{\bar{u}d}{\nu}=\frac{0.96\times0.01}{1.802\times10^{-4}}=53.3<2320$，故为层流运动。

所以

$$\lambda = \frac{64}{Re} = \frac{64}{53.3} = 1.2$$

$$h_f = \lambda \frac{l}{d} \frac{\bar{u}^2}{2g} = 1.2 \times \frac{3}{0.01} \times \frac{0.96^2}{2 \times 9.81} \text{m} = 16.91 \text{m} \quad (\text{油柱})$$

第四节　圆管湍流的沿程损失计算

实际工程上，除少数流动为层流外，绝大多数都属于湍流运动，因此湍流的特征和运动规律在解决工程实际问题中有更重要的作用。本节主要讨论圆管中湍流运动的特征和沿程损失的计算。

一、湍流脉动现象与时均法

湍流运动时，流体质点的运动轨迹非常复杂，不同流层间的质点相互碰撞、掺混，使质点的运动速度随时间不规则地变化，进而导致流场中各空间位置点的速度、压力等运动参数也随时间作无规则变化，这给湍流的研究带来了一定的难度。但实践证明，某一空间位置点的流速、压力等运动参数，虽然每时每刻都在发生变化，但在一个较长的时间内，这种变化并不是漫无边际的，而是围绕某一平均值上下波动，如图 4-5 所示。这一现象称为湍流脉动现象，这一平均值称为时间平均值，简称时均值。

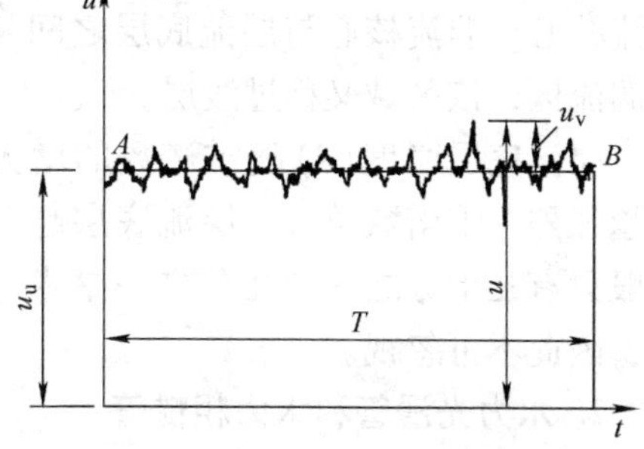

图 4-5　湍流速度的脉动

与断面平均流速的定义相似，速度的时间平均值(时均流速)即是流速对时间段 T 的平均，其数学表达式为

$$u_u = \frac{1}{T}\int_0^T u \mathrm{d}T$$

由图 4-5 可见，瞬时流速 u 是时均流速 u_u 和脉动流速 u_v 的代数和，即

$$u = u_u + u_v$$

按照时均流速的定义，脉动流速 u_v 的时均值为

$$u_v = \frac{1}{T}\int_0^T u \mathrm{d}T = \frac{1}{T}\int_0^T (u - u_u)\mathrm{d}T = u_u - u_u = 0$$

即脉动速度时均值恒为零。

用类似的方法，可得时均压力 p_0 和脉动压力 p' 为

$$p_0 = \frac{1}{T}\int_0^T p \mathrm{d}T \qquad p = p_0 + p' \quad p' = 0$$

有了时均值的概念，湍流可以简化为时均流动和脉动流动的叠加，这样可以对时均流动和脉动流动进行研究。由上述分析可知，脉动是暂时的，它对流体的运动特性不起决定作用；而时均流动才是主要的，它反映了流动的基本特征。因此，工程上常将运动参数的时均值作为湍流的运动参数，此时的湍流又称为时均湍流，当运动参数的时均值不随时间变化时，时均湍流可以认为是稳定流动。对于这种湍流，前述的连续性方程、伯努利方程均可适用。本节后面的讨论均为时均湍流，且为稳定流动。但为了简便，运动参数上不再冠以时均

符号。

二、湍流结构、水力光滑管和水力粗糙管

1. 湍流结构

实验证明，流体在管内作湍流运动时，并非整个过流断面上都为湍流（见图 4-6）。在贴近管壁的地方，总有非常薄的一层流体由于管壁的阻碍作用，速度很小，而处于层流运动，该流层称为层流底层。管中心部分由于受边壁的影响较小，流体质点相互掺混，碰撞频繁，表现出明显的湍流特征，该部分称为湍流核心，湍流核心与层流底层之间是一层很薄的不完全湍流区，该区域又称过渡层。

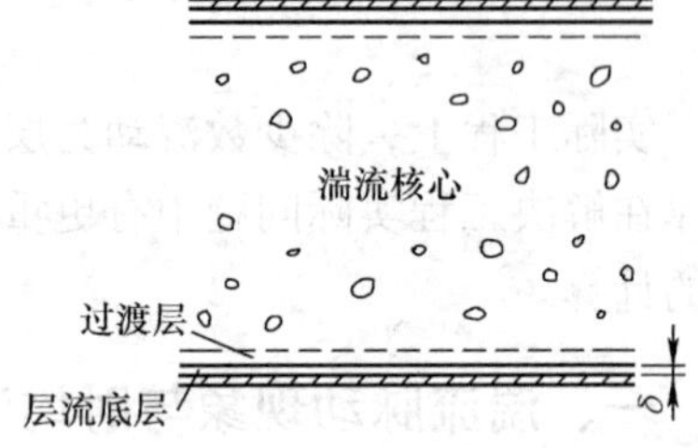

图 4-6　湍流结构

层流底层厚度(δ)随雷诺数的增大而减小，也即湍流越强烈，雷诺数越大，层流底层越薄。层流底层厚度一般只有几十分之一到几分之一毫米，但它的存在对管壁粗糙的扰动和传热性能有重大影响，因此不可忽视。

2. 水力光滑管和水力粗糙管

任何管道的内壁都不可能绝对光滑，总有凹凸不平的现象，如图 4-7 所示。为了便于比较，将峰谷间的平均距离 Δ 称为管壁的绝对粗糙度。

层流底层的厚度 δ 与管壁绝对粗糙度 Δ 的相对大小，对湍流沿程损失有很大影响。

当 Δ 比 δ 小得多时，如图 4-7a 所示，管壁的粗糙完全被层流底层覆盖，湍流核心相当于在光滑管内流动，因此可认为沿程损失与 Δ 无关，这时的管道称为水力光滑管。

当 Δ 远大于 δ 时，如图 4-7b 所示，管壁的粗糙完全暴露于湍流核心区中，这时湍流中速度较大的流体质点就会冲击凸起部位，形成旋涡，从而使能量损失急剧增大，也即 Δ 成为沿程损失的主要影响因素，这时的管道称为水力粗糙管。

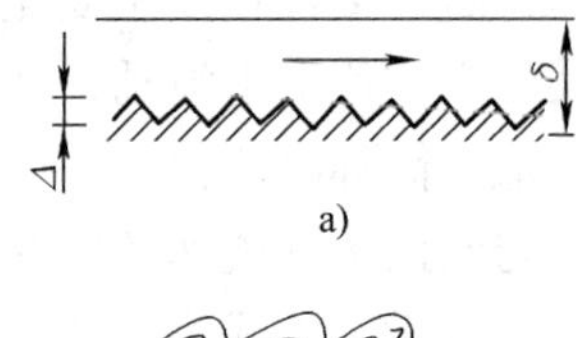

a)

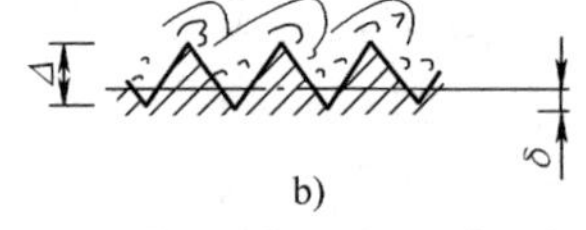

b)

图 4-7　水力光滑管和水力粗糙管

三、湍流阻力与流速分布

1. 湍流阻力

在湍流中，流体内部不仅存在着因流层间的时均流速不同，而产生粘滞切应力 τ_1，而且还存在着由于脉动使流体质点之间发生动量交换而产生的惯性切应力 τ_2。根据普朗特的混合长度理论，τ_2 可表示为

$$\tau_2 = \rho l^2 \left(\frac{du}{dy}\right)^2 \tag{4-16}$$

式中，ρ 是流体的密度，单位为 kg/m^3；du/dy 为速度梯度(s^{-1})；l 为流体质点因脉动而由一层移动到另一层的径向距离，也称混合长度，单位为 m，其值与质点到管壁的距离成正比，即 $l = \beta y$，这里 β 为比例系数。

湍流中的总切应力为粘滞切应力与惯性切应力之和，即

$$\tau = \tau_1 + \tau_2 = \mu\frac{\mathrm{d}u}{\mathrm{d}y} + \rho l^2\left(\frac{\mathrm{d}u}{\mathrm{d}y}\right)^2 \tag{4-17}$$

当雷诺数很大时，粘性阻力起的作用很小，可以忽略，因此

$$\tau = \rho l^2\left(\frac{\mathrm{d}u}{\mathrm{d}y}\right)^2 \tag{4-18}$$

2. 湍流速度分布

实验证明，流体在管道中湍流运动时，过流断面上的速度分布如图4-8所示。在层流边界层内，速度仍按抛物线分布；在湍流核心区，流速按对数规律分布，最大流速仍发生在管轴心线上。但由于质点的相互碰撞，流速趋于均匀，速度梯度减小，最大流速与平均流速的比值一般为$\bar{u}=(0.75\sim0.9)u_{\max}$。

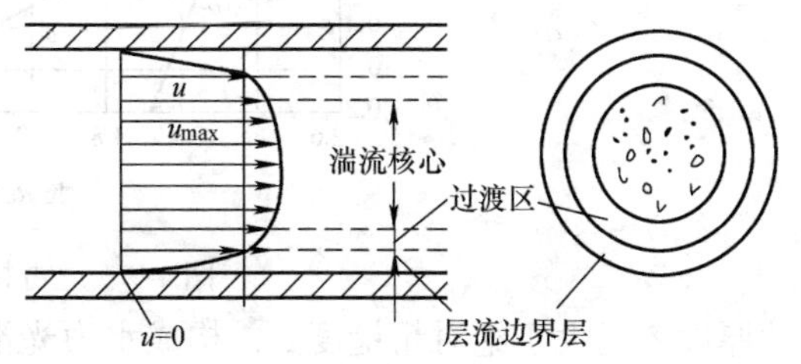

图4-8　湍流速度分布

湍流的流速分布规律也可借助一些假设，由湍流切应力公式(4-18)导出，其结果为

$$\bar{u} = \frac{1}{\beta}\sqrt{\frac{\tau_0}{\rho}}\ln y + C \tag{4-19}$$

上式表明，湍流过流断面上的速度按对数规律分布，式中C和β由边界条件确定。

四、湍流沿程阻力系数的确定

由于湍流的复杂性，至今还不能完全通过理论推导的方法确定湍流沿程阻力系数λ，只能借助实验研究总结一些计算λ的经验公式和半经验公式。

1. 尼古拉兹实验

为了得到λ的变化规律，1933年尼古拉兹在类似图4-2所示的实验台上，采用人工粗糙管（管内壁上均匀敷有粒度相同的砂粒）进行了大量实验。实验时，测定管B中的平均流速$\bar{u}$和管段l上的水头损失h_f，然后根据式(4-1)和式(4-5)，由$\bar{u}$和h_f算出λ和Re，即

$$Re = \frac{\bar{u}d}{\nu},\quad \lambda = \frac{d}{l}\frac{2g}{\bar{u}^2}h_f$$

尼古拉兹先后用相对粗糙度在$\frac{\Delta}{d}=\frac{1}{1014}\sim\frac{1}{30}$之间的六种不同管子进行了实验，实验结果如图4-9所示。由该图可知，λ的变化规律分为五个区域：

第Ⅰ区为层流区。当$Re\leqslant2320$时，所有的实验点都有落在同一直线Ⅰ上。这说明λ与Δ/d无关，只与Re有关，即$\lambda=f_1(Re)$。并且λ与Re的关系符合公式$\lambda=64/Re$，这也证实了理论分析得出的层流计算公式是正确的。

第Ⅱ区为层流与湍流的临界区。在$2320\leqslant Re\leqslant4000$范围内，实验点较分散。但$\lambda$随$Re$的增大而增大，与$\Delta/d$无关，即$\lambda=f_2(Re)$。由于该区很不稳定，工程上实用意义不大，因此对此区λ的计算研究很少。特殊情况下需要时，可按水力光滑管来处理。

第Ⅲ区为湍流光滑区。在$Re>4000$后，所有的实验点起初都落在同一条曲线Ⅲ上，在该曲线范围内，λ仍只与Re有关，而与Δ/d无关，即$\lambda=f_3(Re)$。这是因为在此区层流底

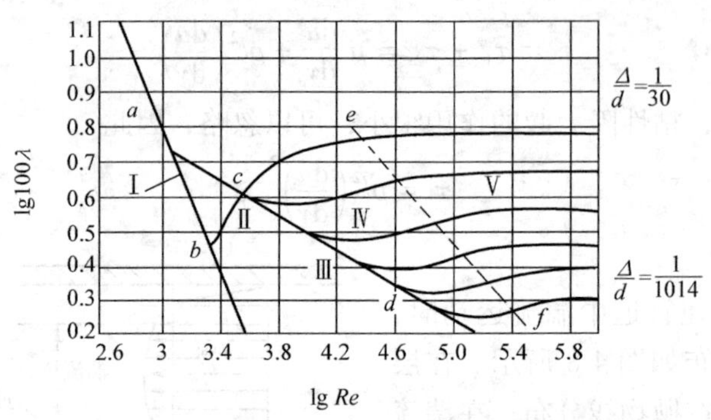

图 4-9　尼古拉兹实验曲线

层的厚度 δ 远大于绝对粗糙度 Δ，构成水力光滑管。

第Ⅳ区为湍流过渡区。在此区域内，具有不同相对粗糙度的实验点各自分开，形成一条条的曲线。这表明，λ 不仅与 Re 有关，而且还与 Δ/d 有关，即 $\lambda = f_4(Re, \Delta/d)$。这是因为随着 Re 的增大，δ 变小，粗糙开始影响到核心区内的流动。

第Ⅴ区为湍流粗糙区(也称阻力平方区)。在这个区域，相对粗糙度 Δ/d 不同的实验点各自分布在不同的水平线上。这表明 λ 与 Re 无关，而只与 Δ/d 有关。这是因为随着 Re 的进一步增大，层流底层厚度 δ 变小，使管壁粗糙完全暴露于湍流核心区中，成为影响流动阻力的主要因素，而 Re 的影响已微不足道了。

尼古拉兹实验的意义在于它概括地反映了各种情况下，λ 随 Re、Δ/d 的变化关系。从而说明了 λ 的变化规律是与区域有关的。由实验可知，对于实际管道，除 Δ/d 外，凸起的多少、形状、排列方式等都会对 λ 产生影响。尼古拉兹是用人工粗糙管道进行实验的，因此，其实验结果并不完全与实际管道的相同。

2. 莫迪实验

为了得到实际管道的 λ 值，莫迪在 1848 年用天然粗糙的工业管道做了与尼古拉兹相类似的实验，图 4-10 为根据实测资料绘制的曲线图，称为莫迪图。该图反映了实际管道 λ 的变化规律。根据 Re 和 Δ/d 值，就可在图中直接查出相应的 λ 值。

由前述可知，实际管道影响 λ 的管壁因素除粗糙度外，还有粗糙的排列方式、粗糙的形状等。因此，无论是图还是下述公式中的 Δ 值，对于工业管道都指当量粗糙度。所谓当量粗糙度，就是指与实际管道 λ 值相等的同直径人工粗糙管的粗糙度。各种工业管道的 λ 值，可通过将其实验数据与人工粗糙管的实验数据相比较得到。常用工业管道的当量粗糙度见表 4-1。

表 4-1　常用工业管道的当量粗糙度(Δ)

管　材	当量粗糙度 Δ/mm	管　材	当量粗糙度 Δ/mm
新钢管	0.0015 ~ 0.01	新铸铁管	0.25 ~ 0.42
新无缝钢管	0.04 ~ 0.19	旧铸铁管	0.5 ~ 1.6
旧无缝钢管	0.2	涂沥青铸铁管	0.12
新焊接钢管	0.06 ~ 0.33	玻璃管	0.01
镀锌钢管	0.15	橡皮软管	0.01 ~ 0.05
生锈钢管	0.5 ~ 3.0	混凝土管	0.3 ~ 3.0

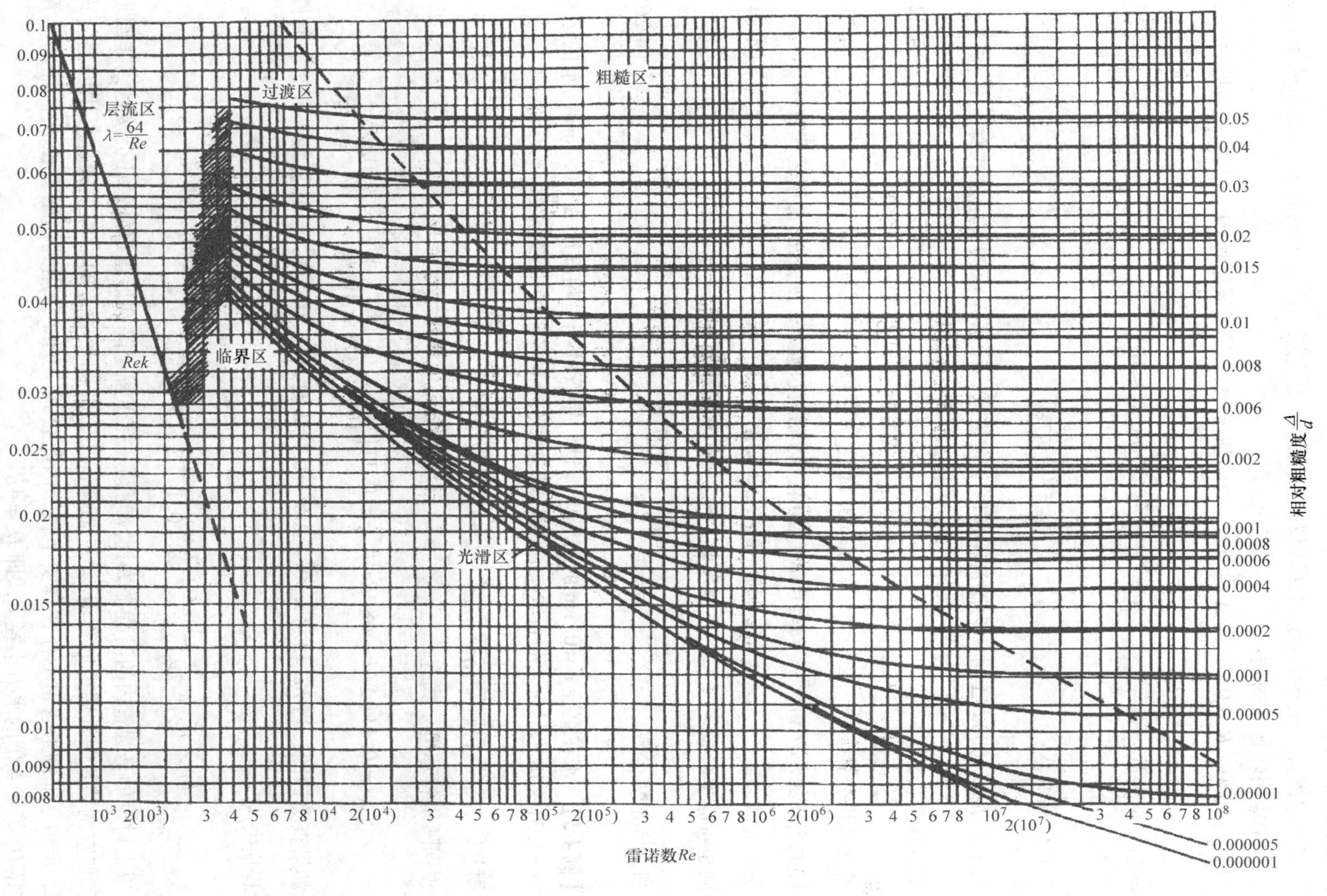

沿程阻力系数 λ
0.1
0.09
0.08
0.07
0.06
0.05
0.04
0.03
0.025
0.02
0.015
0.01
0.009
0.008
层流区
$\lambda=\frac{64}{Re}$
Rek
临界区
过渡区
粗糙区
光滑区
相对粗糙度 $\frac{\Delta}{d}$
0.05
0.04
0.03
0.02
0.015
0.01
0.008
0.006
0.002
0.001
0.0008
0.0006
0.0004
0.0002
0.0001
0.00005
0.00001
0.000005
0.000001
10^3 $2(10^3)$ 3 4 5 6 7 8 10^4 $2(10^4)$ 3 4 5 6 7 8 10^5 $2(10^5)$ 3 4 5 6 7 8 10^6 $2(10^6)$ 3 4 5 6 7 8 10^7 $2(10^7)$ 3 4 5 6 7 8 10^8
雷诺数 Re

图 4-10　莫迪图

3. 湍流 λ 的计算公式

除了莫迪图外，很多学者还根据资料总结出了关于实际管道 λ 的计算公式和区域划分方法，当中应用较普遍的是：

（1）当 $2320 < Re \leqslant 0.32(d/\Delta)^{1.28}$ 时，为湍流光滑区　在该区域内，计算 λ 值的常用公式有

布拉修斯公式
$$\lambda = \frac{0.3164}{Re^{0.25}}(2320 < Re \leqslant 10^5) \tag{4-20}$$

尼古拉兹公式
$$\frac{1}{\sqrt{\lambda}} = 2\lg\frac{Re\sqrt{\lambda}}{2.51} \tag{4-21}$$

（2）当 $Re > 1000d/\Delta$ 时，为湍流粗糙区　在该区，计算 λ 值的常用公式有

尼古拉兹公式
$$\frac{1}{\sqrt{\lambda}} = 2\lg\frac{3.7d}{\Delta} \tag{4-22}$$

希弗林松公式
$$\lambda = 0.11(\Delta/d)^{0.25} \tag{4-23}$$

（3）当 $0.32(d/\Delta)^{1.28} < Re \leqslant 1000d/\Delta$ 时，为湍流过渡区　此区的常用公式有

莫迪公式
$$\lambda = 0.0055[1 + (20000\Delta/d + 10^6/Re)^{1/3}] \tag{4-24}$$

阿里特苏里公式
$$\lambda = 0.11(\Delta/d + 68/Re)^{0.25} \tag{4-25}$$

科列勃洛克公式
$$\frac{1}{\sqrt{\lambda}} = -2\lg\left(\frac{2.51}{Re\sqrt{\lambda}} + \frac{\Delta}{3.7d}\right) \tag{4-26}$$

【例 4-3】　水在直径 $d = 0.1\text{m}$ 的钢管内流动，钢管的当量粗糙度 $\Delta = 0.2\text{mm}$，水的运动粘度 $\nu = 1.31 \times 10^{-6}\text{m}^2/\text{s}$，水的流速 $\bar{u} = 5\text{m/s}$，试求 50m 管长的沿程损失。

解： $Re = \frac{\bar{u}d}{\nu} = \frac{5 \times 0.1}{1.31 \times 10^{-6}} = 3.8 \times 10^5$，故为湍流

根据阿里特苏里公式有

$$\lambda = 0.11(\Delta/d + 68/Re)^{0.25} = 0.11\left(\frac{0.2}{100} - \frac{68}{3.8 \times 10^5}\right)^{0.25} = 0.0227$$

如果查莫迪图，当 $Re = 3.8 \times 10^5$，$\Delta/d = 0.002$ 时，$\lambda = 0.024$，与计算结果相近。管路的沿程损失为

$$h_f = \lambda\frac{l}{d}\frac{\bar{u}^2}{2g} = 0.0227 \times \frac{50}{0.1} \times \frac{5^2}{2 \times 9.81}\text{m} = 14.46\text{m}\quad（水柱）$$

以上讨论的是圆管内的沿程损失计算问题。在工程上除圆形管道外，还会接触到非圆形管道（如空调装置中常用矩形管道）。一般情况下，非圆形管道的沿程损失也可用以上公式计算，但由于非圆形管道不存在真实半径，因此公式中的 d 采用其当量直径 D_e。非圆形管的直径 D_e 等于 4 倍的水力半径 R，即 $D_e = 4R$。

第五节　局部损失计算

一、局部损失产生的主要原因

局部损失主要是由下面两个原因引起的：

1）管壁的急剧变化，使流体在惯性力的作用下与壁面发生脱离，形成旋涡区。旋涡区内流体的回旋需要一定的能量，这些能量来自主流流体，从而使主流流体的能量减少，产生能量损失。

2）管壁变化，使流体的流动速度重新分布。在流速重新分布过程中，流体质点间必然要发生更多的摩擦和碰撞，从而消耗一定的能量，产生能量损失。

二、影响局部损失的主要因素

实验研究表明，局部损失同样与流体的流动状态有关。但由于流体经过局部阻碍后很难保持层流状态，除非在雷诺数很小的情况下才有可能，这在一般工程上很少遇到。因此，工程上只研究湍流状态下的局部损失。

大量实验结果表明，湍流状态下的 ξ 值取决于局部阻碍的形状、壁面的相对粗糙度和雷诺数 Re，即

$$\xi = f(\text{局部阻碍形状},\text{相对粗糙度},Re)$$

不同情况下，各因素起的作用不同，但局部边界形状始终是一个最主要因素。

三、局部阻力系数

局部阻碍的种类很多，形状各异，边界变化非常复杂。除个别情况外，大多数局部阻碍的局部阻力系数不能通过理论推导得到，只能借助实验给出经验公式或数值。因此，这里只对几种典型的局部阻碍的阻力系数给出经验公式或数值。

1. 管径突然扩大

管径突然扩大（见图 4-11）时会形成局部的旋涡，造成局部损失。局部阻力系数计算及所取速度分别如下：

当用小管段流速计算时：

$$h_j = \xi_1 \frac{\bar{u}_1^2}{2g},\quad \xi_1 = \left(1 - \frac{A_1}{A_2}\right)^2$$

当用大管段流速计算时：

$$h_j = \xi_2 \frac{\bar{u}_2^2}{2g},\quad \xi_2 = \left(\frac{A_2}{A_1} - 1\right)^2$$

可见，针对不同的流速，有不同的局部阻力系数计算公式。

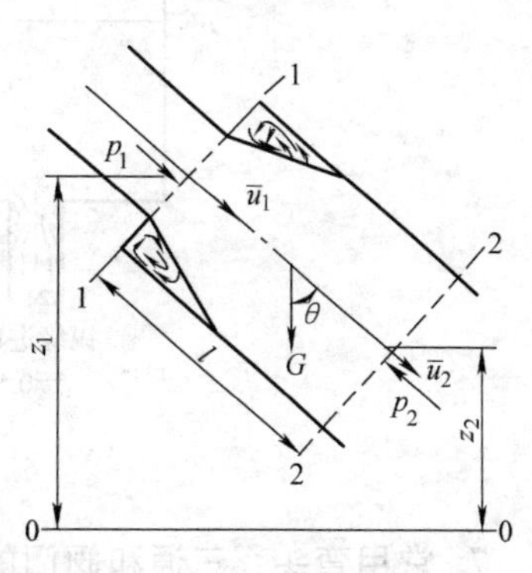

图 4-11　突然扩大管

2. 管径逐渐扩大

由于管径突然扩大的能量损失较大，一般均采用渐扩管。渐扩管较长，能量损失包括沿程损失和局部损失两部分，相对于$\bar{u}_1$ 的阻力系数公式为

$$\xi_1 = \frac{\lambda}{8\sin(\theta/2)}\left(1 - \frac{A_1}{A_2}\right)^2 + K\left(\tan\frac{\theta}{2}\right)^{1.25}\left(1 - \frac{A_1}{A_2}\right)^2 \tag{4-27}$$

式中，λ 为沿程阻力系数；θ 为管的扩张角，如图 4-12 所示；K 是与 θ 有关的系数，当 $\theta = 10° \sim 40°$时，圆锥管 $K = 4.8$，方形锥管 $K = 9.3$；$\theta < 10°$时，等号右边第二项可以略去不计。

3. 管径突然收缩

$$\xi = 0.5\left(1 - \frac{A_2}{A_1}\right) \tag{4-28}$$

可见，ξ 主要取决于面积比，如图 4-13 所示。

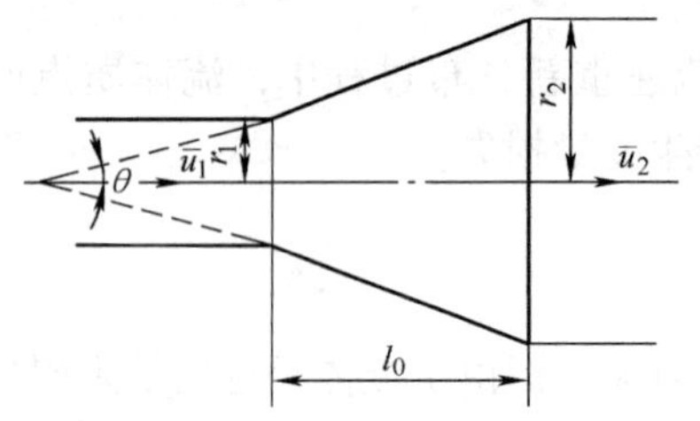

图 4-12　逐渐扩大管

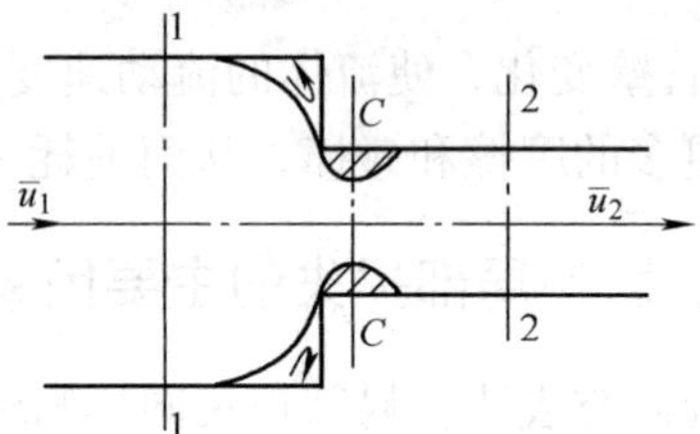

图 4-13　突然收缩管

4. 管径逐渐减小

如图 4-14 所示，当 $\theta < 30°$时，沿程阻力损失是主要的，阻力系数计算公式为

$$\xi = \frac{\lambda}{8\sin(\theta/2)}\left(1 - \frac{A_1}{A_2}\right)^2 \tag{4-29}$$

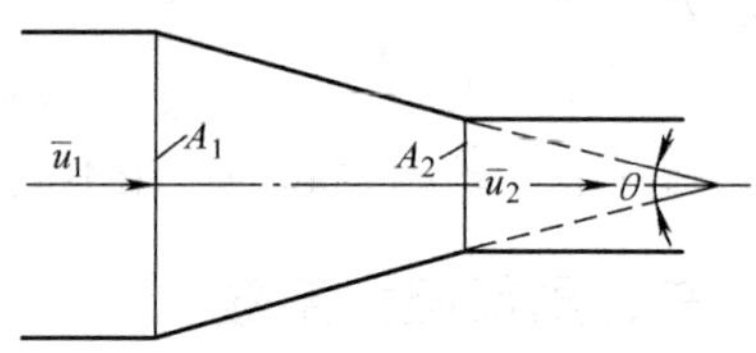

图 4-14　逐渐收缩管

5. 管道出口

若管道出口直接流入大容器，由突然扩大局部阻力系数的计算公式知，当 A_2 远大于 A_1 时，$\xi = 1.0$。

6. 管道入口

管道入口的阻力系数与进口边缘的情况有关。不同情况下的局部阻力系数如图 4-15 所示。

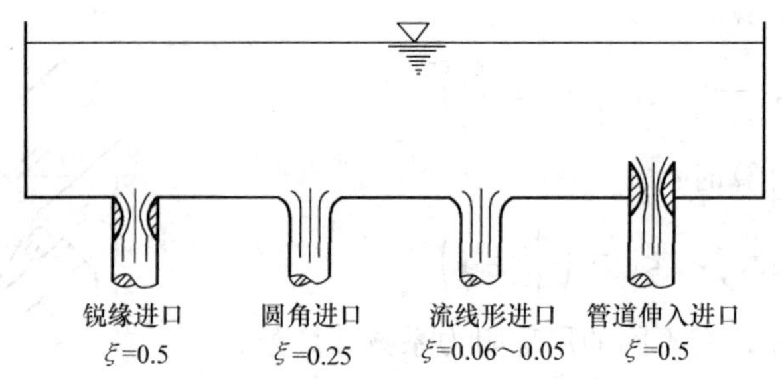

图 4-15　管道入口

7. 常用弯头、三通和阀门的局部阻力系数

常用弯头、三通和阀门的局部阻力系数值见表 4-2。

表 4-2　常用弯头、三通和阀门的局部阻力系数值

<table>
<tr><th>序号</th><th>管件名称</th><th>示意图</th><th colspan="7">局部阻力系数</th></tr>
<tr><td rowspan="2">1</td><td rowspan="2">90°弯头
（零件）</td><td rowspan="2"></td><td>d/mm</td><td>15</td><td>20</td><td>25</td><td>32</td><td>40</td><td>≥50</td></tr>
<tr><td>ζ</td><td>2.0</td><td>2.0</td><td>1.5</td><td>1.5</td><td>1.0</td><td>1.0</td></tr>
<tr><td rowspan="3">2</td><td rowspan="3">三通
（零件）</td><td rowspan="3"></td><td></td><td colspan="2">直流</td><td>旁流</td><td colspan="2">分流</td><td>合流</td></tr>
<tr><td>流向</td><td colspan="2">②→③
或②←③</td><td>①　①
↓　↑
②←或←③</td><td colspan="2">①
↓
②←→③</td><td>①
↑
②→←③</td></tr>
<tr><td>ζ</td><td colspan="2">0.1</td><td>1.5</td><td colspan="2">1.5</td><td>3.0</td></tr>
<tr><td rowspan="2">3</td><td rowspan="2">闸阀</td><td rowspan="2"></td><td>d/mm</td><td>15</td><td>20</td><td>25</td><td>32</td><td>40</td><td>≥50</td></tr>
<tr><td>ζ</td><td>1.5</td><td>0.5</td><td>0.5</td><td>0.5</td><td>0.5</td><td>0.5</td></tr>
<tr><td rowspan="2">4</td><td rowspan="2">截止阀</td><td rowspan="2"></td><td>d/mm</td><td>15</td><td>20</td><td>25</td><td>32</td><td>40</td><td>≥50</td></tr>
<tr><td>ζ</td><td>16.0</td><td>10.0</td><td>9.0</td><td>9.0</td><td>8.0</td><td>7.0</td></tr>
</table>

以上介绍了部分阻碍的局部阻力系数计算公式或数值。应该说明的是，在工程上还会遇到各种各样的其他局部阻碍，有关它们的局部阻力系数在专业手册或规范中均可查到。

四、减小流动阻力的措施

减小流动阻力可通过两种不同的途径来实现：一种是向流体内部投入添加剂，使流体流动的内部结构发生变化；另一种是通过改善边界对流动的影响。添加剂减阻目前尚属于新兴的研究课题，这里主要介绍后者。

减小沿程阻力的有效措施是减小管壁粗糙度。用柔性边界代替刚性边界也可以减小沿程阻力。此外，减小管段长度，适当增加管径也可在一定程度上减小流动阻力，但采取该措施时应综合考虑其经济性和安全性。

减小局部阻力的着眼点应在于避免旋涡区的产生或减小旋涡区的大小和强度。下面举几个例子来说明这个问题。

（1）管道进口　如图 4-15 所示，圆形进口比锐缘进口的阻力系数小 50%，流线型的入口比锐缘进口阻力系数小 90%。

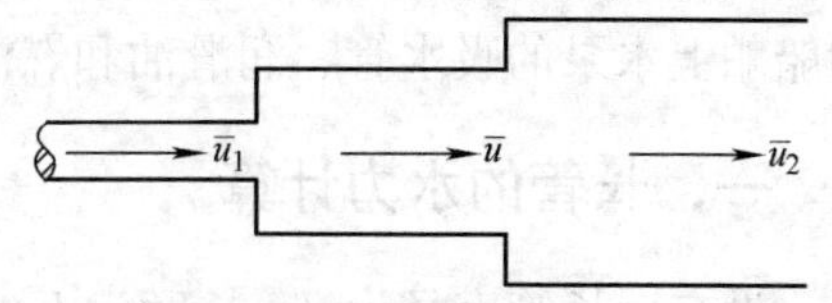

图 4-16　二次突扩管

（2）渐扩管与突扩管　在相同的截面比下，渐扩管的阻力系数要比突扩管小得多。此外，二次突扩

(见图4-16)的阻力系数小于一次突扩的阻力系数。

(3) 弯管　对于截面积较大的风道，加大曲率半径或在弯道内装导流叶片(见图4-17)可以使局部阻力系数减小。实验证明：没有装导流叶片的直角弯头 $\xi=1.1$，装薄钢板弯成的导流叶片后 $\xi=0.4$，装流线月牙形导流叶片 $\xi=0.25$。

(4) 三通　在流体转向的地方将折角转缓，如图4-18所示，可以使阻力系数减小。在总管上安装合流板或分流板，如图4-18b所示，也可减小三通的阻力系数。

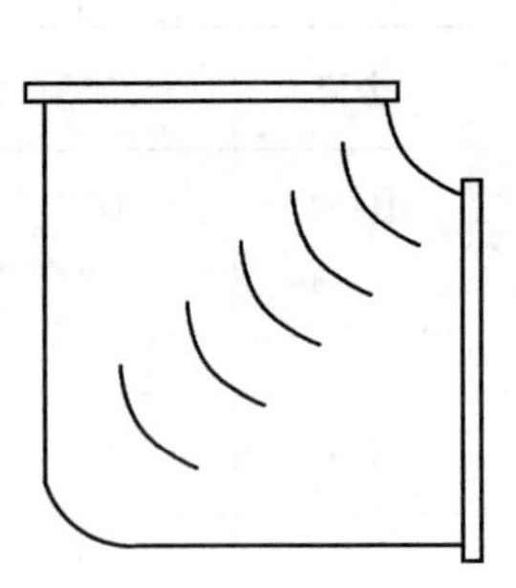

图4-17　装有导流叶片的弯管

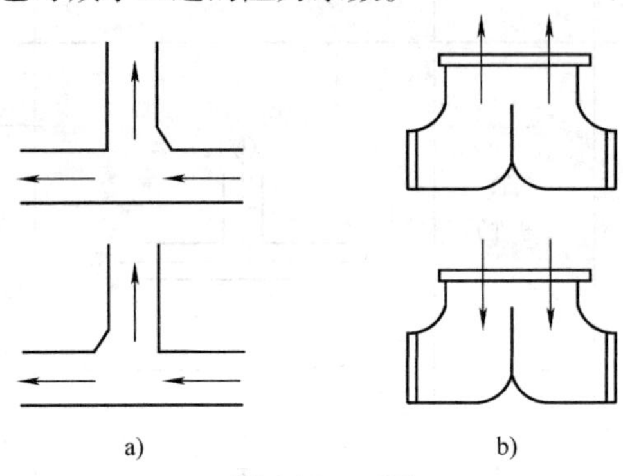

图4-18　三通

a) 切割折角的三通　b) 安装合流板或分流板的三通

第六节　管路水力计算

在船舶上为保证船舶的正常航行、安全和满足船员及旅客在业务和生活上的需要，船舶上配备有各种管路系统，通常包括燃油、润滑油、冷却水、起动和排气等动力管系，以及舱底水、消防水、日用水、通风、取暖、加热等各种船舶辅助管路系统。这些管路中的介质(水、油、空气和蒸汽等)的运动均属于有压管流。这类管道的整个断面均被流体充满，断面的周界就是湿周，管道的边壁处处受到流体的压力作用，流体各点的压力一般高于大气压力(也有低于大气压力的)。我们称这类管道流动为有压管流。它们都是靠风机、通风机、水泵或水柜作为动力源将一定量的介质输送到各个需要用水、用油和用气的地方。

流体在流动过程中产生的能量损失由沿程损失和局部损失两部分组成。但在不同的管路系统中，两种损失所占的比例不同。在水力计算时，为了便于处理，常常将管路按两种损失在总损失中占的比例大小的不同将管路分为“长管”和“短管”。

所谓长管就是流体在管道中的速度水头与局部损失之和小于沿程损失5%的管路。在水力计算时，局部损失可按沿程损失的某一百分数估算，甚至可以忽略不计。如船舶上通过泵送的各种排水管、远距离输油管等都制作成长管。所谓短管就是流体在管路中的速度水头与局部损失之和大于沿程损失5%的管路。在水力计算时，局部损失不能估算，也不能忽略。如船舶上水泵的吸水管、润滑油和燃油系统的管路等均应当成短管处理。

一、长管的水力计算

设有一长管直径为 d，长度为 L，上接大水池，下通大气，管中流量为 q_V，水池中液面与管壁出口间高度差为 H(见图4-19)。下面来导出联系这些参数的长管水力计算公式。

取管出口断面中心的水平线为基准线 0-0，并将水池中距离进口足够远处取作上游断面 1-1，将管出口断面取作下游断面 2-2。并将 1-1 断面与自由液面的交点和 2-2 断面上管中心点取为计算点列伯努利方程：

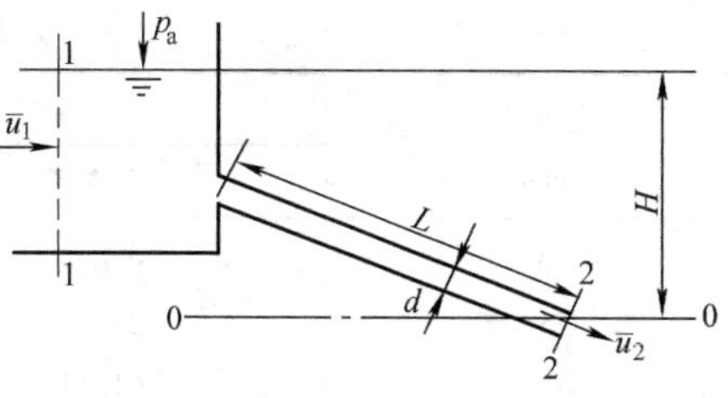

图 4-19　长管水力计算

$$H+\frac{p_a}{\rho g}+\frac{\alpha_1\bar{u}_1^2}{2g}=0+\frac{p_a}{\rho g}+\frac{\alpha_2\bar{u}_2^2}{2g}+h_1$$

由于水池比较大，故$\bar{u}_1\approx 0$，按长管处理，$\frac{\alpha_2\bar{u}_2^2}{2g}+h_j$ 可忽略，则上式可化简为

$$H=h_f=\frac{\lambda L}{d}\frac{\bar{u}_2^2}{2g}$$

上式中的 H 称为作用水头，该式说明整个作用水头全部消耗在克服管路沿程阻力上了。引用管中流量代替速度时，则

$$H=\frac{\lambda L}{d}\frac{1}{2g}\left(\frac{4q_V}{\pi d^2}\right)^2=\frac{8\lambda L q_V^2}{g\pi^2 d^5}$$

或

$$H=Lq_V^2/k^2 \tag{4-30}$$

上式即为长管水力计算的基本公式，它给出了管长 L、管径 d、流量 q_V 和作用水头 H 之间的关系。式中 k 称为流量模数，由下式决定：

$$k=\sqrt{\frac{g\pi^2 d^5}{8\lambda}} \tag{4-31}$$

现对流量模数 k 作两点说明。由以上推导可知：

$$q_V=k\sqrt{H/L}=k\sqrt{h_f/L}=k\sqrt{J}$$

式中，J 为水力坡度。上式说明某一确定管路的 k 值恰好等于水力坡度为 1 时管中所通过的流量。即 $J=1$ 时，$q_V=k$，因此，它有管路流量模数的名称。由式(4-31)可知，$k=f(\lambda, d)$，当所讨论的管流属于阻力平方区湍流时，λ 不受雷诺数的影响而只是相对粗糙度 Δ/d 的函数，这样有 $k=f(\Delta, d)$，这说明在阻力平方区中，流量模数将由管壁绝对粗糙高度 Δ 和管径 d 决定。

由于 Δ 取决于材料、加工和使用年限等因素。因此，对某种材料和厂家制造的管子，在一定使用年限内，Δ 可视为常数，则 $k=f(d)$。这样 k、d 对应值常被制成数据表格列入水力学手册，以备查用，参见表 4-3 所列的流量模数。

利用式(4-30)和流量模数表，可解决下列三类问题：

1）对已敷设好的管路，要求校核流量，这时 L、d、Δ、H 均已知，由式(4-30)即可求出 q_V。

2）对已安装好的管路，按所需流量确定泵的扬程(或水柜高度)。这相当于 L、d、Δ、q_V 已知，由式(4-30)求 H。

3）假如所需流量已定，泵扬程(或水柜高度)又受到限制，要求确定相应管径。相当于 L、H、q_V 已知，要求出 d。这时可先由式(4-30)求出 k，进而据手册所载 $k=f(d)$ 表格，选取某种材料的最接近的较大标准管径 d。

在式(4-30)的基础上还可进行较复杂的长管和水力计算，如串联、并联等管路计算。

表 4-3　流量模数

直径 d /mm	流量模数 k/(1/s)		
	清洁管	正常管	污秽管
50	9.624	8.46	7.40
75	28.37	24.94	21.83
100	61.11	53.72	47.01
125	110.80	97.40	85.23
150	180.20	158.40	138.60
175	271.80	238.90	209.00
200	388.00	341.10	298.50
225	531.20	467.00	408.60
250	703.50	618.50	541.20
300	1144	1006	880.00
350	1276	1517	1327
400	2464	2166	1895
450	3373	2965	2594
500	4467	3927	3436
600	7264	6386	5587
700	10960	9632	8428
750	13170	11580	10130
800	15640	13570	12030
900	21420	18830	16470
1000	28360	24930	21820

二、短管水力计算

所谓短管也就是管中沿程损失、局部损失和流速水头必须同时计算的管路。图 4-20 所示为一短管，液体由水箱经短管(由不同管距的直管段、扩大、缩小、弯头和阀门等附件组成的管系)流入外界。取好 1-1 和 2-2 断面、计算点、基准面，列出伯努利方程：

$$H+\frac{p_a}{\rho g}+\frac{\alpha_1\bar{u}_1^2}{2g}=0+\frac{p_a}{\rho g}+\frac{\alpha_2\bar{u}_2^2}{2g}+h_1$$

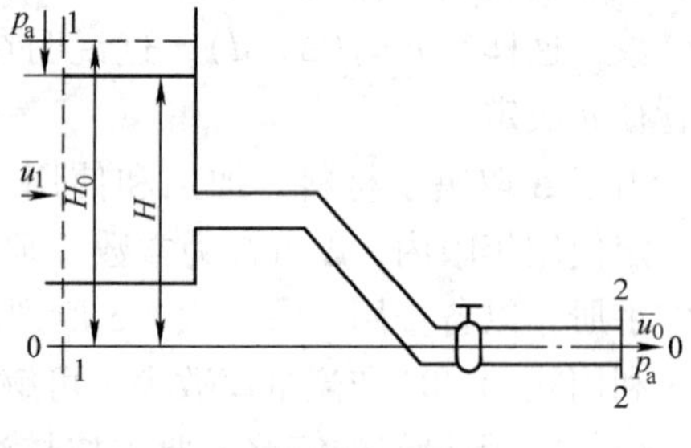

在所给条件下作用水头 H_0 可取为 $H_0=H+\frac{\alpha_1\bar{u}_1^2}{2g}$，而且 $\alpha_2=0$。管路水头总损失 h_1 可由连续性方程可写成

图 4-20　短管水力计算

$$h_1=\sum\lambda_i\frac{L_i}{d_i}\frac{\bar{u}_i^2}{2g}+\sum\xi_k\frac{\bar{u}_k^2}{2g}=\sum\lambda_i\frac{L_i}{d_i}\left(\frac{d_2}{d_1}\right)^4\frac{\bar{u}_2^2}{2g}+\sum\xi_k\left(\frac{d_2}{d_1}\right)^4\frac{\bar{u}_2^2}{2g}$$

$$=\left[\sum\lambda_i\frac{L_i}{d_i}\left(\frac{d_2}{d_1}\right)^4+\sum\xi_k\left(\frac{d_2}{d_1}\right)^4\right]\frac{\bar{u}_2^2}{2g}=\xi_S\frac{\bar{u}_2^2}{2g}$$

式中，$\xi_S=\sum\lambda_i\frac{L_i}{d_i}\left(\frac{d_2}{d_1}\right)^4+\sum\xi_k\left(\frac{d_2}{d_1}\right)^4$ 称为管系阻力系数，代入伯努利方程，则

$$H_0 = \frac{\bar{u}_2^2}{2g} + \xi_S \frac{\bar{u}_2^2}{2g} = (1+\xi_S)\frac{\bar{u}_2^2}{2g}$$

由此得速度：

$$\bar{u}_2 = \frac{\sqrt{2gH_0}}{\sqrt{1+\xi_S}}$$

如令出口断面面积为 A_2，则流量：

$$q_V = \bar{u}_2 A_2 = \frac{A_2}{\sqrt{1+\xi_S}}\sqrt{2gH_0}$$

如果定义管的流量系数 $\mu_S = 1/\sqrt{1+\xi_S}$，则

$$q_V = \mu_S A_2 \sqrt{2gH_0} \tag{4-32}$$

假定水箱很大，从而 $\bar{u}_1 \approx 0$，$H_0 \approx H$，则上式成为

$$q_V = \mu_S A_2 \sqrt{2gH} \tag{4-33}$$

由上式可解决下列各种问题：

1）给定流量 q_V、管径 d、阻力系数，求作用水头 H。

2）已知 H、d 和阻力系数，求 q_V。

3）给定 q_V、H 和阻力系数，求 d。但这时计算比较困难，通常只能采用试算或图解法得出近似直径，而后按管的标准规格取定管径，最后作一次核算。

思考与练习题

4-1　雷诺实验的意义是什么？何谓临界速度？雷诺数与临界雷诺数的物理意义是什么？

4-2　沿程阻力水头损失与局部阻力水头损失各与哪些因素有关？

4-3　圆管中层流流动的速度分布规律如何？平均流速与最大速度的关系如何？

4-4　管中湍流沿横截面可分哪三部分？何谓水力光滑管与水力粗糙管？

4-5　湍流的总切应力包括哪些应力？

4-6　变径管道如图 4-21 所示，有相同流体，以相同速度自左向右或自右向左流动，试问两种情况下局部水头损失是否相同？为什么？

4-7　用直径 $d = 75\text{mm}$ 的管道输送 15℃的水，若管中水的流量为 $10\text{m}^3/\text{s}$，试确定管中水的流态。若用该管道输送同样流量的原油，试确定管中原油的流态(已知原油的密度 $\rho = 850\text{kg/m}^3$，$u = 1.4\text{cm}^2/\text{s}$)。

4-8　利用毛细管测定油液粘度的装置如图 4-22 所示，已知毛细管直径 $d = 4\text{mm}$，长度 $l = 0.5\text{m}$，流量 $q_V = 1\text{cm}^3/\text{s}$ 时，测压管的落差 $h = 15\text{cm}$，试求油液的运动粘度。

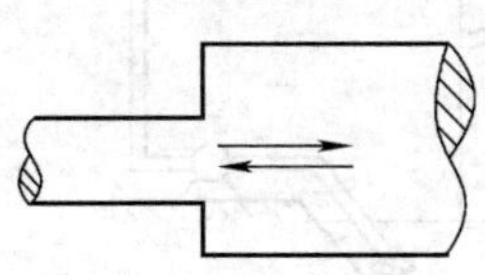

图 4-21　题 4-6 用图

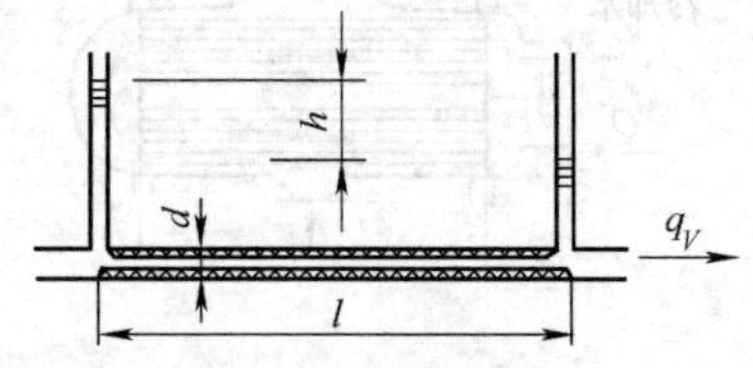

图 4-22　题 4-8 用图

4-9　运动粘度 $\nu=0.2\text{cm}^2/\text{s}$ 的油在圆管中流动的平均速度 $u=1.5\text{m/s}$，每 100m 长度上的沿程损失为 40cm，试求沿程阻力系数与雷诺数的关系。

4-10　水平管路直径由 $d_1=24\text{cm}$ 突然扩大为 $d_2=48\text{cm}$，如图 4-23 所示，在突然扩大的前后各装一个测压管，读得局部阻力后的测压管比局部阻力前的测压管水柱高出 $h=1\text{cm}$，试求管中的水流量。

4-11　为测定 90°弯头的局部阻力系数 ξ 值，可采用如图 4-24 所示的装置。已知 AB 段管长 $l=10\text{m}$，管径 $d=50\text{mm}$，该管段的沿程阻力系数 $\lambda=0.03$。今测得实验数据：(1) A、B 两测压管的水头差 $\Delta h=0.629\text{m}$；(2) 经两分钟流入水箱的水量为 0.329m^3。试求弯管的局部阻力系数 ξ 值。

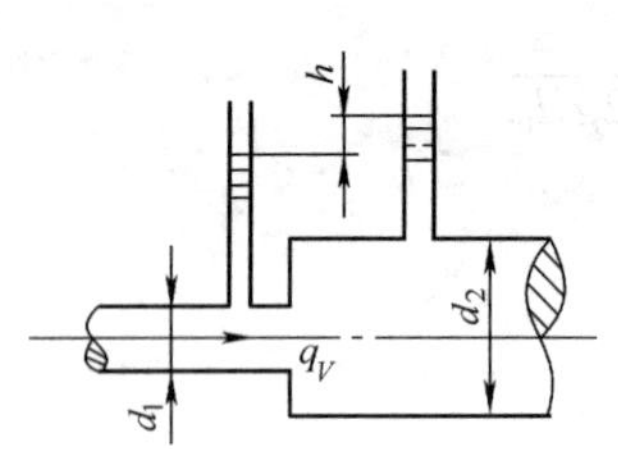

图 4-23　题 4-10 用图

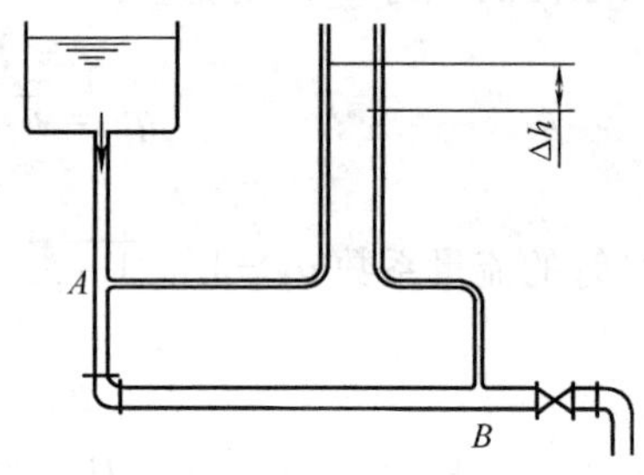

图 4-24　题 4-11 用图

4-12　如图 4-25 所示，将直径 $d_1=100\text{mm}$ 的管子突然扩大至 $d_3=300\text{mm}$，已知 $u_1=2\text{m/s}$，求局部损失。若分两次扩大，先扩大到 $d_2=200\text{mm}$，再扩大到 $d_3=300\text{mm}$，忽略两次扩大间的相互干扰，求其局部损失。比较两次结果可得出什么结论？

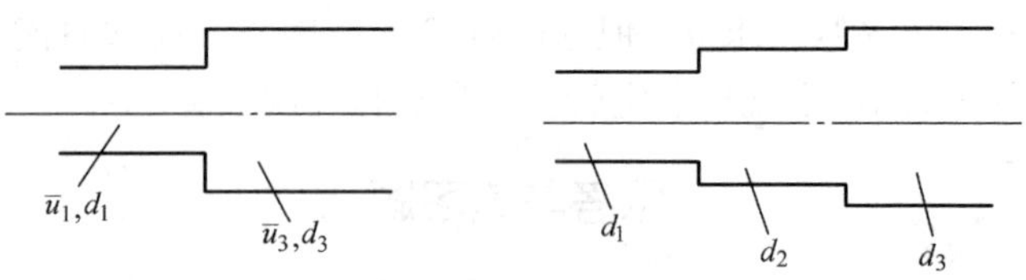

图 4-25　题 4-12 用图

4-13　如图 4-26 所示，船用蒸汽冷凝器冷却水经过两个串联的区段，每个区段由 250 根并联的黄铜管组成，每根黄铜管长度为 $l=5\text{m}$，$d=16\text{mm}$，入口和出口的局部阻力损失为 0.5m 和 1.0m，并考虑沿程损失。水的运动粘度 $\nu=0.009\text{cm}^2/\text{s}$，水的流量 $q_V=360\text{m}^3/\text{h}$，试求水头损失。

4-14　某供水系统需用水泵将水池的水打入高位水箱，如图 4-27 所示。已知输水管为 $d=50\text{mm}$ 的镀锌钢管，每秒钟输水量为 2.6L，管路上的全部局部阻力系数 $\Sigma\xi=14.9$（含出口阻力系数），管长 $l=50\text{m}$，水的 $u=1.52\times10^{-6}\text{m}^2/\text{s}$，水箱液面距水池液面的高度差 $H=30\text{m}$，求泵所需提供的供水压力。

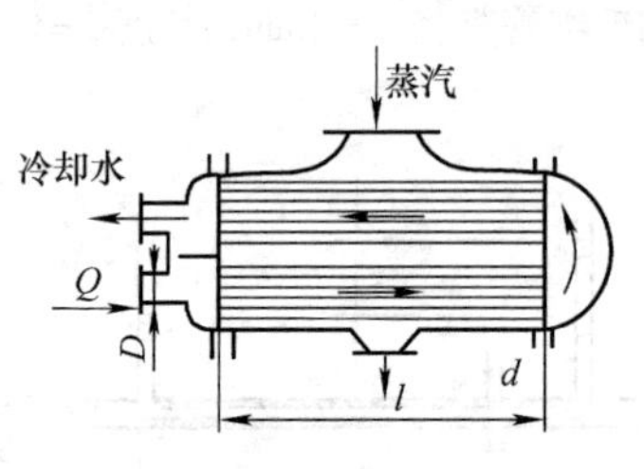

图 4-26　题 4-13 用图

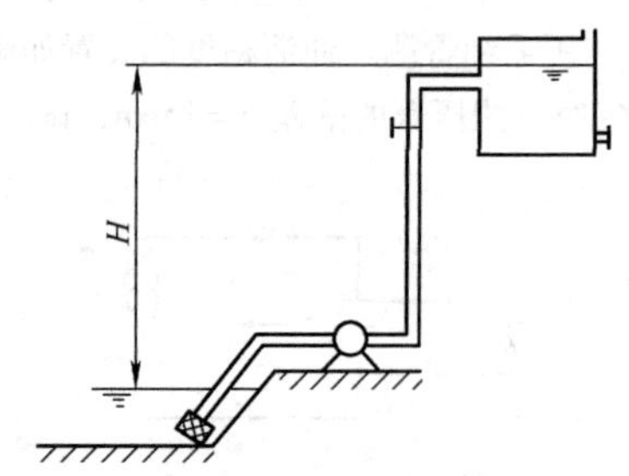

图 4-27　题 4-14 用图

4-15　如图4-28所示，两容器中充有20℃的水，用两段新的低碳钢管连接起来，已知 $d_1=20\text{cm}$，$l_1=30\text{m}$，$d_2=30\text{cm}$，$l_2=60\text{m}$，管1为锐缘入口，管2上有一阀门，其阻力系数 $\xi=3.5$，水的体积流量为 $0.2\text{m}^3/\text{s}$。求必需的总水头（$\Delta=0.05\text{mm}$）。

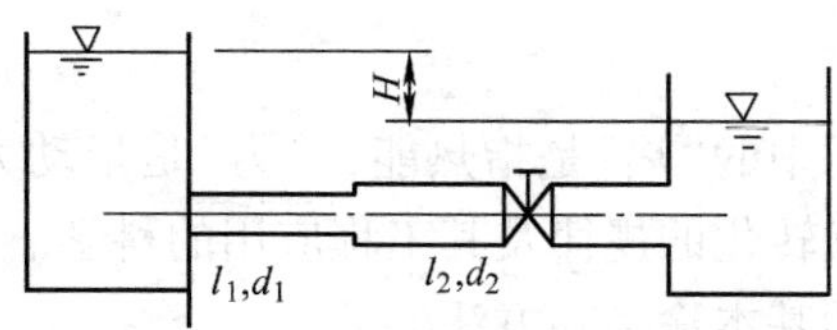

图4-28　题4-15用图

第二篇　工程热力学

工程热力学这一学科名词中的“热”是指热能，“力”是指动力(即机械能)。因而工程热力学是研究热能和机械能相互转化的规律及其工程应用的科学。其基本任务是从工程应用观点出发，探讨能量有效利用的基本途径和方法。

工程热力学属于应用科学范畴。它是从工程技术的观点出发，来研究热能与其他能量形式之间的转换关系及工质的热力性质。它采用宏观的研究方法，以从无数实践中归纳总结出来的热力学第一定律和热力学第二定律作为分析推理的依据，把物质当做连续的整体，对其宏观现象和宏观过程进行研究。由于宏观分析不涉及物质内部结构，因此分析推理的条理清晰，其研究结果具有高度的可靠性和普遍性，适用于工程上。而对于那些与微观结构有关的宏观现象的本质及其内在原因的解释，则需要依靠微观的研究方法，即统计热力学的研究方法。

工程热力学是对各种动力装置、制冷装置、热泵空调机组、锅炉及各种热交换器进行分析和计算的理论基础。其主要内容大致分为两大部分：基本理论部分和基本理论的应用部分。

基本理论部分包括工质的性质、热力学第一定律及热力学第二定律等内容；基本理论的应用部分主要是将热力学基本理论应用于各种热力过程及热力循环。对气体和蒸汽的流动、制冷循环、动力循环等进行热力分析及计算，探讨影响能量转换效果的因素以及提高能量利用效率的途径和方法等。

第五章　工程热力学的基本概念

【学习目的】 准确理解工质、热源、热力系统、平衡状态等基本概念；掌握状态参数的基本性质及压力、温度、比体积三个基本状态参数的定义及单位换算；准确理解准静态过程和可逆过程的含义及两者之间的区别和联系。

第一节　工质、热源及热力系统

一、工质

实现热能和机械能的相互转换的条件之一是必须要有媒介物质作为能量转换的载体。如内燃动力装置中用燃料与空气混合燃烧获得高温高压的燃气，推动活塞而做功；蒸汽动力装置用水从燃气中吸收热量获得高温高压的水蒸气，推动蒸汽机的活塞或汽轮机的叶轮而做功。在内燃动力装置和蒸汽动力装置中的媒介物质分别是燃气和蒸汽，我们将这些实现热能和机械能相互转换的媒介物质称为工质。能量转换之所以必须以工质为媒介，其实质是由于运动和物质两者是不可分割的。运动是物质存在的一种形式，没有不运动的物质，也没有无物质的运动；而能量则是物质运动的量度，它表明物质运动的形式和运动的强烈程度，所以能量和物质也是不可分的。热能是组成物质的大量微观粒子作无规则运动所具有的能量(称为无序能)，而机械能是物质整体作规则(同向)运动所具有的能量(称为有序能)，要实现有序能量和无序能量之间的相互转换必须以工质作为媒介。

热动力装置中一般以气态物质作为工质，这是由于在压力和温度的变化量相同的条件下，与固态物质和液态物质相比，气态物质具有良好的流动性和膨胀压缩性。热动力装置一般都是按循环工作的，工质在热力设备中都是循环流动的。燃气在内燃机中或水蒸气在汽轮机中都只有通过膨胀才能实现热能向机械能的转变；空压机中的空气和制冷压缩机中的制冷剂蒸汽只有通过压缩才能实现机械能向热能的转变。因而要求工质必须具有良好的流动性和膨胀压缩性。

二、热源

为实现热能不断地向机械能转变，热力设备中的工质都必须经历吸热、膨胀做功、放热、压缩等一系列变化。燃料燃烧最终的目的是产生热能，对于工质而言，所吸收的热能从何而来并无关系，或从燃烧，或从其他物体传入，效果相同，故完全可以用一温度恒定的高温物体来代替燃烧对工质的加热，而不考虑化学能通过燃烧转化为热能这个复杂的能量转变过程。这样做既不影响热能和机械能之间的转换关系，又可使研究趋于简单。

在研究热功转换过程中，将工质从中吸取热量的高温恒温物体称为高温热源(简称热源)。同理，热力设备中的工质必须放热于大气或冷凝器，而大气或冷凝器也可抽象为温度恒定的低温物体，我们将接受工质放出热量的低温恒温物体称为低温热源(简称冷源)。高、低温热源的特点是在吸热、放热过程中其温度恒定不变，这样的物体其热容量必定为无穷大，即质量或体积为无穷大，故从严格意义上讲，高、低温热源是实际中并不存在的理想体。但实际中有比较接近这种理想体的情况，如内燃机向大气环境排气放热，大气温度不会因此而发生明显的变化；蒸汽动力装置的冷凝器中蒸汽的凝结过程本身就是一恒温过程。

有了高、低温热源和工质的概念，可将热动力装置中热能与机械能的转换关系归纳为：热动力装置中的工质从高温热源吸取热能，将其中一部分转换为机械能，而将热能的剩余部分传给低温热源。此关系可用图 5-1 表示，称为热机模型。

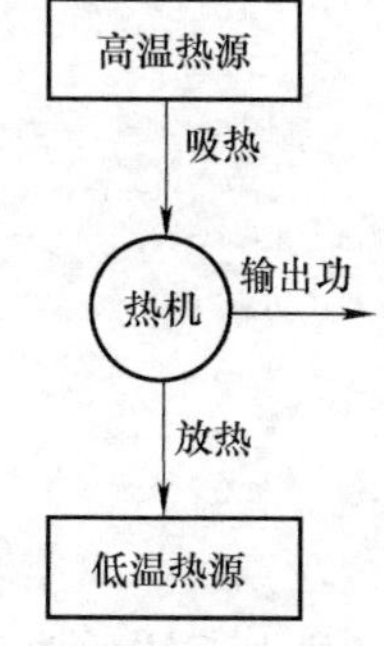

图 5-1 热机模型

三、热力系统

热力学是通过对工质的状态变化的宏观分析来研究能量转换过程的。为了便于分析，需要在相互作用的各种热力设备中划分出某些确定的物质或某个空间中的物质作为研究对象，我们将这种在研究热功转换过程中所选定的具体的研究对象称为热力系统，简称系统。系统之外与能量转换过程有关的一切物质系统称为外界。系统与外界的分界面称为边界。边界可以是实际存在的，也可是假想的。例如，当取汽轮机中的工质(水蒸气)为热力系统时，工质与气缸壁间存在着实际边界，在工质的进、出口处可人为设想一个边界将系统中的工质与外界分开，如图 5-2a 所示。另外，系统和外界之间的边界可以是固定不动的，也可以是有位移或变形。例如，当取内燃机气缸中的燃气作为热力系统时，燃气和气缸壁间的边界是固定不动的，但燃气与活塞间的边界却是可以移动而不断改变位置的，如图 5-2b 所示。当热力系统与外界发生相互作用时，必然有能量和物质穿越边界，因而可以在边界上判定热力系统与外界之间传递能量和物质的形式及数量。

系统在热力学中的作用相当于力学中的“分离体”。力学中的分离体与其他物体间的相互作用只有一种，就是力的作用。但在进行热力学分析时，既要考虑热力系统内部的变化，也要考虑热力系统通过边界和外界发生的能量交换和物质交换，但不描述外界的变化。一般来说，热力系统与外界之间的相互作用有三种形式，即系统与外界的物质交换、功的交换和热的交换。按照系统与外界相互作用的特点，在热力学中将热力系统分为以下几类。

（1）封闭系统　与外界没有物质交换的系统。例如，将内燃机气缸中正在进行膨胀或压缩的燃气选作系统，在忽略活塞与气缸壁缝隙泄漏的情况下，这就是封闭系统，如图 5-2b 所示。封闭系统中物质的质量恒定不变，故又称为控制质量。

（2）开口系统　与外界之间有物质交换的系统。例如，将汽轮机气缸中的工质选作系统时，它有工质的流入和流出，这就是开口系统，如图 5-2a 所示。开口系统与外界可以有功和热交换，也可以没有。由于开口系统所占据的空间体积是固定不变的，所以也称开口系统为控制容积。

（3）绝热系统　与外界没有热量交换的系统。如果在汽轮机的外表面包以绝热材料，当工质流过汽轮机时的散热量比传输给外界的功量小到可忽略不计时，则此系统可认为是绝热系统。

（4）孤立系统　与外界既没有物质交换，又没有功和热量交换的系统。如将所有发生相互作用的各种设备和物质作为一个整体（包括工质、热源、冷源、耗功设备等），并将这个整体选定为研究对象时，则这个系统就是孤立系统。孤立系统的一切相互作用都发生于系统的内部，作为一个整体它与外界无任何相互作用。

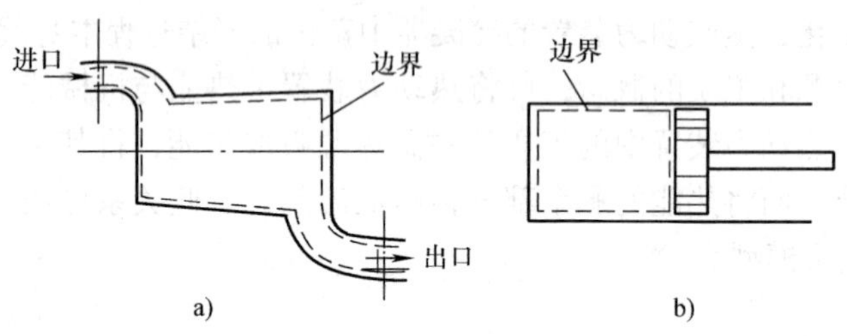

图 5-2　开口系统和封闭系统示例

热力系统的划分是相对的，系统的类型要根据具体划分情况而定。例如我们将整个蒸汽动力装置划作一个热力系统，计算它在一段时间内从外界投入的燃料，向外界输出的功以及冷却水带走的热量时，整个蒸汽动力装置中工质质量不变，是一个封闭系统。若只分析其中某个设备，如汽轮机或锅炉中的工作过程时，它们就同时存在功和热的交换以及物质的交换，如取汽轮机或锅炉中的工质为研究对象时就成了开口系统。

第二节　热力学状态及其参数

一、热力学状态和平衡状态

在热力设备中，必须通过工质的压缩、吸热、膨胀、放热等变化过程，才能实现热能和机械能的相互转换。在这些过程中工质的压力、温度等宏观物理状况随时在改变。我们将工质在热功转化过程中的某一瞬间所表现出来的宏观物理状况称为热力学状态，简称状态。从微观的角度解释，状态是气态工质微观物理特性的宏观统计表现。

两端温度不同的物体或容器内密度不均匀的气体，不受外界影响时，由于物体各部分之间的热量传递和气体内部各部分之间的相对位移，它们的状态一定会随时间而变，逐渐达到一种相对静止的状态，即整个系统不再存在热量传递和相对位移，称此种相对静止状态已处于平衡。所谓平衡状态是指热力系统在不受外界影响的条件下，宏观特性不随时间而变的状态。

对于没有外界影响的封闭热力系统，只要系统中有压力差或温度差，系统就会自发地产生相对位移或热量传递，系统状态就会发生变化，使系统处于非平衡状态。压力差和温度差是系统发生状态变化的推动力，在热力学中称为“不平衡势”。可见，系统处于平衡状态的条件是系统内部不存在不平衡势。当系统内部压力均匀一致，则系统处于力学或机械平衡状态；当系统内部温度均匀一致，且等于外界的温度，则系统处于热平衡状态。因而，对简单热力系(不存在化学反应的热力系统)，要达到平衡状态必须满足力平衡和热平衡两个条件。对有化学反应的复杂热力系统，还应满足化学平衡。

必须注意的是平衡与均匀这两个概念是不同的。平衡热力系统是热力系的状态不随时间而变，而均匀热力系是指热力系中空间各处的一切宏观特性都是均匀的。例如，大气只受重力的作用时，各处的压力并无变化的趋势，因而是平衡热力系，但其压力却随高度而变，因此不是均匀热力系。又如气、液两相共存时，是平衡热力系，但因密度不同，因此不是均匀热力系。对于气态或液态的单相热力系，当略去重力场的影响时，则处于均匀的平衡状态。

工程热力学只对平衡状态进行研究。这是因为处于不平衡状态的热力系各部分的性质不尽相同，且随时间而变化，还常伴有热量传递和相对位移，无法用共同的宏观特性来简单描述其所处的状态。研究平衡态热力系最大的方便是它不涉及时间因素，且分析所得结果与实际变化相差不大，可使得研究热力系的状态和状态变化规律的工作得到大大简化。对非平衡态热力系，目前的研究已取得了较大的进展，已发展成为热力学的一个新兴学科分支——非平衡态热力学。

二、基本状态参数

用以描述热力系统状态的宏观物理量称为热力学状态参数，简称状态参数。状态参数的数值由系统的状态唯一确定。当系统从初态变化为终态时，状态参数的变化量只与系统的初、终状态有关，而与变化的路径无关。因此，状态参数是系统状态的单值函数或点函数，状态参数的微分变量是全微分。这就是判断一个参数是否为状态参数的充分必要条件。热力学中，将参数的变化量只与初、终状态有关，而与中间过程无关的量统称为状态量。热力学中还有一些参数，它们的变化量不仅与系统的初、终状态有关，而且与变化路径有关，我们将这一类参数称为过程量。它们不是状态参数，其微分也不是全微分，功和热量就是这类参数的典型例子。

在工程热力学中，常用的状态参数有压力、温度、比体积、热力学能、焓和熵等。其中压力、温度和比体积三个状态参数是可直接通过仪器和仪表观察和测量，且具有明显物理意义的参数，称为基本状态参数。

系统的状态参数依照其特性可分为两大类，即“尺度量”和“强度量”。尺度量是描述系统总体特征的状态参数，如系统的总熵、总焓、总内能等，其数值为系统中各部分数值的总和，具有可加性。对于均匀系统，尺度量的数值与系统的质量成正比。强度量是描述系统内各点特征的状态参数，如系统的压力和温度，其数值与系统的质量无关，不具有可加性。对于均匀系统，强度量的数值在空间的分布是均匀一致的。在非平衡系统中，强度量的数值在空间分布不是均匀一致的，如压力差和温度差，这就是不平衡势。

（一）温度

温度是物体冷热程度的量度，若将冷热程度不同的两个物体相互接触，它们之间就会发生热量交换。在不受外界影响的条件下，两个物体的冷热程度将同时发生变化，热的物体逐渐变冷，冷的物体逐渐变热，经过一段时间后，它们将达到相同的冷热程度而不再进行热量交换。所达到的这种动态平衡状态称为热平衡，也称温度平衡。我们说原来冷的物体温度低，原来热的物体温度高。

从微观的角度看，温度反映了物质内部微观粒子热运动的激烈程度。对于气体，它是大量分子平均动能的量度，其关系式为

$$\frac{1}{2}mu^2 = BT$$

式中，T 是热力学绝对温度；B 是比例常数；u 是分子的均方根速度。

两个物体接触时，通过接触面上分子的碰撞，进行动能交换，能量从平均动能较大的一方，即温度较高的物体，传到平均动能较小的一方，即温度较低的物体。这种微观的动能交换就是热能的交换，也就是两个温度不同的物体间进行的热量传递。热传递的方向总是由温度高的物体传向温度低的物体。这种热量的传递将持续不断地进行，直到两物体的温度相等时为止。

温度可利用温度计进行测量，若将温度计分别与各被测物体接触，则在达到热平衡时，由温度计的读数即可知各被测物体的温度。使用温度计来测量温度的原理可用热力学第零定律来说明。热力学第零定律指出：无论多少个物体相互接触都能达到热平衡。当物体 A 同时与物体 B 和物体 C 接触而达到热平衡时，则若物体 B 和 C 接触，它们也一定处于热平衡之中。这样的事实，使我们能够比较两个物体的温度而无需让它们接触，只要我们用另外一个物体分别与它们接触就行了，这个另外的物体就是温度计。

为了进行温度的测量，需要有温度的数值表示法，即需要建立温度的标尺。测量温度的标尺称为温标。工程上常用的温标有摄氏温标、华氏温标和热力学绝对温标等。摄氏温标规定在标准大气压下纯水的冰点是0℃，沸点是100℃；华氏温标规定标准大气压下纯水的冰点是32°F，沸点是212°F。它们的一个单位刻度分别称为1℃和1°F，显然，两者的刻度大小是不同的，它们之间的换算关系是

$$t_F(°F) = \frac{9}{5}t(℃) + 32 \tag{5-1}$$

由选定任意一种测温物体的某种物理特性，采用任意一种温度标定规则所得到的温标称为经验温标。由于经验温标依赖于测温物质的性质，因此当选用不同测温物质的温度计、采用不同的物理量作为温度的标志来测量温度时，除选定为基准的温度，如冰点和沸点外，其他的温度都有微小的差异。因而任何一种经验温标都不能作为度量温度的共同标准。

根据热力学第二定律的基本原理所制定的热力学绝对温标，与测温物质的性质无关，可以成为度量温度的共同标准。国际上规定以热力学绝对温标作为测量温度的最基本温标。

热力学绝对温标的单位是开尔文，符号为 K(开)。热力学绝对温标的基准点采用水的三相点，即水的固相、液相和气相平衡共存的状态点。将水的三相点温度作为单一基准点，并规定该点温度为273.16K。1990 国际温标(ITS-90)对摄氏温标和热力学温度进行了统一，摄氏温标的定义为

$$t(℃) = T(K) - 273.15 \tag{5-2}$$

由此可知，摄氏温标和热力学绝对温标的温度间隔完全相同，只是零点的选择不同。摄氏温度0℃相当于热力学绝对温度的273.15K。显然，水的三相点温度就是摄氏温度0.01℃。

与热力学绝对温标相对应，在英制单位中还有兰氏绝对温标，以符号°R 表示。兰氏温标是以热力学绝对零度为起点的华氏温标。兰氏温标与华氏温标关系为

$$t_R(°R) = t_F(°F) + 459.67 \tag{5-3}$$

【例 5-1】 已知华氏温度为167°F，若换算成摄氏温度和热力学温度各为多少？又若摄氏温度为 -20℃，则相当的华氏温度与兰氏温度各为多少？

解：当华氏温度为167°F 时，摄氏温度为

$$t = \frac{5}{9}(t_F - 32) = \frac{5}{9}(167 - 32)℃ = 75℃$$

热力学温度为

$$T = t + 273.15 = (75 + 273.15)K = 348.15K$$

当摄氏温度为 -20℃时，华氏温度为

$$t_F = \frac{9}{5}t + 32 = -4°F$$

兰氏温度为

$$t_R = t_F + 459.67 = 455.67°R$$

（二）压力

物体单位面积上所受到的垂直作用力称为压力。分子运动学说中将气体的压力看做是分子撞击容器内壁的结果。由于气体分子数目极多，撞击频繁，所以压力是标志大量分子在一段时间内对容器壁面的平均碰撞力。压力的方向总是垂直于容器内壁的。由流体力学的理论可知，液体除传递压力外，由于重力的作用，产生静压力。静压力的大小与液体的垂直高度有关，在液体中任何一个微元体周围，沿着各方向的压力总是相等的。

压力的测量常用弹簧管式压力计、U 形管压力计等仪表进行测量。由于这些测压仪表本身处于大气压力作用下，故所测得的压力是工质的真实压力 p 与大气压力 p_a 之差，称为表

压力 p_g。工质的真实压力称为绝对压力 p。

当绝对压力大于大气压力时(见图 5-3a):

$$p = p_g + p_a \tag{5-4}$$

当工质的绝对压力小于大气压力时(见图 5-3b):

$$p = p_a - p_v \tag{5-5}$$

式中,p_v 表示绝对压力低于大气压力的差值,称为真空度,此时测量工质压力的仪表称为真空计。

作为工质状态参数的压力应该是绝对压力。大气压力是地面上空气柱的重力所造成的,它随着各地的纬度、高度和气候条件而有所变化,可用气压计测量。因此,即使工质的绝对压力不变,表压力和真空度仍有可能变化。在用压力计进行热工测量时,必须同时用气压计测定当地的大气压力,才能得到工质绝对压力的精确值。

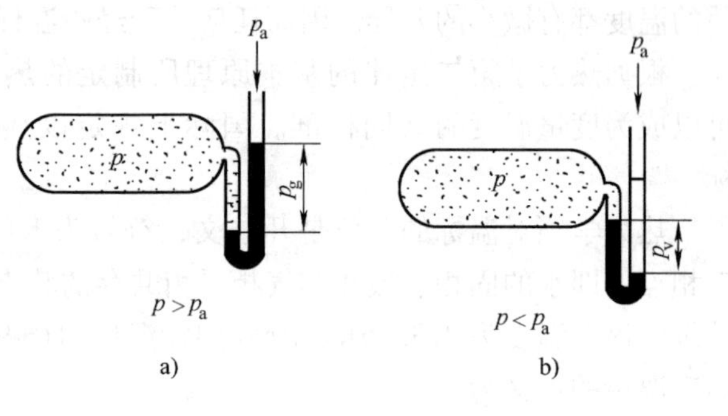

图 5-3　U 形管压力计

在国际单位制中,压力的单位为 N/m²,即 1m² 的面积上作用有 1N 的力,称为帕斯卡,符号为 Pa(帕)。工程上因 Pa 的单位太小,常用 MPa 和 kPa 表示。

$$1\text{MPa} = 10^3\text{kPa} = 10^6\text{Pa}$$

暂时与国际单位制压力并用的单位还有 bar

$$1\text{bar} = 10^5\text{Pa}$$

工程上表示压力的单位还有标准大气压(atm)、工程大气压(at)、毫米汞柱(mmHg)和毫米水柱(mH$_2$O)等。所谓标准大气压是指纬度为 45°的海平面上的常年大气压的平均值,其数值为 760mmHg。其他压力单位之间的换算关系为

$$1\text{atm} = 760\text{mmHg} = 1.01325 \times 10^5\text{Pa} = 1.01325\text{bar} \tag{5-6}$$

$$1\text{at} = 1\text{kgf/cm}^2 = 735.6\text{mmHg} = 0.981\text{bar} = 10\text{mH}_2\text{O} \tag{5-7}$$

【例 5-2】 某热电厂新蒸汽的表压力为 100at,冷凝器的真空度为 94620Pa,送风机表压力为 145mmHg,当时气压计读数 755mmHg。试问以 Pa 为单位的绝对压力各为多少?

解: 大气压力 $p_a = 755\text{mmHg} \times 133.3\text{Pa/mmHg} = 100641.5\text{Pa}$

新蒸汽的绝对压力为

$$p_1 = p_a + p_g = 100641.5 + 100\text{at} \times 98066.5\text{Pa/at} = 9907291.5\text{Pa}$$

冷凝器中蒸汽的绝对压力为

$$p_2 = p_a - p_v = 100641.5\text{Pa} - 94620\text{Pa} = 6021.5\text{Pa}$$

送风机送出的空气的绝对压力为

$$p_3 = p_a + p_g = 100641.5 + 145\text{mmHg} \times 133.3\text{Pa/mmHg} = 119970\text{Pa}$$

(三)比体积

单位质量物体所占有的体积称为比体积,用符号 v 表示。国际单位制中用 m³/kg 作单

位，如质量为 m(kg)的物质，占有 V(m^3)体积，则

$$v = V/m$$

反之，单位体积内物体的质量称为密度(kg/m^3)，若用符号 ρ 表示，则

$$\rho = m/V$$

显然，v 与 ρ 互为倒数，即 $\rho v = 1$，它们不是互相独立的参数，可任选其中之一，热力学中常用 v 作为独立状态参数。对于固定质量的工质，其体积 V 也可作为状态参数。

三、状态方程和坐标图

对于由气态工质组成的热力系统，当系统处于平衡状态时，各部分具有相同的压力、温度和比体积等参数。经验表明，这些参数并不是彼此独立、互不相关的。当一定量气体在固定体积内被加热时，压力随温度的升高而升高。如果体积和压力都保持一定的数值，则温度就只能具有一个确定不变的数值，即 p 和 v 一定时，T 也就一定，而状态即被确定。对于由气态工质组成的无化学反应的简单热力系统，已知两个相互独立的状态参数就可确定状态，即只要已知两个相互独立的状态参数，则系统的其他参数也就被确定了。用数学式表示为

$$T = f(p,v) \quad p = f(T,v) \quad v = f(p,T)$$

可见，p、v、T 三个基本参数之间总存在着一定的关系。这种关系称为状态方程，用隐函数形式可表示为

$$f(p,v,T) = 0$$

两个独立状态参数可确定简单热力系统平衡状态的事实告诉人们，只要用三个基本状态参数中的任意两个作为一个平面直角坐标图的纵、横坐标而构成状态参数坐标图，就可清晰地表示出系统所处的热力学状态。工程上应用最多的是以压力 p 为纵坐标，以比体积 v 为横坐标的 p-v 坐标图，如图 5-4 所示。例如，具有压力 p_1、比体积 v_1 的气体，它的状态可用 p-v 图中点 1 来表示。显然只有平衡状态才能用图上的一个确定的点来表示，不平衡状态没有确定的参数，在坐标图上无法用一个确定的点来表示。

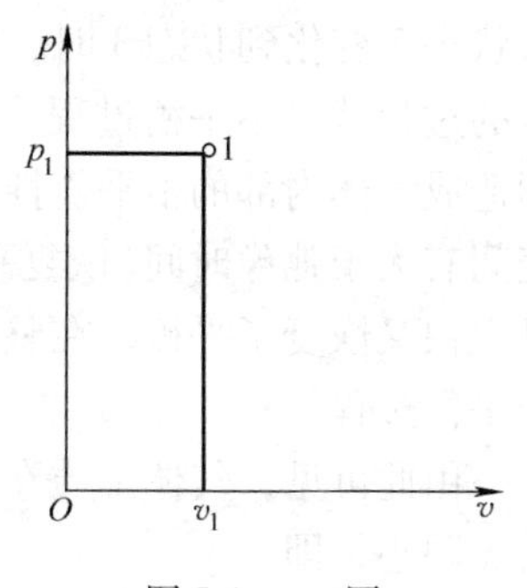

图 5-4　p-v 图

第三节　热力过程

一、准静态过程(准平衡过程)

当热力系统受到外界影响时，例如外界对系统加热，热力系统所处的平衡状态将遭到破坏，状态发生变化。从一个状态经过一系列的中间状态转变至另一个状态，称热力系统经历了一个热力过程。热力系统之所以会发生热力状态的变化，都是由一定的不平衡势引起的，而一切不平衡状态都会自发地向平衡状态过渡。若系统状态变化的速度(即平衡被破坏的速度)远远小于热力系统内部分子运动的速度(即恢复平衡的速度)，则平衡状态的每一次破坏都偏离平衡状态非常近，而且很快又会恢复到新的平衡状态，则可认为状态变化过程的每一瞬间，系统都处于平衡状态。即认为热力系统可由一个平衡状态连续过渡到另一个平衡状态，状态变化过程由一连串平衡状态所组成。也就是说，热力系统内部的压力和温度随时都

是均匀一致的，即随时都处于内部平衡状态。这种由无限多个非常接近平衡状态的状态所组成的热力过程就称为准平衡过程(或准静态过程)。若状态变化过程中某一瞬间，热力系统的状态和平衡状态有一定的偏离，则整个过程就称为非准静态过程。

下面观察由于力的不平衡而进行的气体膨胀过程。如图 5-5 所示，气缸中有 1kg 气体，其参数为 p_1、v_1、T_1，若外界环境压力 p_{x1} 和气体压力 p_1 相等，则活塞静止不动，气体的状态在坐标图上以点 1 表示。如外界环境压力突然减小为 p_{x2}，这时活塞两边压力不平衡，在压差作用下，将推动活塞右行，在右行过程中，接近活塞的一部分气体将首先膨胀，把自己的能量传递活给了活塞。因此这一部分气体将具有较小的压力和较大的比体积，温度也会和远离活塞的气体不同，这就造成了气体内部不平衡。不平衡的产生，在气体内部引起传热和位移，最终气体的各部分又趋向一致，且活塞终止于某一位置，气体的压力与外界又重新建立平衡。此时外界环境压力 $p_{x2}=p_2$，其状态如图中点 2。如再减小外界压力为 p_{x3}，则活塞继续右行，达到新的平衡状态 3。气体在点 1、2、3 是平衡状态，而当气体从状态 1 变化到状态 2 和从状态 2 变化到状态 3 时，中间经历的状态则是不平衡的，这样的过程就是不平衡过程。外界环境压力每次改变的量越大，则造成气体内部的不平衡性越明显。但若外界环境压力每次只改变一个微量，而且在两次改变间有大于弛豫时间(恢复平衡所需时间)的时间间隔，则系统每次偏离平衡状态极少，而且很快又恢复了平衡，在整个状态变化中好像系统始终没有离开平衡状态，这样的过程就是准平衡过程。

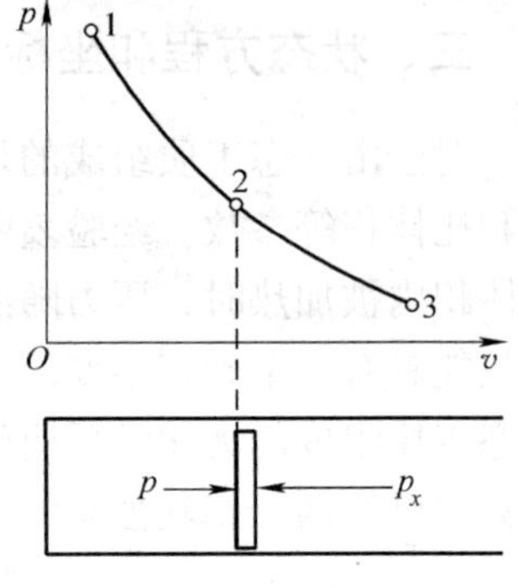

图 5-5　气体膨胀过程在 p-v 图上表示

由此可见，气体工质在压差作用下实现准平衡过程的条件是：系统和外界之间的压力差为无限小，即

$$\Delta p = (p - p_x) \to 0 \text{ 或 } p \to p_x$$

上述例子只说明了力的平衡。其实在准平衡过程中还需要热的平衡，即系统内的温度也必须随时均匀一致，这要求在过程中气体的温度也必须与气缸壁和活塞一致。如气缸壁与温度较高的热源相接触，则接近气缸壁的一部分气体温度将首先升高，同样引起压力和比体积的变化。引起气体内部的不平衡，随着分子的热运动和气体的宏观运动，这种影响再逐渐扩大到整个工质内部各处。此时若外界环境压力 p_x 未变，则由于气体压力的增大将推动活塞右行，其现象同上。这一变化将进行到气体各部分都达到热源温度，压力则达到和外界压力相平衡，体积则对应于新的温度和压力下的数值，而后处于新的平衡。显然中间经过的各状态是不平衡的，这样的过程也是不平衡过程。只有当传热时热源和气体的温度始终保持相差为无限小时，其过程才是准平衡的。由此，气体工质在温差作用下实现准平衡过程的条件是：系统和外界的温度差为无限小，即

$$\Delta T = (T - T_x) \to 0 \text{ 或 } T \to T_x$$

热平衡和力平衡是相互关联的，只有系统与外界的压力差和温度差均为无限小的过程才是准平衡过程。如果在过程中还有其他不平衡势存在，实现准平衡过程还必须加上其他相应条件。

只有准平衡过程才可用状态参数坐标图上的一条连续曲线来表示。也只有准平衡过程才

能用热力学的分析方法，准平衡过程是实际过程的理想化。由于实际过程都是在有限温差和压差作用下进行的，因而都是不平衡过程。但是在适当的条件下可将实际设备中进行的热力过程当做准平衡过程处理。这是因为不平衡态的出现常常是短暂的。例如，活塞式柴油机中，燃气和外界一旦出现不平衡，燃气也有足够的时间得以恢复平衡。实际上，活塞运动的速度(平衡被破坏的速度)通常不足 10m/s，而气体分子的运动速度(恢复速度)极大，气体内的压力波的传播速度接近声速，即使气体内部存在某些不均匀性，也可以迅速得以消除，使气体变化过程比较接近准平衡过程。

二、可逆过程

进一步观察准平衡过程，可以看到它有一个重要特性。图 5-6 表示一个由工质、机器和热源组成的系统。工质沿 1-3-4-5-6-7-2 进行准平衡的膨胀过程，同时自热源吸热。因在准平衡过程中工质随时都和外界保持热与力的平衡，热源与工质的温度是随时相等的，或只相差一个无限小的温差和压力差。则过程随时可以无条件地逆向进行，使外力压缩工质同时向热源放热。若过程是不平衡的，则当进行膨胀过程时工质的作用力一定大于反抗力，这时若不改变外力的大小就不能用这个较小的反抗力来压缩工质回行。同样，当工质自热源吸热时，热源温度高于工质，当然也不能让温度较低的工质向同一热源放热而使过程逆行。

由此可见，在上述准静态的膨胀过程中，工质对活塞做了一份机械功。若工质及整个系统中不存在摩擦等耗散效应，则机械功以动能的形态全部储存于飞轮中。此时利用飞轮的动能来推动活塞逆行，使工质沿 2-7-6-5-4-3-1 压缩，则压缩工质所消耗的功正好与膨胀所产生的功相等。此外，在压缩过程中工质同时向热源放热，所放出的热量与膨胀时所吸收的热量相等。当工质又回复到原来状态点 1 时，柴油机与热源也都回复到原来的状态。工质及过程所涉及的外界全部都回复到原来状态而不留下任何变化。

当系统经历某一过程后，如能使系统沿与原来相同的路径返回到原态，且不对外界产生任何影响，这种过程就称为可逆过程。相反，不满足上述条件的过程就是不可逆过程。

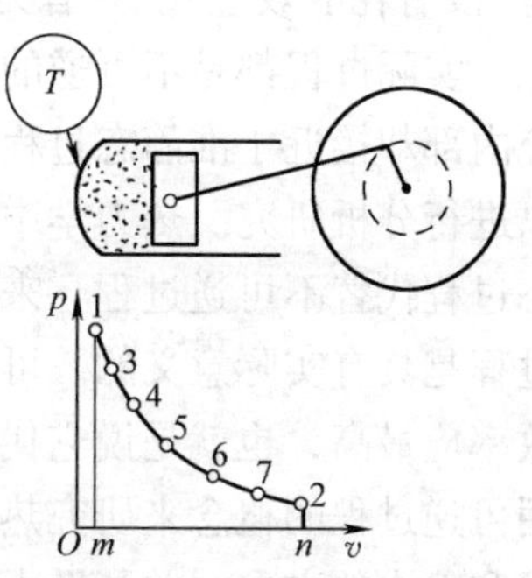

图 5-6　可逆过程示意图

不平衡过程一定是不可逆过程。在图 5-6 所示的系统中，若工质进行的是不平衡的膨胀过程，则飞轮所获得的动能一定小于工质所做的机械功。利用这一动能显然将不足以压缩工质沿原来的路径 2-7-6-5-4-3-1 回复到原态。为压缩工质回复原态，必须由外界供给额外的机械能。此时，由于热的不平衡工质在吸热时温度随时低于热源的温度，故当逆向进行时温度较低的工质就不可能将热量交还给此热源，而只能向另一温度更低的热源放热。可见，工质进行了一个不平衡过程后必将产生一些不可逆复的后遗效果，无论如何也不可能使过程所涉及的整个系统全部都回复到原来的状态，或者说要使系统回复原态，必对外界留下一定的影响。所以这样的一个不平衡过程必定是不可逆过程。

另外，当存在任何种类的摩擦，必然会引起耗散效应(摩擦使功变成热的现象)。无论在正向过程还是逆向过程中都必将因摩擦引起部分机械功变成热量，而这部分热量是不可能再自发地转变为功的，这就必留下不可逆复的后遗效果。所以有摩擦的过程都是不可逆的。在工程上常见的不可逆因素，除摩擦外，还有有限温差下的热传递、自由膨胀、不同工质的混合等因素。

综上所述，要实现可逆过程必须同时满足以下两个条件：

1）在过程进行中，系统内部以及系统和外界不存在不平衡势差，即同时保持热平衡和力平衡或过程应为准静态过程。

2）在过程变化期间，无任何引起能量损失的耗散效应存在。

对于热力系统而言，准静态过程与可逆过程同由一系列平衡状态所组成。因此，都能在热力状态参数坐标图上用一条连续曲线来描述，并用热力学方法对之进行分析。但准静态过程与可逆过程又有一定的区别，可逆过程不仅要求热力系统内部是平衡的，热力系统与外界之间的相互作用也是可逆的，即可逆过程必须要保持系统内外的力平衡与热平衡，且又无任何能量耗散。总之，在过程进行中不存在任何能引起能量损失的不可逆耗散效应。而准静态过程只是着眼于热力系统内部的平衡，至于外部有无摩擦对热力系统内部的平衡并无关系。甚至当内部存在摩擦搅动而生热时，由于热力系统内部分子运动速度很大，也能使热力系统内部趋于平衡。即使稍有不平衡，只要在热力系统与外界间的平衡受到破坏时，并不引起热力系统内部平衡的显著破坏，且热力系统分子运动的速度超过状态改变的速度，则热力系统内部仍然来得及随时恢复平衡。由此可见，准静态过程的条件仅限于热力系统内部力的平衡和热的平衡，并不要求热力系统与外部保持平衡，更不要求没有摩擦等损失。也就是说，准静态过程进行时，外界可能发生能量的耗损。例如，气体在准静态膨胀过程中所做的功，并不一定全部为外界所得，可能因为摩擦等因素引起了部分机械功的损失。因此，准静态过程是内部平衡过程。而可逆过程则是分析热力系统与外界所产生的总效果，经过一个可逆过程后，要求系统的内部和外界均回到原态，即可逆过程是内部和外部都平衡的过程。因此，可逆过程必然是准静态过程，而准静态过程只是可逆过程的条件之一，可逆过程的另一个条件是“没有耗散效应”。只有无任何耗散效应的准静态过程才是可逆过程。

实际过程都是不可逆的，只是不可逆程度不同而已。有些过程虽是不可逆的，但热力系统内部却接近于准静态过程，因而热力系统的状态变化可在状态参数坐标图上描述，也就可以进行分析研究。热力学中有时将一些与过程有关的不可逆因素推之于系统之外，用一准静态过程代替不可逆过程，来研究热力系统状态变化的基本规律。因此，热力学中讲述准静态过程是具有实际意义的。可逆过程虽不能实现，由于过程中能量损耗为零，理论上热功转换效率应最高，也就是说它代表实际过程中可能获得的最大有用功。在工程热力学中，总是引用可逆过程的概念来研究热力系统与外界所产生的总效果，以此作为改进实际过程的一个准绳和努力的方向，并帮助人们识别造成不可逆的各种实际因素，判别其不利影响，以便抓住主要矛盾，提出最合理的工程方案。

思考与练习题

5-1　将热量转化为功的媒介物质应该具有什么性质？

5-2　说明下列实际热力设备或装置各属于何种系统？

（1）内燃机压缩冲程中的压缩空气。

（2）运动中的蒸汽锅炉。

（3）备用的充有压缩空气的空气瓶中的压缩空气。

（4）包括热源、冷源和功的接受装置在内的整套蒸汽动力装置。

5-3　实现热力系统平衡状态的条件是什么？平衡状态与稳定状态、均匀状态有何区别？

5-4　用华氏温度计和摄氏温度计测量同一物体的温度，什么时候两温度计的读数相同？

5-5　准静态过程和可逆过程的热力学定义是什么？在热力学中讨论这两个过程有什么重大意义？准静态过程和可逆过程有何联系和区别？

5-6　下列各过程是否可逆，试申述理由。

（1）蒸汽绝热通过减压阀而进入汽轮机。

（2）活塞-气缸中贮存有水，缓缓对水加热使之蒸发而推动活塞。

（3）定量气体在气缸中缓缓推动活塞作无摩擦的绝热膨胀。

（4）空气在气缸中被活塞缓缓地无摩擦地压缩，为了使压缩产生的热量尽快传出气缸，在气缸外装有水套，水套中流过较空气温度低得多的冷却水。

5-7　某水银气压计中混进了一些空气泡，使读数比实际的数值小，若精确的气压计读数为768mmHg时，它的读数只有748mmHg，这时管内水银面到管顶的距离为80mm。假定大气的温度保持不变，问当该气压计的读数为734mmHg时，实际气压值为多少？

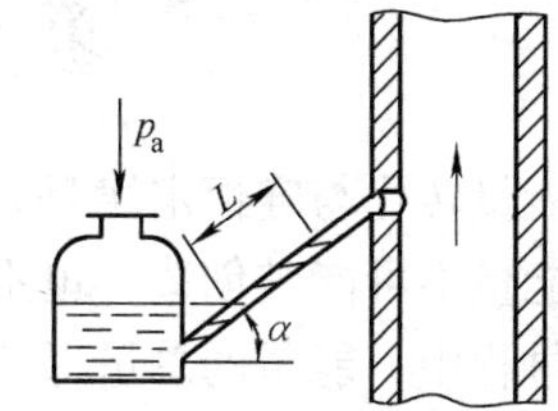

图5-7　题5-8用图

5-8　锅炉烟道中的烟气压力常用倾斜式微压计测量，如图5-7所示。若已知斜管倾角$\alpha=30°$，微压计中使用密度$\rho=1g/cm^3$的水，斜管中液柱长度$L=160mm$，若当时当地大气压力$p_a=740mmHg$，求烟气的真空度(用mmH_2O表示)及绝对压力(用bar及at表示)。

5-9　用刚性壁将容器分隔成两部分，在容器不同部位安装有压差计，如图5-8所示。压力表B上的读数为1.75bar，表C上的读数为1.10bar。如果大气压力为0.97bar，试确定表A上的读数，并确定两部分容器内气体的绝对压力为多少？

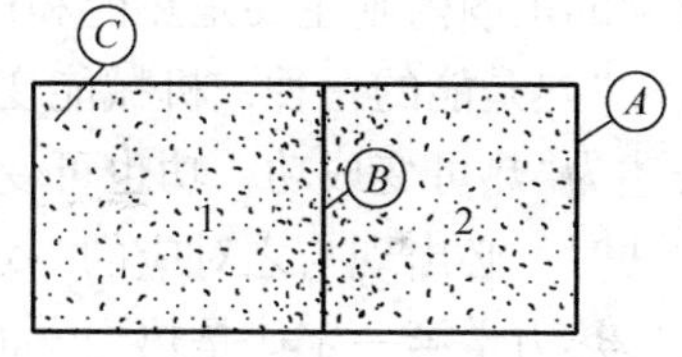

图5-8　题5-9用图

5-10　如图5-9所示，已知大气压力$p_a=101325Pa$，U形管中水银柱高度差$H=300mm$，压力表B读数为0.2543MPa，求A室压力p_A及压力表A的读数。

5-11　如图5-10所示的气缸活塞系统，气缸内气压为p，曲柄连杆对活塞的作用力为F，活塞与气缸摩擦力为f，活塞面积为A。试讨论气缸内气体进行准静态过程和可逆过程的条件。

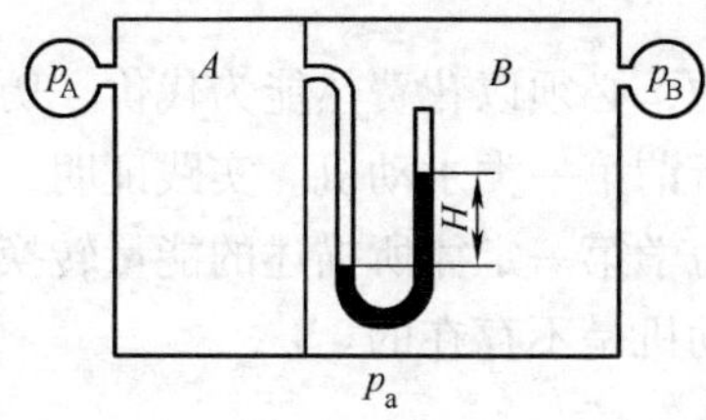

图5-9　题5-10用图

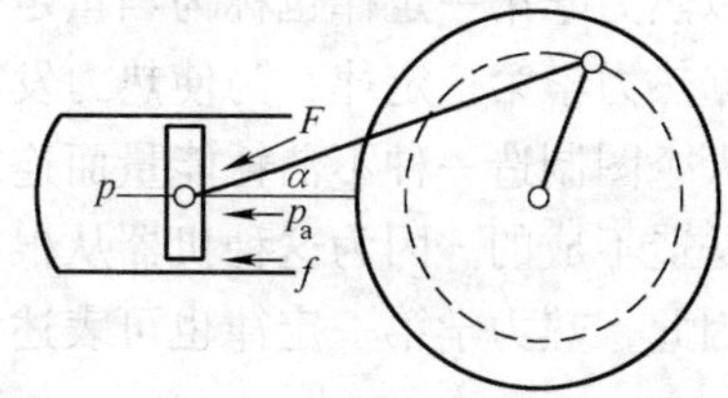

图5-10　题5-11用图

第六章　热力学第一定律

【**学习目的**】 准确理解热力学第一定律的内容和实质；掌握热量和体积功的基本计算公式，认识热量和体积功之间的区别和联系；理解气体热力学能和焓的定义；熟练掌握闭口系统热力学第一定律的能量方程，熟悉开口系统稳定流动能量方程的意义及其工程应用。

第一节　热力学第一定律的实质

能量转化与守恒定律是自然界的基本规律之一，它指出：自然界中一切物质都具有能量，能量不可能被创造，也不可能被消灭；能量可从一种形态转变为另一种形态，在能量的转化过程中，能量的总量保持不变。

热力学第一定律是能量转化与守恒定律在热现象上的具体应用。它指出了热能与其他形态的能量，诸如机械能、化学能和电磁能等，在相互转化时其数量上的守恒关系。在工程热力学的范围内则主要是热能和机械能之间的相互转化和守恒，它可表述如下：

“热是能的一种，机械能变热能或热能变机械能的时候，它们的比值是一定的”。也可表述为“热可变成功，功也可变成热；一定量的热消失时，必产生一定量的功；消耗一定量的功时，必出现与之对应的一定量的热”。

热力学第一定律是热力学的基本定律，它适用于一切工质和一切热力过程。当用于分析具体问题时，需要将它表示为数学解析式，即根据能量守恒的原则，列出参与过程的各种能量的平衡方程。对于任何热力系统，各项能量之间的平衡关系可一般表示为

$$\text{进入系统的能量} - \text{离开系统的能量} = \text{系统储存能量的变化} \tag{6-1}$$

热力学第一定律确定了热能和机械能可以相互转换，并在转换时存在着确定的数量关系，所以热力学第一定律也称为当量定律。

根据热力学第一定律，为使热力发动机输出机械功，必须以花费热能为代价。历史上曾有不少人企图制造一种不消耗能量而连续不断做功的所谓第一类永动机。实践证明，第一类永动机是造不成的。因为这种机器从根本上违反了热力学第一定律所描述的能量转换和守恒定律。因此，热力学第一定律也可表述为：第一类永动机是不存在的。

一、系统存储的能量

工质内部所具有的各种能量总称为**“热力学能”**。能量是物质运动的量度，运动有各种不同的形态，相应地就有各种不同的能量。“热能”(内热能)是组成物质的分子、原子等微观粒子作无规则运动时所具有的能量。宏观静止的物体，其内部的分子、原子等微粒仍在不停地运动着，这种运动称为热运动，物体因热运动而具有的能量称为内热能。除此之外，还有原子结合为分子而具有的化学能、原子核等。在热力状态变化过程中，物质的分子结构和原子结构都不发生变化，化学能和原子核能都不起作用，可以不考虑，所以，在热力学中将物体的内热能称为热力学能，即热力学能是储存于物体内部的能量，其量值取决于物体内部

微观粒子的热运动状态。

根据分子运动理论，气体分子可作平移运动和旋转运动，分子内部原子还可在某一平衡位置附近振动。因而，气体分子具有平动动能、旋转动能和振动动能，它们都是绝对温度的单值函数。由于实际气体的分子之间还有内聚力(尽管气体分子间的内聚力很微小)，所以分子又具有内聚力所形成的位能。当分子之间的平均距离改变时，即气体所占的体积改变时，分子间的位能也随之改变。可见，气体分子位能的大小主要取决于分子之间的平均距离，即决定于比体积。由于温度升高时，分子间碰撞的频率增加，分子间相互作用增强，因而在一定程度上位能也和温度有关。综上所述，气体的内能包括

(1) 分子的平动动能。
(2) 分子的旋转动能。
(3) 分子内部原子的振动动能。
} 分子的内动能，是绝对温度的函数

(4) 分子间的位能——分子的内位能，是比体积和温度的函数。

由此可见，热力系中，气体的热力学能取决于系统的温度 T 和比体积 v，即气体热力学能取决于热力系统所处的状态，因此热力学能也是个状态参数。在热力学中，用符号 U 表示热力系统的热力学能，其单位为 J。用 u 表示热力系单位质量的热力学能，称为比热力学能，单位为 J/kg。不论是热力学能还是比热力学能，通常统称为热力学能，并可写成

$$u = U/m = f(T,v) \text{ 或 } u = U/m = f(p,v)$$

二、系统与外界传递的能量

(一) 体积功

在力学中，将力和沿力作用方向的位移的乘积定义为力所做的功。若在力 $\boldsymbol{F}$ 作用下物体发生微小位移 $\mathrm{d}x$，则力 $\boldsymbol{F}$ 所作的微元功为

$$\delta W = F\mathrm{d}x$$

现设物体在力 $\boldsymbol{F}$ 作用下由空间某点 1 移动到点 2，则力所做的总功为

$$W_{12} = \int_1^2 F\mathrm{d}x$$

下面研究气体工质在可逆过程中所做的功。设质量为 m(kg)的气体工质在气缸中作可逆膨胀，其变化过程以图 6-1 中连续曲线 1-a-2 表示。设工质的压力为 p，由于膨胀过程是可逆的，气缸内工质压力应随时与外界对活塞的反作用力相差无限小，至于这个反作用力来源于何处无关紧要。这样，工质推动活塞移动距离 $\mathrm{d}x$ 时，反抗外力所作的膨胀功为

$$\delta W = F\mathrm{d}x = pA\mathrm{d}x = p\mathrm{d}V$$

式中，A 为活塞面积；$\mathrm{d}V$ 是工质体积变化量。

在工质从状态 1 到状态 2 的膨胀过程中，所做的膨胀功为

$$W_{1-2} = \int_1^2 p\mathrm{d}W \tag{6-2}$$

由上式可见，可逆过程中工质所做的功只取决于工质的状态参数及其变化规律，而无需考虑外界情况。如已知过程 1-a-2 的方程式 $p = f(V)$，即可由积分求得膨胀功的数值。膨胀功 W_{12} 在 p-V 图上可用过程线下方的面积 1-a-2-n-m-1 来表示。因此，p-V 图也称为示功图。

如果工质质量是1kg，体积可用比体积 v 代替，则单位质量工质所做的功为

$$\delta w = p\mathrm{d}v \tag{6-3}$$

或

$$w_{1-2} = \int_1^2 p\mathrm{d}v \tag{6-4}$$

如果过程按反向 2-a-1 进行时，同样可得

$$w_{2-1} = \int_2^1 p\mathrm{d}v$$

此时 dv 为负值，故所得的功也是负值。因此，正值代表气体膨胀对外做功，而负值代表外力压缩气体所消耗的功，即膨胀功为正，压缩功为负。

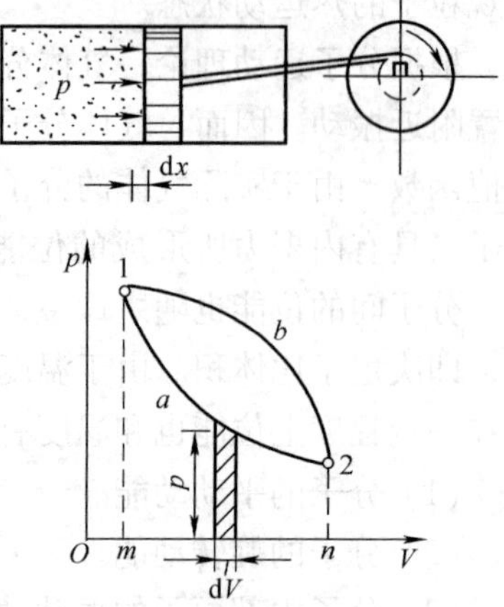

图6-1 气体膨胀做功示意图

膨胀功或压缩功都是通过工质体积的变化而与外界交换的功，因此统称为体积功。从功的计算式可看出，体积功只与气体体积的变化量有关，而与体积形状无关，无论气体是由气缸和活塞包围的，还是由任一假想的界面包围，只要被界面包围的气体体积发生了变化，同时过程是可逆的，则在边界上克服外力所做的功，都可用式(6-2)和式(6-4)来计算，这两个公式是体积功的基本计算式。

从图6-1还可看出，如工质沿另一曲线 1-b-2 进行膨胀，显然曲线下面的面积不同，亦即做出的体积功不同。由此可得出结论：体积功的数值不仅取决于工质的初、终状态，还与过程中间经过的途径有关。或者说，体积功是过程函数，而不是状态参数。从数学意义上讲，它不具有全微分，因而用 δw 来代表微元功。

【例6-1】 2kg温度为100℃的水，在压力为0.1MPa下完全汽化为水蒸气。若水和水蒸气的比体积各为0.001m³/kg和1.673m³/kg，汽化过程为可逆，试求此2kg水因汽化膨胀而对外做的功(kJ)。

解： 因为是可逆定压过程，单位质量水汽化过程中所做的体积功可由体积功的基本计算式(6-4)计算

$$w = \int_{v_1}^{v_2} p\mathrm{d}v = p(v_2 - v_1) = 0.1 \times 10^6 \times (1.673 - 0.001)\mathrm{J/kg} = 1.672 \times 10^5 \mathrm{J/kg}$$

所以

$$W = mw = 2 \times 1.672 \times 10^5 \mathrm{J} = 334.4\mathrm{kJ}$$

由上述计算可看出，功为正值，表示热力系统对外界做功，即水汽化时体积膨胀所做的膨胀功。

（二）热量

在热力学中，热量的定义为："通过热力系边界所传递的除功以外的能量"。只有当热力系和外界或热力系内各部分之间存在温差时，才发生热能的传递。

既然热量和功一样是传入或传出热力系的一种能量形式，因此热量也是过程函数，而不是状态参数。热量以 Q 表示，而热力系单位质量的传热量以 q 表示，即 $q = Q/m$。用 δq 或 δQ 表示微元热量，热量不存在全微分。在我国法定计量单位中，热量 Q 和功 W 的单位均采用J，q 的单位采用J/kg。

热力学中规定：传入热力系的热量为正值，传出热力系的热量为负值。

（三）熵与温熵图

做功和传热是能量传递的两种基本方式。功是由压差作用而传递的能量，热量则是温差的作用而传递的能量。它们都是能量传递过程的一种量度，且能相互转换，只是传递形式不同而已。

在可逆过程中，热力系与外界交换的功量可用两个状态参数 p 和 v 描述，即

$$\delta w = p\mathrm{d}v \quad 或 \quad w_{12} = \int_1^2 p\mathrm{d}v$$

式中，压强 p 是做功的推动力，只要系统与外界存在微小的压强差就能做功。比体积 v 的改变标志有无做功，$\mathrm{d}v>0$，标志系统对外做膨胀功；$\mathrm{d}v<0$，标志系统被压缩而获得功；$\mathrm{d}v=0$，标志未做任何体积功。在 p-v 图中可用图形面积表示系统与外界所交换的功量。显然，图示法对分析研究热工问题带来极大的方便。对比做功量，热量的传递理应有两个类似的状态参数来描述。在传热过程中，温度 T 是传热的推动力，只要系统与外界存在微小的温差就能传热。相应地也应另有一个状态参数，它的改变标志有无传热，我们定义这个状态参数为“比熵”，以符号 s 表示。对比功的表达式，在可逆过程中的传热量 q 可用下面的数学式表示：

$$\delta q = T\mathrm{d}s \quad 或 \quad q_{12} = \int_1^2 T\mathrm{d}s \tag{6-5}$$

由此得比熵的数学定义式

$$\mathrm{d}s = \frac{\delta q}{T} \quad 或 \quad \Delta s = \int_1^2 \frac{\mathrm{d}q}{T} \tag{6-6}$$

式中，s 为热力系统单位质量的熵，称为比熵，单位是 J/(kg · K)，热力系统的总熵为 S，单位为 J/K。

式(6-6)中的 $\mathrm{d}s=\delta q/T$ 为热力系统发生微小的可逆变化过程中，自外界传给系统的微小热量 δq 除以传热时的绝对温度 T 所得的商，即系统熵的微小增量。而 $\Delta s = \int_1^2 \frac{\mathrm{d}q}{T}$ 则为系统自状态 1 可逆地变化至状态 2 时，整个过程中热力系熵的总增量。

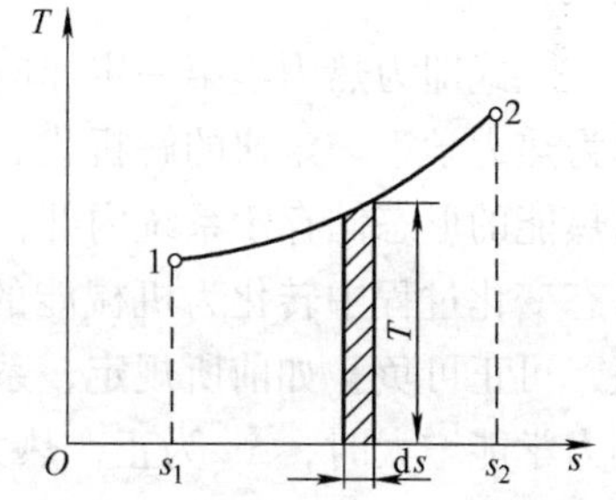

图 6-2　可逆过程及过程热量在 T-s 图上的表示

对比 p-v 坐标图，图 6-2 为以温度 T 为纵坐标，比熵 s 为横坐标组成的 T-s 图，或称温熵图。图上每一点表示一个平衡状态，每条曲线表示一个可逆过程，而曲线下的面积(如图中 1-2-s_2-s_1-1)则表示过程 1-2 中热力系与外界通过边界所交换的热量。在热力学中，温熵图和压容图具有同样重要的价值。

因为绝对温度是正值，而 $\delta q=T\mathrm{d}s$，故 $\mathrm{d}s>0$，则 $\delta q>0$，说明过程中热力系统的熵增加，表示外界对系统加热，在 T-s 图中过程线向右延伸；若 $\mathrm{d}s<0$，则 $\delta q<0$，说明系统的熵减小，表示系统向外放热，在 T-s 图中过程线向左延伸；若 $\mathrm{d}s=0$，则 $\delta q=0$，表示系统与外界无热量传递，即为绝热热力系，此时系统状态变化过程在 T-s 上应为一条垂直线。由此可见，根据系统的熵有无增减，可以判断系统在可逆过程中是吸热、放热或是绝热。

第二节 闭口系统能量方程

热力学第一定律的能量方程式(6-1)说明系统在热力状态变化过程中的能量平衡关系，是分析热力状态变化过程的基本方程。热力系统在状态变化过程中的各项能量的变化应符合式(6-1)。

对于闭口系统，进入和离开系统的能量只包括热量和功量两项；对于开口系统，因有物质进出分界面，所以进入和离开系统的能量除上述两项外，还有随同物质带进带出系统的能量。由于这些区别，将热力学第一定律应用于不同热力系统时可得到不同的能量方程。本节将从研究闭口系统的能量方程着手，导出热力学第一定律的基本能量方程式。

热力学第一定律所研究的能量转换，其实现的途径主要是依靠工质的吸热膨胀，因此我们的着眼点在于考察工质在状态变化过程中的能量及其转换，从而所选择的闭口系统就是一定量的工质。

现设气缸内有1kg工质，当工质从外界吸收热量 q 后，从状态1膨胀到状态2，并对外界做功 w。由于是闭口系统，工质质量恒定不变，系统同外界只有热和功的交换而无物质交换；若忽略工质的宏观动能和位能，则工质的储存能即为热力学能。

根据式(6-1)，对于1kg工质，进入系统的能量为 q，离开系统的能量为 w，系统储存能的增量为 Δu。于是

$$q - w = \Delta u = u_2 - u_1 \tag{6-7}$$

或

$$q = \Delta u + w \tag{6-8}$$

上式即为热力学第一定律应用于闭口系统所得到的能量方程，是最基本的能量方程式，称为热力学第一定律的解析式。它表明加给系统的热量一部分用于增加系统的热力学能，仍以热能的形态储存于系统内部，余下的一部分以做功的方式传递给了外界转化为机械能。在状态变化过程中转化为机械能的部分为 $q-w$。热量 q、热力学能变化 Δu 和功 w 都是代数值，可正可负。如前所规定，系统吸热 q 为正，系统对外做功 w 为正；反之，则为负。系统热力学能增大时，Δu 为正，热力学能减少时，Δu 为负。

对于一个微元过程

$$\delta q = \mathrm{d}u + \delta w \tag{6-9}$$

这就是热力学第一定律解析式的微分形式。

若过程是可逆的，就可在 p-v 图上以一条连续曲线来表示，且有 $\delta w = p\mathrm{d}v$，所以

$$\delta q = \mathrm{d}u + p\mathrm{d}v \tag{6-10}$$

对于任意质量工质

$$Q = \Delta U + W \tag{6-11}$$

式(6-11)直接从能量守恒与转化的普遍原理导出，没有作任何假定，因此它对闭口系统是普遍适用的，可适用于可逆过程，也可适用于不可逆过程，对工质的性质也没有限制。为了确定工质初态和终态热力学能的值，要求工质初态和终态都是平衡状态。

【例6-2】 一闭口系统沿 a-c-b 途径由状态 a 变化到状态 b 时，吸收热量84kJ，对外做功32kJ，如图6-3所示。

(1) 若沿途径 a-d-b 变化时，对外做功 10kJ，则进入系统的热量是多少？

(2) 当系统沿着曲线途径从 b 返回到初始状态 a 时，外界对系统做功 20kJ，求系统与外界交换热量的大小与方向。

(3) 若 $U_a=0$，$U_d=42\text{kJ}$ 时，过程 a-d 和 d-b 中交换的热量又是多少？

解： 对途径 a-c-b，由闭口系统的能量方程式得

$$U_b - U_a = Q_{acb} - W_{acb} = 84\text{kJ} - 32\text{kJ} = 52\text{kJ}$$

(1) 对途径 a-d-b，由于热力学能是状态参数，其变化量只与初、终状态有关，而与中间过程无关。所以过程 a-c-b 和 a-d-b 的热力学能变化量是相同的，均为 $U_b - U_a$。这样由闭口系统的能量方程式，得

$$Q_{adb} = (U_b - U_a) + W_{adb} = 52\text{kJ} + 10\text{kJ} = 62\text{kJ}$$

(2) 对曲线 b-a 途径，由闭口系统能量方程式，得

$$U_a - U_b = Q_{ba} - W_{ba}$$

或
$$Q_{ba} = -(U_b - U_a) + W_{ba} = -52\text{kJ} + (-20)\text{kJ} = -72\text{kJ}$$

即系统对外放出热量 72kJ。

(3) 当 $U_a=0$，$U_d=42\text{kJ}$ 时，由于 $W_{adb}=W_{ad}+W_{db}$，而 d-b 为定容过程，其做功量为零，则

$$W_{ad} = W_{adb} = 10\text{kJ}$$

由闭口系统能量方程式，得

$$U_d - U_a = Q_{ad} - W_{ad}$$

或
$$Q_{ad} = (U_d - U_a) + W_{ad} = (42-0)\text{kJ} + 10\text{kJ} = 52\text{kJ}$$

即系统从外界吸入 52kJ 的热量。

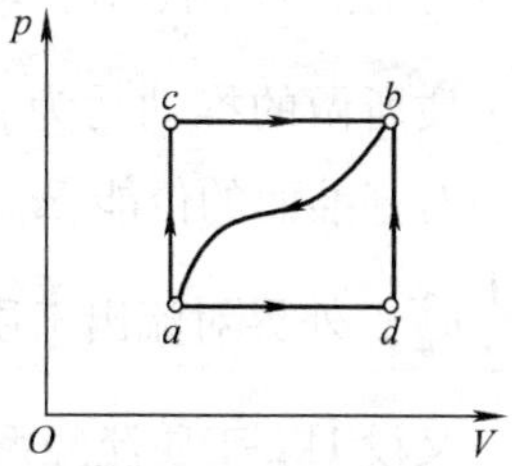

图 6-3　例 6-2 用图

同理同法，对 d-b 过程，由闭口系统的能量方程式，得

$$U_b - U_d = Q_{db} - W_{db}$$

而
$$U_b - U_d = (U_b - U_a) - (U_d - U_a) = 52\text{kJ} - 42\text{kJ} = 10\text{kJ}$$

则
$$Q_{db} = (U_b - U_d) + W_{db} = 10\text{kJ} + 0\text{kJ} = 10\text{kJ}$$

即系统从外界吸入 10kJ 的热量。

第三节　开口系统能量方程

工质在热动力装置中循环地流经各相互衔接的热力设备，完成不同的热力过程，才能实现热功转换。分析这些热力设备的能量转换情况时，常将它们当做开口系统，如汽轮机、锅炉、冷凝器和压缩机等热力设备均有工质流入和流出。若工质流经热力设备时，单位时间内同外界交换的热量和功量随时间而变，各固定点的流速及工质的状态参数亦随时间而变，则这种流动称为不稳定流动。不稳定流动的分析较为困难，需要掌握流动随时间变化的规律才能进行。将实际的流动过程视为稳定流动过程可使分析研究大为简化。

一、开口系统能量方程

开口系统能量方程以稳定流动为分析对象，即热力系统在任何流动截面上工质的一切参数都不随时间而变。因此，要使流动达到稳定，必须满足下述条件：

1）进、出口处工质的状态不随时间而变。

2）进、出口处工质质量流量相等且不随时间而变，满足质量守恒条件。

3）系统和外界交换的热和功等一切能量不随时间而变，满足能量守恒条件。

图 6-4 所示为某一热力设备的示意图，划定虚线以内的空间区域为控制体。截面 1-1、2-2 为有物质进出的控制面。以此作为被研究的开口系统。如前所述，研究开口系统的能量平衡不仅要考虑系统与外界交换的热量和功量，也要考虑随同工质流动而带进带出系统的能量，即所谓研究控制体的能量平衡。

为简化起见，我们设流进流出系统的工质为 1kg（如图 6-4 中阴影部分所示）。p_1、v_1、u_{g1}分别为进口 1-1 处流动工质的压力、比体积和流速；p_2、v_2、u_{g2}分别为出口 2-2 处流动工质的压力、比体积和流速。

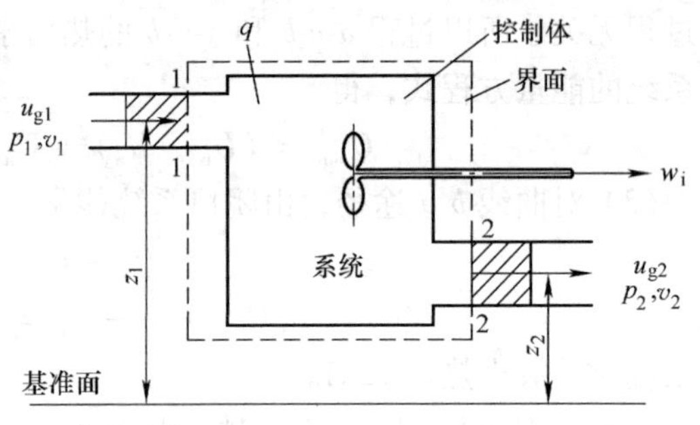

图 6-4　某一热力设备的示意图

1kg 工质进入系统带进的能量包括工质所具有的热力学能 u_1；动能$\frac{1}{2}u_{g1}^2$；外界对流入工质所做的推动功为 p_1v_1；工质流入系统时相对基准面的位能 gz_1。1kg 工质流出系统带出的能量包括工质所具有的热力学能 u_2；动能$\frac{1}{2}u_{g2}^2$；外界对流出工质所做的推动功为 p_2v_2；工质流出系统时相对基准面的位能 gz_2。

又设 1kg 工质流经系统时从外界吸入的热量为 q，对机器设备做的功为 w_i。w_i 表示 1kg 工质在机器内部，如汽轮机中蒸汽冲击汽轮机叶片所做的功，称为内部功（若机器设备无摩擦损失，内部功就是机器轴上向外输出的轴功）。

引用能量平衡方程式(6-1)，得到

$$\left(u_1 + \frac{1}{2}u_{g1}^2 + gz_1 + q + p_1v_1\right) - \left(u_2 + \frac{1}{2}u_{g2}^2 + gz_2 + p_2v_2 + w_i\right) = 0 \tag{6-12}$$

上式前一括号中各项代表进入系统的能量，后一括号中各项表示离开系统的能量。因为所研究的是稳定流动，所以系统储存能保持不变，等号右边为零。

二、推动功

功的形式除了膨胀功或压缩功这类与系统的界面移动有关的功外，还有因工质在开口系统中流动而传递的功，我们称之为推动功或流动功。对开口系统进行功的计算时需要考虑这种功。

图 6-5 所示为工质经管道进入气缸的过程。设工质状态参数是 p、v、T，用 p-v 图中点 O 表示，移动过程中工质的状态参数不变。工质作用在面积为 f 的活塞 A 上的力是 pf，当工质流入气缸时推动活塞移动了距离 ΔS，所做的功为 $pf\Delta S = pV = mpv$(J)。式中 m 表示进入气缸的工质质量，此即推动功。1kg 工质的推动功等于 pv(J/kg)，如图 6-5 中矩形面积所示。

推动功是工质在开口系统中流动时所传递的功，因流动过程中，工质的状态没有改变，工质本身所具有的能量未变，所以传递给活塞的能量只能是别处传递而来的，如在后方某处有另一个活塞 B 在推动工质使它流动。例如，对汽轮机来说，蒸汽进入汽轮机所做的推动功则来源于水在锅炉中定压吸热汽化所产生的膨胀功。推动功只有在工质移动位置时才起作用。工质在移动位置时总是从后面获得推动功，而对前面做出推动功。即使没有活塞存在时也完全一样。工质在做推动功时没有热力状态的改变，当然也不会有能量形态的转化，此处工质所起的作用只是单纯的传输能量，好像传动带一样。

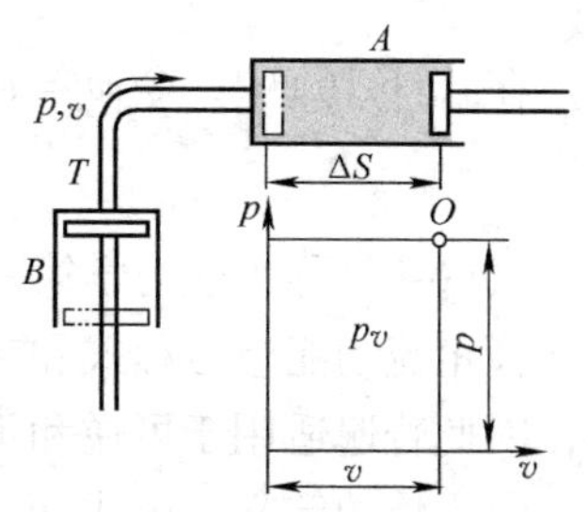

图6-5　工质流动过程中所传递的推动功

三、焓

在许多热力学的计算公式中，内能 U 和压强与体积之积 pV 总是一起出现。为简化公式和计算，以符号 H 表示 U 与 pV 之和，并称之为“焓”，其单位与热力学能的单位相同，即

$$H = U + pV \tag{6-13}$$

对于单位质量的物质

$$h = u + pv \tag{6-14}$$

式中，h 称为比焓，与内能一样，焓 H 与比焓 h 也统称为焓。因为在任一平衡状态下，u、p、v 都是状态参数，都有一定的值，故它们的组合量 h 也必有一定的值，也必为状态参数，而与达到这一状态的路径无关，并可写成任意两独立状态参数的函数，如

$$h = f(T,p)$$

$u+pv$ 的合并出现并不是偶然的。u 是1kg 工质所具有的热力学能，是储存于1kg 工质内部的能量。pv 是1kg 工质的推动功，即1kg 工质移动时所传输的能量。当1kg 工质经过一定的界面流入热力系统时，储存于它内部的热力学能 u 当然随着也带进了系统，同时还将从后面获得的推动功 pv 带进了系统，因此系统中因引进了1kg 工质而获得的总能量是热力学能与推动功之和。所以在工质处于流动状态的特定情况下，焓代表工质发生迁移时所携带的总能量，并取决于工质所处的热力状态。

四、热力学第一定律的解析式

将式(6-12)移项整理，可得

$$w_i = (q - \Delta u) + (p_1v_1 - p_2v_2) + \frac{1}{2}(u_{g1}^2 - u_{g2}^2) + g(z_1 - z_2) \tag{6-15}$$

引入焓的定义式 $h=u+pv$，上式可改写成

$$q = (h_2 - h_1) + \frac{1}{2}(u_{g2}^2 - u_{g1}^2) + g(z_2 - z_1) + w_i \tag{6-16}$$

式(6-16)就称为稳定流动能量方程式。

可见对机器所做的功，或过程中向机器传出的机械能，是由四个部分组成的：①$q-\Delta u=w$；②进出口推动功之差；③进出口动能差；④进出口位能差。其中后三项本身就是机械能，在过程中由工质传给机器；只有第一项 $q-\Delta u$ 原来是热能，在过程中通过工质的膨胀才转化为机械能，与后三项一起传递给了机器。所以在此过程中从热能转化而成的机械能仍旧相当于 $q-\Delta u$ 的膨胀功 w。由此可得出结论：热力系统只有在做膨胀功时才能实现热能向机械能的转变。反之，热力系统只有在做压缩功时才能实现机械能向热能的转变。

在式(6-16)中，令 $w_t = w_i + \frac{1}{2}\Delta u_g^2 + g(z_2 - z_1)$，称为技术功。这样式(6-16)可表示成

$$q = \Delta h + w_t \tag{6-17}$$

式(6-17)称为热力学第一定律的第二解析式。

稳定流动能量方程式和热力学第一定律的第二解析都是从能量转化和守恒定律直接推出的，因此普遍适用于可逆和不可逆过程，也普遍适用于各种工质。

引入焓的定义，由式(6-17)还可得到

$$w_t = q - \Delta u + (p_1 v_1 - p_2 v_2) = w + p_1 v_1 - p_2 v_2 \tag{6-18}$$

即技术功等于过程中系统所做的体积功与推动功的代数和。对可逆过程，如图 6-6 所示 p-v 图中连续曲线 1-2，技术功可写成如下的式子：

$$w_t = \int_1^2 p\mathrm{d}v + (p_1 v_1 - p_2 v_2) = \int_1^2 p\mathrm{d}v - \int_1^2 \mathrm{d}(pv) = -\int_1^2 v\mathrm{d}p \tag{6-19}$$

其中 $-v\mathrm{d}p$ 可用图 6-6 中画斜线的微元面积表示，$-\int_1^2 v\mathrm{d}p$ 则可用面积 5-1-2-6-5 来表示，即技术功在 p-v 图上可表示成过程线左边的面积。

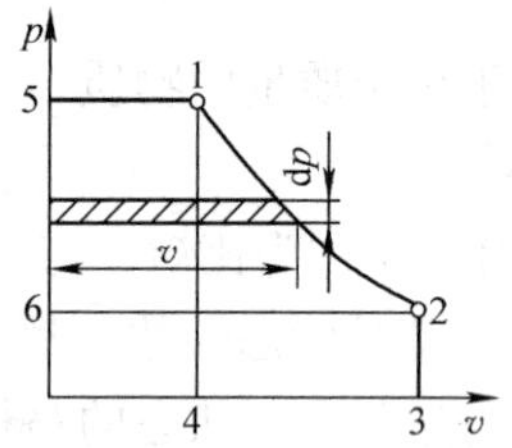

图 6-6　技术功的图示

由式(6-19)可见，若 $\mathrm{d}p$ 为负，即过程中工质压强是降低的，则技术功为正，此时系统对机器做功。反之，若 $\mathrm{d}p$ 为正，即过程中系统的压强是升高的，则技术功为负，此时机器对系统做功。蒸汽机、蒸汽轮机和燃气轮机属于前一种情况，活塞式压气机和叶轮机压气机属于后一种情况。

对可逆微元过程，热力学第一定律的第二解析式可表示为

$$\delta q = \mathrm{d}h - v\mathrm{d}p \tag{6-20}$$

第四节　热力学第一定律能量方程的应用

热力学第一定律的能量方程在工程上应用很广。可用于计算任何一种热力设备中能量的传递和转化。在应用能量方程分析具体问题时，应根据具体问题的不同条件作出某种假定和简化，使能量方程更加简单明了，下面举例说明。

一、动力机

工质流经汽轮机、燃气轮机等动力机时(见图 6-7)，压强降低，对机器做功，进口和出口的速度相差不多，动能差很小，可以不计；对外界略有散热损失，q 是负的，但数量通常不大，也可忽略；位能差极微，可以不计。将这些条件代入稳定流动能量方程式(6-16)，可得 1kg 工质对机器所做的功为

$$w_i = h_1 - h_2 = w_t \tag{6-21}$$

二、压气机

工质流经压气机时(见图 6-8)，机器对工质做功，使工质升压；工质对外界略有散热，w_i 和 q 都是负值；动能差和位能差可忽略不计。从稳定流动能量方程式(6-15)可得 1kg 工质

需做功为

$$w_C = -w_i = (h_2 - h_1) + (-q) = -w_t \tag{6-22}$$

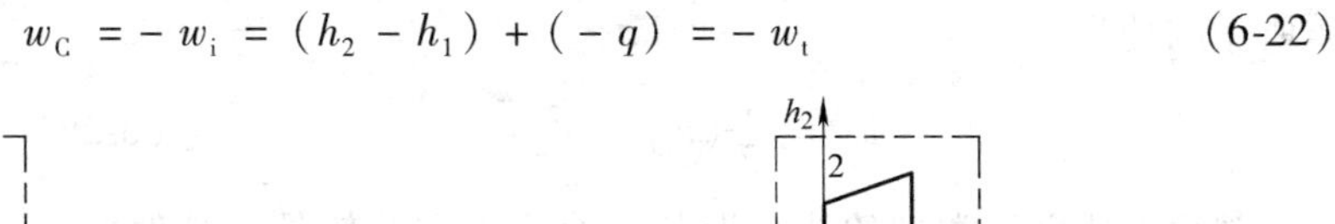

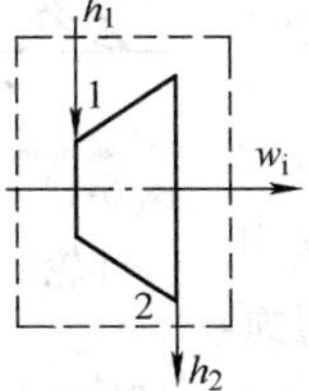

图 6-7　工质流经动力机示意图

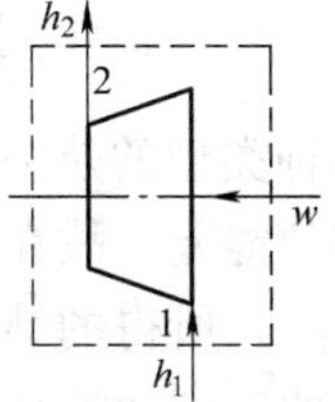

图 6-8　工质流经压气机示意图

三、换热器

工质流经锅炉、加热器等热交换器时(见图 6-9)，与外界有热量交换而无功交换，动能差和位能差也可忽略不计。若工质流动是稳定的，从式(6-15)可得 1kg 工质的吸热量为

$$q = h_2 - h_1 \tag{6-23}$$

四、管道

工质流经诸如喷管、扩压管等管道时(见图 6-10)，不对设备做功。位能差很小，可忽略不计；因喷管长度短，工质流速大，来不及和外界交换热量，故热量交换也可不计。若流动稳定，则用式(6-15)可得 1kg 工质动能的增加为

$$\frac{1}{2}(u_{g2}^2 - u_{g1}^2) = h_1 - h_2 \tag{6-24}$$

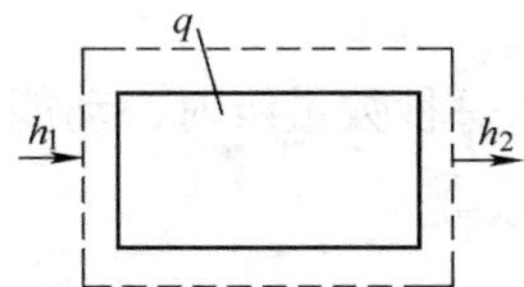

图 6-9　工质流经锅炉等换热器的示意图

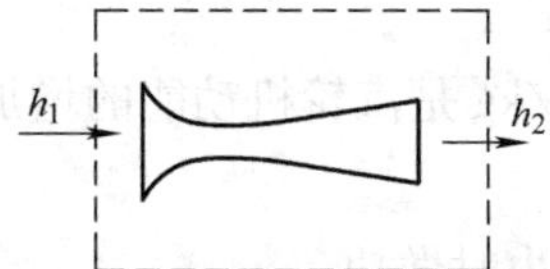

图 6-10　工质流经喷管等管道的示意图

五、节流

工质流过截面突然收缩的阀门时(见图 6-11)，流速加快，这种流动称为节流。由于存在摩擦和涡流，流动是不可逆的。在离阀门不远的前、后两个截面处，工质的状态趋于稳定。设流动是绝热的，前后两截面间动能差和位能差忽略不计，又不对外做功，则对两截面间工质应用稳定流动能量方程式(6-16)，可得节流前后焓值相等，即

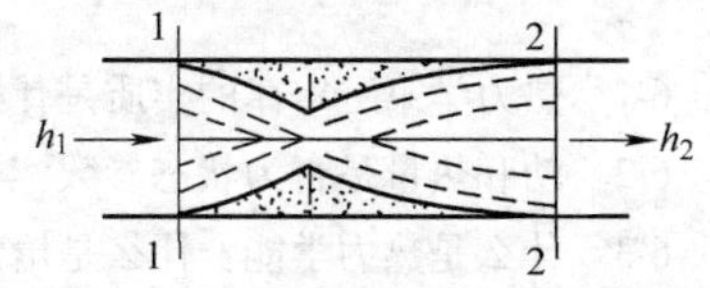

图 6-11　工质流经阀门等的示意图

$$h_1 = h_2 \tag{6-25}$$

六、涡轮机叶轮

工质流经涡轮机叶轮上的动叶栅，推动叶轮对外做功(见图 6-12)。因工质流速较大，流经叶栅时散热量较小，可忽略；位能差也可忽略；又设工质冲击叶栅时不发生热力状态变

化，即焓差也可不计。应用稳定流动能量方程式(6-16)得 1kg 工质所做的功为

$$w_i = \frac{1}{2}(u_{g1}^2 - u_{g2}^2) \qquad (6\text{-}26)$$

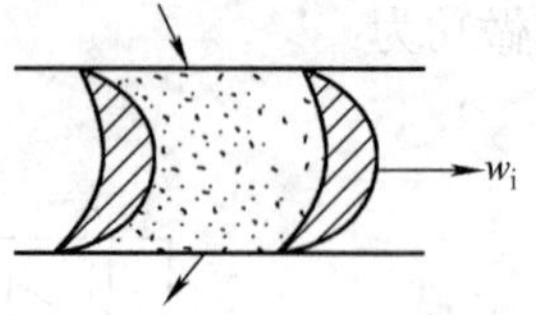

图 6-12　工质流过涡轮机叶轮叶栅时的示意图

观察上述六种类型的热力设备，除管道和叶轮外，其他四种都可不计动能和位能差，故在计算中可不必用式(6-16)而直接用较简单的式(6-17)，所得的结果完全一样。而管道和叶栅中的流动动能差不能忽略。例如喷管，目的是获得高速气流；又如扩压管，目的在于利用高速气流的动能来压缩工质，而气流在叶栅中的流动则是利用气流动能来对外做功。在计算这一类设备中，式(6-16)是主要的工具。

【例 6-3】　已知新蒸汽流入汽轮机时的焓 $h_1 = 3232\text{kJ/kg}$，流速 $u_{g1} = 50\text{m/s}$；蒸汽流出汽轮机时的焓 $h_2 = 2302\text{kJ/kg}$，流速 $u_{g2} = 120\text{m/s}$。散热损失和位能差可忽略不计。试求 1kg 蒸汽流经汽轮机时对外界所做的功。若蒸汽流量是 10t/h，求汽轮机的功率。

解：由式(6-16)得 $q = (h_2 - h_1) + \frac{1}{2}(u_{g2}^2 - u_{g1}^2) + g(z_2 - z_1) + w_i$。

根据题意，$q = 0$，$g\Delta z = 0$，于是得 1kg 蒸汽所做的功为

$$w_i = (h_1 - h_2) - \frac{1}{2}(u_{g2}^2 - u_{g1}^2)$$

$$= (3232 - 2302)\text{kJ/kg} - \frac{1}{2}(120^2 - 50^2)\times 10^{-3}\text{kJ/kg} = 930\text{kJ/kg} - 5.95\text{kJ/kg} = 924.05\text{kJ/kg}$$

其中 5. 95kJ/kg 是汽轮机动能的增加，可见工质流速在百米每秒数量级时，动能的影响仍不大。

工质每小时做功

$$W_i = mw_i = 10\times 10^3 \times 924.05\text{kJ/h} = 9.24\times 10^6\text{kJ/h}$$

又因为 1kW · h = 3600kJ，故汽轮机的功率为

$$N = W_i/3600 = 2567\text{kW}$$

思考与练习题

6-1　热力学第一定律的实质是什么？

6-2　功和热量是否为状态参数？与系统状态变化过程是否有关？

6-3　什么是热力学能？什么是焓？它们两者之间有何区别和联系？

6-4　体积功、推动功、技术功、内部功有何差别？又有何联系？

6-5　说明下述说法是否正确：

(1) 气体膨胀时一定对外做功。

(2) 气体压缩时一定消耗外功。

6-6　一绝对刚性的容器，用隔板分成两部分，左边储有高压气体，右边为真空。抽去隔板时，气体充满整个容器。问气体的热力学能和温度将如何变化？如该刚性容器是绝对导热的，则气体的热力学能和温度又如何变化？

6-7　图6-13中，过程1-2与过程1-a-2有相同的初态和终态，试比较：W_{12}与W_{1a2}、ΔU_{12}与ΔU_{1a2}、Q_{12}与Q_{1a2}。

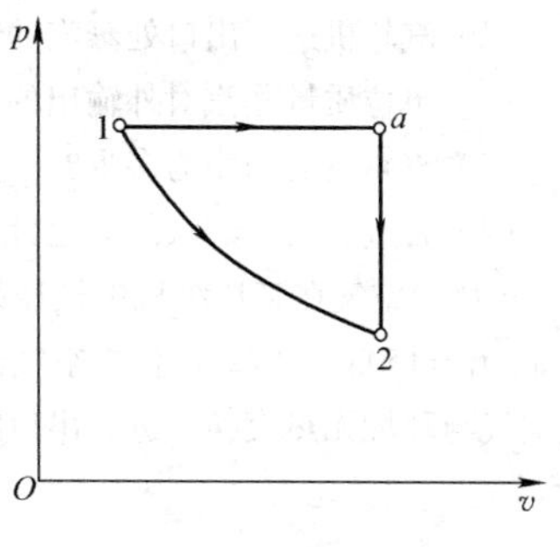

图6-13　题6-7用图

6-8　判断下述各过程中热和功的传递方向（下面画有波浪线者为选取的热力系统）

（1）用打气筒向轮胎充入空气。轮胎、气筒壁、活塞和连接管都是绝热的，且摩擦损失忽略不计。

（2）某刚性封闭容器内盛有$t=150$℃的蒸汽，将其置于$t=25$℃的大气中。

（3）处于绝热气缸中的气体，当活塞慢慢地向外移动时发生膨胀。

（4）将盛有水和水蒸气的封闭的金属容器加热时，容器内的压强和温度都上升。

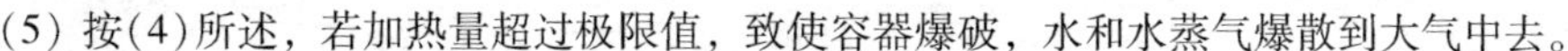

（5）按（4）所述，若加热量超过极限值，致使容器爆破，水和水蒸气爆散到大气中去。

（6）绝热容器中的液体由初始的扰动状态进入静止状态。

（7）将盛有NH_3的刚性容器，通过控制阀门与抽真空的刚性容器相连接，容器、阀门和连接管路都是绝热的。打开控制阀门后，两个容器中的NH_3处于均匀状态。

（8）1kg空气迅速从大气中流入抽真空的瓶子里，可忽略空气流动中的热传递。

6-9　某绝热静止气缸内装有无摩擦的不可压缩流体。试问：

（1）气缸中活塞能否对流体做功？

（2）流体的压力会改变吗？

（3）假定用某种方法使流体的压力从2bar提高到40bar时，流体的热力学能和焓有无变化？

6-10　气体在某一过程中吸收了54kJ的热量，同时热力学能增加了94kJ。此过程是膨胀过程还是压缩过程？系统与外界交换的功是多少？

6-11　某气体从初态$p_1=0.1$MPa，$V_1=0.3\text{m}^3$的可逆压缩到终态$p_2=0.4$MPa，设压缩过程中$p=aV^{-2}$，式中a为常数。试求压缩过程所必须消耗的功。

6-12　某系统经历了四个热力过程组成的循环，试填写下表所缺的数据。

热力过程	Q/kJ	W/kJ	ΔU/kJ
1—2	1210	0	
2—3	0	250	
3—4	-980	0	
4—1	0		

6-13　一闭口系统沿a-c-b途径由状态a变化到状态b时，吸收热量90kJ，对外做功32kJ，如图6-14所示。

（1）若沿途径a-d-b变化时，对外做功10kJ，则吸收的热量是多少？

（2）系统由b经曲线途所示过程返回到a时，若外界对系统做功23kJ，吸收或放出的热量为多少？

（3）若$U_a=5$kJ，$U_d=45$kJ时，过程a-d和d-b中系统吸收的热量各为多少？

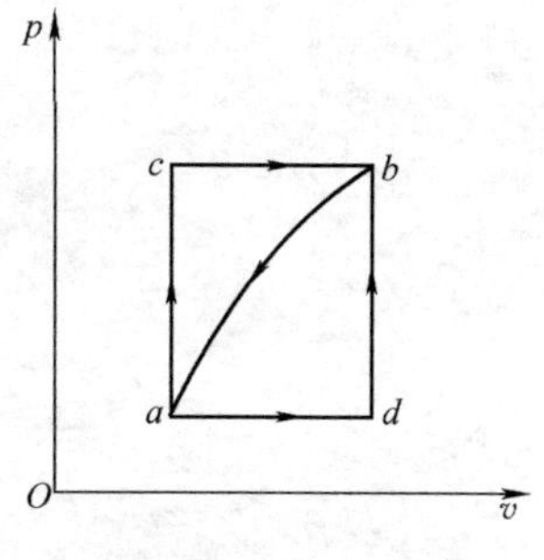

图6-14　题6-13用图

6-14　某蒸汽动力装置，蒸汽流量为40t/h，汽轮机进口处压力表的读数为9MPa，进口比焓为3440kJ/kg，汽轮机出口比焓为2240kJ/kg，真空表读数为95.06kPa，当时当地大气压为98.66kPa，汽轮机对环境放热为6.3×10^3kJ/h。试求：

（1）汽轮机进、出口处蒸汽的绝对压力各为多少？

（2）单位质量蒸汽对外输出的功为多少？

（3）汽轮机的功率为多少？

（4）若进、出口蒸汽的流速分别为 60m/s 和 140m/s 时，对汽轮机输出功有多大影响？

6-15　空气在某压缩机中被压缩，压缩前空气的参数是 $p_1 = 1\text{bar}$，$t_1 = 27℃$；压缩后的参数是：$p_2 = 5\text{bar}$，$t_1 = 150℃$，压缩过程中空气比热力学能变化为 $\Delta u = 0.716(t_2 - t_1)$，压气机消耗的功率为 40kW。假定空气与环境无热交换，进、出口的宏观动能差和位能差可以忽略不计，求压气机每分钟生产的空气量。

第七章 理想气体的热力性质与热力过程

【学习目的】 掌握理想气体的定义；熟悉理想气体状态方程、气体常数和摩尔气体常数的区别及迈耶方程；掌握理想气体比热容的概念及其影响因素，了解利用气体比热容计算热量的方法；熟练掌握理想气体热力学能的变化量、焓的变化量、熵的变化量的计算方法。熟练掌握定容、定压、定温和绝热及多变过程的特点、过程方程式、功和热量的计算以及过程中状态变化的规律；在 p-v 和 T-s 图上的表示及热量、功量的计算方法。

第一节 理想气体的定义

一、理想气体与实际气体

在热动力设备中，热能转变为机械能是借助于工质在设备中的吸热、膨胀做功等状态变化过程而实现的。为研究和计算工质经过这些过程吸收的热量和做出的功，除了以热力学第一定律作为主要的工具外，还需要用到有关工质热力性质方面的知识。热能转变为机械能只能通过工质的膨胀实现，采用的工质应具有显著的胀缩能力，即工质的体积随其温度、压力有较大的变化。在物质的固、液、气三态中，只有气态具有这种特性，因而热机中使用的工质一般都是气态物质。同时，气态工质又依其离液态的远近分为两大类，即气体和蒸汽。气态物质的分子持续不断地在作无规则的热运动：平动、转动和振动。由于分子的数目非常巨大，运动又是不规则的，其运动在任意方向都没有显著的优势，宏观上表现为气态物质各向同性，压力各处各向相等，密度到处相同。实际上气体分子本身占有一定的体积，分子之间是有相互作用的引力和排斥力的，性质很复杂，分子在两次碰撞之间进行的是非直线运动，很难找出其运动规律。为方便分析、简化计算，人们提出了理想气体的概念。

理想气体是一种实际上并不存在的假想气体，其分子是些弹性的、不占体积的质点；分子之间没有相互作用力。在这两个假设条件下，气体分子的运动规律将大大简化。因为分子间距离远大于分子本身的尺寸，分子除碰撞外相互间又无其他作用，所以两次碰撞间为直线运动，只有在分子相互碰撞或与容器壁碰撞时才改变方向，且碰撞为弹性的，没有动能损失。作了这些假设，不但可以定性地分析气体的热力学现象，而且可以定量地得到状态参数之间的简单函数关系式。

实际气体分子并非弹性的质点，本身也占有一定的体积，分子之间也有一定的相互作用力。但当气体处于压力低、温度高、比体积很大的状态时，由于分子浓度小，分子本身所占的体积与它的活动空间相比要小得多，这时，分子平均距离大，相互吸引力很弱，处于这种状态的实际气体就很接近理想气体。所以理想气体实质上是实际气体在压强趋近于零（$p \to 0$），比体积趋近于无穷大（$v \to \infty$）时的极限状态。自然界中实际存在的气体，例如 H_2、O_2、N_2、CO_2 等，常压下它们的液化温度都很低，在通常的压力和温度下，都符合上述条件，可近似当做理想气体处理。但是对于那些离液态不远的气态物质，例如蒸汽动力装置中作为工质的水蒸气，情况就不同了，它们与理想气体的差别很大。蒸汽的比体积较气体小得多，其分子本身的体积占全部体积的比例是不可忽略的，而且随着分子间平均距离的减小，分子间内聚力急剧增大，也不能忽略不计。这些不能当做理想气体的工质，称为实际气体。实际气体分子运动规律极其复杂，状态参数之间的函数关系表达式也很繁杂，用于分析计算相当困难。热工计算中往往借助于为各种蒸汽专门编制的图或表来确定其状态参数。

在热工计算中究竟哪些工质可以作为理想气体处理呢？工程上常用的气体，如 H_2、O_2、N_2、CO_2、CO 等及其混合物（空气、燃气、烟气等）在通常使用的温度压力下都可看成理想气体。对于包含在大气或燃气中少量的水蒸气，因其分压力甚小，分子浓度很低，也可当做理想气体处理；而如上所述蒸汽动力装置中作为工质的水蒸气，压力较高，比体积甚小，离液态不远，因而不能将它作为理想气体。还有在制冷装置中所用到的工质，如氨（NH_3）、氟利昂等也离液态不远，显然也不能当做理想气体来对待。

二、理想气体状态方程

人们通过大量的实验发现，在平衡状态下，理想气体的三个基本状态参数压力、温度、比体积之间存在着一定的函数关系，从而建立了一些经验定律。如波义耳-马略特定律指出：“在温度不变的条件下，气体的压力与比体积成反比”。即

$$p_1v_1 = p_2v_2 = \cdots = pv = 常数$$

盖·吕萨克定律指出：“在压力不变的条件下，气体的比体积与绝对温度成正比”。即

$$\frac{v_1}{T_1} = \frac{v_2}{T_2} = \cdots = \frac{v}{T} = 常数$$

综合上述两个定律可得出，在一般情况下，p、v、T 三个参数都可能变化时，有

$$\frac{p_1v_1}{T_1} = \frac{p_2v_2}{T_2} = \cdots = \frac{pv}{T} = 常数$$

或写作

$$pv = R_gT \tag{7-1}$$

式中，p 为气体的绝对压力，单位为 N/m^2（或 Pa）；v 为气体的比体积，单位为 m^3/kg；T 为气体的热力学温度，单位为 K；R_g 为气体常数，单位为 J/（kg · K）。

由于在同温同压下，同体积的各种气体质量各不相同，因而 R_g 随气体种类而异，各种气体都有一定的 R_g 值。式（7-1）表明了理想气体在任一平衡状态时 p、v、T 之间的关系，称做理想气体状态方程式，也叫做理想气体特性方程式或克拉贝隆方程式。它表明理想气体只有两个状态参数是独立的，可以根据任意两个已知状态参数确定另一个参数。

若气体的质量为 m（kg），将式（7-1）两边同乘以 m，则得

$$pV = mR_gT \tag{7-2}$$

式中，$V = mv$，为质量为 m（kg）的气体所占的总体积。

在应用式（7-1）及式（7-2）计算三个基本状态参数之间的关系时，关键在于如何用简单的方法确定气体常数 R_g 的值。R_g 随气体种类而异，应用时虽可查物性表，但极不方便。气体常数 R_g 的值之所以随气体种类而异，原因是在同温同压下，单位质量的不同气体，其比体积各不相同。例如，同处标准大气压和 0℃ 下的空气和氧气，由于空气比体积为 $0.7735m^3/kg$，氧气的比体积为 $0.6998m^3/kg$，因此根据式（7-1）算出空气的 R_g 值比氧气

的 R_g 值大。

阿伏加德罗定律指出："在同温同压下，1mol 的任何气体所占的体积相等"。由实验测得，在标准状态（压力为 1.01325×10^5Pa，温度为 0℃）时，任何气体的摩尔体积为

$$V_{m0}=22.414\times10^{-3}\mathrm{m^3/mol}$$

式中，V_m 为摩尔体积，脚标"0"指标准状态。将式（7-1）两边同时乘以摩尔质量 M（kg/mol），得到

$$pMv=MR_gT \tag{7-3}$$

令 $R=MR_g$，又因 $Mv=V_m$，则上式可写成

$$pV_m=RT \tag{7-4}$$

由于 R 与气体种类无关，故称为摩尔气体常数。上式表明，任何理想气体不论在什么状态下，摩尔气体常数 R 的值皆相等，即

$$R=\frac{p_1V_{m1}}{T_1}=\frac{p_2V_{m2}}{T_2}=\frac{pV_m}{T}$$

如取标准状态的值代入，则得

$$R=\frac{1.01325\times10^5\times22.414\times10^{-3}}{273.15}\mathrm{J/(mol\cdot K)}=8.3143\mathrm{J/(mol\cdot K)}$$

这样气体常数可写成

$$R_g=R/M \tag{7-5}$$

利用上式可由各种气体的摩尔质量推算得各相应气体的气体常数，它是确定气体常数的基本公式。

式（7-1）、式（7-2）和式（7-4）是理想气体状态方程的三种表达式，分别描述 1kg、mkg 和 1mol 气体的状态变化规律。在热工计算中式（7-1）应用最广。

【例 7-1】 体积为 $0.0283\mathrm{m^3}$ 的钢瓶内装有氧气，压力为 6.865bar，温度为 294K。发生泄漏后，压力降低到 4.901bar 才被发现，而温度未变，问至发现泄漏为止共漏去多少千克氧气？

解：泄漏前瓶内原有氧气量为

$$m_1=\frac{p_1V_1}{R_gT_1}$$

泄漏后瓶内剩余的氧气量为

$$m_2=\frac{p_2V_2}{R_gT_2}$$

根据摩尔气体常数的计算式得氧气的气体常数为

$$R_{O_2}=R/M_{O_2}=\frac{8.3143\mathrm{J/(mol\cdot K)}}{32\times10^{-3}\mathrm{kg/mol}}=259.8\mathrm{J/(kg\cdot K)}$$

因此，漏去的氧气量为

$$\begin{aligned}\Delta m&=m_1-m_2=\frac{p_1V_1}{R_gT_1}-\frac{p_2V_2}{R_gT_2}=\frac{(p_1-p_2)V}{R_gT_1}\\&=\frac{(6.865-4.901)\times10^5\times0.0283}{259.8\times294}\mathrm{kg}=0.0728\mathrm{kg}\end{aligned}$$

第二节 理想气体的比热容

一、比热容的定义

向热力系统加热（或提取热量）使其温度升高（或降低）1K所需的热量称为该热力系统的热容量。若热力系统在一微小过程中吸热 δQ，温度变化 dT，则热力系统的热容量为

$$C=\delta Q/\mathrm{d}T$$

工质单位质量的热容量称为该工质的质量比热容，也称比热容，即 $c=C/m$，单位为 $J/(kg\cdot K)$。将工质单位体积的热容量称为体积比热容，以符号 C_V 表示，单位为 $J/(m^3\cdot K)$；当工质以物质的量作为物量单位时，则相应地称为摩尔比热容，以符号 C_m 表示，其单位为 $J/(mol\cdot K)$。三种比热容之间的关系为

$$C_m=Mc=22.4\times10^{-3}C_V \tag{7-6}$$

式中，M 为摩尔质量，单位为 kg/mol。

二、比热容与过程特性的关系

热量与过程性质有关。热力工程中最常用的加热过程是保持压力不变或比体积不变，因此比热容相应分别为质量定压比热容与质量定容比热容，分别以符号 c_p 和 c_V 表示。其物理意义为，在定压（或定容）下使单位质量的气体温度升高（或降低）1K所需加入（放出）的热量。同样 c'_p 和 c'_V 分别称为体积定压比热容和体积定容比热容，而 Mc_p 和 Mc_V 分别表示摩尔定压比热容和摩尔定容比热容。

对于理想气体而言，由于其分子之间没有相互作用力，只有分子运动的动能，而分子动能仅取决于温度。所以，理想气体的热力学能仅是温度的单值函数。对于可逆过程，热力学第一定律可写成 $\delta q=\mathrm{d}u+p\mathrm{d}v$，当过程比体积不变时，$p\mathrm{d}v=0$，故 $\delta q=\mathrm{d}u$。这样，由质量定容比热容的定义有

$$c_V=\left(\frac{\delta q}{\mathrm{d}T}\right)_V=\frac{\mathrm{d}u}{\mathrm{d}T} \tag{7-7}$$

可见理想气体的 c_V 值也只是温度的函数。

另外，根据焓的定义式 $h=u+pv$，可得

$$h=u+pv=f_1(T)+R_gT=f(T)$$

可见理想气体的焓也只是温度的函数。对于可逆过程，热力学第一定律可写成 $\delta q=\mathrm{d}h-v\mathrm{d}p$，当过程压力不变时，$v\mathrm{d}p=0$，故 $\delta q=\mathrm{d}h$。这样，由质量定压比热容的定义有

$$c_p=\left(\frac{\delta q}{\mathrm{d}T}\right)_p=\frac{\mathrm{d}h}{\mathrm{d}T} \tag{7-8}$$

同样，理想气体的 c_p 值也只是温度的函数。

根据焓的微分定义式得

$$\mathrm{d}h=\mathrm{d}u+\mathrm{d}(pv)$$

将式（7-8）、式（7-7）和式（7-1）代入上式，得

$$c_p\mathrm{d}T=c_V\mathrm{d}T+R_g\mathrm{d}T$$

则得
$$c_p = c_V + R_g \tag{7-9}$$
此式称为迈耶方程，它建立了理想气体质量定压比热容与质量定容比热容之间的关系。可见，在一定的温度下，同一种气体的 c_p 与 c_V 的值彼此互不相同，c_p 总大于 c_V，且两者之差等于气体常数。对于1mol 理想气体，式（7-9）又可写成
$$mc_p - mc_V = R = 8.3143\mathrm{J/(mol\cdot K)} = 1.986\mathrm{cal/(mol\cdot K)} \tag{7-10}$$
有了上述关系式后，在质量定压比热容和质量定容比热容两者中，只要由实验测得其中之一，就可算出另一个。实际上,因质量定容比热容实验测试较困难，一般测定的都是质量定压比热容。

在热力学中，除 c_p 与 c_V 之差外，c_p 与 c_V 之比也是一个重要参数，令 $\kappa = c_p/c_V$，称为比热容比，也称为等熵指数。κ 为一个永远大于 1 的数，且也是温度的函数。这样对于理想气体，κ 与 c_p、c_V 的关系为
$$c_p = \frac{\kappa R_g}{\kappa - 1} \tag{7-11}$$
$$c_V = \frac{R_g}{\kappa - 1} \tag{7-12}$$
在近似计算中。将比热容当做定值时，可采用表 7-1 所列数值。

表 7-1　气体的定值摩尔热容

原子数 / 摩尔热容	单原子气体	双原子气体	多原子气体
$C_{p,\mathrm{m}}$/［J/（mol·K）］	12.6	20.9	29.3
$C_{V,\mathrm{m}}$/［J/（mol·K）］	20.9	29.3	37.7
$\kappa = c_p/c_V$	1.667	1.4	1.29

综上所述，影响理想气体比热容的因素有

（1）气体的物理性质　不同的气体，由于其物理性质不同，其比热容数值也不同。比热容随着组成气体分子的原子数增加而增加。例如，在同样条件下，三原子的 CO_2 的质量比热容要比双原子的 O_2 的质量比热容大。

（2）气体加热过程的性质　气体的加热过程可在不同的条件下进行，因而，其比热容值不同。如上述质量定压比热容要比质量定容比热容大。

（3）气体的温度　气体的比热容随温度的升高而增大。

三、理想气体比热容与温度的关系

在精确计算中应考虑气体比热容随温度的变化关系，不宜采用定值比热容。这时热量可利用平均比热容图表或比热容计算式进行计算。实验表明，理想气体的比热容与温度之间的函数关系甚为复杂，但总可表达为
$$c = a + bt + et^2 + \cdots \tag{7-13}$$
式中，a、b、e 等是与气体性质有关的实验常数。

这种由多项式定义的比热容能够较真实地反映气体比热容与温度的关系，称为真实比热容。图 7-1 上画出了 $c = f(t)$ 的曲线，由于气体比热容随温度变化，所以在给出比热容的数值时，必须同时指明是哪一个温度下的比热容。根据比热容的定义，气体在 t℃时的比热容

等于气体自温度 t 升高至 $t+\mathrm{d}t$ 时所需热量 δq 除以 $\mathrm{d}t$，即 $c=\delta q/\mathrm{d}t$。当温度间隔 $\mathrm{d}t$ 为无限小时，即为某一温度 t 时气体的真实比热容。若已得出 $c=f(t)$ 的函数关系，温度由 t_1 至 t_2 的过程中所需的热量即可按下式求得

$$q=\int_{t_1}^{t_2}c\mathrm{d}t=\int_{t_1}^{t_2}(a+bt+et^2+\cdots)\mathrm{d}t$$
$$=\text{面积}(E-H-B-D-E)$$

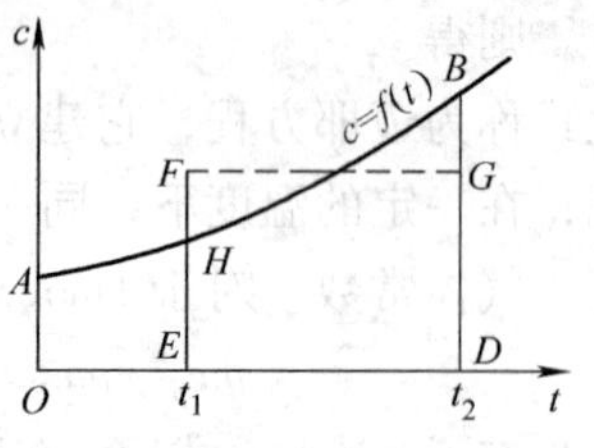

图 7-1　气体比热容随温度的变化

这样的积分运算繁而不便，工程上为计算方便，引入了平均比热容的概念。

若在图 7-1 上作一个以（t_1-t_2）为宽的矩形，令其面积等于面积 E-H-B-D-E，则

$$q_{12}=\int_{t_1}^{t_2}f(t)\mathrm{d}t=\overline{FE}(t_2-t_1)$$

式中，FE 是矩形的高度，表示在 t_1 至 t_2 的范围内的平均比热容 $c_m\Big|_{t_1}^{t_2}$，即

$$c_m\Big|_{t_1}^{t_2}=\frac{q_{12}}{t_2-t_1}=\frac{\int_{t_1}^{t_2}f(t)\mathrm{d}t}{t_2-t_1}$$

下面介绍两种用平均比热容计算热量的方法。

1. 平均比热容表法

如果预先将气体的平均比热容值编制成表，热量就可按下式进行计算：

$$q_{12}=c_m\Big|_{t_1}^{t_2}(t_2-t_1) \tag{7-14}$$

但这种与 t_1、t_2 都有关的平均比热容 $c_m\Big|_{t_1}^{t_2}$，制表十分复杂困难，再作一些演化，可得出

$$q_{12}=q_{02}-q_{01}=\text{面积}(0\text{-}A\text{-}B\text{-}D\text{-}0)-\text{面积}(0\text{-}A\text{-}H\text{-}E\text{-}0)$$
$$=\int_0^{t_2}f(t)\mathrm{d}t-\int_0^{t_1}f(t)\mathrm{d}t=c\Big|_0^{t_2}t_2-c_m\Big|_0^{t_1}t_1 \tag{7-15}$$

该式表明气体从 t_1 加热到 t_2 所需热量 q_{12} 在数值上等于从 0℃加热到 t_2 所需要的热量与从 0℃加热到 t_1 所需要的热量之差。式中 $c_m\Big|_0^{t_2}$、$c_m\Big|_0^{t_1}$ 分别代表温度自 0℃到 t_2 和自 0℃到 t_1 的平均比热容。这种平均比热容的起始温度都是 0℃，这样可简化数据表的编制。表 7-2 列出了几种常用气体的 c_p 和 $c_{p,V}$ 值，精确计算时可供查用，如需质量定容比热容，可由表中查出质量定压比热容后再根据迈耶公式求得。在表中查得 0℃到 t℃间的平均比热容 $c_m\Big|_0^{t}$ 后，可利用式（7-15）计算 t_1 到 t_2 过程的加热量。

2. 平均比热容直线关系式

工程上，没有比热容表时，常用平均比热容的直线关系式计算热量，一般可以满足工程上的要求。若取式（7-13）右侧的前两项，即可得真实比热容的直线关系式：

$$c=a+bt \tag{7-16}$$

这里，近似地将比热容看做与温度呈直线关系，如图 7-2 所示，即以一条近似的直线代替实际上的曲线。此时热量

$$q_{12} = \int_{t_1}^{t_2} c\mathrm{d}t = \int_{t_1}^{t_2}(a + bt)\mathrm{d}t = a(t_2 - t_1) + b\frac{t_2^2 - t_1^2}{2}$$

$$= \left[a + \frac{b}{2}(t_1 + t_2)\right](t_2 - t_1)$$

该式与式（7-14）比较，可得出 t_1 到 t_2 间的平均比热容

$$c\Big|_{t_1}^{t_2} = a + \frac{b}{2}(t_1 + t_2) \tag{7-17}$$

若使 $t_1 = 0$℃，$t_2 = t$℃，则可得0℃到 t℃间的平均比热容

$$c\Big|_0^t = a + \frac{b}{2}t \tag{7-18}$$

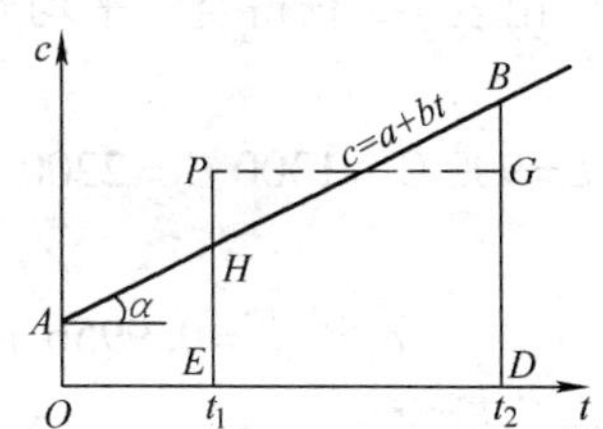

图7-2　比热容与温度的直线关系

式（7-18）称为平均比热容直线关系式，与式（7-16）比较可见，差别仅在于平均比热容直线关系式中 t 项系数是 $b/2$，而真实比热容直线式中 t 项系数是 b。表7-3为几种常用气体的平均质量定压比热容和平均质量比热容直线关系式，用它们计算气体热量非常方便。欲求得 t_1 到 t_2 间的平均比热容 $c\Big|_{t_1}^{t_2}$，只需将 $t_1 + t_2$ 代替式（7-18）中的 t 即可，热量按式（7-14）计算。

表7-2　气体平均质量定压比热容和平均体积定压比热容（曲线关系）

t/℃	O_2		N_2		CO_2		H_2O		空气	
	c_p [kJ/(kg·K)]	$c_{p,V}$ [kJ/(m³·K)]	c_p [kJ/(kg·K)]	$c_{p,V}$ [kJ/(m³·K)]	c_p [kJ/(kg·K)]	$c_{p,V}$ [kJ/(m³·K)]	c_p [kJ/(kg·K)]	$c_{p,V}$ [kJ/(m³·K)]	c_p [kJ/(kg·K)]	$c_{p,V}$ [kJ/(m³·K)]
0	0.915	1.307	1.039	1.300	0.815	1.601	1.859	1.495	1.004	1.298
100	0.923	1.319	1.040	1.301	0.866	1.701	1.873	1.506	1.006	1.301
200	0.935	1.336	1.043	1.305	0.910	1.788	1.894	1.523	1.012	1.309
300	0.950	1.357	1.049	1.312	0.949	1.865	1.919	1.543	1.019	1.318
400	0.965	1.379	1.057	1.322	0.983	1.931	1.948	1.567	1.028	1.330
500	0.979	1.399	1.066	1.333	1.013	1.990	1.978	1.591	1.039	1.343
600	0.933	1.419	1.076	1.346	1.040	2.043	2.009	1.616	1.050	1.358
700	1.005	1.436	1.07	1.360	1.064	2.090	2.042	1.642	1.061	1.372
800	1.016	1.451	1.097	1.372	1.085	2.132	2.075	1.669	1.071	1.385
900	1.026	1.466	1.108	1.385	1.104	2.169	2.110	1.697	1.081	1.398
1000	1.035	1.479	1.118	1.398	1.122	2.204	2.144	1.724	1.091	1.411
1100	1.043	1.490	1.127	1.410	1.138	2.236	2.177	1.750	1.100	1.423
1200	1.051	1.501	1.136	1.421	1.153	2.265	2.211	1.778	1.108	1.433
1300	1.058	1.511	1.145	1.432	1.166	2.291	2.243	1.804	1.117	1.445
1400	1.065	1.521	1.153	1.443	1.178	2.314	2.274	1.829	1.124	1.454
1500	1.071	1.530	1.160	1.451	1.189	2.336	2.305	1.854	1.131	1.463
1600	1.077	1.539	1.167	1.460	1.200	2.358	2.335	1.878	1.138	1.472
1700	1.083	1.547	1.174	1.469	1.209	2.375	2.363	1.901	1.144	1.480
1800	1.089	1.556	1.180	1.476	1.218	2.393	2.391	1.923	1.150	1.487
1900	1.094	1.563	1.186	1.484	1.226	2.409	2.417	1.944	1.156	1.495
2000	1.099	1.570	1.191	1.490	1.233	2.423	2.442	1.964	1.161	1.502

【例 7-2】 100kg 空气在定压下从 900℃加热到 1300℃，试分别用比热容的曲线关系和直线关系计算所需热量，并进行比较。

解：由表 7-2 查得

$$c_p\big|_0^{900}=1.081\text{kJ/(kg·K)} \qquad c_p\big|_0^{1300}=1.117\text{kJ/(kg·K)}$$

按式（7-15），所需加热量为

$$Q_p=m\left(c_p\big|_0^{1300}\times1300-c_p\big|_0^{900}\times900\right)\text{kJ}=47920\text{kJ}$$

由表 7-3 查得空气平均质量定压比热容与温度的直线关系为

$$c_p=0.9956+0.000093t$$

以 $t=900℃+1300℃=2200℃$代入上式，得从 900℃到 1300℃间空气的平均质量定压比热容为

$$c_p\big|_{900}^{1300}=0.9956+0.000093\times2200\text{kJ/(kg·K)}=1.2002\text{kJ/(kg·K)}$$

所需热量为

$$Q_p=mq_p=mc_p\big|_{900}^{1300}(1300-900)\text{kJ}=48008\text{kJ}$$

按曲线关系和直线关系所得热量之差为 47920 − 48008 = −88kJ，相对误差为 0.184%，小于 1%，说明按比热容直线关系计算热量的方法在实际计算中是允许的。

表 7-3 气体的平均质量定压比热容、平均质量定容比热容和平均体积定压比热容、平均体积定容比热容（直线关系）（适用范围：0～1500℃）

气体	c_p 和 c_V /[kJ·(kg·K)$^{-1}$]	$c_{p,V}$和 $c_{V,V}$ /[kJ·(m^3·K)$^{-1}$]
O_2	$c_p=0.919+0.0001065t$ $c_V=0.6594+0.0001065t$	$c_{p,V}=1.313+0.0001577t$ $c_{V,V}=0.943+0.0001577t$
N_2	$c_p=1.032+0.0000886t$ $c_V=0.7304+0.0000886t$	$c_{p,V}=1.306+0.0001066t$ $c_{V,V}=0.9131+0.0001066t$
CO	$c_p=1.035+0.0000969t$ $c_V=0.7331+0.0000969t$	$c_{p,V}=1.291+0.0001210t$ $c_{V,V}=0.9173+0.0001210t$
空气	$c_p=0.9956+0.0000930t$ $c_V=0.7088+0.0000930t$	$c_{p,V}=1.287+0.0001201t$ $c_{V,V}=0.9157+0.0001210t$
H_2O	$c_p=1.833+0.0003111t$ $c_V=1.372+0.0003111t$	$c_{p,V}=1.473+0.0002498t$ $c_{V,V}=1.102+0.0002498t$
CO_2	$c_p=0.8725+0.0002406t$ $c_V=0.6837+0.0002406t$	$c_{p,V}=1.7132+0.0004723t$ $c_{V,V}=1.3423+0.0004723t$

第三节 理想气体的热力学能、焓和熵的计算

理想气体的状态方程及比热容确定后，利用热力学第一定律就可方便地求得理想气体的热力学能、焓和熵的计算式。

一、理想气体的热力学能和焓计算式

由于理想气体的热力学能和焓都只是温度的函数，而与压力和比体积无关，所以无论经

历什么过程，只要初、终状态的温度相同，则在任何状态变化过程中理想气体的热力学能变化量相同，焓的变化量也应相同。根据此特点，可任选比体积不变的过程来计算热力学能的变化量，选压力不变的过程来计算焓的变化量。由式（7-7）、式（7-8）有

$$\delta q_V = \mathrm{d}u = c_V \mathrm{d}T \tag{7-19}$$

$$\delta q_p = \mathrm{d}h = c_p \mathrm{d}T \tag{7-20}$$

可见，理想气体无论经历什么过程，其热力学能变化量在数值上总等于定容过程中的加热量，而焓的变化量在数值上总等于定压过程中的加热量。因而，在理想气体作可逆变化时，热力学第一定律的数学表达式也可写成

$$\delta q = c_V \mathrm{d}T + p\mathrm{d}v \tag{7-21}$$

$$\delta q = c_p \mathrm{d}T - v\mathrm{d}p \tag{7-22}$$

当理想气体经历某一过程 1-2 时，其热力学能和焓的变化量为

$$\Delta u = c_V \Delta T = c_V\ (T_2 - T_1) \tag{7-23}$$

$$\Delta h = c_p \Delta T = c_p\ (T_2 - T_1) \tag{7-24}$$

当考虑气体比热容随温度的变化关系时，上两式中的质量定容比热容和质量定压比热容应分别取初、终温度间的平均质量比热容。

式（7-23）、式（7-24）虽然是在定容过程和定压过程两种特殊情况下得出的，但由于热力学能和焓都是热力系统的状态参数，它们的变化量只与初、终状态有关，而与中间过程无关。所以，式（7-23）、式（7-24）并不只适用于定容过程和定压过程，而且适用于理想气体的任何过程，它们是计算理想气体热力学能变化量和焓的变化量的基本公式。

二、理想气体熵的计算式

理想气体熵的变化量，也可根据状态方程和比热容进行计算。根据熵的定义 $\mathrm{d}s = \delta q/T$，将式（7-21）或（7-22）代入，则得

$$\mathrm{d}s = \frac{\delta q}{T} = \frac{c_V \mathrm{d}T + p\mathrm{d}v}{T} \text{或} \Delta s = \int_{T_1}^{T_2} \frac{c_V \mathrm{d}T + p\mathrm{d}v}{T}$$

$$\mathrm{d}s = \frac{\delta q}{T} = \frac{c_p \mathrm{d}T - v\mathrm{d}p}{T} \text{或} \Delta s = \int_{T_1}^{T_2} \frac{c_p \mathrm{d}T - v\mathrm{d}p}{T}$$

根据理想气体状态方程式，$p/T = R_g/v$ 及 $v/T = R_g/p$，分别代入以上两式，积分后得

$$\Delta s = \int_{T_1}^{T_2} c_V \frac{\mathrm{d}T}{T} + R_g \ln \frac{v_2}{v_1} \tag{7-25}$$

$$\Delta s = \int_{T_1}^{T_2} c_p \frac{\mathrm{d}T}{T} - R_g \ln \frac{p_2}{p_1} \tag{7-26}$$

可见，只要知道理想气体初态和终态的任意两个独立参数，便可计算状态变化过程中熵的变化量。这也说明，熵变量仅与过程的初、终状态有关，而与状态变化过程无关。因而理想气体的熵确实是一个状态参数。式（7-25）、式（7-26）对任何可逆或不可逆过程均能适用。

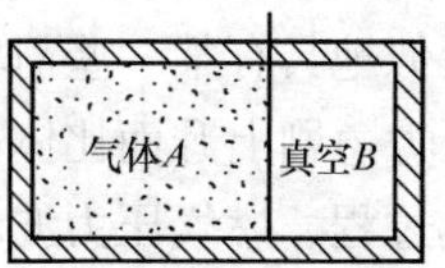

图 7-3　例 7-3 用图

【**例 7-3**】　一绝热刚性容器，用隔板分成两部分，使 $V_A = 2V_B = 3\mathrm{m}^3$，如图 7-3 所示。$A$ 部分贮有温度为 30℃，压力为 6bar 的空气，B 部分为真空，抽去隔板时，空气充满整个容器，最后达到平衡状态，试求：（1）空气的热力学能、温度、焓的

变化量；(2) 压力变化量；(3) 熵变量。

解：取容器内的定量空气为封闭热力系统，此过程实质上是一个绝热自由膨胀过程。

(1) 计算 ΔU、ΔT、ΔH

由于是绝热刚性容器，所以 $Q=0$、$W=0$ 由闭口系统热力学第一定律解析式可得

$$\Delta U=0$$

将空气当做理想气体，而理想气体的热力学能和焓都只是温度的单值函数，所以当 $\Delta U=0$ 时，$\Delta T=0$、$\Delta H=0$。

(2) 计算压力变化量 Δp

根据理想气体状态方程，自由膨胀前空气各参数间关系为 $p_1V_1=mR_gT_1$，自由膨胀后空气状态参数间关系为 $p_2V_2=mR_gT_2$，因为膨胀前后温度不变，所以

$$p_2=\frac{p_1V_1}{V_2}=\frac{p_AV_A}{V_A+V_B}=\frac{6\times10^5\times3}{4.5}\text{Pa}=4\times10^5\text{Pa}=4\text{bar}$$

$$\Delta p=p_2-p_1=-2\text{bar}$$

即自由膨胀过程中，系统的压力下降了 2bar。

(3) 计算熵变量 ΔS

由式 (7-25) 得

$$\Delta S=R_g\ln\frac{v_2}{v_1}=287\times\ln1.5\text{J/(kg·K)}=116.4\text{J/(kg·K)}$$

而空气质量

$$m=\frac{p_AV_A}{R_gT_A}=\frac{6\times10^5\times3}{287\times303}\text{kg}=20.7\text{kg}$$

所以 $\Delta S=m\Delta S=20.7\times116.4\text{kJ/K}=2409.5\text{kJ/K}$

讨论：理想气体的绝热自由膨胀过程是一个定热力学能过程，因此其温度、焓都不变。工质经自由膨胀，体积增大，压力下降，但未做功，造成功的耗损，是一个不可逆过程。根据熵的定义式 $ds=\delta q/T$，因绝热，故外界加热引起的熵变量为零，但计算得到 $\Delta s>0$，这是因为不可逆性而引起的熵增，这才是引用参数熵的真正目的所在。

第四节　理想气体的热力过程

分析和计算热力过程的目的在于揭示过程中工质状态参数的变化规律，以及该过程中热能与机械能之间的转化情况，进而找出影响它们转化的主要因素。热力设备中的实际过程都是很复杂的。首先，实际过程都是不可逆的；其次，工质的各种状态参数都在变化，不易找出其规律，故实际过程不易分析。但仔细观察热力设备中常见一些过程，发现它们却又往往近似地具有某一些简单的特征。例如，汽油机气缸中工质的燃烧加热过程，燃烧速率很快，压力急剧上升而比体积几乎保持不变，接近定容过程；燃气轮机动力装置燃烧室中的燃烧加热过程，燃气压力波动甚微，近似定压过程；燃气流过燃气涡轮的喷嘴和叶片，或空气流过叶轮式压气机时，流速很快，流量较大，经机壳向外散失的热量相对来说极少，都可近似当做绝热过程。工程热力学中将热力设备的各种过程近似地概括为几种典型的过程，即为本节将要讨论的定容、定压、定温、绝热过程。同时，为使问题简化，这里不考虑实际过程中能量的耗损而作为可逆过程对待。这些典型的可逆过程都可用较简单的热力学方法进行分析计

算，所以称其为基本热力过程。

本节主要讨论理想气体的热力过程，对于那些不能当做理想气体的工质，如水蒸气、氨蒸气等，其热力过程的分析计算一般可借助图表进行。

分析研究热力过程的一般步骤如下：

1）根据过程进行的条件，导出过程方程式，即 $p = f(v)$ 及 $T = f(s)$ 形式的方程式。

2）将过程方程式描绘在 p-v 图和 T-s 图上，分析过程中工质状态变化规律。

3）计算热力过程中能量交换情况：

① 热力学能和焓的计算。由于理想气体的热力学能和焓都是温度的单值函数，对于定比热容理想气体的任何过程都可用下式计算其热力学能和焓的变化量。

$$\Delta u = c_V \Delta T \qquad \Delta h = c_p \Delta T$$

对变比热容的情况，应将上两式中的质量定容比热容和质量定压比热容以平均质量比热容代替。

② 功的计算。按式（7-4）结合过程方程式确定比体积功的大小，即

$$w = \int_{v_1}^{v_2} p \mathrm{d}v = \int_{v_1}^{v_2} f(v) \mathrm{d}v$$

③ 确定热力过程中系统与外界所交换的热量。计算时可用热力学第一定律的解析式

$$q = \Delta u + w$$

也可根据比热容的公式

$$q = c\ (T_2 - T_1)$$

或者，根据可逆过程熵的定义式

$$q = \int_{s_1}^{s_2} T \mathrm{d}s = \int_{v_1}^{v_2} f(s) \mathrm{d}s$$

若对 $m$kg 工质求上述各参数的总量，只需再乘以 m 即可。

一、定容过程

定容过程是指在状态变化中工质体积保持不变的过程，通常为一定量的气体在体积固定的容器内进行定容加热（或放热），故比体积保持不变，即 $\mathrm{d}v = 0$。显然其过程方程为

$$v = 常数$$

初、终状态参数的关系根据 v = 常数及 $pv = R_g T$，可得

$$v_1 = v_2 \qquad \frac{p_2}{p_1} = \frac{T_2}{T_1} \tag{7-27}$$

上式表明，定容过程中工质的压力与绝对温度成正比。

因 v = 常数，故定容过程在 p-v 图上应是垂直于 v 轴的直线，如图 7-4a 所示。定容加热时，压力随温度的升高而增加，过程曲线如 1-2 所示；定容放热时，压力随温度的降低而减小，过程曲线如 1-2′所示。

由本章第三节中关于理想气体熵的计算式有

$$\mathrm{d}s = \frac{\delta q}{T} = \frac{c_V \mathrm{d}T + p \mathrm{d}v}{T}$$

对于定容过程 $\mathrm{d}v = 0$，因而

$$ds = c_V \frac{dT}{T}$$

取比热容为定值时，对上式取不定积分得

$$s = c_V \ln T + C$$

式中，C 为不定积分的积分常数，其具体取值可根据取定的计算基准来确定。对上式求反函数得

$$T = \exp\left(\frac{s - C}{c_V}\right)$$

所以定容过程在 T-s 图上为一指数曲线，如图 7-4b 所示，且其斜率为

$$\left(\frac{\partial T}{\partial s}\right)_V = \frac{T}{c_V} \tag{7-28}$$

向工质加热，则温度升高，熵增加，过程曲线向右上方延伸，如 1-2 线所示，过程曲线与 s 轴间的面积为定容加热量。工质放热，则温度下降，熵减小，过程曲线向左下方延伸，如 1-2′线所示，过程曲线下的面积相应为定容放热量。

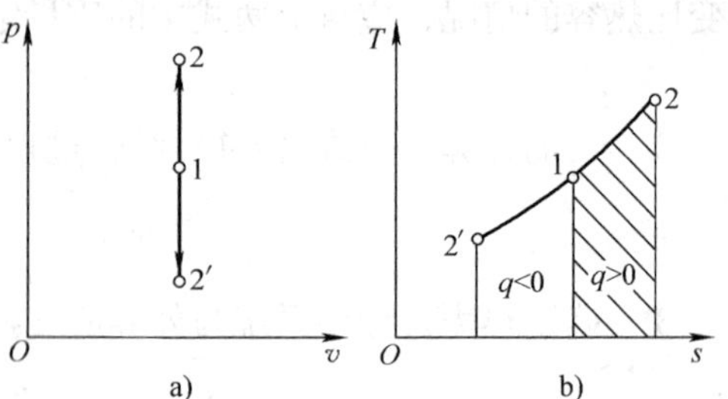

图 7-4　定容过程在 p-v、T-s 图上的表

对于闭口系统，由于比体积不变，即 $dv = 0$，所以定容过程的体积功为

$$w = \int_{v_1}^{v_2} p dv = 0 \tag{7-29}$$

可见，闭口系统经历定容过程时系统与外界无体积功的交换。若为开口系统，则工质除做体积功外，还做流动功，当不考虑工质的宏观动能和位能时，工质所做的总功（技术功）为

$$w_t = -\int_{p_1}^{p_2} v dp = v(p_1 - p_2) \tag{7-30}$$

又根据热力学第一定律解析式可得到定容过程中热量为

$$q_V = \Delta u = u_2 - u_1 \tag{7-31}$$

由此可见，定容过程中系统不做体积功，加给系统的热量未转变为机械能，而是全部用于增加系统的热力学能；反之，系统放出的热量则全部来自于系统热力学能的减少。式（7-31）是直接根据热力学第一定律得出的，而未涉及工质的种类，因此，无论理想气体还是实际气体均适用。

对于理想气体或实际气体，定容过程中的热量或热力学能差还可按比热容计算，当取比热容为定值时，则有

$$q_V = \Delta u = c_V (T_2 - T_1) \tag{7-32}$$

当考虑温度对气体比热容的影响时，应将上式中的 c_V 换成平均比热容 $c_{Vm}\big|_1^2$。

二、定压过程

定压过程是工质在状态变化过程中压力保持不变的过程。过程方程为

$$p = 常数$$

初、终状态参数的关系可由 $p = 常数$ 和 $pv = R_g T$ 得出

$$p_2 = p_1 \quad \frac{v_2}{v_1} = \frac{T_2}{T_1}$$

即定压过程中工质的比体积与绝对温度成正比。

定压过程在 p-v 图上是一平行于 v 轴的水平线，如图 7-5a 所示。1-2 线表示温度升高时，比体积增大，工质膨胀；1-2′线表示温度降低时，比体积减小，工质被压缩。

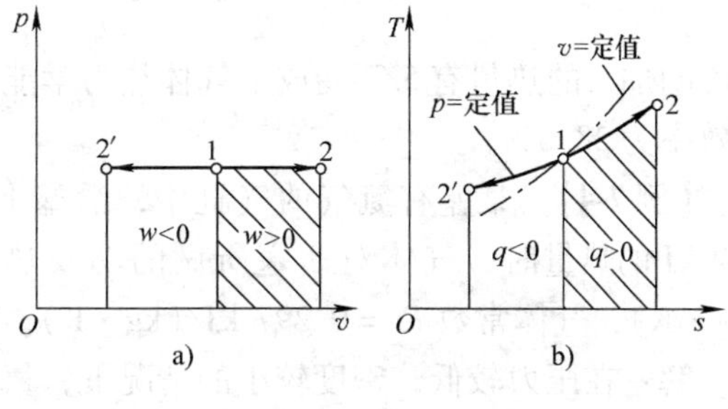

定压过程曲线在 T-s 图上的表示可仿照定容过程的方法来确定。由于

$$\mathrm{d}s = c_p \frac{\mathrm{d}T}{T} - R_g \frac{\mathrm{d}p}{p}$$

图 7-5　定压过程在 p-v、T-s 图上的表示

因为 $\mathrm{d}p = 0$，故

$$T = \exp \frac{s - C}{c_p} \qquad \left(\frac{\partial T}{\partial s}\right)_p = \frac{T}{c_p}$$

式中，C 为积分常数。因 T 与 c_p 都不会是负值，即曲线斜率 $(\partial T/\partial s)_p > 0$，所以定压线在 T-s 上是一条斜率大于零的指数曲线，如图 7-5b 所示。T-s 图上的定容线和定压线都是指数曲线，但两者的斜率是不同的。对同一理想气体，由于 $c_p > c_V$，所以有

$$\left(\frac{\partial T}{\partial s}\right)_p = \frac{T}{c_p} < \left(\frac{\partial T}{\partial s}\right)_V = \frac{T}{c_V}$$

即 T-s 图上定压线的斜率较定容线的斜率小，或者说定容线比定压线陡。如图 7-5b 所示。

由于过程中压力保持不变，工质所做的体积功为

$$w = \int_{v_1}^{v_2} p\mathrm{d}v = p\int_{v_1}^{v_2} \mathrm{d}v = p(v_2 - v_1)$$

对于理想气体，由于 $pv = R_g T$

故

$$w = p(v_2 - v_1) = R_g(T_2 - T_1) \tag{7-33}$$

$$R_g = \frac{w}{T_2 - T_1}$$

即气体常数 R_g 数值上等于 1kg 理想气体在定压过程中温度升高 1K 所做的功，故其单位为 J/(kg · K)。对于开口热力系统，工质所做的技术功为

$$w_t = -\int_{p_1}^{p_2} v\mathrm{d}p = 0 \tag{7-34}$$

根据热力学第一定律解析式可得定压过程的热量为

$$q_p = u_2 - u_1 + p(v_2 - v_1) = h_2 - h_1 \tag{7-35}$$

即任何工质在定压过程中吸入的热量等于其焓增，放出的热量等于其焓降。

对于理想气体，式(7-35)还可演化为

$$q_p = \Delta h = c_p(T_2 - T_1) \tag{7-36}$$

从上述定压过程的能量分析计算中可看出，定压过程中加给系统的热量将分为两部分，一部分用来增加系统的热力学能，另一部分用来对外做功。热力学能增量与吸热量之比为

$$\frac{\Delta u}{q} = \frac{c_V \Delta T}{c_p \Delta T} = = \frac{1}{\kappa} \tag{7-37}$$

式中，κ 为等熵指数。可见，等熵指数 κ 代表了理想气体定压过程中能量的分配情况。例如，对双原子理想气体，$\kappa=1.4$，则有

$$\frac{\Delta u}{q}=\frac{1}{\kappa}=\frac{5}{7} \qquad \frac{w}{q}=1-\frac{1}{\kappa}=\frac{2}{7}$$

这说明加入的热量有5/7变成了气体热力学能，2/7转变成了系统的对外做功量，即热功转换效率为28.6%。

【例7-4】 某盛有氮气的气缸中，活塞上承受一定的重量，试计算当气体从外界吸入3349kJ的热量时，气体对活塞所做的功及热力学能的变化量。已知氮气的 $c_p=0.741\text{kJ/(kg·K)}$，气体常数 $R_g=0.297\ \text{kJ/(kg·K)}$。

解：在压力较低，密度较小的情况下，氮气可视为理想气体，按理想气体迈耶方程有

$$c_p=c_V+R_g=(0.741+0.297)\text{kJ/(kg·K)}=1.038\text{kJ/(kg·K)}$$

按题意可知氮气进行的是定压过程，故

$$Q_{12}=mc_p(T_2-T_1)$$

得
$$m(T_2-T_1)=Q_{12}/c_p=3349/1.038\text{kg·K}=3226.4\text{kg·K}$$

理想气体的热力学能变化量为

$$\Delta U_{12}=mc_V(T_2-T_1)=0.741\times3226.4\text{kJ}=2391\text{kJ}$$

按闭口系统能量方程式

$$Q=\Delta U+W$$

则气体对活塞所做的功为

$$W=Q-\Delta U=3349\text{kJ}-2391\text{kJ}=958\text{kJ}$$

三、定温过程

工质在状态变化过程中温度保持不变的过程称为定温过程。用数学式表示为

$$T=\text{常数}$$

将这一关系结合理想气体状态方程式 $pv=R_gT$，可得理想气体定温过程的方程式为

$$pv=\text{常数} \tag{7-38}$$

该式说明，理想气体定温过程中，压力与比体积成反比。

定温过程在 p-v 图上是一条等边双曲线，如图7-6a所示。由于温度不变，当工质膨胀，即比体积增加时，压力下降，过程曲线（图中1-2线）向右下方延伸；当工质被压缩，即比体积减小时，压力增加，过程曲线（图中1-2′线）向左上方延伸。由过程方程取微分可得该等边双曲线的斜率为

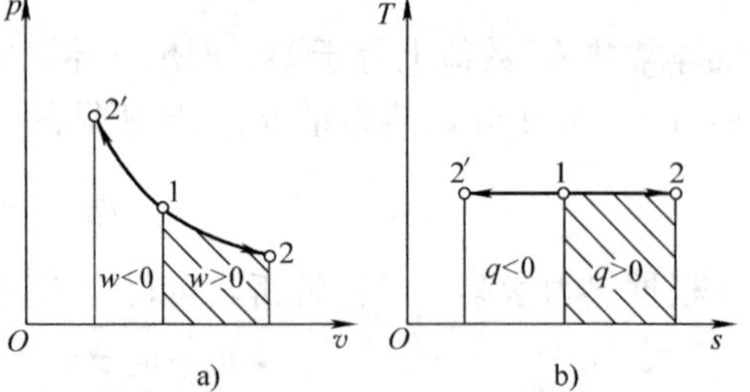

图7-6 定温过程在 p-v、T-s 图上的表示

$$\left(\frac{\partial p}{\partial v}\right)_T=-\frac{p}{v}$$

定温线在 T-s 图上应是一条平行于 s 轴的水平线，如图7-6b所示。熵增加时，工质吸热；熵减少时，工质放热。

由于定温过程中 $pv=$ 常数，故体积功为

$$w = \int_{v_1}^{v_2} p\mathrm{d}v = \int_{v_1}^{v_2} pv\frac{\mathrm{d}v}{v} = pv\int_{v_1}^{v_2}\frac{\mathrm{d}v}{v} = pv\ln\frac{v_2}{v_1} = R_{\mathrm{g}}T\ln\frac{p_1}{p_2} \tag{7-39}$$

技术功为

$$w_{\mathrm{t}} = -\int_{p_1}^{p_2} v\mathrm{d}p = -pv\int_{p_1}^{p_2}\frac{\mathrm{d}p}{p} = pv\ln\frac{p_1}{p_2} = R_{\mathrm{g}}T\ln\frac{p_1}{p_2} \tag{7-40}$$

由式（7-39）、式（7-40）可见，在定温过程中，理想气体的体积功和技术功相等。

由于理想气体的热力学能只是温度的单值函数，因而对理想气体定温过程必有 $\Delta u=0$，由热力学第一定律可得热量计算公式为

$$q_T = w = R_{\mathrm{g}}T\ln\frac{v_2}{v_1} = R_{\mathrm{g}}T\ln\frac{p_1}{p_2} = p_1v_1\ln\frac{p_1}{p_2} \tag{7-41}$$

上式表明：在定温下，加给理想气体的热量全部转变为对外的膨胀功。反之，在压缩时，外界所消耗的机械功，全部转变为气体的放热量。即理想气体定温过程的热功转换效率为100%。

在已知定温过程的熵变 Δs 时，其热量也可根据可逆过程熵的定义式求得，即

$$q_T = \int_{s_1}^{s_2} T\mathrm{d}s = T(s_2 - s_1) = T\Delta s \tag{7-42}$$

四、绝热过程

绝热过程是状态变化的任何一段微元过程中，系统与外界都不发生热量交换的过程，即过程进行的每一瞬时都有 $\delta q=0$。整个过程与外界交换的热量亦等于零，即 $q=0$。

绝对绝热的物体是不存在的，系统无法与外界完全隔热，所以理想化的绝热过程是不能实现的。但当实际热机中的某些膨胀或压缩过程进行得很快时，系统与外界来不及交换热量或热交换量很少时，可将过程近似当成是绝热过程。过程进行得非常迅速，往往是非准平衡的和不可逆的，所以本节所讨论的可逆绝热过程只是实际过程的一种近似。近似于绝热的过程在热机中是很多的，如内燃机和蒸汽机气缸中工质的膨胀过程；压气机气缸中工质的压缩过程；汽轮机喷管中工质的膨胀过程等。

绝热过程的过程方程式可根据热力学第一定律解析式及绝热过程的特征导出。其由闭口系统和开口系统热力学第一定律的微分关系可得

$$\delta q = c_V\mathrm{d}T + p\mathrm{d}v = 0 \text{ 或 } p\mathrm{d}v = -c_V\mathrm{d}T$$

$$\delta q = c_p\mathrm{d}T - v\mathrm{d}p = 0 \text{ 或 } v\mathrm{d}p = c_p\mathrm{d}T$$

将后式除以前式，得到

$$\frac{v}{p}\frac{\mathrm{d}p}{\mathrm{d}v} = -\frac{c_p}{c_V} = -\kappa$$

或

$$\kappa\frac{\mathrm{d}v}{v} + \frac{\mathrm{d}p}{p} = 0 \tag{7-43}$$

此式即是可逆绝热过程的过程方程的微分形式。在上式推导过程中已假设质量定压比热容和质量定容比热容都取定值或平均值。对（7-43）积分后得

$$\ln p + \kappa\ln v = \text{常数或} \ln pv^{\kappa} = \text{常数}$$

即

$$pv^{\kappa} = \text{常数} \tag{7-44}$$

由式（7-44）可得到绝热过程初、终两态参数之间的关系，即

$$\frac{p_2}{p_1}=\left(\frac{v_1}{v_2}\right)^{\kappa} \tag{7-45}$$

以 $pv=R_gT$ 代入上式，消去 p_1、p_2，则得

$$\frac{T_2}{T_1}=\left(\frac{v_1}{v_2}\right)^{\kappa-1} \tag{7-46}$$

若消去 v_1、v_2，则得

$$\frac{T_2}{T_1}=\left(\frac{p_2}{p_1}\right)^{\frac{\kappa-1}{\kappa}} \tag{7-47}$$

由 $pv^{\kappa}=$常数可见，绝热过程线在 p-v 图上是一条不等边双曲线。由式（7-43）可得其斜率为

$$\left(\frac{\partial p}{\partial v}\right)_s=-\kappa\frac{p}{v}$$

前述定温过程在 p-v 图上为一等边双曲线，将上式与前述定温过程的斜率 $\left(\frac{\partial p}{\partial v}\right)_T=-\frac{p}{v}$ 比较，由于 $\kappa>1$，所以，$|(\partial p/\partial v)_s|>|(\partial p/\partial v)_T|$，且它们的斜率均为负值。因此，定温线和绝热线在 p-v 图上都是双曲线，但绝热线的斜率大小定温线的斜率，或者说 p-v 图上绝热线比定温线陡，如图 7-7a 所示。

由熵的定义式 $\mathrm{d}s=\delta q/\mathrm{d}T$ 可知，对可逆的绝热过程，$\delta q=0$，$\mathrm{d}s=0$ 或 $s_1=s_2$，即熵不变，所以可逆的绝热过程又称为定熵过程，在 T-s 图上是一条垂直于 s 轴的直线，如图 7-7b所示。

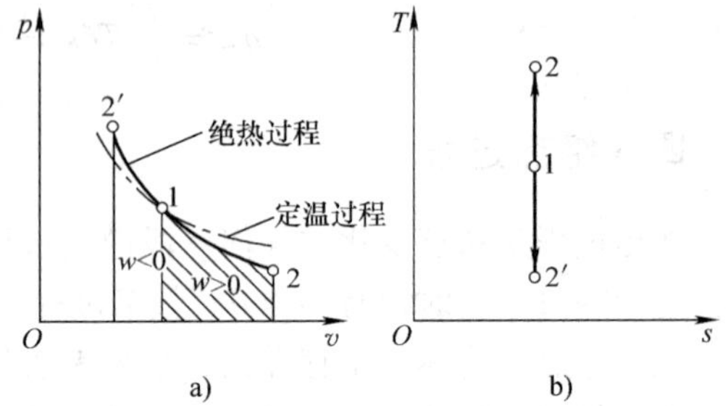

图 7-7　绝热过程在 p-v、T-s 图上的表

由 $\frac{T_2}{T_1}=\left(\frac{p_2}{p_1}\right)^{\frac{\kappa-1}{\kappa}}$ 可见，温度与压力的（$\kappa-1$）/κ 次方成正比，所以气体绝热膨胀时（$\mathrm{d}v>0$），p 和 T 均降低，如图中曲线 1-2 所示；反之，气体被压缩时（$\mathrm{d}v<0$），p 和 T 均升高，如图中曲线 1-2′所示。

将绝热过程特征式 $q=0$ 代入热力学第一定律解析式中得

$$w=-\Delta u=u_1-u_2 \tag{7-48}$$

该式表明：系统在绝热过程与外界无热量交换，体积功只能来自系统本身的能量。绝热膨胀时，系统的热力学能减少；绝热压缩时，系统的热力学能增加。式（7-48）直接由热力学第一定律导出，故普遍适用于可逆和不可逆的绝热过程、理想气体和实际气体。

对于理想气体，取比热容为定值时，有

$$w=c_V(T_1-T_2) \tag{7-49}$$

将 $c_V=\frac{R_g}{\kappa-1}$ 代入，还可得到

$$w=\frac{R_g}{\kappa-1}(T_1-T_2)=\frac{1}{\kappa-1}(p_1v_1-p_2v_2)=\frac{R_gT_1}{\kappa-1}\left[1-\left(\frac{p_2}{p_1}\right)^{\frac{\kappa-1}{\kappa}}\right]=\cdots \tag{7-50}$$

将绝热过程特征式 $q=0$ 代入开口系统热力学第一定律解析式，可得到绝热过程的技术功为

$$w_t=-\Delta h=h_1-h_2 \tag{7-51}$$

该式表明：系统在绝热过程所做的技术功等于焓变量。式（7-51）对理想气体和实际气体的可逆和不可逆的绝热过程都普遍适用。

对于理想气体，取比热容为定值时，还有

$$w_t=c_p(T_1-T_2) \tag{7-52}$$

对照式（7-49）和式（7-52）可看出，绝热过程中的技术功是体积功的 κ 倍，即 $w_t=\kappa w$。

【例 7-5】 2kg 空气分别经过定温膨胀 1-2 和绝热膨胀 1-2′的可逆过程，从初态 $p_1=9.807\text{bar}$，$t_1=300℃$膨胀到终态容积为初态容积的 5 倍。试计算不同过程中空气的终态参数、对外界所做的功和交换的热量以及过程中热力学能、焓、熵的变化量。设空气 $c_p=1.004\text{kJ/(kg·K)}$，$R_g=0.287\text{kJ/(kg·K)}$，$\kappa=1.4$。

解：将空气取作闭口系统，

（1）对可逆定温过程 1-2，由过程中参数间关系，得

$$p_2=p_1v_1/v_2=9.807/5\text{bar}=1.961\text{bar}$$

按理想气体状态方程式，得

$$v_1=\frac{R_gT_1}{p_1}=\frac{0.287\times10^3(273+300)}{9.807\times10^5}\text{m}^3/\text{kg}=0.1677\text{m}^3/\text{kg}$$

$$v_2=5v_1=5\times0.1677\text{m}^3/\text{kg}=0.8385\text{m}^3/\text{kg}$$

$$T_2=T_1=573\text{K}$$

气体对外做的膨胀功及交换的热量为

$$W_T=Q_T=p_1V_1\ln\frac{v_2}{v_1}=9.807\times10^5\times2\times0.1677\times\ln5\text{J}=52938\text{J}=529.4\text{kJ}$$

过程中热力学能、焓、熵的变化量为

$$\Delta U_{12}=0;\ \Delta H_{12}=0$$

$$\Delta S_{12}=\int_1^2\frac{\text{d}Q}{T}=\frac{Q_{12}}{T}=\frac{529.4}{573}\text{kJ/K}=0.9239\text{kJ/K}$$

或

$$\Delta S_{12}=mR_g\ln\frac{v_2}{v_1}=2\times0.287\times\ln5\text{kJ/K}=0.9239\text{kJ/K}$$

（2）可逆绝热过程 1-2′，由可逆绝热过程参数间关系可得

$$p_{2'}=p_1\left(\frac{v_1}{v_{2'}}\right)^{\kappa}=9.807\times\left(\frac{1}{5}\right)^{1.4}\text{bar}=1.03\text{bar}$$

$$T_{2'}=\frac{p_{2'}v_{2'}}{R_g}=\frac{1.03\times10^5\times0.8385}{0.287\times10^3}\text{K}=301\text{K}\ 或\ t_2=28℃$$

气体对外做的膨胀功及交换的热量为

$$W_S=\frac{1}{\kappa-1}(p_1V_1-p_{2'}V_{2'})=\frac{1}{\kappa-1}mR_g(T_1-T_{2'})$$

$$=\frac{2\times0.287\times10^3}{1.4-1}(573-301)\text{J}=390\text{kJ}$$

$$Q_S = 0$$

过程中热力学能、焓、熵的变化量为

$$\Delta U_{12'} = mc_V\ (T_{2'} - T_1)$$

其中 $c_V = c_p - R_g = 1.004\text{kJ/(kg·K)} - 0.287\text{kJ/(kg·K)} = 0.717\text{kJ/(kg·K)}$

故
$$\Delta U_{12'} = 2 \times 0.717\ (301 - 573)\ \text{kJ} = -390\text{kJ}$$

或
$$\Delta U_{12'} = -W_S = 390\text{kJ}$$

$$\Delta H_{12'} = mc_p\ (T_{2'} - T_1) = 2 \times 1.004\ (301 - 573)\ \text{kJ} = -546.2\text{kJ}$$

$$\Delta S_{12'} = 0$$

五、多变过程

1. 多变过程的特点

前面讨论的四种典型的理想气体热力过程，是几个特殊的过程，即在状态变化过程中某一状态参数保持不变或系统与外界没有热量交换。现将四种典型过程中状态参数之间的变化关系归纳成表 7-4。

从表 7-4 可看出，四种典型热力过程中 p、v 间的关系具有共同特征，可统一表示成如下形式：

$$pv^n = 常数 \tag{7-53}$$

式中，指数 n 称为多变指数。工程热力学中将工质状态按式（7-53）变化的热力过程称为多变过程。理论上讲，多变指数 n 可在 $-\infty \sim +\infty$ 之间变化。而四种典型过程可当成是多变过程的四种特殊情况。

表 7-4 四种典型过程状态参数间的关系

过程	过程方程	p、v 的关系	指数
定压过程	p = 常数	pv^0 = 常数	0
定温过程	pv = 常数	pv = 常数	1
绝热过程	pv^κ = 常数	pv^κ = 常数	κ
定容过程	v = 常数	$pv^{\pm\infty}$ = 常数	$\pm\infty$

实际过程大部分都是多变过程，且要比理论的多变过程更为复杂，例如，柴油机气缸中空气的压缩过程和燃气的膨胀过程，在整个过程中指数 n 是变化的。以压缩过程为例，压缩开始时，工质温度低于缸壁温度，工质是吸热的，随着对工质不断地压缩，温度升高，高于缸壁温度后开始放热，过程中瞬时多变指数约从 1.6 左右变化到 1.2 左右。至于膨胀过程，由于存在后燃及高温时被分离气体的复合放热现象，情况更为复杂，这时散热规律的研究已不属于工程热力学范围。多变指数 n 是变化的实际过程，热工计算中为简便起见常常这样处理：若 n 的变化范围不大，则用一个不变的平均多变指数近似地代替实际变化的 n。内燃机中的压缩过程和膨胀过程都是这样处理的，而理论循环计算时近似按绝热过程处理。如果 n 的变化较大，可将实际过程分段，每段近似为 n 值不变，各段的 n 值可不相同。

由于多变过程的过程方程式的数学形式与绝热过程相同，因此多变过程中的初、终状态参数之间的关系在形式上均与绝热过程的公式完全相同，只是以 n 值代替各式中的 κ 值，故不作重复推导，只将公式的结果分列如下：

$$\frac{p_2}{p_1}=\left(\frac{v_1}{v_2}\right)^n \qquad \frac{T_2}{T_1}=\left(\frac{v_1}{v_2}\right)^{n-1} \qquad \frac{T_2}{T_1}=\left(\frac{p_2}{p_1}\right)^{\frac{n-1}{n}}$$

2. 多变过程中的能量计算

多变过程的体积功为

$$w = \int_{v_1}^{v_2} p\mathrm{d}v = p_1 v_1^n \int_{v_1}^{v_2} \frac{\mathrm{d}v}{v^n} = \frac{1}{n-1}(p_1 v_1 - p_2 v_2) \tag{7-54}$$

$$= \frac{1}{n-1} R_g (T_1 - T_2) \tag{7-55}$$

$$= \frac{1}{n-1} R_g T_1 \left[1 - \left(\frac{p_2}{p_1}\right)^{\frac{n-1}{n}}\right] \tag{7-56}$$

$$= \frac{\kappa - 1}{n-1} c_V (T_1 - T_2) \tag{7-57}$$

如果是开口热力系统,同时还要考虑气体流入和流出机器时的推动功,则气体流经机器时总共做出的是技术功。多变过程的技术功为

$$w_t = -\int_{p_1}^{p_2} v\mathrm{d}p = p_1 v_1 + \int_{v_1}^{v_2} p\mathrm{d}v - p_2 v_2$$

$$= \frac{n}{n-1}(p_1 v_1 - p_2 v_2) = \frac{n}{n-1} R_g (T_1 - T_2)$$

即

$$w_t = \frac{n}{n-1} R_g T_1 \left[1 - \left(\frac{p_2}{p_1}\right)^{\frac{n-1}{n}}\right] \tag{7-58}$$

显见

$$w_t = nw \tag{7-59}$$

即多变过程的技术功是体积功的 n 倍。

取比热容为定值时,理想气体多变过程的热力学能变化量可表示成 $\Delta u = c_V(T_2 - T_1)$,所以多变过程的热量为

$$q = \Delta u + w = c_V(T_2 - T_1) + \frac{R_g}{n-1}(T_1 - T_2)$$

$$= c_V(T_2 - T_1) - \frac{\kappa - 1}{n-1} c_V (T_2 - T_1) = \frac{n-\kappa}{n-1} c_V (T_2 - T_1) \tag{7-60}$$

根据比热容的定义式,定值比热容时,热量可按 $q = c_n(T_2 - T_1)$ 计算,将它与式(7-60)比较,显然,多变过程的比热容为

$$c_n = \frac{n-\kappa}{n-1} c_V \tag{7-61}$$

可见,当 n 取不同数值时,c_n 有不同的数值。以四个基本热力过程为例:

当 $n=0$ 时,为定压过程,$c_n = \kappa c_V = c_p$;

当 $n=1$ 时,为定温过程,$c_n = \infty$(无意义),这是因为在定温过程中,外界无论与系统交换多少热量,气体的温度均不发生变化;

当 $n=\kappa$ 时,为绝热过程,$c_n = 0$,这是因为绝热过程中,气体温度的升高仅由外界做功的结果;

当 $n=\pm\infty$ 时,为定容过程,$c_n = c_V$。

从式(7-61)还可看出,因为 $c_V > 0$,当 $1 < n < \kappa$ 时,c_n 为负值。这说明气体吸热而温度下

降,这是因为对外界做的功大于气体吸收的热量,因而气体的热力学能减少;或者气体放热而温度升高,这是因为外界对气体做的功大于气体放出的热量,因而气体的热力学能增加。

下面考察多变过程能量关系规律,即过程中功和热量的比值 w/q。由式(7-57)和式(7-60)可知:

$$\frac{w}{q}=\frac{\dfrac{\kappa-1}{n-1}c_V(T_1-T_2)}{\dfrac{n-\kappa}{n-1}c_V(T_2-T_1)}=-\frac{\kappa-1}{n-\kappa} \tag{7-62}$$

由式(7-62)可得到多变过程中热功转换的程度。如已知某双原子理想气体($\kappa=1.4$)多变过程的多变指数 $n=0.4$,则有 $w/q=0.4$,相当于热功转换效率为40%。

3. 多变过程在 p-v 图和 T-s 图上的表示

将前述四种典型热力过程,绘在同一 p-v 图和 T-s 图上,如图 7-8 所示。不难发现多变指数 n 在坐标图上的分布是有规律的,由 $n=0$ 开始沿顺时针方向看,n 由 $0\to1\to\kappa\to\infty$,是逐渐增大的,因而,对于任意一多变过程,只要知道其多变指数的值,就能确定该过程在 p-v 图和 T-s图上相对位置。原则上 n 可为 $-\infty\sim+\infty$之间的任意实数。

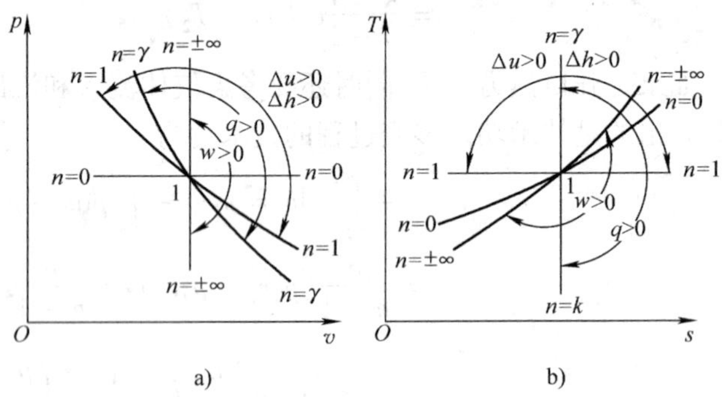

图 7-8　多变过程在 p-v 图和 T-s 图上的表示

在 p-v 图上各热力过程曲线的斜率可由式(7-53)的微分求导得到,即

$$npv^{n-1}\mathrm{d}v+v^n\mathrm{d}p=0$$

故

$$\left(\frac{\partial p}{\partial v}\right)_n=-n\frac{p}{v}$$

由此可见,多变指数 n 值越大,多变过程在 p-v 图上的斜率的绝对值也越大。当 $n=0$ 时,斜率 $\mathrm{d}p/\mathrm{d}v=0$,此即定压过程,在 p-v 图上是一平行于 v 轴的水平直线。当 n 值逐渐增大时,斜率的绝对值也逐渐增大,直到 $n=\infty$ 时,斜率 $\mathrm{d}p/\mathrm{d}v=\infty$,此即定容过程,在 p-v 图上是一条垂直于 v 轴的直线。又因定熵过程 $n=\kappa$ 与定温过程 $n=1$ 相比,n 值较大,因此,$\left|\left(\dfrac{\partial p}{\partial v}\right)_s\right|>\left|\left(\dfrac{\partial p}{\partial v}\right)_T\right|$,在 p-v 图上,定熵线比定温线要陡些。

在 T-s 图上,各过程线的斜率可由 $\delta q=T\mathrm{d}s$ 和 $\delta q=c_n\mathrm{d}T$ 求得,显然

$$\frac{\mathrm{d}T}{\mathrm{d}s}=\frac{T}{c_n}=\frac{T}{c_V}\frac{n-1}{n-\kappa}$$

由上式可见,当 $n=1$ 时,$\mathrm{d}T/\mathrm{d}s=0$,即定温过程,在 T-s 图上为一平行于 s 轴的水平直线。当 $n=\kappa$ 时,$\mathrm{d}T/\mathrm{d}s=\infty$,即定熵过程,在 T-s 图上为一垂直于 s 轴的直线。对于定容过程$n=\pm\infty$,$c_V=c_n$,故 $\mathrm{d}T/\mathrm{d}s=T/c_V$。对于定压过程 $n=0$,$c_n=c_p$,故 $\mathrm{d}T/\mathrm{d}s=T/c_p$。又因为 $c_p>c_V$,所以$(\partial T/\partial s)_V>(\partial T/\partial s)_p$。因此,在 T-s 图上定容线比定压线要陡些。

根据过程线在 p-v、T-s 图上所处的位置,可从坐标图上判断过程中 w、q、Δu(或 Δh)的正负(见图7-8)。

过程中体积功的正负以定容线为分界，位于定容线右侧区域（p-v 图）或右下方区域（T-s 图）的各过程，$w>0$ 为膨胀过程；反之，$w<0$ 为压缩过程。

过程热量 q 的正负以定熵线为分界，位于定熵线右上方区域（p-v 图）或右侧区域（T-s 图）的各过程，$\Delta s>0$，$q>0$ 为吸热过程；反之，$\Delta s<0$，$q<0$ 为放热过程。

热力学能、焓的增减以定温线为分界线，因为理想气体 ΔT 的正负亦即 Δu、Δh 的正负。位于定温过程线右上方区域（p-v 图）或上方区域（T-s 图）的各过程，$\Delta T>0$，则有 $\Delta u>0$、$\Delta h>0$，热力学能、焓是增大的过程；反之，则 $\Delta T<0$，故 $\Delta u<0$、$\Delta h<0$，热力学能、焓是减小的过程。

根据以上的分析，明确了多变指数 n 在热力参数坐标图上的分布是有一定规律的。根据此规律，对某一已知 n 的过程，就可大致确定它在 p-v 图和 T-s 图上的位置，且不必经过计算，即可定性指出过程中能量转换的关系。例如，已知某一过程的 n 值为 $\kappa>n>1$，则在 p-v 图和 T-s 图上对应的曲线位置应在定熵线 $n=\kappa$ 与定温线 $n=1$ 之间。若又知该过程中工质的终态压力低于初态，则该过程曲线位置必然自左向右延伸。因此，由图不难看出该过程中能量转换关系应为 $w>0$，$\Delta u<0$，$q>0$，意即工质经历该过程时，不仅由外界吸热，同时又降低本身的热力学能，全部转变为对外膨胀所做的功。

在已知热力过程中能量交换的方向时，利用多变过程的 p-v 图和 T-s 图上也可确定多变指数的取值范围。例如，若已知理想气体某多变过程中，气体膨胀且放热，则根据 $w>0$ 可知该过程应在定容线的右侧（p-v 图上）或右下方（T-s 图上），再根据 $q<0$ 可知该过程曲线应在绝热线的左上方（p-v 图上）或左侧（T-s 图上）。两者的交叉区域即为多变指数的取值范围，即有 $\kappa<n$。

【例 7-6】 1kg 空气在多变过程中吸收 41.87kJ 的热量后，其体积增大为原来的 10 倍，压力降低为原来的 1/8。设空气 $c_V=0.716\text{kJ/(kg·K)}$，$\kappa=1.4$。求

（1）过程中空气的热力学能变化量；

（2）空气对外所做的膨胀功及技术功。

解：（1）空气的热力学能变化量。由理想气体状态方程式 $p_1v_1=R_gT_1$，$p_2v_2=R_gT_2$ 得

$$\frac{T_2}{T_1}=\frac{p_2}{p_1}\frac{v_2}{v_1}=\frac{10}{8}$$

多变指数 $n=\dfrac{\ln(p_1/p_2)}{\ln(v_2/v_1)}=\dfrac{\ln 8}{\ln 10}=0.903$

多变过程中气体吸取的热量为

$$q_n=c_n(T_2-T_1)=c_V\frac{n-\kappa}{n-1}(T_2-T_1)$$

$$=c_V\frac{n-\kappa}{n-1}\left(\frac{10}{8}T_1-T_1\right)=\frac{1}{4}c_V\frac{n-\kappa}{n-1}T_1$$

故

$$T_1=4\frac{n-1}{n-\kappa}\frac{q_n}{c_V}=\frac{4\times(0.903-1)\times 41.87}{(0.903-1.4)\times 0.716}\text{K}=45.7\text{K}$$

$$T_2=\frac{10}{8}T_1=57.1\text{K}$$

气体热力学能变化量为

$$\Delta u_{12}=c_V(T_2-T_1)=0.716\times(57.1-45.7)\text{kJ/kg}=8.16\text{kJ/kg}$$

（2）气体对外所做的膨胀功及技术功

由闭口系统能量方程可得膨胀功为

$$w_{12}=q_n-\Delta u_{12}=41.87\text{kJ/kg}-8.16\text{kJ/kg}=33.71\text{kJ/kg}$$

技术功为

$$w_t=nw=0.903\times 33.71\text{kJ}=30.44\text{kJ/kg}$$

思考与练习题

7-1　状态参数热力学能、焓、熵如何计算？它们都是温度的单值函数吗？

7-2　如果某气态物质的状态方程式遵循 $pv=R_gT$，这种物质的比热容一定是常数吗？这种物质的比热容仅仅是温度的函数吗？

7-3　理想气体的 c_p 与 c_V 哪个大？为什么？c_p 与 c_V 之差和 c_p 与 c_V 之比是否在任何温度下都等于一个常数？

7-4　如果理想气体的真实比热容 c 是温度的单调增函数，当 $t_1>t_2$ 时，则平均比热容 $c_m\big|_0^{t_1}$、$c_m\big|_0^{t_2}$、$c_m\big|_{t_1}^{t_2}$ 三者中哪个最大？哪个最小？

7-5　在 T-s 图上，当比体积和压力增加时，定容线和定压线分别向什么方向移动，并说明理由。

7-6　定容过程中的热量等于过程终态与初态的热力学能差，定压过程中的热量等于过程终态与初态的焓差，这些结论适用于什么工质？与过程的可逆与否有无关系？为什么？

7-7　如图 7-9 所示，今有两个任意过程 1-2 及 1-3，2 点及 3 点在同一绝热线上，试问 Δu_{12} 与 Δu_{13} 哪个大？若设 2 点及 3 点在同一定温线上，结果又如何？

7-8　如图 7-10 所示，1-2、4-3 为定容过程，2-3、1-4 为定压过程。试画出相应的 T-s 图，并确定 q_{123} 和 q_{143} 哪个大？

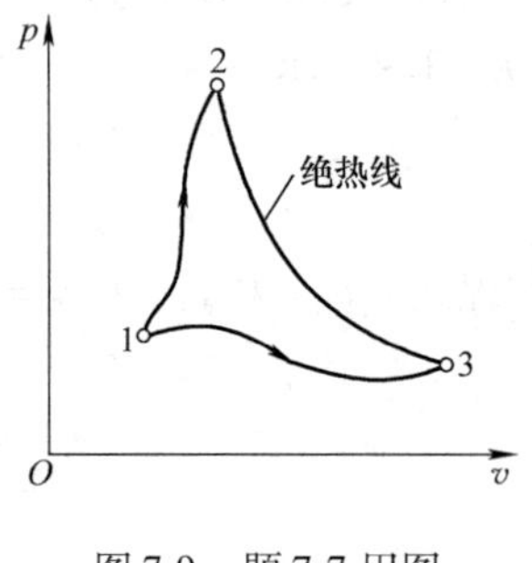

图 7-9　题 7-7 用图

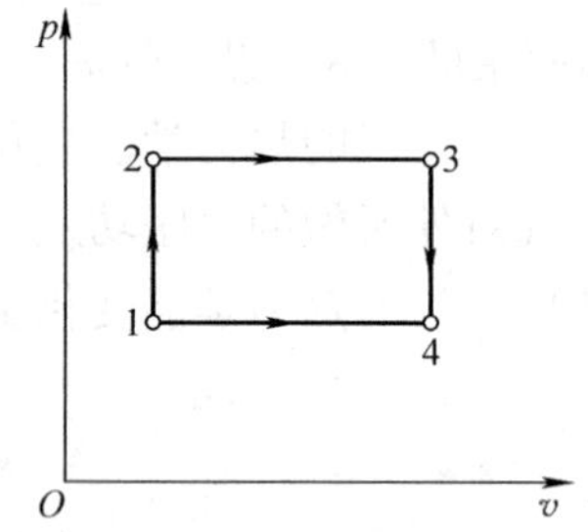

图 7-10　题 7-8 用图

7-9　试讨论 $1<n<\kappa$ 的多变膨胀过程中气体温度的变化方向以及气体与外界热传递的方向，并用热力学第一定律加以解释。

7-10　试分别在 p-v 图和 T-s 图上画出下列几个变化过程的相应过程曲线，并注明多变指数的取值范围。（1）工质膨胀又升压；（2）工质受压缩，又升温，又放热；（3）工质受压缩，又升温，又吸热，（4）工质受压缩，又降温，又降压；（5）工质又吸热，又降温，又降压；（6）工质又放热，又膨胀，又降温。

7-11　某船从气温为 23℃的港口领来一瓶体积为 0.04m³ 的氧气，氧气瓶上压力表的指示为 150bar。该氧气瓶长期未经使用，检查时发现氧气瓶上压力表所示压力升到 152bar，当时储气室的温度为 17℃，当时当地的大气压为 760mmHg。问该氧气瓶是否漏气？如果漏气，试计算漏去的氧气量。

7-12　某活塞式压气机向体积为 9.5m³ 的储气箱中充入压缩空气。压气机每分钟从压力为 $p_0=760\text{mmHg}$，温度为 $t_0=15℃$的大气中吸入 0.2m³ 的空气。若充气前储气箱压力表的读数为 0.5bar，温度为 $t_1=17℃$。问经过多少分钟后压气机才能将储气箱内气体的压力提高到 $p_2=7\text{bar}$，温度升为 $t_2=50℃$。

7-13　有一种理想气体，初始时 $p_1=520\text{kPa}$，$V_1=0.142\text{m}^3$，经过某种状态变化过程，终态 $p_2=170\text{kPa}$，$V_2=0.274\text{m}^3$，过程中焓值降低了，$\Delta H=-67.95\text{kJ}$，设比热容为定值，$c_V=3.123\text{kJ/(kg·K)}$，求：(1) 过程中热力学能的变化；(2) 质量定压比热容；(3) 气体常数 R_g。

7-14　氧气在体积为 0.5m^3 的容器中，从温度为27℃被加热到327℃，设加热前氧气压力为0.6MPa，求加热量 Q_V。(1) 按定值比热容计算；(2) 按比热容直线关系式进行计算；(3) 按平均比热容曲线关系进行计算。

7-15　2kg理想气体，定容下吸收热量 $Q_V=367.6\text{kJ}$，同时输入搅拌功468.3kJ，如图7-11所示。该过程中气体的平均质量比热容 $c_p=1.124\text{kJ/(kg·K)}$，$c_V=0.934\text{kJ/(kg·K)}$。已知初态温度 $t_1=280℃$，试求 (1) 终态温度 t_2；(2) 热力学能、焓、熵的变化量 ΔU、ΔH 和 ΔS。

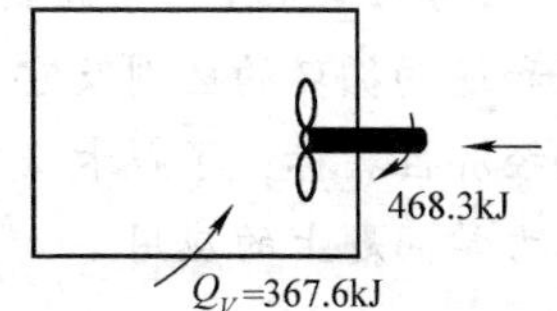

图7-11　习题7-15用图

7-16　设氮气在压气机中可逆地从初态 $p_1=0.1\text{MPa}$、$t_1=27℃$，压缩到终态 $p_2=0.8\text{MPa}$、$t_2=227℃$，求过程的多变指数并确定过程在 *p-v* 图和 *T-s* 图上的相对位置。

7-17　将温度为200℃的空气定温压缩到原来体积的1/2，再使它绝热膨胀到定温压缩前的压力。求最终的温度，并画出 *p-v* 图和 *T-s* 图。

7-18　在多变指数 $n=1.4$ 的多变过程中，空气吸收的热量有百分之多少转化为对外所做的机械功？

7-19　某理想气体在气缸内进行可逆绝热膨胀，当比体积变为原来的2倍时，温度由40℃下降到−36℃，同时气体对外做功60kJ/kg。设比热容为定值，试求质量定压比热容 c_p 与质量定容比热容 c_V。

7-20　某双原子理想气体在一给定多变过程中从外界吸收的单位质量热量 $q=20\text{kJ/kg}$，对外做的单位质量膨胀功为 $w=300\text{kJ/kg}$。试求该过程的多变指数 n。

7-21　在以空气为工质的某过程中，加入的热量有一半转换为机械功，试求该过程的多变指数 n。

7-22　体积为 $V=6\text{m}^3$ 的压缩空气瓶内装有表压力 $p_g=9.9\text{MPa}$、温度 $t_1=27℃$ 的压缩空气。打开空气瓶上的阀门起动柴油机，假定留在瓶内的空气参数变化过程为绝热过程。(1) 求瓶中压力降到 $p_2=7\text{MPa}$ 时，用去多少空气？这时瓶中空气的温度是多少？(2) 过一段时间后，瓶中空气从室内吸热，温度又恢复至室温300K，问这时压力表的读数是多少？设空气的比热容为定值，气体常数 $R_g=287\text{J/(kg·K)}$，气瓶体积不随气体的温度、压力而变，当地大气压力为 $p_a=0.1\text{MPa}$。

7-23　2kg的某理想气体，压力 $p_1=0.1\text{MPa}$、温度 $t_1=5℃$，经过一个多变过程之后，压力变为0.7MPa。已知该气体的气体常数 $R_g=287\text{J/(kg·K)}$，定压比热容 $c_p=1.005\text{kJ/(kg·K)}$，以及该过程的多变指数 $n=1.3$，试求：(1) 初态和终态的体积；(2) 终态的温度；(3) 热力学能的变化量；(4) 焓的变化量；(5) 过程所做的体积功；(6) 过程所吸收的热量；(7) 该过程在 *p-v* 图上的趋势。

7-24　空气初压 $p_1=4\text{MPa}$，初温 $t_1=527℃$，先在定容下被加热到 $t_2=927℃$，然后再在定压下被加热到 $t_3=1227℃$，最后绝热膨胀到 $p_4=0.4\text{MPa}$。试求空气在1-2-3-4过程中的单位质量热量和单位质量膨胀功。

7-25　压力为0.425MPa，质量为3kg的某种理想气体按可逆多变过程膨胀到原有体积的三倍，压力和温度分别下降到0.1MPa、27℃。膨胀过程中做功339.75kJ，吸热70.50kJ，求该气体的质量定压比热容 c_p 与质量定容比热容 c_V。

第八章　热力学第二定律

【学习目的】 掌握热力学第二定律的研究对象及第二定律的内容和实质；熟悉正向循环和逆向循环的区别及它们的经济性指标；熟练掌握卡诺循环的组成及正向、逆向卡诺循环的经济性指标；了解卡诺定律的基本内容；掌握熵方程和熵增原理的基本内容及熵增原理在热力学问题上的应用。

热力学第一定律说明了能量在传递和转化时的数量关系。两温度不同的物体间有热量传递时，第一定律说明了某一物体所失去的热量等于另一物体所得到的热量，但并未说明究竟热量将从哪一物体传至另一物体、在什么条件下方能传递以及过程进行到何时为止，即并未说明能量传递的方向、条件和深度。当热能和机械能相互转化时，第一定律也只说明了热能和机械能在形式变化时相互间有一定的当量关系，而并未说明转化的方向、条件和深度。热力学第二定律就是解决这些过程进行的方向、条件和深度等问题的规律，其中最根本的问题是过程方向性问题。它和热力学第一定律一起构成了热力学的基本理论。只有同时满足热力学第一定律和热力学第二定律的热力过程才能实现。

第一节　热力循环

在工质的热力状态变化过程中，通过工质的体积膨胀可以将热能转化为机械能而做功。但是任何一个热力膨胀过程都不可能一直进行下去，而且连续不断地做功。因为工质的状态将会变化到不适宜继续膨胀做功的情况。例如，通过定温膨胀过程或绝热膨胀过程做功时，工质的压力将降低到不能做功的水平。此外，机器设备的尺寸总是有限的，也不允许工质无限制地膨胀下去。为使连续做功成为可能，工质在膨胀做功后还必须经历某些压缩过程，使它回复到原来的状态，以便重新进行膨胀做功的过程。这种使工质经历一系列的状态变化，重新回复到原来状态的全部过程，称为一个循环。在状态参数的平面坐标图上，循环的全部过程一定构成一个闭合曲线，整个循环可看做一个闭合过程，所以也称循环过程，简称循环。工质完成一个循环后，可以重复进行下一次循环，如此周而复始，就能连续不断地将热能转化为机械能。工质在完成一个循环之后，状态又回到了原来的状态，所有状态参数的变化量应为零，这是循环的基本特征之一。

根据热力循环的效果和进行的方向不同，可以分为正向循环和逆向循环。将热能转化为机械能的循环称为正向循环，它使外界得到功；将机械能转化为热能的循环称为逆向循环，其效果为将热量从低温物体传给高温物体，这时必须消耗外功。

根据循环的组成过程不同，热力循环还可分为可逆循环和不可逆循环。

一、正向循环及其循环热效率

正向循环也称为热动力循环。循环的全过程可以在一个气缸内进行，也可分别在几个设备中进行。所有的热力发动机都是按正向循环工作的。下面以1kg工质在封闭气缸内进行一个任意的正向循环为例，来说明正向循环的性质。图8-1a和图8-1b分别为该循环的p-v图及相应的T-s图。

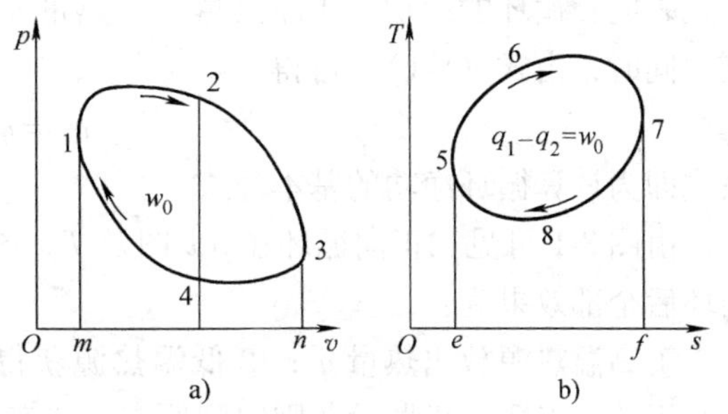

图8-1　正向循环的p-v图、T-s图

图8-1a中，1-2-3为膨胀过程，膨胀功以面积1-2-3-n-m-1表示。为使工质能继续做功，必须通过某些过程将工质从3压缩回到1。如果沿较低的压缩线，如图中压缩过程3-4-1，该过程消耗的压缩功可以面积3-4-1-m-n-3表示，这样就构成循环1-2-3-4-1。工质完成一个循环对外做出的净功称为循环净功，以w_0表示。显然，循环净功等于膨胀做出的功减去压缩消耗的功，它总等于p-v图中封闭曲线所包围的面积，即面积1-2-3-4-1。根据前述已作出的规定：工质膨胀做功为正，压缩耗功为负，可见循环净功w_0就是工质沿一个循环过程所做功的代数和，即沿该闭合过程线的积分值，写成数学式

$$w_0 = \oint \mathrm{d}w > 0$$

为使工质完成一个循环之后，能够对外做出正的净功，循环中膨胀过程线的位置必须高于压缩过程线，膨胀功在数值上大于压缩功。为此，可使工质在膨胀过程开始前，或在膨胀过程中，与高温热源接触，并从中吸取热量；而在压缩过程开始前，或在压缩过程中，工质与低温冷源接触，并向冷源放出热量。这样才能使工质在膨胀过程中的任一状态都比压缩过程中同体积的相应状态温度高。例如，图8-1a中状态2较之状态4有：$v_2=v_4$，$T_1>T_2$，则必然$p_2>p_1$，就可做到膨胀线位于压缩线之上。现今使用的热动力设备，工质往往在膨胀前先加热，压缩以前先放热，正是这个道理。

同一循环的T-s图（见图8-1b）中，5-6-7是工质从热源吸热的过程，所吸热量为面积5-6-7-f-e-5，以q_1表示；为使工质回复到原来的状态，还必须有某些放热过程。相应于p-v图上净功为正值的循环，工质放热量需小于吸热量，故放热过程线必须位于5-6-7之下，即需向温度较低的冷源排热，例如7-8-5，此过程放出的热量为面积7-8-5-e-f-7，以q_2表示。循环中吸热量减去放热量即为循环的净热量，若以q_0表示，则

$$q_0 = q_1 - q_2 \tag{8-1}$$

式中，q_2为绝对值。在T-s图上，净热量以过程封闭曲线所包围的面积5-6-7-8-5表示，显然它等于沿闭合过程线的积分值，即

$$q_0 = \oint \mathrm{d}q$$

完成一个循环之后，工质的状态复原，所以工质的热力学能以及其他所有状态参数也一定回到原值，热力学能不变$\Delta u=0$，或写成

$$\oint \mathrm{d}u = 0$$

根据热力学第一定律解析式，对于闭口系统循环过程，可得

$$\oint \mathrm{d}u + \oint \mathrm{d}w = \oint \mathrm{d}q$$

故

$$q_0 = w_0$$

上式表明：循环的净功等于净热量。净热量 q_0 是转化成机械能的那部分热量，也叫做有用热。同时，由式（8-1），可得

$$w_0 = q_1 - q_2 \tag{8-2}$$

该式即为计算循环净功的基本公式。

由图 8-1 可见，正向循环在 p-v 图及 T-s 图上都是按顺时针方向进行的。完成一个正向循环后全部效果为：

①高温热源放出热量 q_1；②低温热源获得热量 q_2；③将（$q_1 - q_2$）$= q_0$ 的净热量转化为有用功。工质与机器设备则回到原来的状态，没有变化。于是，可得出如下结论：从高温热源得到的热能 q_1，其中只有一部分可以转化为功，在这部分热能（$q_1 - q_2$）转化为功的同时，必有一部分 q_2 传向低温热源，后者是使热能经过循环转化为功的必要条件，或称补偿条件。因而，一切热动力装置都只能将自热源得到的热量中的一部分转化为有用功，这是热动力循环共有的根本特征。

正向循环的经济性用热效率 η_t 来衡量，即

$$\eta_t = \frac{w_0}{q_1} = \frac{q_1 - q_2}{q_1} = 1 - \frac{q_2}{q_1} \tag{8-3}$$

η_t 越大，即吸入同样的热量 q_1 时得到的循环净功 w_0 越多，它表明循环的经济性越好。式（8-3）是分析计算循环热效率的最基本公式，它普遍适用于各种类型的热动力循环，包括可逆循环和不可逆循环。

循环 p-v 图上只能表示循环净功的大小，但 T-s 图上则可看出 q_1、q_2 和 $w_0 = (q_1 - q_2)$，因而能间接看出热效率 η_t，它等于面积 5-6-7-8-5 与 5-6-7-f-e-5 的比值，故在分析和比较各种循环热效率时，用得更多的是 T-s 图。

二、逆向循环及其循环的经济性

如图 8-2a 所示，如果工质沿 1-2-3 膨胀到状态 3，然后沿较高的压缩线 3-4-1 压缩回状态 1，这时压缩过程消耗的功大于膨胀过程做出的功。完成全部循环过程消耗的净功 w_0 必小于零，亦即 p-v 图上封闭曲线所包围的面积 1-2-3-4-1。因工质状态复原，故 $\oint \mathrm{d}u = 0$，同样由热力学第一定律解析式可得出 $w_0 = q_1 - q_2$，这里的 q_1、q_2 和 w_0 都应是绝对值。

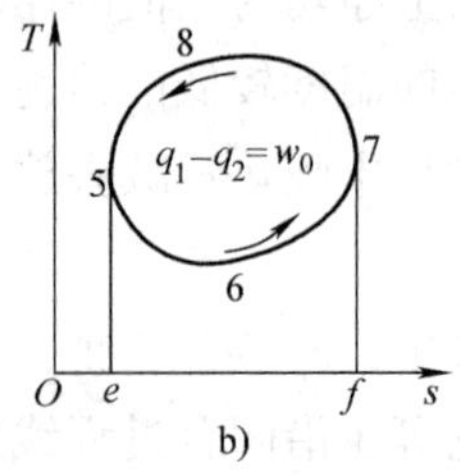

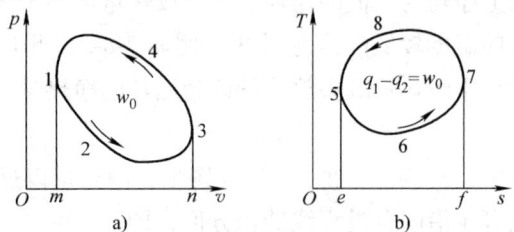

图 8-2　逆向循环的 p-v 图、T-s 图

逆向循环净热量也等于净功量，完成图 8-2a 中 1-2-3-4-1 这样的循环所消耗的机械能，只可能转化为热能，与工质吸入的热量一起排出，因而工质向外排出的热量一定大于吸入的热量。反映在 T-s 图上放热线必位于吸热线之上，如图 8-2b 所示，5-6-7 为吸热过程，工质从低温热源吸入热量 q_2，7-8-5 为放热过程，工质向高温热源放出热量 q_1。

为此，在吸热过程前，可先进行一膨胀过程降温（如绝热膨胀），以使工质的温度降低

到能自低热源吸取热量；而在放热过程之前，先进行一压缩过程（如绝热压缩），使其温度升高到能向高温热源放热。实际制冷装置、供暖装置正是这样工作的。

可见，逆向循环在 p-v 图和 T-s 图上都按逆时针方向进行，完成这样一个循环之后的全部效果为：①低温热源放出热量 q_2；②消耗了机械能 w_0，转化为热量，$q_0=w_0$；③高温热源获得热量 q_1，且 $q_1=q_2+w_0$。工质与机械设备也同样回到原来状态，没有变化。

综上所述，可以得出结论：伴随着低温热源将热量传送到高温热源的同时，必须有一机械能转化为热能的过程，这是使热能从低温物体传至高温物体的代价，即补偿条件。没有一定的补偿条件，热能就不可能从低温传向高温。

这种消耗一定量的机械能使热能从低温热源传送至高温热源的循环叫做逆向循环。它主要用于制冷装置，由功源（如电动机）供给一定的机械能使低温冷藏库或冰箱中的热量排向温度较高的大气。另外，热泵也是按逆向循环工作的，它消耗机械能使室外大气中的热量排向温度较高的室内，目的是使高温热源获得热量。制冷循环和热泵循环的经济性分别以制冷系数 ε 和热泵系数 ε' 衡量。

$$\varepsilon=\frac{q_2}{w_0}=\frac{q_2}{q_1-q_2} \tag{8-4}$$

$$\varepsilon'=\frac{q_1}{w_0}=\frac{q_1}{q_1-q_2} \tag{8-5}$$

两者的关系为 $\varepsilon'=\varepsilon+1$。从式（8-3）、式（8-4）、式（8-5）可以看出，热效率 η_t 总是小于1的，热泵系数 ε' 总是大于1的，而制冷系数 ε 则可能大于、小于或等于1。上述三种经济指标虽然具有不同的表示形式，但所遵循的原则是一致的，即

$$经济指标=\frac{得到的收获}{花费的代价}$$

第二节　热力学第二定律的表述

人们在长期的生产实践经验中发现，自然过程的进行总是有一定的方向性，这些经验被归纳总结为热力学第二定律。热力学第二定律是说明与热现象有关的各种过程进行的方向、条件以及进行的限度或深度的定律，其中方向性问题是其根本内容。其实质指出了过程进行的可能方向和达到平衡的必要条件，以及不可逆性对过程性能的影响。

自然界的多数现象都有吸热或放热效应，都涉及热能与其他形式能量的转化，都存在热现象的方向性问题。所以热力学第二定律的应用范围极为广泛，诸如热量传递、热功互变、化学反应、燃料燃烧、气体扩散、混合、分离、溶解、结晶、辐射、生物化学、生命现象、信息理论、低温物理等许多方面。针对不同的具体问题，或是从不同的角度，热力学第二定律有各种各样的叙述方法，但其实质是统一的、等效的。现列举两种热力学第二定律的表述方式。

开尔文说法（1851年）：不可能制造出从单一热源吸热，使之全部变成有用功而不留下任何影响的热力发动机。

这是从热功转换的角度来表述热力学第二定律的。这一说法中，“不留下任何影响”这一总的条件包括，在发动机内部和发动机以外都不能留下任何变化，所以这样的发动机必须

是循环发动机或具有循环发动机这样在内部不留下变化的特点，因为循环发动机在完成一个循环以后，工质本身也回复到始点状态，不留下变化。上述说法中，“完全”两字是补充说明，因如果不是吸热量全部变成有用功，势必将留下其他变化。因为通常热力循环发动机必须向冷源排出一部分从热源吸收的热量，必然留下了变化。

上述单一热源的机器并不违反热力学第一定律，因为在它的工作循环中，产生的功是由热能转变来的，能量仍是守恒的。若这种机器能实现，则可从大气、海水或土壤中吸取热量来转换为功，一经运转，便永远不停，人们称之为第二类永动机。但是，实践告诉人们此类机器不可能制成。因为它违反了上述开尔文关于热力学第二定律的表述。为此，热力学第二定律还可表述为第二类永动机是不可能造成的或者说单热源热机是不存在的。

克劳修斯说法（1850 年）：热不可能自发地、不付代价地从低温物体传至高温物体而不引起其他变化。

这是从热量传递的角度来表述热力学第二定律的。这一说法表明热从低温物体传至高温物体是一个非自发过程，要使之实现，必须花费一定的“代价”或具备一定的“条件”（或者说要引起其他变化），例如制冷装置或热泵装置中，此代价就是消耗的功量或热量。反之，热从高温物体传至低温物体可以自发地进行，直到两物体达到热平衡为止。因此这一说法直接指出了传热过程的方向、条件及限度。

虽然上述两种表述中，第一种是说明热能转换现象，第二种是说明热能传递现象，但它们反映的是同一客观规律——自然过程的方向性，所以是一致的。只要违反了其中一种表述，必然违反另一种表述。如图 8-3 所示，假设热量 Q_2 能够从温度为 T_2 的低温热源自发地传给温度为 T_1 的高温热源。现有一循环热机在该两热源间工作，并且它放给低温热源的热量恰好等于 Q_2。整个系统在完成一个循环时，所产生的唯一效果是热机从单一热源（T_1）取得热量 Q_1-Q_2，并全部转变为对外输出的功 W。低温热源自动传热 Q_2 给高温热源，又从热机处接受 Q_2，故并未受任何影响。这就形成了第二类永动机。由此可见，违反了克劳修斯说法就必然违反开尔文说法。反之，承认了开尔文说法，克劳修斯说法也就必然成立。

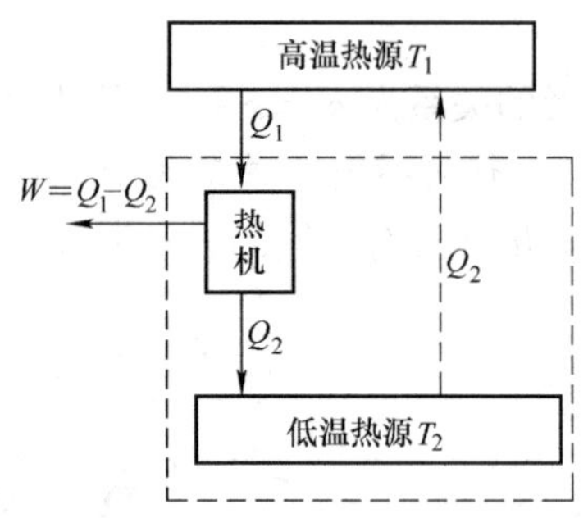

图 8-3　热力学第二定律两种叙述方式等效性证明

第三节　卡诺循环和卡诺定理

热力学第二定律指出，第二类永动机是不可能造成的，也就是说，任何热机都不可能将吸收的热量循环不息地全部转变为功。那么，在一定的高温热源和低温热源的条件下，循环的吸热量最多能转变为多少功？也就是说，提高循环热功转换效率的基本途径是什么？卡诺循环和卡诺定理回答了这个问题。

一、卡诺循环及其热效率

为寻求热机热效率的最高极限，显然所取的循环必须是可逆的，否则就不能反映热功转换能力的极限值。换言之，两个恒温热源和循环的可逆性应是研究的前提。

卡诺循环是由两个可逆定温过程和两个可逆绝热过程所组成的可逆循环，如图 8-4 所示。

1—2 为可逆定温吸热过程，1kg 工质从高温恒温热源（T_1）吸热 q_1。

2—3 为可逆绝热膨胀过程，工质温度从 T_1 下降到 T_2。

3—4 为可逆定温放热过程，工质向低温恒温热源（T_2）放热 q_2。

4—1 为可逆绝热压缩过程，工质从温度 T_2 升高到 T_1。

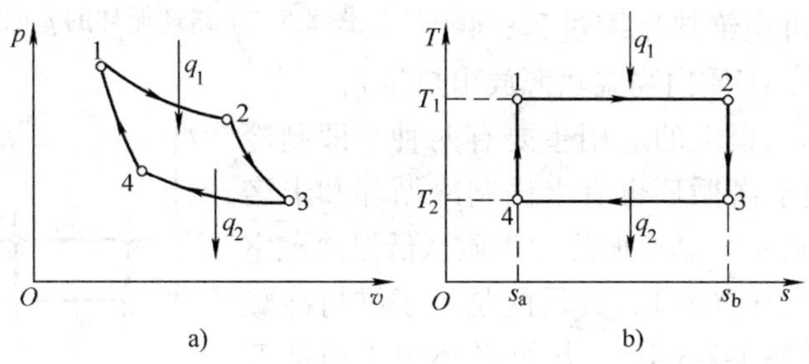

图 8-4　卡诺循环在 p-v、T-s 图上的表示

热机的经济性以热效率来衡量。循环输出净功 w_0 为循环中工质吸热量 q_1 与放热量 q_2 之差，即 $q_1-q_2=w_0$。在定温吸热过程 1-2 中，所吸收的热量可得到

$$q_1=R_gT_1\ln\frac{v_2}{v_1}$$

在定温放热过程 3-4 中，1kg 工质所放出的热量为

$$q_2=R_gT_2\ln\frac{v_3}{v_4}$$

将 q_1、q_2 代入热效率的计算式（8-3），得

$$\eta_{tk}=\frac{q_1-q_2}{q_1}=\frac{R_gT_1\ln\frac{v_2}{v_1}-R_gT_2\ln\frac{v_3}{v_4}}{R_gT_1\ln\frac{v_2}{v_1}}=\frac{T_1\ln\frac{v_2}{v_1}-T_2\ln\frac{v_3}{v_4}}{T_1\ln\frac{v_2}{v_1}}$$

利用两个可逆绝热过程可以证明 $v_2/v_1=v_3/v_4$。这样可得卡诺循环的热效率为

$$\eta_{tk}=1-\frac{T_2}{T_1}\tag{8-6}$$

上式也可利用 T-s 图很方便地求得。从图 8-4b 可见，在循环中，工质从高温热源吸收的热量相当于面积 1-2-s_b-s_a-1，即

$$q_1=T_1\ (s_b-s_a)$$

工质放给低温热源的热量相当于面积 4-3-s_b-s_a-4，即

$$q_2=T_2\ (s_b-s_a)$$

而加热量 q_1 转变为功（$w_0=q_1-q_2$）的热量相当于面积 1-2-3-4-1。因此，卡诺循环的热效率公式为

$$\eta_{tk}=1-\frac{q_2}{q_1}=1-\frac{T_2\ (s_b-s_a)}{T_1\ (s_b-s_a)}=1-\frac{T_2}{T_1}$$

可见，卡诺循环的热效率只与高温热源和低温热源的温度有关，与工质性质无关。

二、逆卡诺循环

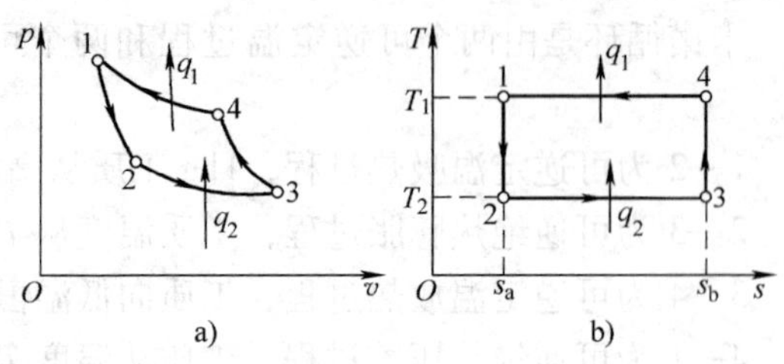

图 8-5　卡诺逆循环的 p-v 图和 T-s 图的表示

卡诺循环是可逆循环，故可使循环沿相反的方向进行（见图 8-5）。此时循环是逆时针方向进行的，1-2 为可逆绝热膨胀过程；2-3 为可逆定温吸热过程，工质从低温热源吸收热量 q_2；3-4 为可逆绝热压缩过程；4-1 为可逆定温放热过程，工质向高温热源放出热量 q_1。

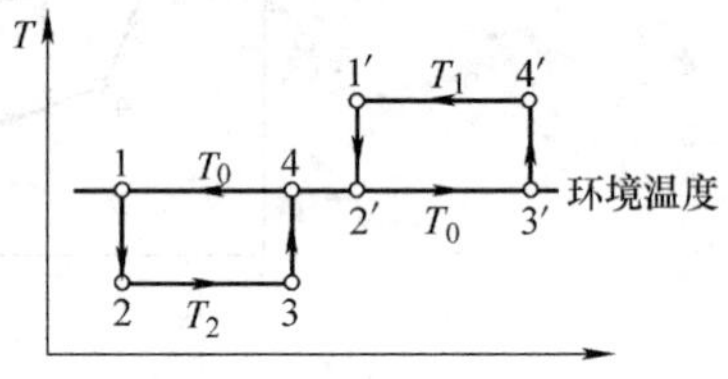

图 8-6　卡诺制冷循环和热泵循环

逆向循环在实际工程上的应用主要有两种，即制冷循环和热泵循环。逆卡诺循环也有卡诺制冷循环和卡诺热泵循环。如图 8-6 所示，制冷循环中工质从低温冷藏室（T_2）吸取热量排向大气（T_0），其目的是为了维持冷藏室的低温，如图中循环 1-2-3-4-1。热泵循环中工质从低温大气环境（T_0）中吸取热量送到高温暖房（T_1），其目的是为了维持暖房的高温，如图中循环 1′-2′-3′-4′-1′。

采用与分析正向卡诺循环热效率类似的方法，可以求得逆向卡诺循环的经济性指标。对卡诺制冷循环，其制冷系数为

$$\varepsilon_k = \frac{q_2}{q_1 - q_2} = \frac{T_2}{T_1 - T_2} \tag{8-7}$$

热泵系数为

$$\varepsilon_k' = \frac{q_1}{q_1 - q_2} = \frac{T_1}{T_1 - T_2} \tag{8-8}$$

卡诺循环实际上是不可能实现的，原因是多方面的。首先，工质需作可逆变化，这势必恒与外界保持热和力的平衡使其运动无限缓慢，因而不切实际。另外，无完全的绝热和完全传热之物质，而使工质能绝热变化和与热源在等温下交换热量。因此，卡诺循环为一理想循环，属极限情况，是研究热机性能不可缺少的准绳，在热力学中具有极为重要的意义。

三、卡诺定理

法国工程师和物理学家卡诺，早在热力学第一定律和第二定律于 1850 年正式建立以前，在 1824 年就发表了著名的“卡诺定理”。但受“热质说”的影响，他的证明方法有错误。1850 年和 1851 年克劳修斯和开尔文先后在热力学第二定律的基础上，重新证明了“卡诺定理”。历史上，卡诺定理成为确立热力学第二定律的重要出发点，开尔文在 1848 年根据卡诺定理制定“热力学温标”（绝对温标），克劳修斯在 1850 年根据卡诺定理提出了“熵”。卡诺定理包括两个结论：

定理一：在相同温度的高温热源和低温热源之间工作的一切可逆循环其热效率都相等，与可逆循环的种类无关，与采用哪一种工质无关。

下面利用反证法证明该定理。设有两台可逆机 A 和 R，A 是应用理想气体作工质的卡诺循环，其热效率已知为 $\eta_{tA} = 1 - T_2/T_1$。R 则是应用任何其他工质的其他可逆循环，它们都在相同的高温热源 T_1 和相同的低温热源 T_2 之间工作。

假定适当地进行调节，使两机从高温热源吸入的热量相等，同为 Q_1，如图 8-7a 所示。卡诺机 A 在完成一个循环后从 T_1 吸取热量 Q_1，向 T_2 放出热量 Q_{2A}，其差值就是循环净功 W_A。$W_A = Q_1 - Q_{2A}$。可逆机 R 完成一个循环后从 T_1 吸取热量 Q_1，向 T_2 放出热量 Q_{2R}，其差值就是循环净功 $W_R = Q_1 - Q_{2R}$。这时，这两台可逆机的热效率分别为

$$\eta_{tA} = \frac{W_A}{Q_1} \text{和} \ \eta_{tR} = \frac{W_R}{Q_1}$$

比较其热效率的大小，只有三种可能性：$\eta_{tA} > \eta_{tR}$、$\eta_{tA} < \eta_{tR}$ 或 $\eta_{tA} = \eta_{tR}$。如果能否定其中两种，余下的另一种就一定是唯一可能成立的。

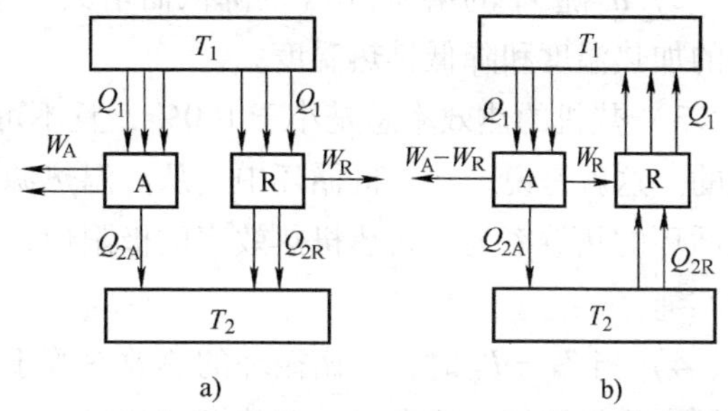

图 8-7　利用热力学第二定律证明卡诺定理

先假定 $\eta_{tA} > \eta_{tR}$，因吸热量相同，故可得 $W_A > W_R$ 及 $Q_{2A} < Q_{2R}$。既然都是可逆机，我们使热机 A 按正向循环运动，R 按逆向循环运动，如图 8-7b 所示。可逆机 R 将从 T_2 吸收热量 Q_{2R}，向 T_1 排出热量 Q_1，而消耗的功则等于 W_R。由于数值上 $W_A > W_R$，可利用 W_A 中的一部分功来带动可逆机 R 作逆向运动。A 和 R 联合运行一个循环后总的结果为：A 和 R 中工质经一个循环都回复原状；高温热源失去热量 Q_1 又收回热量 Q_1，高温热源不留下任何变化；低温热源得到的热量 Q_{2A} 少于失去的热量 Q_{2R}，净失去热量（$Q_{2R} - Q_{2A}$）；卡诺机 A 所做的功 W_A 中，除去利用 W_R 带动可逆机 R 外，尚有净功（$W_A - W_R$）可对外输出。根据热力学第一定律能量守恒，可以肯定这时 $W_A - W_R = Q_{2R} - Q_{2A}$，整个系统不再有其他变化了。经过一个循环后，总效果为低温热源的热量 $Q_{2R} - Q_{2A}$ 转化成了功，这是违反热力学第二定律的开尔文说明的，所以说原先假定的 $\eta_{tA} > \eta_{tR}$ 是不能成立的。

再假定 $\eta_{tA} < \eta_{tR}$。按相同的方法和步骤，以可逆机 R 按正向循环来带动卡诺机 A 按逆向循环，也可得出总效果是低温热源失去热量（$Q_{2A} - Q_{2R}$）转化成功的结论，这样同样违反了第二定律，这一假定也不能成立。

既已证明 $\eta_{tA} > \eta_{tR}$ 和 $\eta_{tA} < \eta_{tR}$ 都不可能成立，那么唯一的可能是 $\eta_{tA} = \eta_{tR}$。

卡诺定理揭示了一个普遍规律，在高低温热源温度相同时，各种不可逆循环因其不可逆因素和不可逆程度各不相同，所以各个不可逆循环的热效率可能完全不相同；但对于各种可逆循环，既然都不存在任何不可逆损失，所以这时热能向机械能转化的规律，即它们的热效率只由热源条件所决定。

定理二：在温度同为 T_1 的热源和同为 T_2 的冷源间工作的一切不可逆循环，其热效率必小于可逆循环的热效率。

其证明过程仍可借用图 8-7 来进行。设 A 是不可逆机，R 是可逆机。先假定存在 $\eta'_{tA} > \eta_{tR}$，用不可逆机按正向循环带动可逆机 R 进行逆向循环，会得出，冷源中的热量转化为功而不留下其他变化的结论，所以不可逆循环的热效率较大这一假定不成立。

再假定 $\eta'_{tA} = \eta_{tR}$，仍用不可逆机 A 进行正向循环来带动可逆机 R 进行逆向循环。循环结果 A 和 R 中工质以及热源、冷源都恢复原状，而不留下任何变化，这一结果与 A 是不可逆机的假定相矛盾，因为系统中出现不可逆过程，则整个系统不可能全部恢复原态而不留下任

何变化。因而 $\eta'_{tA}=\eta_{tR}$ 这一假定也不能成立。

因此，唯一的可能只有 $\eta'_{tA}<\eta_{tR}$。无数的实践也证明了两个热源之间工作的不可逆循环热效率必小于可逆循环的热效率。

通过以上对卡诺循环和卡诺定理的讨论，可以得出关于热机热效率极值的可能性，以及从原则上指出提高热效率的方法的几点结论：

1）工作于两恒温热源之间的可逆机，其热效率取决于高温热源及低温热源的温度，即 $\eta_{tk}=f(T_1, T_2)$，且与工质的性质无关。

2）η_{tk} 随 T_1 的增加和 T_2 的降低而增大。从而可知，提高热效率的方向应该是提高循环中的加热温度和降低排热温度。

3）热机的热效率总是小于100%，且不可能等于100%，因为 $T_1=\infty$ 和 $T_2=0$ 都是不可能的。这就是说，在热机循环中，从高温热源吸收的热量不可能全部转变为机械能，而以卡诺循环的热效率为一切热机热效率的极限值，且 $\eta_{tk}=1-T_2/T_1$ 也是只能接近而不可能达到的准绳。

4）当 $T_1=T_2$ 时，卡诺循环的热效率等于零。这说明没有温差存在的体系中，热能不可能转变为机械能。或者说，单热源的热机，即第二类永动机是不存在的。

5）工作于两恒温热源间的一切热机，以卡诺机的热效率为最高，即 $\eta_t\leqslant\eta_{tk}$。

【例 8-1】 以某理想气体为工质的卡诺机，从温度 $t_1=1800℃$ 的高温热源吸取热量 Q_1，向温度 $t_2=20℃$ 的环境放热，所产生的功带动另一相同工质的卡诺制冷机，使它从温度 $t_3=-10℃$ 的冷库吸取热量 Q_2，也向20℃的环境放热。求高温热源传出的热量 Q_1 与冷库传出热量 Q_2 之比值。如冷库温度降为 -30℃，则 Q_1 与 Q_2 的比值又为多少？

解：理想气体卡诺循环所做的功为

$$\eta_{tk}=\frac{W_0}{Q_1}=\frac{T_1-T_2}{T_1} \text{或} W_0=Q_1\frac{T_1-T_2}{T_1}$$

卡诺制冷循环所需的功为

$$\varepsilon_k=\frac{Q_2}{W_0}=\frac{T_3}{T_2-T_3} \text{或} W_0=Q_2\frac{T_2-T_3}{T_3}$$

故

$$Q_1\frac{T_1-T_2}{T_1}=Q_2\frac{T_2-T_3}{T_3}$$

冷库温度为 -10℃时：

$$\frac{Q_1}{Q_2}=\frac{T_2/T_3-1}{1-T_2/T_1}=\frac{293/263-1}{1-293/2073}=0.13$$

冷库温度为 -30℃时：

$$\frac{Q_1}{Q_2}=\frac{T_2/T_3-1}{1-T_2/T_1}=\frac{293/243-1}{1-293/2073}=0.24$$

计算结果讨论：环境温度一般可视为不变，从 $\varepsilon_k=1/(T_2/T_3-1)$ 可见，冷库温度 t_3 越低，制冷系数 ε_k 越小，从冷库提取相同数量的 Q_1，耗功 W_0 越多，亦即消耗高温热量 Q_1 越多。本例中，当 t_3 由 -10℃降低到 -30℃时，所需高温热源热量 Q_1 由 $0.13Q_2$ 增至 $0.24Q_2$，多耗能量85%。因此，应避免冷库降到不必要的过低温度，以节省能量。

第四节 熵方程和熵增原理

熵是与热力学第二定律相关联的状态参数。实际的热力过程都是不可逆的，都有一定的方向。热力学第二定律对热力过程进行方向的分析判断，主要是通过对熵的分析计算来实现的，这是熵的功用的一个重要方面。

一、熵方程

如图 8-8 所示，在温度为 T 的环境中有单位质量的气体在气缸中作不可逆膨胀，从环境（相当于热源）吸收热量 δq，由热力学第一定律有

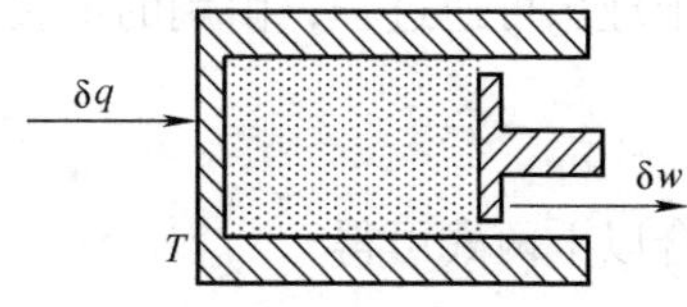

图 8-8 气体在气缸中作不可逆膨胀

$$\delta q = \mathrm{d}u + \delta w \tag{8-9}$$

今若想象气体在气缸中实施另一可逆过程，它的初、终状态与原不可逆过程相同，此时从环境 T 吸收热量 $\delta q'$，做功 $\delta w'$，则

$$\delta q' = \mathrm{d}u + \delta w' \tag{8-10}$$

对于可逆过程，有

$$\delta q' = T\mathrm{d}s \tag{8-11}$$

$$\delta w' = p\mathrm{d}v \tag{8-12}$$

由式（8-10）、式（8-11）有

$$T\mathrm{d}s = \mathrm{d}u + \delta w' \tag{8-13}$$

$\delta w'$与 δw 之差为不可逆过程中损失的功，用 δw_1 来表示，则

$$\delta w' = \delta w + \delta w_1 \tag{8-14}$$

由式（8-9）、式（8-13）、式（8-14）可得

$$T\mathrm{d}s = \mathrm{d}u + \delta w + \delta w_1 = \delta q + \delta w_1 \tag{8-15}$$

因为两过程均是从同一初态过渡到同一终态，两者的熵变量是相等的。式（8-15）中的 $\mathrm{d}s$ 同时表示两个过程中熵的微小变化量。由式（8-15）有

$$\mathrm{d}s = \frac{\delta q}{T} + \frac{\delta w_1}{T} \tag{8-16}$$

此式说明，对于任意不可逆过程而言，引起熵变化的原因有两个方面：一是由于系统和外界交换了热量 δq；二是由于不可逆因素引起了功的耗散 δw_1。

将由于系统与外界发生热量交换而引起的热力系统的熵的变化称为热流引起的熵流 $\mathrm{d}s_f$；而将由于功的耗散引起的热力系统熵的变化称为不可逆因素引起的熵产 $\mathrm{d}s_g$，即

$$\mathrm{d}s_f = \frac{\delta q}{T} \text{和} \ \mathrm{d}s_g = \frac{\delta w_1}{T}$$

所以任意不可逆过程的总熵变为熵产与熵流之和，即

$$\mathrm{d}s = \mathrm{d}s_g + \mathrm{d}s_f$$

此即熵方程。当过程为可逆过程时，没有功的耗散，此时熵产为零，即可逆过程的熵变只有熵流，熵方程就退变为前述关于可逆过程熵的定义式 $\mathrm{d}s = \delta q/T$。

二、熵增原理

由式（8-16）可得

$$ds - \frac{\delta q}{T} = \frac{\delta w_1}{T}$$

由于任何实际过程都是不可逆的，都会引起功的损失，导致热力系统熵的增加，这是一切不可逆过程的一般属性，故实际过程的熵产 $ds_g = \delta w_1 / T$ 永远是大于零的，由此可得

$$ds - \frac{\delta q}{T} > 0 \text{ 或 } ds > \frac{\delta q}{T}$$

对于理想可逆过程，由熵的定义式有

$$ds = \frac{\delta q}{T}$$

综合以上两式可得

$$ds \geqslant \frac{\delta q}{T} \text{ 或 } \Delta s \geqslant \int_1^2 \frac{\delta q}{T} \tag{8-17}$$

式中等号适用于可逆过程，不等号适用于不可逆过程，它表示可逆过程中的熵变等于加入的热量与温度 T 比值的积分；不可逆过程中的熵变大于加入的热量与温度 T 比值的积分。此即为热力学第二定律的数学表达式。

将式（8-17）应用于孤立系统，由于孤立系统与外界无热量的交换，$\delta q = 0$，所以有

$$ds_i \geqslant 0 \tag{8-18}$$

此式所表示的规律就是孤立系统的熵增原理。它说明孤立系统的熵只会增加（发生不可逆变化时）或保持不变（发生理想可逆变化时），而不能减小。孤立系统的熵增原理简称熵增原理。

孤立系统中可以包括热源、冷源和工质等物体，整个孤立系统的熵等于这些物体熵的总和，孤立系统熵的变化，应等于这些物体熵变化的代数和。下面举例说明上述结论。

（1）热转化为功的过程　假定孤立系统中只有一个高温热源 T_1 和一个低温热源 T_2，以及工质等物体，则

$$\Delta S = \Delta S_{热源} + \Delta S_{工质} + \Delta S_{冷源}$$

若孤立系统内进行一个可逆循环（如卡诺循环）。工质经历一个循环后回复原状，故 $\Delta S_{工质} = 0$；热源放出热量 Q_1，故热源的熵减小，即 $\Delta S_{热源} = -Q_1/T_1$；冷源得到热量 Q_2，故冷源的熵增大，即 $\Delta S_{冷源} = Q_2/T_2$。前述已证明对两个热源间工作的一切可逆循环有

$$\eta_{tk} = 1 - \frac{Q_2}{Q_1} = 1 - \frac{T_2}{T_1}$$

所以有 $Q_1/T_1 = Q_2/T_2$。上列各式中 Q_1 和 Q_2 都是绝对值，因此

$$\Delta S_i = -\frac{Q_1}{T_1} + 0 + \frac{Q_2}{T_2} = 0$$

若孤立系统内进行了不可逆循环，因 $\eta_{t(不可逆)} < \eta_{tk}$，所以

$$1 - \frac{Q_2}{Q_1} < 1 - \frac{T_2}{T_1}$$

则有 $Q_1/T_1 < Q_2/T_2$，所以，这时

$$\Delta S = -\frac{Q_1}{T_1} + 0 + \frac{Q_2}{T_2} > 0$$

即孤立系统中进行可逆循环时，系统的总熵不变；进行不可逆循环时，则系统总熵必增大。

（2）单纯的传热过程　设孤立系统中有两个物体 A 和 B，其温度各为 T_A 和 T_B。若 $T_A=T_B$（或两者温差为无限小），则热量可从 A 物体传到 B，也可反过来从 B 传到 A，这时为可逆传热过程。设热量 dQ 由 A 传到 B，A 物体放出热量 dQ，其熵减小 $dS_A=-dQ/T_A$；B 物体得到热量 dQ，其熵增大 $dS_B=dQ/T_B$。这时

$$dS=dS_A+dS_B=-\frac{dQ}{T_A}+\frac{dQ}{T_B}=0$$

假定两物体有一定的温差。设 $T_A>T_B$，热量由 A 物体传到 B 物体为不可逆传热过程。这时，因 $dQ/T_A<dQ/T_B$，所以

$$dS=dS_A+dS_B=-\frac{dQ}{T_A}+\frac{dQ}{T_B}>0$$

即孤立系统中进行可逆传热时，系统的总熵不变；进行不可逆传热时，则系统总熵必然变大。

（3）机械能不可逆地转变为热能的过程　当孤立系统中发生了机械功经摩擦等不可逆作用而转化为热量时，若以 W_l 表示因摩擦等作用而损失的机械功，也称耗散功，这时 $\delta W_l=\delta Q$。转化成的热量 δQ 总要被孤立系统内某个物体所吸收，设该物体温度为 T，则物体的熵增为 $dS=\delta Q/T=\delta W_l/T$。同时，孤立系统中并无其他物体放出热量，因而其他物体并无熵的增减，所以该物体的熵增就是孤立系统的熵增。可见，孤立系统内只要有机械能不可逆地转化为热能，系统的熵必增大。

三、熵增原理的应用

1. 实际过程进行的方向和限度

根据孤立系统熵增原理，凡是使孤立系统熵减小的过程都是不可能发生的。在理想的可逆情况下，也只能实现孤立系统的熵保持不变的过程，而可逆过程实际上又是不可能实现的，所以实际的热力过程总是朝着使孤立系统熵增大的方向进行。当孤立系统的熵达到最大值时，即系统相应地达到平衡状态时，过程就不再进行了。因此，孤立系统熵增原理可用来判断某些复杂的热力过程和化学反应能否实现，以及作为系统达到平衡时的判断，特别是在化学热力学方面对判断化学反应的方向有着重大意义。

2. 非自发过程进行的条件

倘使某一过程进行的结果，会使孤立系统中各个物体的熵都同时减小，或虽有增有减，但其总和使系统的熵减小，这样的过程是不可能发生的。要使其中部分物体的熵减小，孤立系统中必须同时进行使熵增大的过程，并且其熵的增大在数量上必须足以补偿前者引起的熵减小，而使孤立系统总熵增大，或至少保持不变。所谓补偿过程实质上是伴随着熵减小的非自发过程而一起进行的一个熵增大的自发过程。例如，热量从低温传向高温的过程是非自发过程，是使系统的熵减小的过程，它是不可能单独进行的，因而必须以消耗循环净功使其转化为热能的自发过程作为补偿过程，这个补偿过程是使熵大的过程。又如，孤立系统中热能转化为机械能的过程也是非自发的，是使系统熵减小的过程，是不能单独进行的，必须同时伴随一些热量从高温热源传向低温热源的自发过程作为补偿条件。但是机械能转化为热能的过程，以及热量从高温传向低温的过程，就有可能单独进行，因为这类过程本身就是使系统熵增加的过程，所以不需要其他条件作为补偿条件，就能单独进行。总之，不论是单独一个

过程，还是同时进行的几个过程，总的结果必须使孤立系统的总熵增大（或不变）才能实现。

3. 热机性质判据

利用孤立系统的熵增原理可判断一台热机是否可能实现，是可逆的还是不可逆的，以及在一定条件下，热能可转化为机械能的最大程度，即能量转化的限度问题。

将组成热机的热源、冷源、工质等物体当成一个孤立系统，计算热机经过一个热力循环后该孤立系统的总熵增 ΔS_i。若 $\Delta S_i>0$，说明热机可以实现，而且是不可逆的；若 $\Delta S_i=0$，说明热机可以实现，而且是可逆的；若 $\Delta S_i<0$，说明热机不可能实现。另外根据卡诺定理，当热机为可逆机时，其热效率最高，此时热能转化为机械能的限度最大。

【例 8-2】 某热机按循环工作，从热源（$T_H=2000K$）得到热量 $Q_H=1000J$，并将热量排到冷源（$T_L=300K$）。做出机械功 $W=900J$，试问该热机是否可能实现？该热机的最大热功转换效率能达到多少？

解：将热源、冷源、工质一起作为孤立系统对待，该孤立系统的总熵变为热源、冷源和工质熵变的总和。由于经过一个循环后，工质的状态回复原态，故工质的熵变为零。对冷源、热源，由于传热过程中它们的温度保持不变，所以有

$$\Delta S_i=\Delta S_{热源}+\Delta S_{工质}+\Delta S_{冷源}=-\frac{Q_H}{T_H}+0+\frac{Q_L}{T_L}$$

$$=-\frac{Q_H}{T_H}+\frac{Q_H-W}{T_L}=-\frac{1000}{2000}+\frac{1000-900}{300}J/K=-\frac{1}{6}J/K<0$$

因 $\Delta S_i<0$，所以该热机是不能可实现的。

又当该热机为可逆热机时，其热效率最高，此时应有 $\Delta S_i=0$，即

$$\Delta S_i=\Delta S_{热源}+\Delta S_{工质}+\Delta S_{冷源}=-\frac{Q_H}{T_H}+0+\frac{Q_L}{T_L}=0$$

由此可求得 $Q_L=150J$，$W_{max}=850J$，即该热机工作时，能输出的最大有用功为 850J，最大热功转换效率为 85%。

综合前述有关状态参数熵的要点，归纳如下：

1）熵是任何物质的状态参数，从一定的初态到一定的终态，熵变化与过程性质无关。

2）可逆过程中 $ds=\delta q/T$，不可逆过程中 $ds>\delta q/T$。

3）孤立系统的熵可以增大（发生不可逆变化时），理想上也可以保持不变（发生可逆变化时），但绝不能减小，这就是孤立系统的熵增原理。

4）孤立系统熵增原理可以判断过程进行的方向，孤立系统中的热力过程总是朝着使系统熵增大的方向进行，当熵达到最大值时，即系统达到了平衡态，过程就不再进行了。

5）为使孤立系统中的非自发过程得以进行，必须伴随着一些熵增大的自发过程一起进行，并补偿到使系统的总熵增大。

6）孤立系统的熵增大，表示系统内发生了不可逆变化，即系统内发生了机械能的损失。

思考与练习题

8-1　热力学第二定律可否表述为“功可以全部变成热，但热不能完全变成为功”？

8-2　何谓正向循环和逆向循环？它们的作用效果有何不同？

8-3　用热力学第二定律证明在 p-v 图（或 T-s 图）上，同一热力系统的两条绝热线不可能相交。

8-4　什么是熵产？什么是熵流？熵产和熵流是否为状态参数？

8-5　绝热膨胀过程中，既不需向高温热源吸热，也不需向低温热源放热，同样可产生功，是否违反热力学第一定律和热力学第二定律。

8-6　以下说法有无错误或不完全的地方？

（1）熵增量可用来量度过程的不可逆性，所以熵增大的过程必为不可逆过程。

（2）使系统熵增加的过程必为不可逆过程。

（3）不可逆过程的 ΔS 无法计算，在 T-s 图上也无法表示。

（4）如果从同一始态到达同一终态有两条途径：一为可逆，一为不可逆，则不可逆途径的 ΔS 必大于可逆途径的 ΔS。

（5）工质经过一个不可逆循环后 $\Delta S>0$，而经过一个可逆循环后 $\Delta S=0$。

（6）不可逆过程的熵产一定大于零。

（7）因为熵只增不减，所以熵减少的过程是不可能实现的。

8-7　可逆绝热过程熵流、熵产各等于多少？

8-8　工质从同一初态经过绝热过程膨胀到同一体积，如果一个为可逆过程，另一个为不可逆过程，试用 p-v 和 T-s 图定性说明这两个不同途径的终点状态，并比较过程功及热力学能变化的大小？

8-9　某封闭系统经历一个不可逆过程，系统向外放热为 10kJ，同时外界对系统做功 20kJ。（1）按热力学第一定律计算系统热力学能的变化量。（2）按热力学第二定律判断系统熵的变化（为正、为负、可正可负亦可为零）。

8-10　某蒸汽动力厂从温度为 1650℃的高温热源吸热并向温度为 15℃的低温热源放热，求：

（1）动力厂按卡诺循环工作的热效率为多少？

（2）动力厂按卡诺循环工作若输出功率为 $N=10^6$kW 时，其吸入热流量及放出热流量各为多少？

（3）若考虑内外一切不可逆因素的影响，那么实际循环热效率远小于理想循环热效率。若该动力厂的实际热效率只有理想热效率的 40%，同样输出功率为 10^6kW 时，其吸入热流量和放出热流量又各为多少？

8-11　某可逆卡诺机以空气为工质，工作于 500℃的高温热源和 32℃的低温热源之间。若加热过程开始时空气的压力为 8bar，过程中体积增加两倍，求：

（1）加热过程的终态压力。

（2）循环中完成的比净功。

8-12　某制冷设备工作在温度为 306K 的热源和温度为 238K 的冷源之间，为了使冷库保持原 238K，工质从温度为 238K 的冷源吸取热量 1.23J/s，求：

（1）制冷设备的最大制冷系数为多少？

（2）加给制冷设备的最小功率为多少？

8-13　用可逆热机驱动可逆制冷机。热机从 $T_H=204$℃的热源吸热而向 $T_0=32$℃的热源放热；制冷机从 $T_L=-29$℃的冷藏库取热传至 T_0 热源，如图 8-9 所示。求制冷机从冷藏库 T_L 吸取的热量 Q_L 与热源 T_H 供给热机的热量 Q_H 之比。

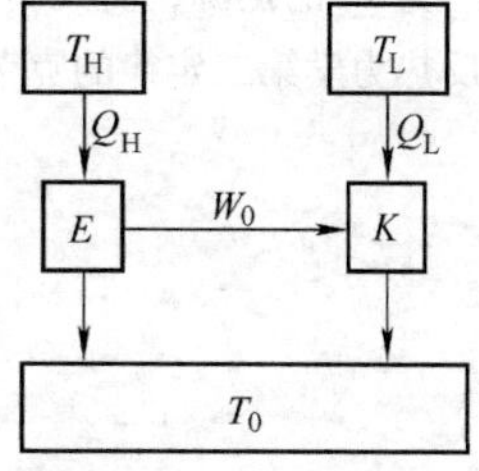

图 8-9　题 8-13 用图

8-14　某热机工作于 $T_H=2000$K 的高温热源和 $T_L=300$K 的低温热源之间，试判断在下列各种情况下热机是可逆的，不可逆的，还是不可能实现的。

（1）$Q_H=1$kJ，$W=0.9$kJ。

（2）$Q_H=2$kJ，$Q_L=0.3$kJ。

（3）$W=1.5$kJ，$Q_L=0.5$kJ。

8-15　有 A 和 B 两个卡诺机串联工作，若 A 机从温度为 650℃的高温热源吸热，对温度为 T 的中间热源放热；B 机从温度为 T 的中间热源吸入 A 机放出的热量并向温度为20℃的低温热源放热，求在下列情况下中间热源的温度 T 是多少？

（1）两热机的输出功相等。

（2）两热机热效率相同。

8-16　某可逆热机同时与温度为 $T_1=420\text{K}$，$T_3=6300\text{K}$，$T_3=840\text{K}$ 的三个热源相连接，如图 8-10 所示。假定在一个循环中从 T_3 热源吸收热量 1260kJ，对外做功 210kJ，求

（1）热机与其他两个热源交换热量的大小和方向。

（2）每个热源熵的变化量。

（3）包括热源和热机在内的系统的总熵变化量。

8-17　有 A、B 两可逆热机，它们的循环分别如图 8-11a、b 所示。

（1）试证明 $\eta_{tA}/\eta_{tB}=1+T_L/T_H$。

（2）如果 $T_H=800\text{K}$，$T_L=300\text{K}$ 时，求两可逆热机的热效率各为多少？

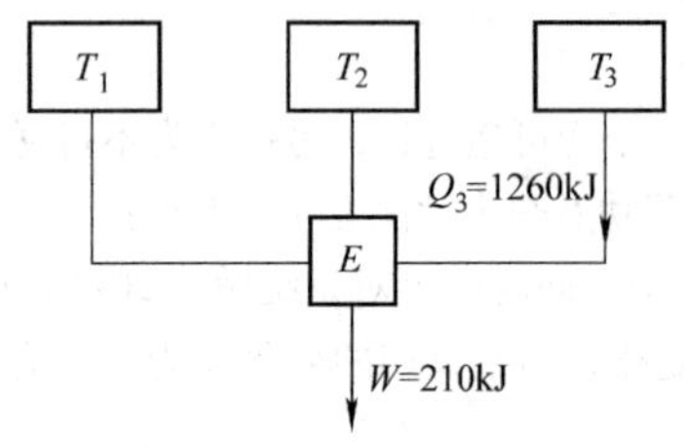

图 8-10　题 8-16 用图

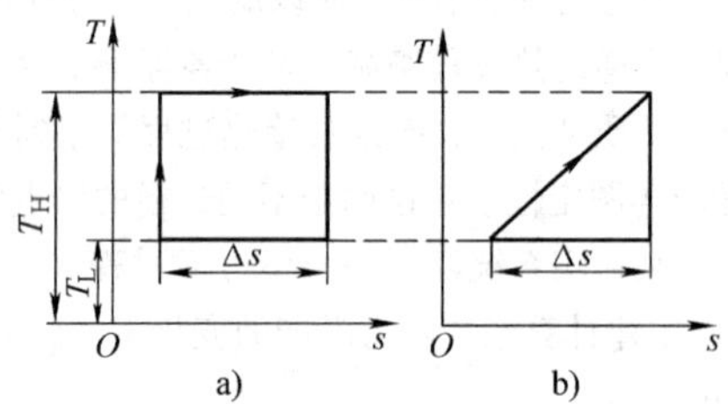

图 8-11　题 8-17 用图

8-18　如图 8-12 所示，用热机 E 带动热泵 P 工作，热机在热源 T_1 和冷源 T_0 之间工作，热泵则在冷源 T_0 和另一热源 T_2 之间工作，已知 $T_1=1000\text{K}$，$T_2=310\text{K}$、$T_0=250\text{K}$。如热机从热源 T_1 吸收热量 $Q_1=1000\text{J}$，而热泵向另一热源 T_2 放出的热量 Q_H 供冬天取暖用。

（1）如果热机的效率为 $\eta_t=50\%$，热泵的供热系数 $\varepsilon_p=4$，求 Q_H。

（2）如果热机和热泵均按可逆循环工作，求 Q_H。

（3）如果上述两次计算结果均为 $Q_H>Q_1$ 表示冷源 T_0 中有一部分热量传入温度为 T_2 的热源，而又不消耗（除热机 E 所提供的之外）其他机械功，这是否违反热力学第二定律的克劳修斯说法。

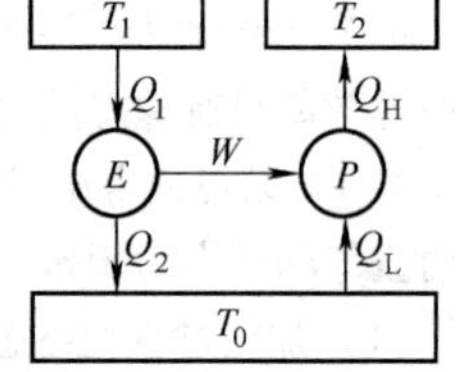

图 8-12　题 8-18 用图

第九章　水蒸气热力性质和热力过程

【学习目的】 掌握水蒸气饱和状态的概念。通过定压下水的蒸发过程分析，掌握水和水蒸气的名词术语和热力性质特点。熟练掌握水蒸气热力过程分析计算的方法，能正确运用蒸汽热力性质图表进行水蒸气热力过程的分析计算。

水蒸气是人类在热力发动机中应用最早的工质，虽然人类陆续发现并应用了其他工质，但由于水蒸气具有易于获得、有适宜的热力参数和不会污染环境等优点，至今仍是工业上广泛应用的主要工质。在热力发动机中用作工质的水蒸气距离液态不远，而且在工作过程中有物质集态的变化，显然不能作为理想气体来对待。它的物理性质较理想气体复杂得多，不能用简单的数学式表达出来。因此，在工程计算中常借助水和水蒸气的图表来分析，这些图表是多年来采用理论分析与实践相结合的方法，得出水蒸气热力性质的复杂公式，由计算结果经实验验证编制而成的。随着计算机的广泛应用，现在可利用计算机来求取水蒸气的参数。

第一节　水蒸气的基本概念

一、蒸发和沸腾

由液态物质转变为气态物质的过程称为汽化。反之，由气态物质转变为液态物质的过程称为液化或凝结。液体的汽化有两种不同的方式：蒸发和沸腾。

在液体表面进行得比较缓慢的汽化现象称为蒸发。蒸发是液体表面动能较大的分子脱离液面变成蒸汽分子的过程。蒸发在任何温度下均可发生，液体温度越高，液体表面面积越大，液面上空蒸汽分子密度越小，则蒸发越快。

沸腾是剧烈的汽化过程。对液体加热，当液体达到一定温度时，液体内部便产生大量气泡，气泡上升到液面破裂而产生大量蒸汽，这种在液体表面和内部同时进行的剧烈汽化现象称为沸腾。液体沸腾时的温度称为沸点。实验证明，定压沸腾时，虽然对液体加热，但其温度保持不变。

液体的沸点随液体所承受的压力大小而改变，它们之间呈一一对应的关系。例如：0.1MPa 压力下，水的沸点为99.63℃，当水在1MPa 压力作用下时，沸点为179.88℃；而当水在0.07MPa 压力作用下时，沸点为89.96℃。

二、饱和温度和饱和压力

下面从分子运动论的观点，对蒸发和沸腾的物理本质作必要的阐述，从而建立饱和温度和饱和压力的概念。

如图9-1 所示，一定量液体放置于一个能承受相当压力的容器，使液体的温度保持一定

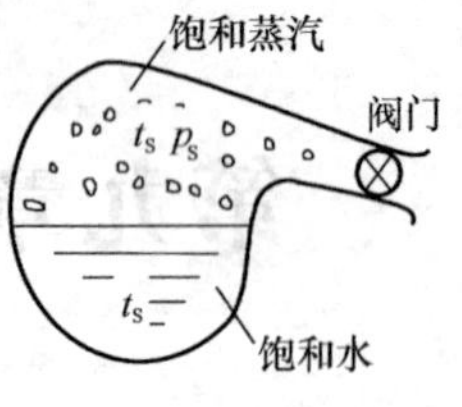

图 9-1 饱和状态

值不变。因液体分子和气体分子一样，都处于紊乱的热运动中，有的分子动能较大，有的分子动能较小，其中总有一批分子平动动能大到足够克服液体的表面张力而飞向上部空间，此即为液体的蒸发现象。在蒸发汽化过程中，由于动能较大的液体分子逸出液面，液体内分子的平均动能减少，促使液体的温度降低，汽化速度减小。要维持液体继续汽化，就必须对液体加热，加热后使液体温度回升，则液体汽化速度又加快，可见液体汽化的速度取决于液体的温度。另一方面，由于液体分子不断逸出液面，汽空间蒸汽分子数不断增加，致使蒸汽的压力不断增加。汽空间中的蒸汽分子也作无规则的热运动，其中必有部分蒸汽分子在热运动过程中碰撞回到液面，成为液体，此即蒸汽的液化现象。当汽空间的蒸汽分子数逐渐增多，液面上蒸汽的压力也将逐渐增大，返回液面的蒸汽分子数也将随蒸汽分子的密度亦即蒸汽的压力增大而增多。可见液化的速度取决于汽空间的蒸汽压力。经过一段时间后，这两种方向相反的过程就会达到动态平衡。此时，汽化的速度和液化的速度相等，两过程仍在不断进行，但总的结果是状态不再改变。这种液体与蒸汽处于动态平衡的状态称为饱和状态。液面上的蒸汽称为饱和蒸汽，液体称为饱和液体。此时气、液两相的温度相同，称为饱和温度 t_s，蒸汽的压力称为饱和压力 p_s。饱和温度一定时，饱和压力也一定；反之，饱和压力一定时，饱和温度也一定。若温度升高，则汽化速度加快，空间的蒸汽密度也增加，液化的速度也增大。当蒸汽压力增加到某一确定数值时，液体和蒸汽又将重新建立新的动态平衡，此时蒸汽压力为对应于新的温度下的饱和压力。可见，物质的某一饱和温度必对应于某一饱和压力。如果空间的蒸汽经阀门不断向外排出，同时继续对液体加热，且能维持一定的压力，则液体的温度不会升高，维持这一压力下的饱和温度。

处于饱和状态的液体和蒸汽分别称为饱和液体和饱和蒸汽。饱和蒸汽的特点为在一定体积中不能再含有更多的蒸汽，此时的蒸汽压力与密度为对应该温度下的最大值。如有更多的蒸汽加入，结果为一部分蒸汽将凝结成液体，而不可能增加蒸汽的压力和密度，饱和蒸汽之名称即由此而来。

工程上所使用的大量蒸汽都是在锅炉中加热产生的。这种对液体的加热，不但使液体表面发生汽化，而且液体内部也产生气泡，形成液体强烈沸腾。在此过程中，液体内部气泡内的蒸汽压力应等于或稍大于气泡外壁所受的压力，这样气泡才能升至液面而破裂，随之蒸汽进入空间。因饱和蒸汽压力取决于温度，故气泡的形成也只能发生在与给定压力相对应的饱和温度，即该压力下液体的沸点。

沸腾现象不仅在一定的压力下对液体加热可以得到，如果对一定温度的热水降压，也可使水内产生大量的气泡，达到液体的沸腾。此时，汽化所需热量是由液体本身的内能来供给的，因此，液体的温度要下降，但仍存在着饱和压力和饱和温度的对应关系。

第二节　水的定压加热汽化过程

一、水的定压加热汽化过程分析

工程上所用的水蒸气通常是由水在锅炉内定压沸腾汽化而产生的。为了方便起见，假设水是在气缸内进行定压加热，气缸活塞上加载不同的重物 p，可使水处于各种不同的压力下，其原理如图 9-2 所示。

设气缸中有 1kg 温度为 0.01℃（水的三相点温度）的纯水。烟气通过气缸壁对水加热，可以使水的温度升高，加热至各种压力下的饱和温度。调整活塞上的重物，使水变成蒸汽的全部过程保持在一定的压力下进行。当水温低于一定压力 p 下的饱和温度时，称为过冷水，或称未饱和水，如图 9-2a 所示。对未饱和水加热，水温逐渐升高，水的比体积稍有增大。当水温达到压力 p 所对应的饱和温度 t_s 时，这时水将开始沸腾，称为饱和水，如图 9-2b 所示。水在定压下从未饱和状态加热至饱和状态的过程称为预热阶段，相当于锅炉中省煤器内水的定压预热过程。

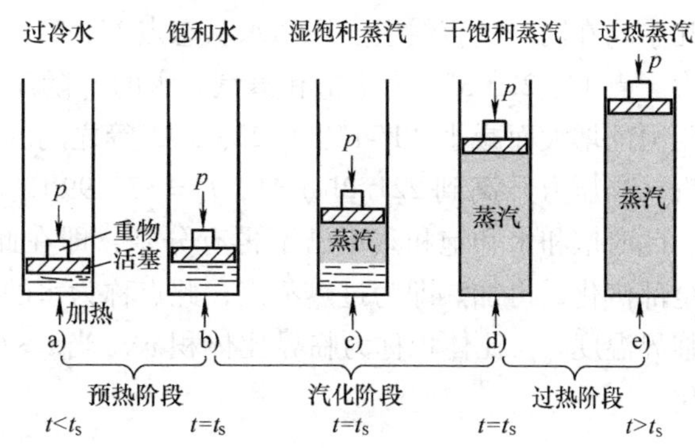

图 9-2　定压下蒸汽的形成过程

将预热到饱和温度 t_s 的水继续加热，水开始沸腾并逐渐变为蒸汽，这时饱和压力不变，饱和温度 t_s 也不变。这种蒸汽和水的共存状态称为湿饱和蒸汽（简称湿蒸汽），如图 9-2c 所示。随着加热过程的继续进行，水逐渐减少，蒸汽逐渐增多，直到水全部变成蒸汽，这时的蒸汽称为干饱和蒸汽（简称饱和蒸汽），如图 9-2d 所示。由饱和水定压加热为干饱和蒸汽的过程称为汽化阶段，这一阶段相当于锅炉汽锅内的吸热过程。此过程中，温度 t_s 保持不变，比体积随蒸汽的增多而迅速增大。其加入的热量用来转变为蒸汽分子的位能和体积增加对外做出的膨胀功，但气、液分子的平均动能不变，温度不变。汽化阶段加入的热量称为汽化热，单位质量物质的汽化热称为比汽化热，用符号 γ 来表示，单位为 kJ/kg。

对饱和蒸汽继续定压加热，将使蒸汽温度升高，比体积增大，这时的蒸汽称为过热蒸汽，如图 9-2e 所示。其温度超过饱和温度之值，称为过热度 D。过热度反映了过热蒸汽距离饱和状态的远近。而将水在定压下从饱和蒸汽加热到过热蒸汽的过程称为过热阶段，这一阶段相当于蒸汽在锅炉过热器中的定压加热过程。

二、水蒸气的 *p-v* 图和 *T-s* 图

为进一步分析水在定压下加热为蒸汽的全部过程，下面用 *p-v* 图和 *T-s* 图来表示上述过程中状态参数的变化，以及各个阶段中所吸入的热量。

设 1kg 的水从某一温度（如 0.01℃）开始，在压力为 1bar 下加热至 99.63℃时，水开始沸腾，此沸腾温度即为饱和温度。在 *p-v* 图（见图 9-3）及 *T-s* 图（见图 9-4）上，这一过程以 1_0-1′线段表示。这时液体的比体积略有增大，$v'=0.001043\text{m}^3/\text{kg}$，在 *p-v* 图上为一水平线，而在 *T-s* 图上是斜着向上的对数曲线。再加热，蒸汽不断产生和膨胀，最后水全部变为蒸汽，这时温度仍为 99.63℃，比体积增大较快，$v''=1.6946\text{m}^3/\text{kg}$。这一阶段即图上 1′-1″线段所示。由于压力和温度都保持不变，所以在 *p-v* 图及 *T-s* 图上均为水平线。再继续加热，则蒸汽温度升高，比体积继续增大，成为过热蒸汽，如图上 1″-1 线段所示。这时因为压力 p 不变，在 *p-v* 图上仍为水平线，而在 *T-s* 图上因温度升高，为一对数曲线。

改变压力 p，相应有不同的饱和温度，可得类似上述的汽化过程，它们的状态如图 9-3

中的 2_0-2′-2″-2、3_0-3′-3″-3 等各线段所示。由于水的压缩性极小，虽然压力增大，当温度保持一定时，其比体积变化不大。所以 p-v 图上，0.01℃的各种压力下水的状态点 1_0、2_0、2_0 等几乎均在同一垂直线上。饱和水状态点 1′、2′、3′等的比体积随饱和温度 t_s 的增大而逐渐增大。点 1″、2″、3″等为干饱和蒸汽。水的 t_s 随压力的增大而升高，而 v' 与 v'' 之间的差值随着压力的增大而减小。1′-1″、2′-2″、3′-3″等之间的状态点均为湿蒸汽，点 1、2、3 等为过热蒸汽。当压力升高到 221.2bar 时，$t_s = 373.99$℃、$v' = v'' = 0.003106\text{m}^3/\text{kg}$，如图中 C 点所示。此时饱和水和饱和蒸汽已不再有分别，即在此压力下对水加热，温度达到 t_s 时，水立刻全部汽化，再加热即为过热蒸汽，此点称为水的临界点，其压力称为临界压力 p_c，温度称为临界温度 t_c，比体积称为临界比体积 v_c。当 $t > t_c$ 时，不论压力 p 多大，再也不能使蒸汽液化。

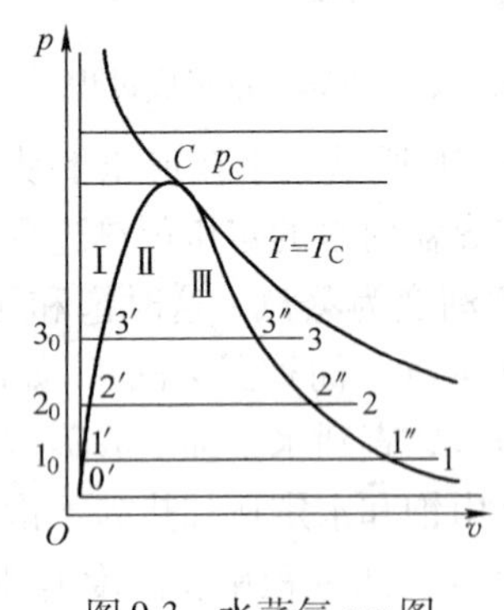

图 9-3　水蒸气 p-v 图

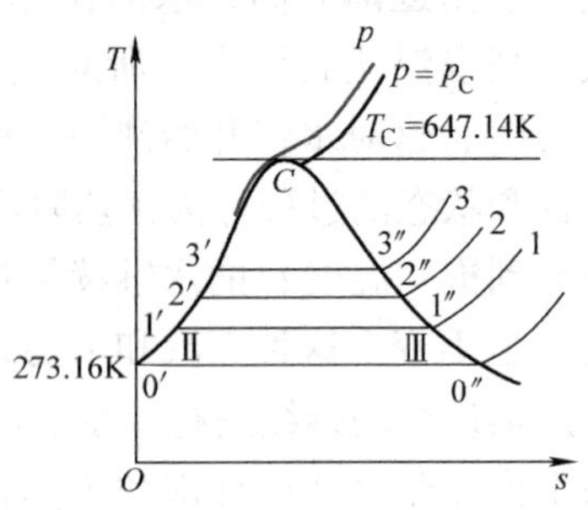

图 9-4　水蒸气的 T-s 图

连接不同压力下的饱和水状态点 1′、2′、3′…得曲线 C-Ⅱ，称为饱和水线，或称下界限线。连接干饱和蒸汽状态点 1″、2″、3″…得曲线 C-Ⅲ，称为饱和蒸汽线，或称上界限线。两曲线汇合于临界点 C，并将 p-v 图分成三个区域：饱和水线左侧为未饱和水（或过冷水）区，干饱和蒸汽线右侧为过热蒸汽区，而在两曲线之间的是水、汽共存的湿饱和蒸汽区。

由于水的压缩性很小，压缩后温度升高极微，所以在 T-s 图（见图 9-4）上的定压线与饱和水线很接近，作图时这两线段基本重叠，不必分别表示。由于水受热膨胀影响大于压缩的影响，故饱和水线向右方倾斜，温度和压力升高，v' 和 s' 都增大。对于蒸汽则受热膨胀的影响小于压缩的影响，而 $p_s = f(t_s)$ 的函数关系中 p_s 增长较 t_s 增大得快，故饱和蒸汽线向左上方倾斜，表示 p_s 升高时，v'' 和 s'' 均减小。所以随着饱和压力 p_s 和饱和温度 t_s 的升高，汽化过程的 $(v''-v')$ 逐渐减小，汽化热也逐渐减小，到临界点时为零。而预热阶段的加热量则逐渐增大。

总之，水的定压加热汽化过程在 p-v 图及 T-s 图上可归纳为三个区：过冷水区、湿蒸汽区和过热蒸汽区；两线：饱和水线和饱和蒸汽线；五个状态：过冷水、饱和水、湿饱和蒸汽、干饱和蒸汽和过热蒸汽。

三、水定压加热汽化过程的能量分析

1. 水的预热阶段

预热阶段即为将未饱和水加热至饱和水的过程。此阶段中 1kg 水的吸热量称为液体热，以 q_1 表示。根据稳定流动能量方程式，因加热过程中系统不做功，若忽略动能差及位能差，

定压过程吸热量等于焓差，即

$$q_1 = h' - h_0 \tag{9-1}$$

式中，h'是压力为p时饱和水的焓；h_0是压力为p时未饱和水的焓。

2. 汽化阶段

汽化阶段是指由饱和水加热成为干饱和蒸汽的过程。整个汽化阶段为定压（定温）过程，t_s不变。此阶段加给1kg饱和水的热量即为比汽化热γ。

$$\gamma = h'' - h' \tag{9-2}$$

式中，h''为干饱和蒸汽的焓。对于定温定压的汽化过程，比汽化热还可用下式计算

$$\gamma = T_s(s'' - s') \tag{9-3}$$

3. 过热阶段

过热阶段是指将饱和蒸汽加热至温度为t的过热蒸汽的过程。$D = t - t_s$称为过热度。此阶段的吸热量称为过热热，用q_{su}表示。

$$q_{su} = h - h'' \tag{9-4}$$

式中，h是温度为t的过热蒸汽的焓。

若1kg未饱和水在定压下加热至温度为t的过热蒸汽，所需的总热量为q，则根据式(9-1)、式（9-2)、式（9-4）可得

$$q = q_1 + \gamma + q_{su} = h - h_0 \tag{9-5}$$

通过以上分析计算可知，在水的定压加热汽化过程中，某一阶段或整个过程的加热量始终等于其初、终状态的焓差。在T-s图上，各阶段过程线下面的面积即代表该过程的吸热量。

【例9-1】 10kg的水，其压力为0.1MPa，此时的饱和温度$t_s = 99.63$℃。当压力不变时，(1）若其温度变为150℃，问此时处于何种状态？(2）若测得10kg中含蒸汽2.5kg，含水7.5kg，问又处于何种状态，此时的温度为多少？

解：(1）因$t = 150℃ > t_s = 99.63℃$，故该蒸汽处于过热蒸汽状态。过热度为

$$D = t - t_s = 150 - 99.64℃ = 50.36℃$$

(2）10kg工质中既含有蒸汽又含有水，即处于水、汽共存状态，故为湿蒸汽状态，其温度必为饱和温度$t_s = 99.63$℃。

计算结果讨论：要判断一定压力、温度下水或水蒸气处于何种状态，可以该已知压力下的饱和温度为准。若已知温度低于饱和温度，则为未饱和水；若已知温度高于饱和温度则为过热蒸汽；若已知温度等于饱和温度，则或为饱和水，或为饱和蒸汽，或为湿蒸汽。

第三节　水蒸气表和图

在分析计算水蒸气热力过程和热力循环时，必须知道蒸汽的物性参数。但蒸汽的性质与理想气体截然不同，p、v、T的关系不再符合$pv = R_gT$，内能与焓也不再是温度的单值函数。由于水蒸气热力性质的复杂性，至今尚未能用纯理论的方法解析出它的规律性，只能借助于实验的方法。虽然第六届国际水蒸气性质会议的国际公式化委员会已提出了详细的公式(工业用1967年IEC公式)，且可用计算机进行较精确的计算，但实用上仍将由上述公式所得数据绘成图以及列成各种物性表，使用极为简便。

一、水蒸气的表、水蒸气状态的确定

由于工程计算中不需要确定水蒸气 u、h、s 的绝对值，只需要确定它们的变化量。因此，可任意选择一个基准点。水蒸气热力性质表和图是以处于三相点的液相水为基准点编制的。水的三相点参数为 $p=0.6112\text{kPa}$，$v=0.00100022\text{m}^3/\text{kg}$，$T=273.16\text{K}$。在此状态液相水的内能和熵被规定为零，即 $u'_{0.01}=0\text{kJ/kg}$，$s'_{0.01}=0\text{kJ/（kg·K）}$，而焓值为 $h'_{0.01}=u'_{0.01}+pv=0.00611\text{kJ/kg}\approx0$，工程上视其为零。

1. 饱和水和饱和蒸汽表

为了使用方便，饱和水和饱和蒸汽表有两种编排形式——以温度为变数排列和以压力为变数排列，见附录 A 和附录 B。前者的第一列为温度 t，第二列为相应的饱和压力 p_s；后者的第一列为压力 p，第二列为相应的饱和温度 t_s。表中其他项目在两种排列中均相同，依次为饱和水比体积 v'、干饱和蒸汽比体积 v''、饱和水比焓 h'、干饱和蒸汽比焓 h''、比汽化热 γ、饱和水比熵 s'、干饱和蒸汽比熵 s''。这些参数之间有一定的关系，即 $\gamma=h''-h'=t_s(s''-s')$。

通过饱和水和饱和蒸汽状态表，可确定饱和水和干饱和蒸汽的温度、压力、比体积、比焓、比熵。至于热力学能，在已知压力、比体积和比焓后，可由 $u'=h'-pv'$ 和 $u''=h''-pv''$。这样饱和水和干饱和蒸汽的状态就可完全确定了。

2. 未饱和水和过热蒸汽表

未饱和水与过热蒸汽的参数并列在同一表中，见附录 C。表中，以温度为最左侧第一列，以压力为第一行的变数，由该两参数的交点可查得 v、h 和 s 三个参数。另外，在每一个压力的格内注明了该压力下的饱和蒸汽和饱和水的参数。表中，凡属临界参数以下的数据画有一条粗黑阶梯线，黑阶梯线以上为未饱和水的参数，黑阶梯线以下为过热蒸汽的参数。热力学能仍可按 $u=h-pv$ 计算而得。

3. 湿蒸汽状态参数的确定

在水和水蒸气的五种状态中，利用上述水和水蒸气的性质表可直接确定未饱和水、饱和水、干饱和蒸汽和过热蒸汽的状态参数。下面介绍湿饱和蒸汽状态参数的确定。

湿蒸汽的压力 p_s 和温度 t_s 具有一定的函数关系 $p_s=f(t_s)$，所以两者只能作为一个独立参数。已知湿蒸汽的温度和压力两状态参数是不能确定其状态的。要确定湿蒸汽的状态，还需另一个独立参数，一般采用“干度 x”作为参数，也可采用其他的饱和状态参数，如 h_x、s_x、v_x 中的任何一个。

干度是指一定量湿蒸汽中所含干饱和蒸汽的质量与总质量之比。可用下式表示：

$$x=\frac{\text{干饱和蒸汽质量}}{\text{湿蒸汽总质量}}$$

干度是湿饱和蒸汽特有的参数。在图 9-3 和图 9-4 中，$x=0$ 为饱和水，即饱和水线上的点 $x=0$；$x=1$ 是干饱和蒸汽，即干饱和蒸汽线上的点 $x=1$。对于任一湿蒸汽状态，则应有 $0<x<1$。$x<0$ 和 $x>1$ 都无意义。

在水蒸气 p-v 图（见图 9-5）上，干度 x 的几何意义可表示成 $x=AB/AC$，即

$$x=\frac{v_x-v'}{v''-v'}$$

或

$$v_x=(1-x)v'+xv'' \tag{9-6}$$

同理可得

$$s_x = (1 - x)s' + xs'' \tag{9-7}$$

$$h_x = (1 - x)h' + xh'' \tag{9-8}$$

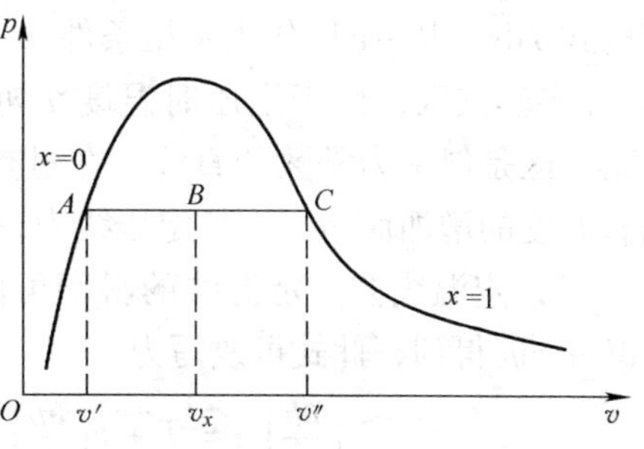

图 9-5　干度的几何意义

【例 9-2】　10kg 的水，其压力为 0.1MPa，此时的饱和温度 $t_s = 99.63$℃。当压力不变时，将其加热到比体积为 1.3m³/kg，则该工质处于何种状态？并求其比熵值。已知 $v' = 0.001043\text{m}^3/\text{kg}$、$v'' = 1.6945\text{m}^3/\text{kg}$，$s' = 1.3027\text{kJ/(kg·K)}$，$s'' = 7.3608\text{kJ/(kg·K)}$。

解： 因为比体积值 $v' < v_x = 1.3 < v''$，故工质处于湿蒸汽状态，其干度为

$$x = \frac{v_x - v'}{v'' - v'} = \frac{1.3 - 0.0010434}{1.6945 - 0.0010434} \approx \frac{v_x}{v''} = 0.767$$

该湿蒸汽中含干饱和蒸汽量为 $m'' = xm = 0.767 \times 10 = 7.67\text{kg}$

含饱和水量为 $m' = (1 - x)m = 2.33\text{kg}$

湿蒸汽的比熵为 $s_x = s' + x(s'' - s') = 1.3027\text{kJ/(kg·K)} + 0.767 \times (7.3608 - 1.3027)\text{kJ/(kg·K)} = 5.9493\text{kJ/(kg·K)}$

二、水蒸气的 *h-s* 图

由于水蒸气表是不连续的，在求表列间隔中的数据时，必须使用内插法；同时在分析热力过程时，表不如图谱清晰方便。因此，根据分析计算和研究的实际需要，可以用状态参数坐标，绘制水蒸气的各种热力性质图。如前述 *p-v* 图和 *T-s* 图，这两种图在分析过程中，是有其特点的。但在工程是常常需要计算功量和热量，这在 *p-v* 图和 *T-s* 图上就需要计算过程曲线下的面积，而面积的计算，特别是不规则曲线包围的面积的计算，极不方便。如能在一种图上以线段精确地表示热量及功量的数值，则对于热功计算可以提供极大的方便，而 *h-s* 图就具有这种作用。因定压下的加热量（或放热量）等于焓差，即 $q_p = h_2 - h_1$，而绝热膨胀之焓降等于技术功，即 $w_t = h_2 - h_1$。在计算蒸汽动力循环中的功量、热量和循环热效率时，也需求得焓差的数值。故如在以焓为纵坐标，熵作为横坐标的 *h-s* 图上，精确地画出标有数据的定温、定压线等，则用它作热工方面的数值计算是非常方便的。莫里尔首先在 1904 年绘制了 *h-s* 图，但因限于当时的水平，压力仅及 1.96MPa，且数值的精确度不够，现已不用，但这种方法是有极大价值的，即它从根本上方便了水蒸气问题的计算。近年更将 *h-s* 图推广到气体方面。在锅炉和汽轮机的热力计算中，常采用 *h-s* 图，它比用蒸汽表或 *T-s* 图要方便得多。

h-s 图主要是依据饱和蒸汽及过热蒸汽表所列的数据绘制而成的。当前我国一般采用的 *h-s* 图，最高参数是 800℃、100MPa。图 9-6 所示为水蒸气的 *h-s* 图。现将该图上各曲线情况介绍如下：

（1）饱和曲线　图中 $x = 1$ 的饱和蒸汽线和 $x = 0$ 的饱和水线称为饱和曲线，它们相交于临界点 *C*。饱和曲线将 *h-s* 图分成了湿蒸汽和过热蒸汽两个区域。

（2）定压线群　定压线在 *h-s* 图上为一簇由左下方向右上方延伸呈发散状的线群，每一条定压线都必须代表一定的压力值。它的走向可由它的斜率来判断，由热力学第一定律第二

解析式 $Tds = dh - vdp$ 代入定压条件 $dp = 0$ 则得 $(\partial h/\partial s)_p = T$。在湿蒸汽区，由于定压时温度 T 亦不变，故定压线在湿蒸汽区是斜率为常数的直线，在过热区定压线的斜率将随着温度的增加而增加，故定压线为一条向上翘的曲线。

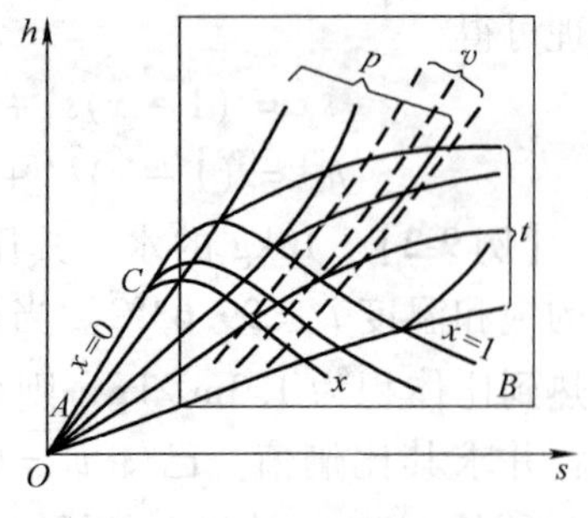

图 9-6　水蒸气的 h-s 图

(3) 定温线群　定温线的斜率可由热力学关系式 $Tds = dh - vdp$ 得到，此式可改写为

$$\left(\frac{\partial h}{\partial s}\right)_T = T + v\left(\frac{\partial p}{\partial s}\right)_T$$

在饱和区(湿蒸汽区)，$(\partial p/\partial s)_T = 0$，所以 $(\partial h/\partial s)_T = T$。故饱和区内定温线是斜率为 T 的直线，且与该温度所对应的饱和压力 p_s 的定压线重合。在过热区，定温线的斜率小于定压线的斜率，所以，在过热区定温线较定压线平坦。定温线越往右越平坦，即接近水平的定焓线。这说明温度一定时，压力越低水蒸气的性质越接近理想气体。所以工程上可将过热度较大的过热水蒸气近似当做理想气体来对待。

(4) 定干度线群　即 x = 常数的曲线簇，包括 $x = 0$ 的饱和水线和 $x = 1$ 干饱和蒸汽线。定干度线只在湿蒸汽区才有，它是各定压线上由 $x = 0$ 至 $x = 1$ 的各等分点的连线。每一条定干度线都表示一定的干度值。它们是由 C 点出发与 $x = 0$ 和 $x = 1$ 线延伸方向大致近似一组曲线。

(5) 定容线群　定容线与定压线延伸方向近似，h-s 图上定容线的走向可从它的斜率判断。根据热力学基本关系式 $Tds = dh - vdp$，当定容时有

$$\left(\frac{\partial h}{\partial s}\right)_V = T + v\left(\frac{\partial p}{\partial s}\right)_V$$

由于 v 不变，dp_V 和 ds_V 始终同号，故 $(\partial p/\partial s)_V > 0$，即可以推得 $(\partial h/\partial s)_V > T = (\partial h/\partial s)_p$。可见定容线的斜率大于定压线的斜率，即定容线较定压线陡些。图 9-6 中以虚线表示定容线，但实际使用的 h-s 中上常以红线表示。

在蒸汽动力装置中应用的水蒸气多为干度较高的湿蒸汽，干度很少小于 0.5。因此，实用的 h-s 图上常绘出图 9-6 所示方框内的部分（见附录 L）。有关未饱和水和湿蒸汽区的部分参数，则应辅以水蒸气表。

第四节　水蒸气的基本热力过程

水蒸气热力计算的目的与理想气体热力过程基本相同，即确定过程初、终状态的状态参数，并计算过程中热量、体积功、技术功、焓和熵等的变化。但计算方法不完全相同。这是因为水蒸气不存在简单的状态方程，因此不能用公式计算的方法确定初、终状态参数的数值。此外，蒸汽的 c_p、c_V 分别是 T、p 或 T、v 的复杂函数，因此热量也不便用比热容和温差求得。一般都是利用水蒸气表和 h-s 图进行水蒸气的热力计算。

在分析水蒸气的热力过程时，一般采用下列步骤：

1) 根据初始状态的两个独立状态参数从水蒸气表或 h-s 图中查得其他状态参数。

2) 根据过程条件和一个终了状态参数，确定终了时的状态，并从表或图中查得其他状态参数。

3）根据已求得的初、终状态参数计算热量、功量、焓差和熵差等能量参数。

水蒸气的基本热力过程也是定容、定压、定温和绝热四个过程，其中定压和绝热两个过程在热力工程中经常遇到。

一、定容过程

根据已知的两个独立的初始状态参数、一个终了状态参数，以及比体积不变的条件，利用水蒸气表或 h-s 图，可确定其他初、终状态参数。

定容过程中 $\mathrm{d}v=0$，即 $v_1=v_2=v$，所以单位质量工质的体积功为零，即

$$w=\int_1^2 p\mathrm{d}v=0$$

单位质量工质的技术功为

$$w_t=-\int_1^2 v\mathrm{d}p=v(p_1-p_2)$$

定容过程中蒸汽与外界交换的热量可按封闭系统可逆过程的热力学第一定律计算。因为定容过程体积功等于零，所以单位质量工质的热量为

$$q=\Delta u=u_2-u_1$$

一般水蒸气表和 h-s 图中没有热力学能的数值，所以

$$q=u_2-u_1=(h_2-p_2v_2)-(h_1-p_1v_1)=\Delta h+v(p_1-p_2)$$

二、定压过程

根据已知的两个独立的初始状态参数、一个终了状态参数，以及压力不变的条件，利用水蒸气表或 h-s 图，可确定其他初、终状态参数。

定压过程中 $\mathrm{d}p=0$，即 $p_1=p_2=p$，所以单位质量工质的体积功为

$$w=\int_1^2 p\mathrm{d}v=p(v_2-v_1)$$

单位质量工质的技术功为

$$w_t=-\int_1^2 v\mathrm{d}p=0$$

按封闭系统可逆过程的热力学第一定律计算。单位质量工质的热量为

$$\begin{aligned}q&=u_2-u_1+\int_1^2 p\mathrm{d}v=u_2-u_1+p(v_2-v_1)\\&=(u_2+p_2v_2)-(u_1+p_1v_1)=h_2-h_1\end{aligned}$$

或根据开口系统的热力学第一定律能量方程式有

$$q=w_t+\Delta h=\Delta h=h_2-h_1$$

定压过程在热力工程中经常遇到。例如水在锅炉中的加热、汽化和过热过程；汽轮机排汽在冷凝器中的冷凝过程；给水在回热器中的预热；回热用的抽汽在回热器的冷却和凝结过程等都是定压过程。图 9-7 表示蒸汽从初态（p_1、x_1）定压加热到 t_2，1kg 蒸汽在定压过程中吸收的热量等于焓差（h_2-h_1）。

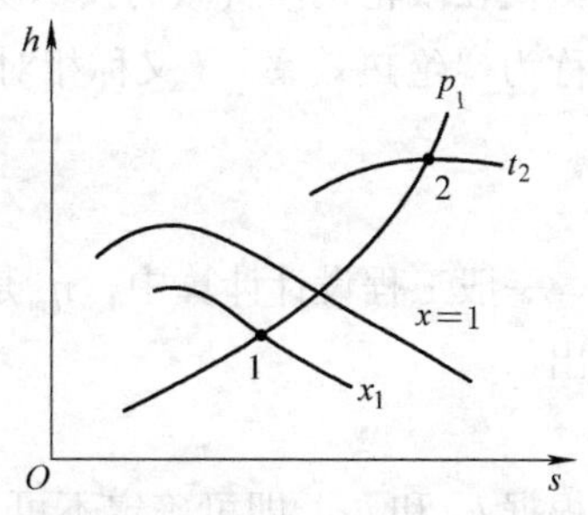

图 9-7　水蒸气的定压加热过程

三、定温过程

对定温过程，求初、终状态参数的方法与定压过程相同。因为水蒸气热力学能不仅与温度有关，而且与比体积有关，所以水蒸气定温过程不是定热力学能过程。

定温过程中，单位质量工质的热量可用比熵的定义式计算

$$q = \int_1^2 T\mathrm{d}s = T(s_2 - s_1)$$

定温过程中，单位质量工质的体积功可用闭口系统可逆过程的热力学第一定律计算，即

$$\begin{aligned} w &= q - (u_2 - u_1) = T(s_2 - s_1) - (u_2 - u_1) \\ &= T(s_2 - s_1) - [(h_2 - p_2v_2) - (h_1 - p_1v_1)] \end{aligned}$$

单位质量工质的技术功可用开口系统可逆过程的热力学第一定律计算，即

$$w_t = q - (h_2 - h_1) = T(s_2 - s_1) - (h_2 - h_1)$$

四、绝热过程

求绝热过程初、终状态的方法同上。

因 $q=0$，所以绝热过程中单位质量工质的体积功为

$$w = q - (u_2 - u_1) = u_1 - u_2 = (h_1 - p_1v_1) - (h_2 - p_2v_2)$$

单位质量工质的技术功为

$$w_t = q - (h_2 - h_1) = h_1 - h_2$$

蒸汽在汽轮机内膨胀时并不吸收热量，如果不计热损失，同时假定没有摩擦，就可认为是一个可逆绝热过程。在这个过程中比熵保持不变，所以在 h-s 图上为一垂直线。计算时，根据给出的新蒸汽的压力和温度确定状态 1，然后作一条垂直线与排汽压力线相交于点 2，便可得出 h_1 和 h_2，如图 9-8 所示。

单位质量蒸汽通过汽轮机做出的轴功，若略去进出口处蒸汽动能差，即等于单位质量技术功，为

$$w_{t,s} = h_1 - h_2$$

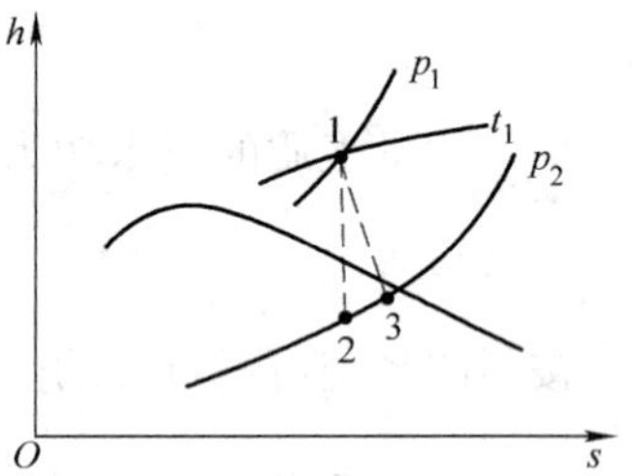

图 9-8　水蒸气的绝热过程

若考虑在汽轮机内的摩擦损失，则蒸汽在汽轮机内进行的过程为不可逆绝热过程。在这一过程中，比熵是增加的。用 h-s 图进行计算时，由汽轮机进口蒸汽初态点（p_1、t_1）作一向右倾斜的直线与排汽压力线相交于点 3。此时单位质量蒸汽在汽轮机内所做的技术功为 $w'_{t,s} = h_1 - h_3$。$w'_{t,s}$与 $w_{t,s}$ 之比称为“绝热效率”（又称相对内效率），用符号 η_{oi}表示，则

$$\eta_{oi} = \frac{w'_{t,s}}{w_{t,s}} = \frac{h_1 - h_3}{h_1 - h_2} \tag{9-9}$$

一般工程设计计算中，η_{oi}是给定的已知数，由 η_{oi}、h_1 和 h_2 的数值，代入式（9-9）可得出

$$h_3 = h_1 - \eta_{oi}(h_1 - h_2)$$

再根据 h_3 和 p_2，即可确定不可逆绝热膨胀的终点 3。

【例 9-3】　$p_1 = 9\text{MPa}$，$t_1 = 500℃$的蒸汽进入汽轮机，汽轮机的相对内效率 $\eta_{oi} = 0.85$，

$p_2=5\text{kPa}$，求：

（1）1kg 蒸汽在汽轮机内所完成的功量。

（2）求此不可逆过程中的熵产。

解：（1）根据题意，初态为 $p_1=9\text{MPa}$，$t_1=500℃$，由 h-s 图上查得 $h_1=3386\text{kJ/kg}$。若不考虑损失，蒸汽作可逆膨胀，即沿定熵膨胀至终态 $p_2=5\text{kPa}$，此过程在 h-s 图上用一垂直线表示，如图 9-9 中的过程 1-2 所示。查得终态参数为

$$h_2=2032\text{kJ/kg},\ s_2=6.656\text{kJ/(kg}\cdot\text{K)}$$

故可逆绝热膨胀过程所完成的技术功为

$$w_t=h_1-h_2=3386\text{kJ/kg}-2032\text{kJ/kg}=1354\text{kJ/kg}$$

考虑实际损失的存在，该汽轮机的实际膨胀过程所完成的功量为

$$w_t'=w_t\eta_{oi}=1354\times0.85\text{kJ/kg}=115\text{kJ/kg}$$

（2）此不可逆过程用虚线表示在 h-s 图上，如图 9-9 中过程线 1-3。膨胀过程终点的状态可这样推算：按题意 $p_2=p_3=5\text{kPa}$，又 $w_t'=h_1-h_3$，则

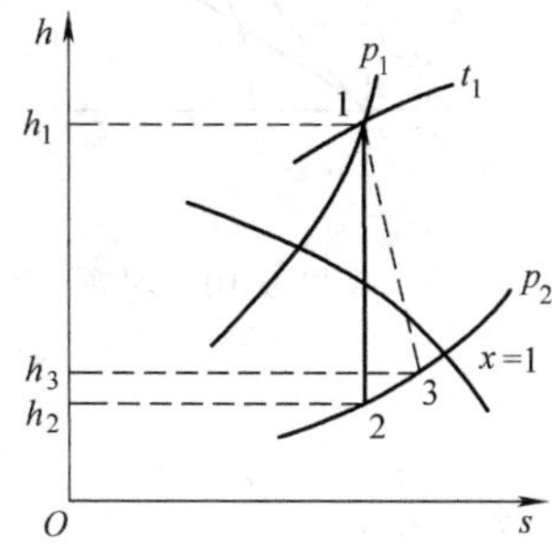

图 9-9　例 9-3 用图

$$h_3=h_1-w_t'=3386\text{kJ/kg}-1151\text{kJ/kg}=2235\text{kJ/kg}$$

这样利用两个参数 p_3 和 h_3，即可确定实际膨胀过程终点的状态，并在 h-s 图上查得 $s_3'=7.330\text{kJ/(kg}\cdot\text{K)}$。故不可逆过程的熵产为

$$\Delta s_g=s_3-s_2=7.330\text{kJ/(kg}\cdot\text{K)}-6.656\text{kJ/(kg}\cdot\text{K)}=0.674\text{kJ/(kg}\cdot\text{K)}$$

思考与练习题

9-1　蒸发和沸腾有何不同？为什么在沸腾时对应于一定压力就有一定的饱和温度？

9-2　试说明未饱和水、饱和水、湿蒸汽、干饱和蒸汽、过热蒸汽、液体热、汽化热、过热热、过热度、干度和临界点的含意，并表示在有关的参数坐标图上。

9-3　水在汽化过程中温度不变，其热力学能是否变化？水蒸气在定温过程中是否满足 $q=w$ 的关系式？

9-4　根据给定的水蒸气的 p 和 v，如何利用蒸汽表确定它是湿蒸汽还是过热蒸汽？

9-5　在 h-s 图的湿蒸汽区，已知压力，如何确定该湿蒸汽的温度？试画出 h-s 图进行定性说明。

9-6　某锅炉每小时生产 10t 蒸汽，蒸汽的表压力为 $p_1=1.9\text{bar}$，温度为 $t_1=350℃$。设锅炉给水温度为 $t_2=40℃$，锅炉的热效率 $\eta_B=0.78$（锅炉热效率为水和水蒸气实际吸收的热量与燃料燃烧时所产生的热量之比），煤的发热量（热值）为 $Q_p=2.97\text{kJ/kg}$。求每小时锅炉的煤耗量是多少？锅炉内水的加热和汽化，以及蒸汽的过热都在定压下进行。未被水和蒸汽吸收的热量是锅炉的热损失，其中主要是烟囱出口排烟所带走的热量。

9-7　如图 9-10 所示，已知压力 p 下的 h_1、h_2、x_1、x_2，试确定压力 p 下的比汽化热 γ。

9-8　4.5kg 的蒸汽由初态 $p_1=3\text{MPa}$、$t_1=300℃$ 可逆多变膨胀到 $p_2=1\text{bar}$，$x_2=0.96$ 的终态，已知膨胀过程在 T-s 图上为直线，如图 9-11 所示，求：

（1）膨胀过程中蒸汽与外界交换的热量。

（2）膨胀过程中蒸汽所做的功。

9-9　$p_1=50\text{bar}$、$t_1=400℃$ 的水蒸气进入汽轮机绝热膨胀到 $p_2=0.04\text{bar}$。设环境温度 $t_0=20℃$，求：

（1）若过程是可逆的，1kg 蒸汽所做的膨胀功和技术功各为多少？

（2）若汽轮的相对内效率 $\eta_{oi}=0.88$，其做功能力损失为多少？

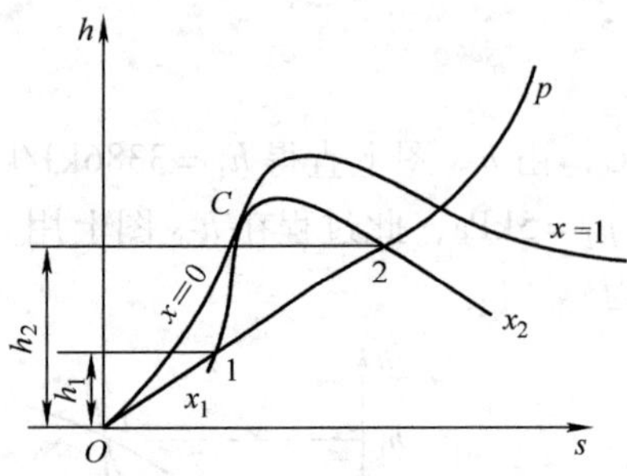

图 9-10　习题 9-7 用图

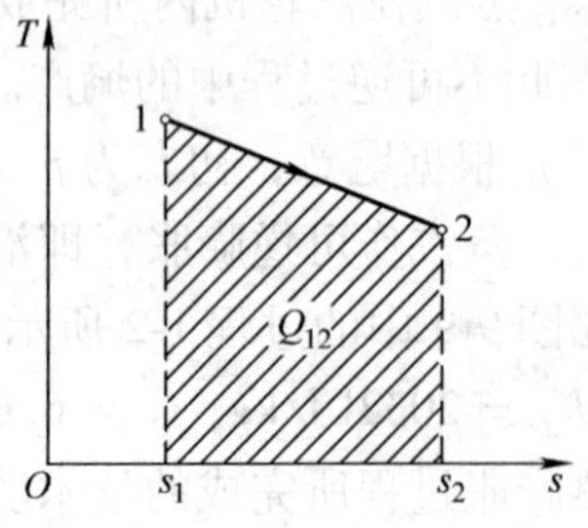

图 9-11　习题 9-8 用图

第十章　气体和蒸汽的流动

【学习目的】 熟悉稳定流动的基本方程式及其应用范围，掌握促使气流速度改变的力学条件及几何条件，掌握喷管、扩压管的选型分析方法，掌握喷管流速和流量计算的基本方法及喷管的设计和校核计算方法，掌握气体绝热节流过程中工质状态变化规律。

在热力工程中时常要处理气体在管道内流动的问题。气体在作宏观运动时，除了因热运动而具有热力学能之外，还因整体的运动而具有动能和位能，动能和位能都是机械能。故气体作宏观运动时，其能量转化比较复杂。本章专门讨论气体在流动过程中的能量传递和转化问题，其中主要是讨论气体在喷管和扩压管中的流动问题。喷管和扩压管是汽轮机、燃气轮机、废气涡轮机、叶轮式压气机等设备的重要部件。

第一节　气体稳定流动的基本方程

稳定流动是指流动状态不随时间而变化的流动过程。即在流场的任一固定点上，气体的全部参数都不随时间而变，即状态参数 p、v、T 和流速 u 等都是与时间无关的定值。在不同点上这些参数当然可以不同，即使在同一截面上也可以不同。如图 10-1 所示的管道内流动的气体，由流体力学的理论可知，因气体粘性摩擦的影响，管壁处的流速要比管中心处的流速小。温度也可能因外界传热等原因而有所不同。为简单起见，我们取一个截面上的平均值（如管流的平均流速）作为定值，认为同一截面上的值相等，各参数只沿管道长度方向或流动方向变化。这种只在一个方向上有变化的流动称为一元流动或一维流动。下面主要讨论在一元稳定流动条件下，气体流动必须遵循的基本方程。

一、连续性方程

连续性方程是基于质量守恒定律建立起来的。在稳定流动中，任一固定点上一切参数都不随时间而变化，故在一定截面上的质量流量也不随时间而改变。设在图 10-1 中截面 1-1 和截面 2-2 上的质量流量各为 q_{m1} 和 q_{m2}（kg/s），若在此两截面间没有流体的分支和汇流，则两截面上的质量流量应相等，即 $q_{m1}=q_{m2}$，否则在此两截面间流体的状态将随时间而变，不能维持稳定。

设截面 1-1 的过流断面积（若流体充满管道，即为流道的截面积）为 A_1（m^2），流体的流速为 u_{g1}（m/s），比体积为 v_1（m^3/kg），则截面 1-1 上流体的质量流量为

$$q_{m1} = \frac{A_1 u_{g1}}{v_1}$$

同样截面 2-2 上的各参数为 A_2、u_{g2}、v_2，则截面 2-2 上的质量流量为

$$q_{m2} = \frac{A_2 u_{g2}}{v_2}$$

因为 $q_{m1}=q_{m2}$，故得

$$\frac{A_1u_{g1}}{v_1}=\frac{A_2u_{g2}}{v_2}=\frac{Au_g}{v}=q_m=\text{常数} \tag{10-1}$$

上式称为稳定流动的连续性方程式，它描述了流动参数（流速）、几何参数（截面面积）和状态参数（比体积）之间的关系。对于不可压缩流体，比体积 v 为定值，A 与 u 成反比。当流道缩小时，流速必增大。但是，对于气体和蒸汽，v 是随 p、T 而变的参数，情况要复杂些。

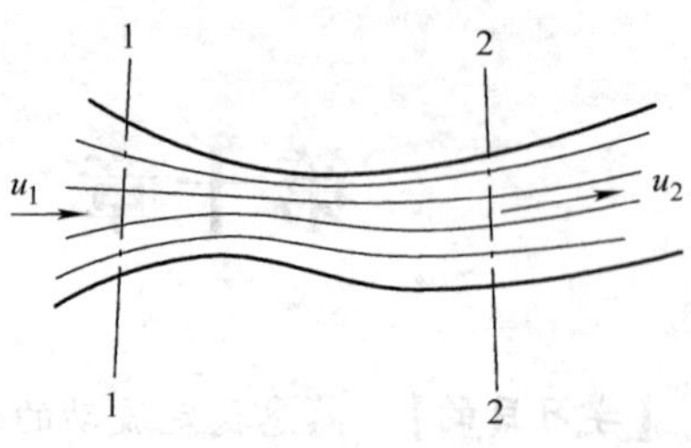

图 10-1　气体流经管道时的情况

二、能量方程式

第六章中曾根据能量守恒定律导得稳定流动的能量方程式

$$q=(h_2-h_1)+\frac{1}{2}(u_{g2}^2-u_{g1}^2)+g(z_2-z_1)+w_i$$

当研究工质在管道内流动的问题时，动能差往往不能忽略，尤其是喷管和扩压管，动能变化较大。但是，对于蒸汽和气体，因密度很小而高度变化（z_2-z_1）也不会很大，故位能差是可以忽略的。气体在流经管道时不对机器做功，故 $w_i=0$。所以将上式应用于管道内流动时，简化为

$$q=(h_2-h_1)+\frac{1}{2}(u_{g2}^2-u_{g1}^2)$$

若管道不长而流速又较大，气体流经管道所需时间极短，与外界交换的热量极少，可近似地当成绝热流动过程，即 $q=0$。这样能量方程可进一步简化为

$$h_1+\frac{1}{2}u_{g1}^2=h_2+\frac{1}{2}u_{g2}^2=h+\frac{1}{2}u_g^2=h_0=\text{常数} \tag{10-2}$$

式中，h_0 称为滞止焓或流动工质的总焓。式（10-2）表明：在稳定的绝热流动过程中，任一截面上的焓与动能之和保持不变，或总焓守恒。流速增大时，焓减小，流速降低时，焓增大。

三、过程方程式

如果气体在流动中与外界没有热量交换，过程就是绝热的。再假定工质在流经两截面时的各参数是连续变化的，且无摩擦损失，则可认为过程是可逆的。对于可逆绝热的定熵流动过程，应满足第七章所讨论的绝热过程的过程方程式，即有

$$pv^{\kappa}=\text{常数} \tag{10-3}$$

此式原则上只适用于比热容为定值的理想气体，但也用于表示变比热容的理想气体绝热过程，此时 κ 是过程范围内的平均值。有时甚至用它来表示蒸汽的绝热过程，不过此时 κ 纯粹是经验数据。

式（10-1）、式（10-2）、式（10-3）是描述不对机器做功的、稳定的、可逆绝热流动的三个基本方程式，是本章计算的全部基础。如研究微元流动过程，则

$$\frac{dA}{A}+\frac{du_g}{u_g}-\frac{dv}{v}=0 \tag{10-4}$$

$$dh+\frac{1}{2}du_g^2=0 \tag{10-5}$$

$$\frac{dp}{p}+\kappa\frac{dv}{v}=0 \tag{10-6}$$

上面是三个基本方程的微分形式。式（10-1）是从质量守恒定律导出的，普遍适用于稳定流动过程，是否绝热、可逆、做功，都没有关系。式（10-2）从能量守恒定律导出的，适用于与外界没有热和功交换的稳定流动过程，和过程可逆与否均无关系。式（10-3）则仅适用于可逆绝热过程。

第二节 促使气流速度改变的条件

一、声速

声速是一种微弱扰动在连续性介质中所引起的压力波（纵波）的传播速度。由于压力波传播速度很快，来不及和外界交换热量，且压力波在气体中扰动微弱，内摩擦作用小到可以忽略不计，因此压力波的传播过程可看成定熵过程，在状态参数为 p、v 的流体中，声速的定义式为

$$a=\sqrt{-v^2\left(\frac{\partial p}{\partial v}\right)_s} \tag{10-7}$$

上式表明，压缩性小的流体中的声速大于压缩性大的流体中的声速。

定熵过程中，压力和比体积的关系可由过程方程 $pv^{\kappa}=$常数，或 $dp/p+\kappa dv/v=0$ 求得

$$\left(\frac{\partial p}{\partial v}\right)_s=-\frac{\kappa p}{v}$$

代入式（10-7）得

$$a=\sqrt{\kappa pv} \tag{10-8}$$

对于理想气体，$pv=R_gT$，因此

$$a=\sqrt{\kappa pv}=\sqrt{\kappa R_gT} \tag{10-9}$$

由式（10-8）、式（10-9）可见，声速与流体的性质和状态有关。对于理想气体声速正比于 $\sqrt{T}$，即当气流温度升高时声速也增大，而且对于不同的理想气体（κ 和 R_g 值不同）声速也不同。对于实际气体声速不仅与温度有关，还与压力有关。

由于声速和流体状态有关，所以我们所说的声速应是流体在某一状态下的声速，称为当地声速。流体流动时，其状态参数在变化，当地声速也随之变化。

在研究流体流动时，常以声速作为流体速度的比较标准。将流体的实际流速与当地声速的比值称为“马赫数 Ma”。当流动速度 u_g 小于当地声速 a 时（即 $Ma=u_g/a<1$）称为亚声速流动；当流动速度 u_g 大于当地声速 a 时（即 $Ma=u_g/a>1$）称为超声速流动。

二、促使气流速度改变的力学条件

从力学的观点来说，要使气体产生流动必须有压差，即对气体要有推动力的作用，气体

才能流动。具体表现在 du_g 和 dp 之间的关系。比较管内稳定流动能量方程式

$$q = (h_2 - h_1) + \frac{1}{2}(u_{g2}^2 - u_{g1}^2)$$

和热力学第一定律的第二解析式

$$q = (h_2 - h_1) - \int_1^2 v\mathrm{d}p$$

可得

$$\frac{1}{2}(u_{g2}^2 - u_{g1}^2) = -\int_1^2 v\mathrm{d}p \tag{10-10}$$

上式表明气流的动能增量和技术功相当。因气体在管道内流动时并不对机器做功，气体在膨胀中产生的机械能，即体积功 $\int_1^2 p\mathrm{d}v$ 和流进流出的推动功之差（$p_1v_1 - p_2v_2$）均未向机器设备传出，它们的代数和，即技术功全部变成气体的热力学能。

为进一步导出 du_g 和 dp 之间的单值关系，将式（10-10）写成微分形式

$$\frac{1}{2}\mathrm{d}u_g^2 = -v\mathrm{d}p$$

即

$$u_g\mathrm{d}u_g = -v\mathrm{d}p \tag{10-11}$$

将上式两端各乘以 $1/u_g^2$，右端分子分母均乘以 κp，得

$$\frac{\mathrm{d}u_g}{u_g} = -\frac{\kappa pv}{\kappa u_g^2}\frac{\mathrm{d}p}{p} = -\frac{a^2}{\kappa u_g^2}\frac{\mathrm{d}p}{p}$$

用马赫数 Ma 来表示，上式变为

$$\kappa Ma^2\frac{\mathrm{d}u_g}{u_g} = -\frac{\mathrm{d}p}{p} \tag{10-12}$$

从上式可见，du_g 和 dp 的符号是始终相反的。这说明当气体沿管道流动中，如果流速是增加的，则压力必降低；如压力在升高，则流速必降低。上述结论是易于理解的。因压力降低时技术功是正的，故气体动能增加，流速增大；压力升高时技术功是负的，故气体动能减少流速降低。

三、促使气流速度改变的几何条件

沿气体流动方向存在压差，只是具备了流动的动力。但如果气体不经过一定形状的管道，使流动保持一定的流线，以保证气体状态连续变化，则气体的流动将是不可逆的。因此要求通道的截面必须符合 p、v 的变化规律。具体表现为流速变化 du_g 和气流截面变化 dA 之间的关系。

由稳定流动的连续性方程式（10-4），有

$$\frac{\mathrm{d}A}{A} = \frac{\mathrm{d}v}{v} - \frac{\mathrm{d}u_g}{u_g}$$

再由过程式（10-6）得

$$\frac{\mathrm{d}v}{v} = -\frac{1}{\kappa}\frac{\mathrm{d}p}{p}$$

由式（10-12）得

$$-\frac{1}{\kappa}\frac{\mathrm{d}p}{p} = Ma^2\frac{\mathrm{d}u_g}{u_g}$$

联立上述三个式子可得

$$\frac{\mathrm{d}A}{A} = (Ma^2 - 1)\frac{\mathrm{d}u_g}{u_g} \tag{10-13}$$

式（10-13）指出了气流截面变化与流速变化之间的关系，称为促使气流速度改变的几何条件公式。从上式可见，当流速变化时，气流截面积究竟是扩大还是缩小，不仅要看（Ma^2-1）的正负，亦即此时流动是超声速流动还是亚声速流动，还要看流速是增加的还是减少的。

第三节　喷管和扩压管的选型分析

喷管是使高压气体膨胀以获得高速气流的管道。扩压管是使高速气流的速度下降而使压力增加的管道。从能量转化的角度来说，喷管是将压力能变成动能的管道，其目的是获得高速气流；而扩压管是将动能变成压力能的管道，其目的是提高气体的压力。它们的共同特点是气流流经喷管和扩压管时，都与外界无热交换和功交换。为了完成它们各自的任务，喷管和扩压管应做成什么形状，即它们的截面变化规律如何，这是我们所要研究的问题。

喷管和扩压管选型的基本原则应是使管道截面变化规律与气流截面变化规律相一致，以减少能量损失，使能量转换达到最理想的效果。

一、喷管的选型分析

对于喷管来说，流速沿流动方向是不断增加的，即 $\mathrm{d}u_g>0$，这时式（10-13）中 $\mathrm{d}A$ 的正负与（Ma^2-1）的正负相同。

1）当喷管进口速度为亚声速时，$Ma<1$，这时（Ma^2-1）为负值，可见气流截面积是逐渐缩小的，即 $\mathrm{d}A<0$，所以亚声速范围内的喷管应是收缩型的，如图 10-2a 所示。

2）当喷管进口速度为超声速时，$Ma>1$，这时（Ma^2-1）为正值，可见气流截面积是逐渐扩大的，即 $\mathrm{d}A>0$，所以超声速范围内的喷管应是扩张型的，如图 10-2b 所示。

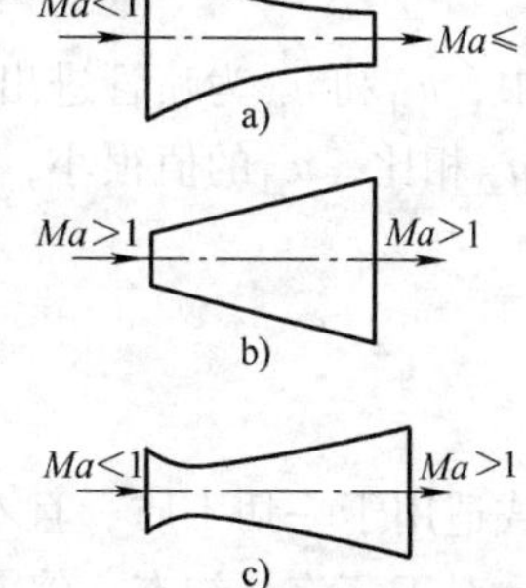

图 10-2　喷管截面形状

3）如果气流从亚声速一直膨胀到超声速，则喷管应是缩放型的。当气流速度小于当地声速时，喷管截面面积逐渐减小；当气流速度大于当地声速时，喷管截面面积逐渐增大，即亚声速段收缩，超声速段扩张。这种缩放型喷管又称拉伐尔喷管，如图 10-2c 所示。在缩放喷管的最小截面处，即 $\mathrm{d}A=0$ 处，由式（10-13）可得 $Ma=1$，即在缩放喷管的最小截面处，流速恰好等于当地声速，这一截面称为临界截面。临界截面是亚声速和超声速的转换点，通常称为临界状态。此时的各种参数都称为临界参数，如临界速度 u_{gc}、临界压力 p_c、临界比体积 v_c。此时，$Ma=1$，即 $u_{gc}=a$，故

$$u_{gc} = a = \sqrt{\kappa p_c v_c} \tag{10-14}$$

二、扩压管的选型分析

对于扩压管来说，流速沿流动方向是不断下降的，即 $du_g < 0$，这时式（10-13）中 dA 的正负与（$Ma^2 - 1$）的正负相反。

1）当扩压管进口速度为亚声速时，$Ma < 1$，这时（$Ma^2 - 1$）为负值，气流截面积是逐渐扩大的，即 $dA > 0$，所以亚声速范围内的扩压管应是扩张型的，如图 10-3a 所示。

2）当扩压管进口速度为超声速时，$Ma > 1$，这时（$Ma^2 - 1$）为正值，气流截面积是逐渐增大的，即 $dA < 0$，所以超声速范围内的扩压管应是收缩型的，如图 10-3b 所示。

3）当进口流速从超声速一直膨胀到亚声速时，扩压管应是先收缩后扩张的缩放型，如图 10-3c 所示。

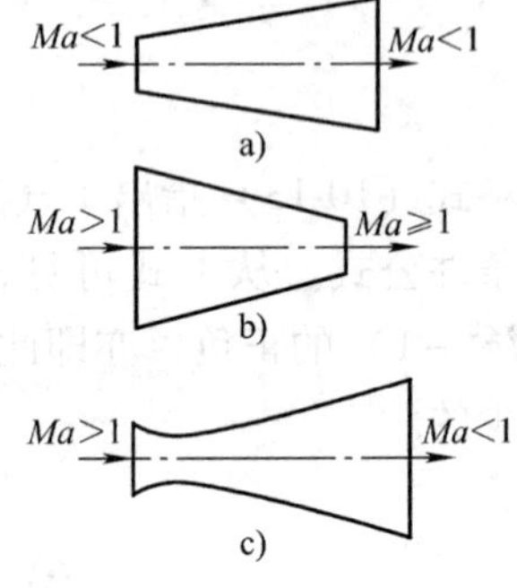

图 10-3　扩压管截面形状

第四节　喷管的流速和流量计算

喷管的计算可分成两个方面。一是根据任务所给的已知流动条件进行设计计算，目的是选择喷管的形状和确定其尺寸。二是对已有的喷管进行校核计算，此时喷管形状和尺寸已定，要确定在工况改变时的流量和出口速度。不论是设计计算还是校核计算，流速和流量的计算是必不可少的。现根据稳定流动的基本方程来确定它们的计算公式，并分析影响喷管流速和流量的主要因素。

一、流速计算公式

根据稳定绝热而又不做功的流动过程能量方程式（10-2）得

$$h_1 - h_2 = \frac{1}{2}u_{g2}^2 - \frac{1}{2}u_{g1}^2$$

式中，u_{g1} 和 u_{g2} 为喷管进出口截面上的流速；h_1 和 h_2 为进出口截面上的焓值。一般情况下，与 u_{g2} 相比，u_{g1} 的值很小，可忽略不计。于是

$$u_{g2} = \sqrt{2(h_1 - h_2)}$$

或

$$u_{g2} = 1.414\sqrt{(h_1 - h_2)} \tag{10-15}$$

上式适用于一切工质，且不论流动是否是可逆。

对于蒸汽，初态、终态的焓值可根据初态、终态的压力和温度在 h-s 图上准确地确定。

当气体为理想气体时，若取比定压热容为定值（或平均值），并将 $\Delta h = c_p \Delta T$ 与 $c_p = \kappa R_g/(\kappa - 1)$ 代入式（10-15），则得

$$u_{g2} = \sqrt{2c_p(T_1 - T_2)} = \sqrt{\frac{2\kappa R_g}{\kappa - 1}(T_1 - T_2)} = \sqrt{\frac{2\kappa}{\kappa - 1}p_1 v_1\left(1 - \frac{T_2}{T_1}\right)} \tag{10-16}$$

若是定熵流动，则

$$u_{g2} = \sqrt{\frac{2\kappa}{\kappa - 1} p_1 v_1 \left[1 - \left(\frac{p_2}{p_1}\right)^{\frac{\kappa-1}{\kappa}}\right]} \tag{10-17}$$

由上式可见，喷管出口速度取决于气体的性质、进口截面上的参数（气体的初态 p_1、v_1 和 T_1）与进出口截面的压力比 p_2/p_1 或温度比 T_2/T_1。当气体初态一定，出口速度只随压力比 p_2/p_1（或只随出口截面上压力 p_2）而变。当 p_2/p_1 逐渐减小时，出口速度 u_2 逐渐增高。两者的变化关系如图 10-4 所示。式（10-17）对蒸汽也近似适用，但 κ 是纯粹的经验数值。

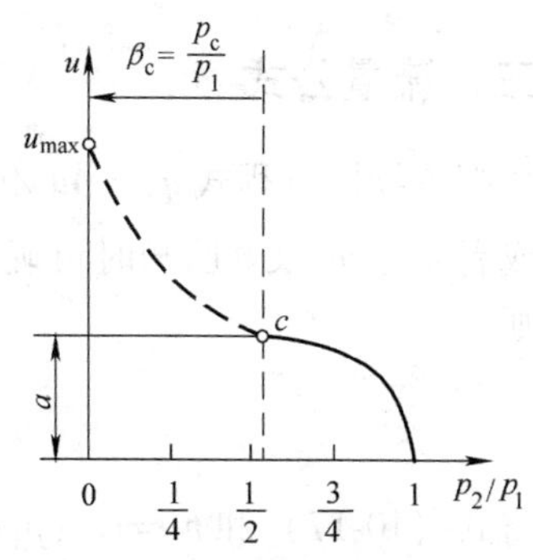

图 10-4　喷管出口速度随压力比变化的关系

二、临界参数及临界压力比

对缩放型喷管，在最小截面处，气体的流速等于临界流速，将临界参数代入式（10-17）可得

$$u_{gc} = \sqrt{\frac{2\kappa}{\kappa - 1} p_1 v_1 \left[1 - \left(\frac{p_c}{p_1}\right)^{\frac{\kappa-1}{\kappa}}\right]}$$

由于此处流速等于当地声速 $u_{gc} = a = \sqrt{\kappa p_c v_c}$，则有

$$\frac{2\kappa}{\kappa - 1} p_1 v_1 \left[1 - \left(\frac{p_c}{p_1}\right)^{\frac{\kappa-1}{\kappa}}\right] = \kappa p_c v_c$$

因为

$$v_c = v_1 \left(\frac{p_1}{p_c}\right)^{1/\kappa}$$

代入上式得

$$\frac{2\kappa}{\kappa - 1} p_1 v_1 \left[1 - \left(\frac{p_c}{p_1}\right)^{\frac{\kappa-1}{\kappa}}\right] = \kappa p_c v_1 \left(\frac{p_c}{p_1}\right)^{-\frac{1}{\kappa}}$$

临界压力与进口压力之比 p_c/p_1 用 β_c 表示，称为临界压力比，即

$$\beta_c = \frac{p_c}{p_1} = \left(\frac{2}{\kappa + 1}\right)^{\kappa/(\kappa-1)} \tag{10-18}$$

由上式可见，临界压力比 β_c 只是等熵指数 κ 的函数，而与气体的状态参数无关。例如，对双原子的理想气体，$\kappa = 1.4$，则 $\beta_c = 0.528$；对于过热水蒸气，$\kappa = 1.3$，则 $\beta_c = 0.546$。当水蒸气参数较高时，这些经验数据已较准确，但以上 β_c 的值都与 0.5 相差不多，仍可估计临界压力 $p_c = \beta_c p_1$ 的数值。

在喷管（或扩压管）的设计和校核计算中，临界压力比 β_c 是一个非常重要的参数，可作为分析流动特性、判断管形的准则。

将式（10-18）代入式（10-17），得

$$u_{gc} = \sqrt{\frac{2\kappa}{\kappa + 1} p_1 v_1} = \sqrt{\frac{2\kappa}{\kappa + 1} R_g T_1}$$

可见临界速度只取决于气体的初态参数。图 10-4 中，曲线 $u_{g2} = f\ (p_2/p_1)$ 上的拐点 C 的速度即为临界速度 $u_{gc} = a$。

三、流量公式

根据连续性方程式 $q_m = Au_g/v$，当喷管任意截面的 A、u_g 及 v 为已知时，即可求得流量 q_m。或者 q_m、u_g 及 v 已知时可确定喷管截面积 A。对于渐缩喷管，通常取出口截面面积为 A_2，则

$$q_m = \frac{Au_g}{v} = \frac{A_2 u_{g2}}{v_2}$$

将式（10-17）和 $v_2 = v_1\ (p_1/p_2)^{1/\kappa}$ 代入上式得

$$q_m = A_2 \sqrt{\frac{2\kappa}{\kappa - 1} \frac{p_1}{v_1} \left[\left(\frac{p_2}{p_1} \right)^{\frac{2}{\kappa}} - \left(\frac{p_2}{p_1} \right)^{\frac{\kappa+1}{\kappa}} \right]} \tag{10-19}$$

上式表明，气体的流量随喷管出口截面积 A_2、气体的初态参数 p_1、v_1 以及出口截面处的压力 p_2 而定。当气体初态一定、种类一定时，$q_m = f\ (p_2/p_1)$，即流量只随 p_2/p_1 而变，其关系如图 10-5 所示。可见，当 p_2 逐渐下降时，流量逐渐增大（按图中 ac 曲线而变化）。p_2 下降到某一压力时，流量达到最大值，若 p_2 再降低，则流量将沿 $c0$ 而减小。后面将解释，对渐缩喷管，虚线部分实际上是不可能出现的。

为求得流量达到最大时的压力比，可将函数 $q_m = f\ (p_2/p_1)$ 对 p_2/p_1 求导数，并令其等于零。这样可求得当 $p_2/p_1 = \beta_c$ 时，流量达到最大。即当喷管出口截面处的压力 $p_2 = p_c = \beta_c p_1$ 时，流量最大。将此关系代入式（10-19）可求得最大流量为

$$q_{m,\max} = A_2 \sqrt{\frac{2\kappa}{\kappa - 1} \frac{p_1}{v_1} \left[\left(\frac{2}{\kappa + 1} \right)^{\frac{2}{\kappa-1}} - \left(\frac{2}{\kappa + 1} \right)^{\frac{\kappa+1}{\kappa-1}} \right]} \tag{10-20}$$

实验表明，在渐缩喷管出口处的压力（称为背压）p 降到临界压力 p_c 以前，即 $p > p_c$ 时，流量按 ac 曲线变化；在背压 p 继续降到等于临界压力 p_c 时（$p = p_c$），流量为最大值 $q_{m,\max}$；如果背压 p 继续降到低于临界压力 p_c 时（$p < p_c$），则实际流量一直保持最大值 $q_{m,\max}$ 而不再变化，故实际过程中流量按 acb 曲线变化。

实验结果与式（10-19）的分析之间的矛盾在哪里？现讨论如下。当流体的某一部分受到一个微弱扰动时，这个扰动产生的压力波将以声速传播到流体的其他部分。因此，喷管出口处的气体压力（背压）变化，也可认为是一个局部扰动，并以声速传向气体上游而影响喷管出口处的气体参数。所以，当喷管出口速度低于当地声速时，则背压变化所产生的扰动波就以（$a - u_{g2}$）的速度向上游传播，使喷管出口处气体的参数随之改变。喷管出口速度达到声速后，背压变化所产生的扰动不能再向上游传播（相对速度等于零）。此时喷管出口处的压力 p_2 等于背压 p，且等于临界压力 p_c。这犹如逆水行舟，若船的航速等于水速则船就在原地不动，只有船的航速超过水速时，才能逆水行进。因此，如背压 p 低于 p_c，则喷管出口处压力 p_2 不受背压的影响，而一直等于临界压力 p_c，所以流量也一直保持为最大流量。

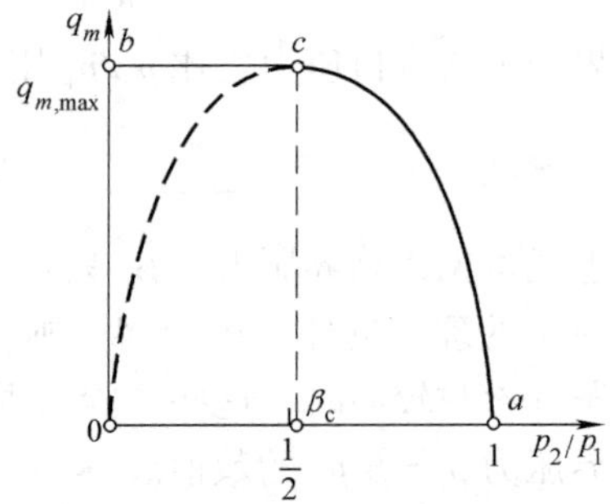

图 10-5　流量与压力比的关系

根据以上讨论可知，流量的变化取决于渐缩喷管出口压力 p_2 是否等于背压 p，或者说取

决于临界压力比β_c。当背压$p>p_c=\beta_c p_1$时，此时流量公式（10-19）中的出口压力$p_2=p$；当背压$p=p_c=\beta_c p_1$时，流量公式中的出口压力p_2仍等于背压p，且等于临界压力p_c，此时流量达到最大值；当背压$p<p_c=\beta_c p_1$时，此时公式中的出口压力p_2仍等于临界压力p_c，而不等于背压p。图10-5中的虚线$c0$部分，是由于$p_2/p_1<\beta_c=p_c/p_1$时，式中p_2仍看做是背压p而所得的结果。如果式中p_2代以p_c，则式（10-19）与图10-5的cb线依然一致。

缩放喷管流量的计算仍可用式（10-19），式中A_2为最小截面面积，因为它限制了缩放喷管的流量，而p_2/p_1相应为p_c/p_1。

扩压管中的流速及流量计算，原则上与喷管的计算方法相同。

四、喷管外形选择和尺寸计算

在给定的条件下进行喷管的设计，首先需要选择喷管的外形，即究竟取渐缩形还是缩放形。在选定外形后，还要按给定的流量计算其截面尺寸。全部设计的总原则是尽量使它满足气流膨胀所需要的条件，故其实质在于使喷管的外形与截面尺寸完全符合气流在可逆膨胀中所形成的外形与截面，总之是使它符合气流变化的客观规律，只有这样，才能保证气流得到充分的膨胀而产生尽可能多的动能，否则膨胀即受到限制，结果使所得到的动能（技术功）少于相同压差下所能获得的数值。

1. 喷管外形选择

由前述关于喷管流速和流量的分析计算可知，若背压$p>p_c$，则气流速度在亚声速范围内，其截面始终是渐缩的，为符合其截面变化要求，此时应采用渐缩喷管；若$p<p_c$，且气流充分膨胀到p，则其流速将超过声速，即气流速度包括亚声速和超声速两个范围。在亚声速范围内气流截面渐缩，达到声速时最小，进入超声速范围后又逐渐扩大，故此时应采用缩放型喷管，或称拉伐尔喷管。故喷管外形的选择，完全取决于初压p_1和背压p。当$p\geqslant p_c$时，用渐缩喷管；当$p<p_c$时，用缩放喷管。

2. 喷管尺寸计算

要满足给定的流动要求，除正确选型外，还要有一定的截面尺寸来保证。在一定的流量下，喷管进口截面的大小只影响进口速度u_{g1}，与喷管内的流动规律无关。实际上，对进口截面并不计算，只要使它大于出口截面（渐缩喷管）或喉部截面（缩放喷管），保证应有的管形就可以了。至于出口截面，则不论哪种形式的喷管都必须计算。如是缩放喷管，除了出口截面外，还要计算喉部截面，因为它决定了缩放喷管的流量。介于进口、喉部以及出口间的其他截面，由于从给定的初态可逆绝热膨胀到一定的终压，其过程中各点的p、v、u_g都有确定的数值，各处的截面积也就相应可确定。这些截面的大小稍有出入，会影响到流动的不可逆性的大小，但工业上常考虑加工方便，一般对中间截面不作严格的要求而取直线形。

渐缩喷管、缩放喷管的出口截面A_2可由式（10-19）求得

$$A_2=q_m\Bigg/\sqrt{\frac{2\kappa}{\kappa-1}\frac{p_1}{v_1}\left[\left(\frac{p_2}{p_1}\right)^{\frac{2}{\kappa}}-\left(\frac{p_2}{p_1}\right)^{\frac{\kappa+1}{\kappa}}\right]} \tag{10-21}$$

而缩放喷管的喉部截面$A_{\min}$，由于在喉部的气体处于临界状态，速度为临界流速，而流量为最大流量，所以可根据式（10-20）求得

$$A_{\min}=q_{m,\max}\Bigg/\sqrt{\frac{2\kappa}{\kappa-1}\frac{p_1}{v_1}\left[\left(\frac{2}{\kappa+1}\right)^{\frac{2}{\kappa-1}}-\left(\frac{2}{\kappa+1}\right)^{\frac{\kappa+1}{\kappa-1}}\right]} \tag{10-22}$$

从能量转换的角度来看，喷管的长度不必考虑，只要有了应有的管形，就能起到增加速度的作用。不适当的长度主要是影响流动过程的不可逆损失。管道太长，气体与管壁间摩擦大，而管道太短，则截面扩张太快，会使气体与管壁分离，产生旋涡损失，都是不利的。根据经验，对于渐放部分，最有利的长度如图 10-6 所示，为

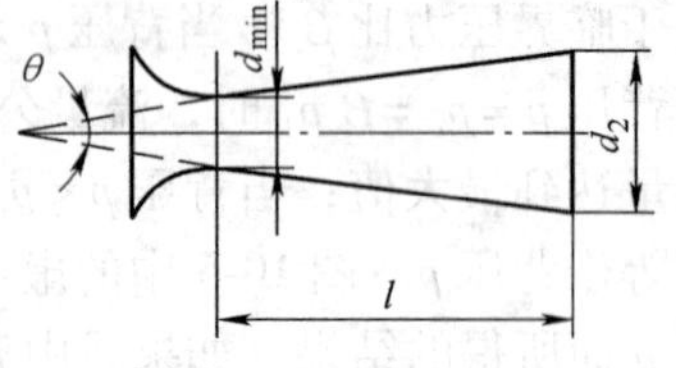

图 10-6　缩放管锥顶角

$$l = \frac{d_2 - d_{\min}}{2\tan\dfrac{\theta}{2}} \tag{10-23}$$

式中，θ 为渐放部分的锥顶角，一般常取为 $6° \sim 12°$。

【例 10-1】 空气进入喷管时的温度为 15℃，压力为 156.8kPa，背压为 98kPa。若空气的质量流量为 0.6kg/s，初速略去不计，求喷管出口截面上空气的温度、比体积、流速和出口截面面积。

解： 首先判断背压力是大于还是小于临界压力

$$\frac{p_2}{p_1} = \frac{98}{156.8} = 0.625 > \beta_c$$

故空气在渐缩喷管中能充分膨胀，出口速度小于声速，所以应选用渐缩喷管。

由可逆绝热流动过程的参数间关系有

$$v_2 = v_1\left(\frac{p_1}{p_2}\right)^{1/\kappa} = \frac{R_g T_1}{p_1}\left(\frac{p_1}{p_2}\right)^{1/\kappa} = \frac{290 \times (273 + 15)}{156.8 \times 10^3}\left(\frac{156.8}{98}\right)^{\frac{1}{1.4}} \text{m}^3/\text{kg} = 0.745\text{m}^3/\text{kg}$$

$$T_2 = T_1\left(\frac{p_2}{p_1}\right)^{\frac{\kappa-1}{\kappa}} = 288 \times \left(\frac{98}{156.8}\right)^{\frac{1.4-1}{1.4}} \text{K} = 252\text{K}$$

由式（10-16）可得出口截面流速为

$$u_{g2} = 1.414\sqrt{c_p(T_1 - T_2)} = 1.414\sqrt{1.005 \times 1000 \times (288 - 252)}\,\text{m/s} = 268.9\text{m/s}$$

由式（10-1）可求得出口截面面积为

$$A_2 = \frac{q_m u_{g2}}{u_2} = \frac{0.6 \times 0.745}{268.9}\text{m}^2 = 1.666 \times 10^{-3}\text{m}^2 = 16.66\text{cm}^2$$

计算结果讨论：喷管计算选型极为重要，如本题错误地选为缩放型喷管，则气体不可能得到充分膨胀，其他量的计算全无意义。

第五节　绝 热 节 流

气体或蒸汽在管道中流动时，由于遇到突然缩小的狭窄通道，如阀门、孔板等，而使流体压力显著下降的现象称为节流。如果流体在节流时，与外界没有热量交换，则称为绝热节流。热力工程中常遇到的节流现象，基本上都可认为是绝热节流。

图 10-7 所示为气体流经孔板时绝热节流的情况。气流在管道中遇到流道截面突然缩小，产生强烈的扰动，在突缩截面前、后产生涡流耗散效应，压力下降。当流经孔板一段距离后，在截面 2-2 处气流又恢复平衡。节流前后压降的程度，即 p_1、p_2 的大小，取决于截面突然缩小的程度，截面收缩得越厉害，压力降就越大。

节流过程中，气体与外界没有热量交换，也不对外做机械功，如取图 10-7 中 1-1 和 2-2 截面间的管道作系统，则根据稳定流动能量方程式有

$$h_2 - h_1 + \frac{1}{2}(u_{g2}^2 - u_{g1}^2) = 0$$

由于截面 1-1 和截面 2-2 上的流速 u_{g1} 和 u_{g2} 一般相差不大，故式中动能差可忽略不计，于是得

$$h_2 = h_1 \tag{10-24}$$

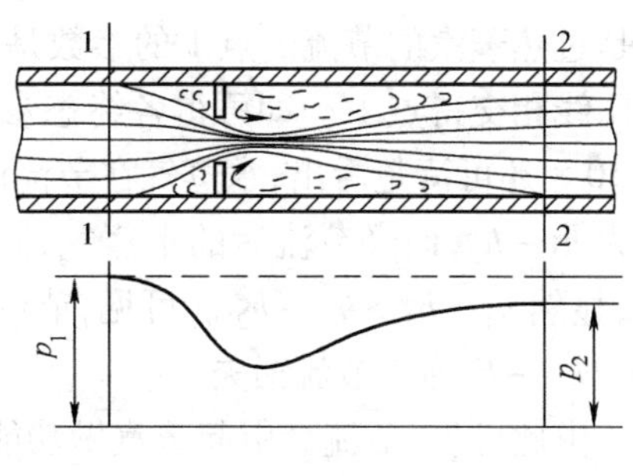

图 10-7　绝热节流

上式表明，气体或蒸汽绝热节流前和节流后的焓相等，这是节流过程的基本特征。需要指出的是，式（10-24）只说明气体或蒸汽经过绝热节流后其焓值没有变化，这个条件只有对于离缩口稍远的上、下游处才近似正确。事实上，气体在缩口处流速变化很大，焓值在截面 1-1、2-2 之间并不处处相等，所以绝热节流过程不能称为定焓过程。实际上，气体或蒸汽通过节流缩口时总会产生涡流损失，因此节流过程实质上应是一个典型的不可逆绝热过程，其熵值一定增加。而且气体的粘性越大，通道收缩得越厉害，流速越大，则熵增也越大，节流过程的不可逆性越严重，压力降也越大。

对于理想气体，焓仅仅是温度的单值函数，因而焓不变时温度不变，即 $T_2 = T_1$；对于实际气体，节流后温度可以降低，可以升高，也可以不变，与节流时气体所处的状态及压降的大小有关。

气体节流后的温度变化可用参量 $(\partial T/\partial p)_h$ 表示，这个量称为“节流微分效应”，或称“焦耳-汤姆逊系数”，用符号 μ_J 表示。根据热力学的基本关系式（推导略）可得出

$$\mu_J = \left(\frac{\partial T}{\partial p}\right)_h = \frac{T(\partial v/\partial T)_p - v}{c_p}$$

可见，气体节流后温度的变化取决于上式中 $[T(\partial v/\partial T)_p - v]$ 的正负（因为 $c_p > 0$）。

若 $T(\partial v/\partial T)_p < v$，则 $\mu_J < 0, (\partial T/\partial p)_h < 0, \Delta T > 0$，即在绝热节流前后，气体温度升高，称为绝热节流热效应。

若 $T(\partial v/\partial T)_p > v$，则 $\mu_J > 0, (\partial T/\partial p)_h > 0, \Delta T < 0$，即在绝热节流前后，气体温度下降，称为绝热节流冷效应。

若 $T(\partial v/\partial T)_p = v$，则 $\mu_J = 0, (\partial T/\partial p)_h = 0, \Delta T = 0$，即在绝热节流前后，气体温度不变，称为绝热节流零效应。

例如，对于理想气体，因有 $pv = R_g T$，则

$$\left(\frac{\partial v}{\partial T}\right)_p = \frac{v}{T}$$

因此有 $\mu_J = 0$，即理想气体绝热节流前后温度不变。

对于水蒸气，在通常情况下，绝热节流后，温度总有所下降。湿蒸汽节流后大多数情况下干度有所增加；而过热蒸汽节流后过热度增大。

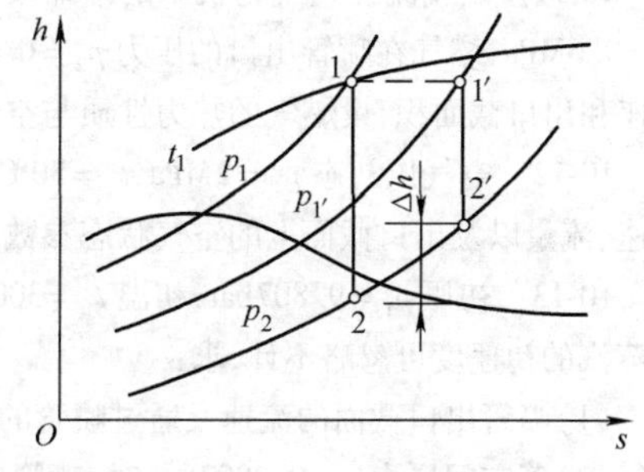

图 10-8　过热蒸汽的节流

水蒸气的绝热节流过程，利用 h-s 图进行计算非常方便。如已知节流前的状态 p_1、t_1 及节流后的压力 $p_{1'}$，根据节流前后焓值相等的特点，可在水蒸气的 h-s 图上确定节流后的各状态参数。图 10-8 所

示是过热蒸汽的节流。点 1 的参数是 p_1、t_1 及 h_1。在 h-s 图上过点 1 按定焓画水平线与 $p_{1'}$的定压线相交得点 1′。即可得各终态参数。由图可见 $t_{1'} < t_1$，但节流后蒸汽的过热度增大。由图 10-8 还可清楚看出，水蒸气在节流前由点 1 经可逆绝热膨胀到某一压力 p_2 时，可利用的焓降为 $h_1 - h_2$，而经节流后的水蒸气，同样经可逆绝热膨胀至压力 p 时。可利用的焓降为 $h_{1'} - h_{2'}$，显然 $h_1 - h_2 > h_{1'} - h_{2'}$。可见，节流以后蒸汽可做出的功减少了，所减少的部分用 Δh 表示，$\Delta h = h_{2'} - h_2$称为节流损失。

由此可见，节流会引起蒸汽做功能力的损失，故在蒸汽流动过程中，应尽量避免或减少节流现象的发生。但节流也广泛应用在工程上，例如通过阀门开度的大小来调节流量，达到调节功率的目的；利用节流阀降低工质的压力；以及用节流原理测量工质的流量或蒸汽的干度等。

思考与练习题

10-1 喷管与扩压管的作用是什么？它们实现能量转换应满足什么条件？

10-2 在收缩喷管的最小断面处，马赫数等于多少？为什么？

10-3 当气流速度分别为亚声速和超声速时，图 10-9 所示的四种形状的管道宜作喷管还是扩压管？

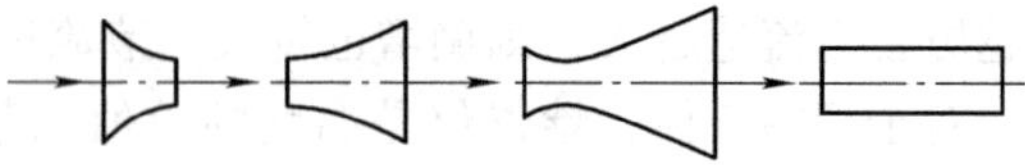

图 10-9 题 10-3 用图

10-4 什么是临界压力比？它和什么因素有关？有何用处？

10-5 渐缩喷管为何不能获得超声速气流？背压低于临界压力时，渐缩喷管的流动情况如何？

10-6 什么叫绝热节流？理想气体和水蒸气经绝热节流后其状态参数有何变化？

10-7 已有一渐缩喷管，其出口截面积为 20cm²，让此喷管工作在 $p_1 = 2.5\text{MPa}$，$t_1 = 500℃$，背压 $p = 1.0\text{MPa}$ 的情况下，以空气为工质，取 $\beta_c = 0.528$，$\kappa = 1.4$，$c_p = 1.0045\text{kJ/(kg·K)}$，喷管入口速度可忽略不计。试求该喷管的出口截面速度和质量流量。

10-8 由不变气源来的压力 $p_1 = 1.6\text{bar}$，温度 $t_1 = 17℃$ 的空气流经一喷管进入压力保持在 $p = 1\text{bar}$ 的某装置中。试确定喷管的形式，计算该喷管出口截面上空气的流速。如果在运动中由于工况的改变使该装置的压力降到 $p' = 0.5\text{bar}$。求此时该喷管出口截面上空气的流速。设空气 $R_g = 0.287\text{kJ/(kg·K)}$，$\kappa = 1.4$。

10-9 压力为 $p_1 = 100\text{kPa}$，温度为 $t_1 = 17℃$ 的空气流经扩压管后压力提高到 $p_2 = 150\text{kPa}$，问空气进入扩压管时至少要有多大的流速？此时进口马赫数为多少？

10-10 某理想气体从 $p_1 = 0.5\text{MPa}$，$t_1 = 1000℃$ 经喷管中绝热膨胀。若背压 $p = 0.1\text{MPa}$，其比定压热容 $c_p = 0.926\text{kJ/(kg·K)}$，气体常数 $R_g = 0.235\text{kJ/(kg·K)}$。试求（1）设计时应选什么形状的管道？（2）设计工况下喷管出口的气流速度；（3）喷管出口截面的马赫数。

10-11 燃气流经燃气轮机中的渐缩喷管作绝热膨胀，流量为 0.6kg/s，燃气初态参数为 $t_1 = 600℃$，压力 $p_1 = 0.6\text{MPa}$，燃气在喷管出口的压力 $p_2 = 0.4\text{MPa}$，喷管进口流速及摩擦损失不计，试求燃气在喷管出口处的流速和出口截面积，设燃气的热力性质与空气相同，取比热容为定值。

10-12 空气以初态 $p_1 = 2\text{MPa}$，$t_1 = 30℃$ 进入渐缩喷管，若出口截面积 $A_2 = 10\text{cm}^2$，求空气经喷管射出时的流速、流量以及出口截面上的空气状态参数 v_2、t_2。设喷管背压为 1.5MPa。

10-13 初压 $p_1 = 9.807\text{bar}$，初温 $t_1 = 300℃$ 的水蒸气定熵流经渐缩喷管，进入背压 $p = 5.88\text{bar}$ 的空间。假定蒸汽的初速度可忽略不计，求：

（1）喷管出口截面的流速及通过喷管的质量流量是多少？

（2）若空间压力 $p = 0.9807\text{bar}$ 时，喷管出口截面上蒸汽速度及通过喷管的质量流量又各为多少？

（3）若流动过程中存在摩阻损失，上述各量有何变化？与（1）相比是增大了，还是减小了？

第十一章 压气机的热力过程

【学习目的】 熟练掌握活塞式压气机不同压缩过程的功耗分析方法和余隙容积对压气机功耗和生产量的影响；熟悉多级活塞式压气机的工作原理和主要优点；熟练掌握多级活塞式压气机中间压力的确定方法；了解叶轮机压气机的基本工作原理和特点。

产生压缩空气或其他压缩气体的机械都叫做压气机。压气机与前述热机有原则上的区别，即压气机不是原动机，它是需要原动机带动方能进行工作的机器，是消耗机械能以压缩气体的机器。

根据工作原理及结构特征不同，压气机可分为：活塞式压气机、叶轮式压气机以及引射式压缩器。其中叶轮式压气机按其出口表压力的高低分为通风机（$p_g = 0.0002 \sim 0.015\text{MPa}$）、鼓风机（$p_g = 0.015 \sim 0.04\text{MPa}$）和压缩机（$p_g \geqslant 0.04\text{MPa}$）。叶轮式压气机根据其结构不同还可分为径流式（即离心式）和轴流式两种。本章主要讨论活塞式压气机的工作过程，对叶轮机压气机只进行简单的介绍。

第一节 单级活塞式理想压气机工作过程分析

一、单级活塞式压气机工作原理

图 11-1a 为单级活塞式压气机简图，其主要部分为气缸、活塞、进气阀、排气阀、空气滤清器和空气瓶。如果将气缸内气体的压力 p 随气缸工作容积 V 的变化关系画在 p-V 图上，则这个 p-V 图称为压气机的示功图，如图 11-1b 所示。现将压气机的工作过程简述如下。

压缩过程（图 11-1 中曲线 1-2）。压缩机活塞位于下死点时，气缸中吸入质量为 m（kg）的空气，其状态参数为 p_1（大气压力）、T_1、v_1（$v_1 = V_1/m$），在示功图上用点 1 表示。当活塞从下死点向上死点运动时，空气被压缩，压力升高至 p_2、温度升至 T_2、比体积降至 v_2（$v_2 = V_2/m$）。

排气过程为图 11-1 中曲线 2-3。当气缸内空气压力 p_2 大于作用在排气阀上的空气瓶中的压力和弹簧张力时，排气阀即被顶开（图 11-1 中点 2），活塞继续向上死点运动，并将压缩空气排入空气瓶中。由于排气系统有流动阻力，排气压力必须高于空气瓶中的压力。

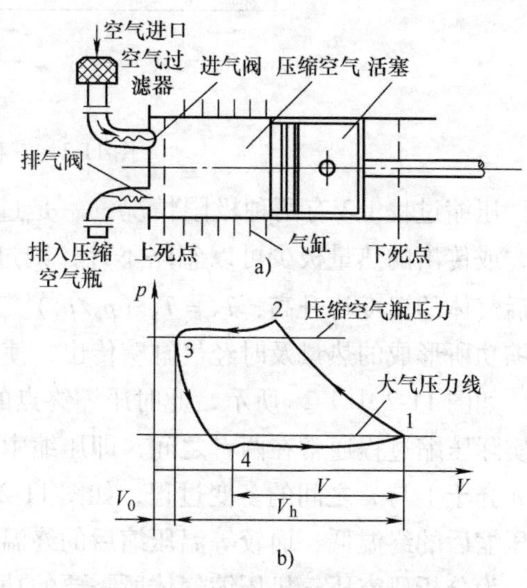

图 11-1 单级活塞式压气简图和示功图

余隙容积内残余高压气体的膨胀过程为图 11-1 中曲线 3-4。当活塞到达上死点时，为了保证活塞在运动中不会碰撞和敲击气缸盖，在活塞与气缸盖之间留有一个很小的剩余容隙，由这个余隙所形成的容积称为余隙容积，用符号 V_0 表示。残存在余隙容积内的空气压力为 p_3，由于 p_3 大于 p_1，活塞从上死点向下死点运动时不能立即从大气中吸入新鲜空气。只有残余的高压气体在气缸中膨胀至压力低于大气压力时（图 11-1 中点 4），进气阀才在大气压力与气缸内气体压力差的作用下克服弹簧张力而开启，吸气过程才能开始。

吸气过程为图 11-1 中曲线 4-1。当吸气阀开启后，活塞继续向下死点运动，直到活塞达到下死点 1 为止。在整个进气过程中，因为进气系统有阻力损失，所以气缸内的压力始终小于大气压力。

以上四个过程由活塞往复一次来完成，它将状态为 p_1、T_1 的空气吸入，经过压缩变成压力为 p_3 的高压气体，最后排入空气瓶，它所消耗的机械功可用示功图上的面积 1-2-3-4-1 表示。

二、单级活塞式理想压气机生的功耗分析

为研究方便，现略去活塞式压气机的进排气阻力及进排气弹簧的张力，且先不考虑余隙容积 V_0 的影响，则图 11-1b 简化为图 11-2a 所示的单级活塞式压气机理想循环。图中 4-1 为定压吸气过程，吸入气体的状态为大气状态；1-2 为压缩过程；2-3 为排气过程，且排气压力等于空气瓶内气体的压力。

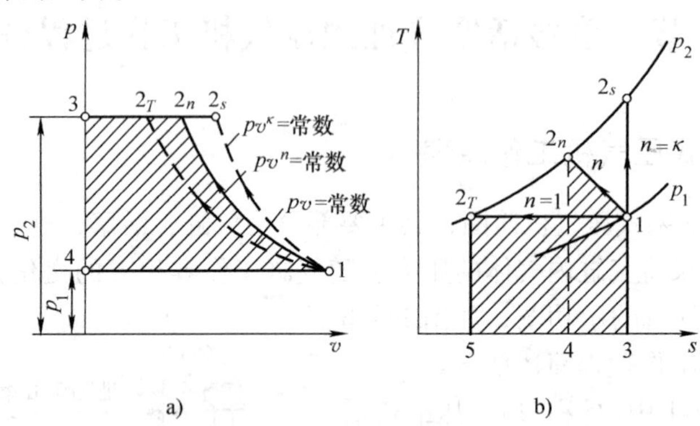

图 11-2　三种压缩过程示意图

压缩过程 1-2 有两种极限情况：一是过程进行得非常快，热量来不及通过气缸壁面外传，或传出的热量极少可以忽略不计，则过程视为绝热过程，如图 11-2 中的 $1\text{-}2_s$。此时压缩后气体的温度将升高，$T_2=T_1\ (p_2/p_1)^{(\kappa-1)/\kappa}$。另一种情况为过程进行得十分缓慢，消耗压缩功所形成的热量及时经气缸壁传出，使气体的温度随时与外界相等，这种压缩是定温过程，如图 11-2 中 $1\text{-}2_T$ 所示，此时压缩终点的温度等于进气温度，即 $T_2=T_1$。压气机中进行的实际压缩过程通常在两者之间，即压缩中有热量产生，温度不免升高，所以实际压缩过程是 n 介于 1 与 κ 之间的多变过程，如图 11-2 中 $1\text{-}2_n$ 所示，此时 $T_2=T_1\ (p_2/p_1)^{(n-1)/n}$，较绝热压缩后的终温低，而较等温压缩后的终温高。

为分析研究压气机压缩气体所需要的功，我们取压气机气缸和其中的工质为研究对象。这是一个开口热力系统，有气体的流进、流出，并且工质在气缸中被压缩。由前述分析可

知，开口热力系统对外界所做的技术功 W_t，等于状态变化过程中的体积功与进气、排气时推动功的代数和，即

$$W_t = p_1V_1 + \int_1^2 p\mathrm{d}V - p_2V_2 = -\int_1^2 V\mathrm{d}p \tag{11-1}$$

由于气体被压缩后压力是升高的，$\mathrm{d}p>0$，而 V 为正值，可见这时技术功为负值，即意味着压缩气体需要消耗外功。通常将压缩气体消耗功的大小称为压气机所需的功，用符号 W_C 来表示，于是 $W_C=-W_t$。对 1kg 气体，可写成 $w_C=-w_t$。

压气机所需功的多少因压缩过程性质不同而异，它是压气机性能优劣的主要指标。下面对三种不同压缩过程分别计算压缩 1kg 气体时所需的功。

（1）可逆定温压缩（$1\text{-}2_T$）

$$w_{C,T} = -p_1v_1\ln\frac{p_2}{p_1} = -R_gT_1\ln\frac{p_2}{p_1} \tag{11-2}$$

（2）可逆绝热压缩（$1\text{-}2_s$）

$$w_{C,s} = \frac{\kappa}{\kappa-1}(p_1v_1-p_2v_2) = \frac{\kappa R_gT_1}{\kappa-1}\left[1-\left(\frac{p_2}{p_1}\right)^{\frac{\kappa-1}{\kappa}}\right] \tag{11-3}$$

（3）可逆多变压缩（$1\text{-}2_n$）

$$w_{C,n} = \frac{n}{n-1}(p_1v_1-p_2v_2) = \frac{nR_gT_1}{n-1}\left[1-\left(\frac{p_2}{p_1}\right)^{\frac{n-1}{n}}\right] \tag{11-4}$$

上述三种压缩过程，到底哪种压缩过程最有利用价值呢？因为压缩过程所需的技术功在 $p\text{-}v$ 图上可表示成过程线左边的面积，从图 11-2 的 $p\text{-}v$ 图及 $T\text{-}s$ 图可很容易得出

$$w_{C,s} > w_{C,n} > w_{C,T}$$

$$T_{2s} > T_{2n} > T_{2T}$$

将一定质量的气体从相同的初态压缩到相同的终态压力，绝热过程所耗的功最多，定温压缩最少，多变压缩介于两者之间，并随 n 的减小而减小。同时，绝热压缩后气体的温度升高较大，这一点是不利的。因气体温度过高时将影响气缸壁上润滑油的润滑性质，严重时甚至会引起爆炸事故。因此，压气机的压缩过程以定温过程最为有利，所以改进压气机工作过程的主要方向就在于减小压缩过程的多变指数 n，使其接近定温过程。对单级活塞式压气机采用水套冷却时，通常多变指数 $n=1.2\sim1.3$。在限定温升条件下，采用放热压缩可提高单级活塞式压气机的排气压力，从工程应用的角度来看，这是十分重要的。

第二节　余隙容积的影响

上节所讨论的情况，是假定活塞在上死点位置时气缸内的余隙容积为零，也即气缸没有余隙容积。这样在吸气过程中活塞移动全冲程所扫过的气缸容积（活塞排量）等于压气机所吸入的气体容积。实际上为防止活塞运行到上死点时与气缸盖相碰，以及安排进、排气阀，进、排气口处必须留有一定的空隙以起“气垫”作用。因此，活塞式压气机不可能完全没有余隙容积。有余隙容积的压气机理想示功图如图 11-3 所示。

图中 V_0 为余隙容积，V_h 为活塞排量（或气缸工作容积）。1-2 为压缩过程，2-3 为排气过程，3-4 为余隙容积内残余高压气体的膨胀过程，4-1 为吸气过程。从图 11-3 可看出，排送压缩气体终了时，余隙容积 V_0（V_3）内尚有未排出的压缩气体。所以活塞回行时，排气阀不能马上打开，必须等到余隙容积内的残余气体膨胀到使气缸内气体压力降低到吸气时的压力，才能开始吸气。因此，压气机的轴每转一周时，实际吸入的气体容积（称为有效吸气容积）为 $V=V_1-V_4$，比活塞排量 V_h 要小。

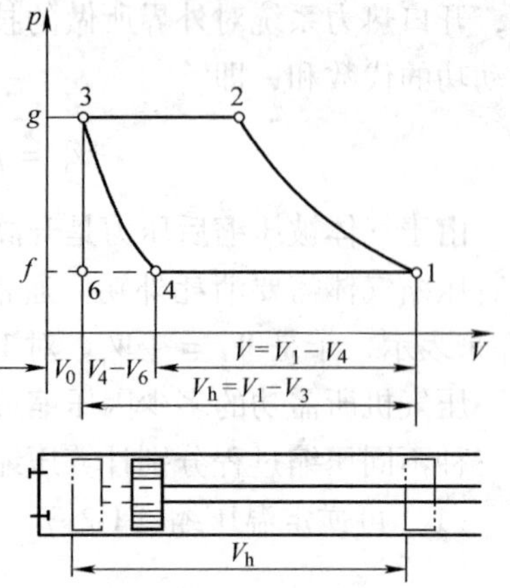

图 11-3　有余隙容积的压气机理想示功图

一、余隙容积对活塞式压气机功耗的影响

压气机循环一周所消耗的功用图 11-3 上的面积可表示为

$$W_t = 面积(1\text{-}2\text{-}3\text{-}4\text{-}1) = 面积(1\text{-}2\text{-}g\text{-}f\text{-}1) - 面积(4\text{-}3\text{-}g\text{-}f\text{-}4)$$

假定 1—2 与 3—4 两过程的多变指数 n 相等，则

$$w_C = \frac{np_1V_1}{n-1}\left[1-\left(\frac{p_2}{p_1}\right)^{\frac{n-1}{n}}\right]-\frac{np_4V_4}{n-1}\left[1-\left(\frac{p_3}{p_4}\right)^{\frac{n-1}{n}}\right]$$

由于 $p_1=p_4$，$p_3=p_2$，所以

$$W_C = \frac{n}{n-1}p_1(V_1-V_4)\left[1-\left(\frac{p_2}{p_1}\right)^{\frac{n-1}{n}}\right] = \frac{n}{n-1}p_1V\left[1-\left(\frac{p_2}{p_1}\right)^{\frac{n-1}{n}}\right] \tag{11-5}$$

式中，V 是有效吸气容积。可见，有余隙容积后进气容积虽然减小，但所需的功也相应减小。如压缩同量的气体至同样的增压比（$\beta=p_2/p_1$），理论上所消耗的功与无余隙容积时相同。即活塞式压气机余隙容积的存在对压缩单位质量气体的功耗无影响。

由此可见，理论上，余隙容积对压气机消耗的功没有影响，但实际上因余隙容积的存在，使得压气机每转一圈所吸入的气量减少。若用同样大小的压气机，在同样的风量（吸气量）的情况下，有余隙容积的压气机的转速要比没有余隙容积的压气机高，而机轴每转一圈的摩擦消耗大致相同，因此有余隙容积的压气机所消耗的有效功要多些。这就要求在设计或检修压气机时，要注意余隙容积不能过大。

二、余隙容积对活塞式压气机生产量的影响

有余隙容积的活塞式压气机的有效吸气容积与活塞排量之比称为“容积效率”，以 η_V 表示，即

$$\eta_V = \frac{有效吸气容积}{活塞排量} = \frac{V}{V_h}$$

容积效率 η_V 反映了活塞式压气机生产量的高低。在相同的余隙容积下，如果增压比越大，则有效吸气容积减小，即 η_V 减小，压气机产量越低，当增压比增大到某一极限值时，将完全不能进气。如图 11-4 所示，当压力 p_1 压缩到 p_2 时，气缸的有效吸气容积为 $V=V_1-V_4$；压力提高到 $p_{2'}$ 时，有效吸气容积为（$V_1-V_{4'}$）；当压力提高到 $p_{2''}$ 时，在 V_0 容积内的剩

余高压气体经膨胀后已达到容积 V_1，完全不能再进气，有效吸气容积为零，此时 $\eta_V=0$，即压气机已无法生产压缩空气。

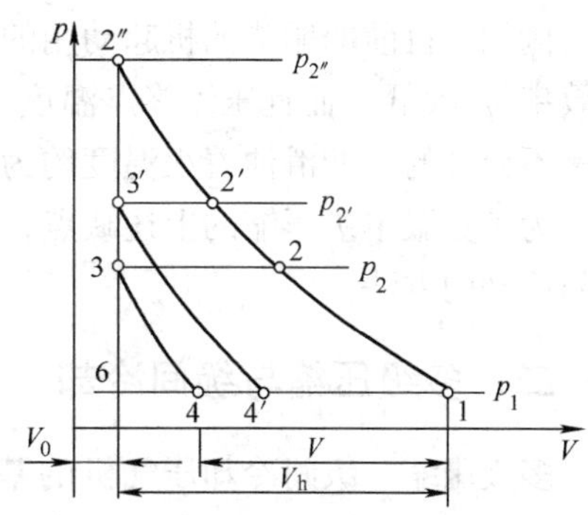

图 11-4　增压比对容积效率的影响

容积效率的数学表达式为

$$\eta_V=\frac{V}{V_h}=\frac{V_1-V_4}{V_1-V_3}=\frac{(V_1-V_3)-(V_4-V_3)}{V_1-V_3}$$

$$=1-\frac{V_4-V_3}{V_1-V_3}$$

$$=1-\frac{V_3}{V_1-V_3}\left(\frac{V_4}{V_3}-1\right)$$

式中，$V_3/(V_1-V_3)=V_0/V_h=C$ 称为余隙比，又因

$$\frac{V_4}{V_3}=\left(\frac{p_3}{p_4}\right)^{\frac{1}{n}}=\left(\frac{p_2}{p_1}\right)^{\frac{1}{n}}=\beta^{\frac{1}{n}}$$

式中，β 为增压比。

故

$$\eta_V=1-C(\beta^{\frac{1}{n}}-1) \tag{11-6}$$

由此可见，影响压气机容积效率的因素包括增压比 β、余隙比 C（取决于压气机的结构尺寸）和压缩过程的性质（多变指数 n）。当余隙比 C 和多变指数 n 为一定时，增压比 β 越大，则容积效率越小，压气机产量越低。当 β 增加至某一值时容积效率为零。这时压气机工作处于既不吸气也不排气的状况，从图 11-4 中亦可看出，压缩气体将沿 1-2″线压缩和沿 2″-1 线膨胀到始点 1。

综上所述，活塞式压气机余隙容积的存在，虽然对压缩定量气体所消耗的功无影响，但使容积效率降低。因此，在理论上若需压缩同样数量的气体，必须使用气缸较大的压气机。这显然是不利的，而且这一有害影响，将随增压比 β 的增大而扩大。故在设计制造活塞式压气机时，应尽量使余隙容积减小，余隙比 C 通常为 2% ~6%，设计得好的大型压气机可达到 1% 左右或更小。

第三节　多级压缩与级间冷却

一、用单级活塞式压气机生产高压空气的缺陷

当需要压力较高的压缩空气时（此时增压比 β 较大），单级压缩有可能使压缩后的气体温度超过润滑油正常工作所允许的极限值（160 ~180℃），使气缸润滑油被分解，并使所形成的气体混合物发生自燃而爆炸，以致损坏压气机的阀门和管道。故要求 $T_2=T_1\beta^{1/n}$ 小于 160 ~180℃，工程上通常要求单级压缩的增压比 $\beta\leqslant7$。

单级压缩只能采用气缸冷却（水冷或气冷）的方式来降低气体压缩后的温度，避免润滑油自燃及降低多变指数以减少功耗，通常要使多变指数降低到 1.2 以下。因此，从节省功量的观点出发，还不是很理想的冷却方式。

当需要的压缩空气压力较高时，如采用单级压缩，则必须增大增压比 β，从式（11-6）可看出，容积效率将降低，压气机产量会大幅度下降。

例如，目前船舶柴油机起动用的压缩空气，表压力通常为3MPa，若采用单级压缩，容积效率 η_V 太低，而且压缩终点温度可达到370℃，这一温度从保证压气机得到有效润滑来说是不允许的。润滑油着火温度约为220℃，故要求压缩终点气体温度不超过160～180℃。

为了克服单级压缩的上述缺点，满足生产上对高压气体的需要，可采用多级压缩且进行级间冷却的方法。

二、多级压缩与级间冷却

多级压缩、级间冷却压气机的基本工作原理是气体逐级在不同的气缸中被压缩（每级增压比 $\beta \leqslant 7$），每经过一次压缩后，就在中间冷却器中被定压冷却到大气温度，然后进入下一级气缸继续被压缩。

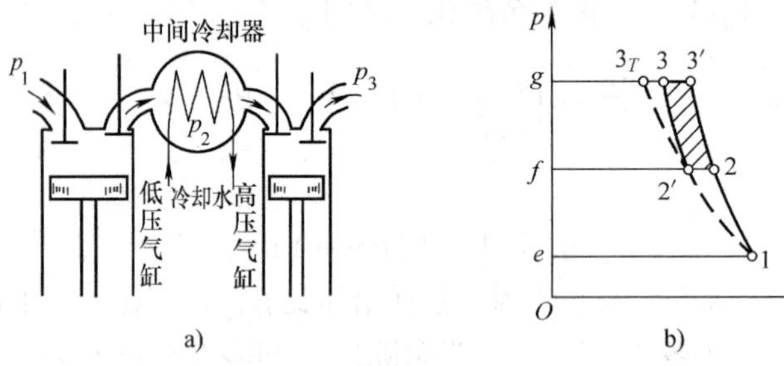

图 11-5　两级压缩、中间冷却压气机的设备简图和工作过程

图 11-5 所示为两级压缩、中间冷却压气机的设备简图和工作过程图。其中 e-1 为低压气缸的吸气过程；1-2 为低压气缸中气体的压缩过程；2-f 为压缩后的气体排出低压气缸的过程；f-2 为压缩气体进入冷却器的过程；2-2′为气体在冷却器中的定压冷却放热过程，在冷却充分的条件下可使 $T_1 = T_{2'}$；2′-f 为冷却后的气体排出冷却器的过程；f-2′为冷却后的气体进入高压气缸的过程；2′-3 为高压气缸中气体的压缩过程；3-g 为压缩气体排出高压气缸进入空气瓶的过程。这样分级压缩后所消耗的功等于两个气缸所需功的总和 = 面积（e-1-2-f-e）+面积（f-2′-3-g-f）。与不分级压缩时所需的功，即面积 e-1-3′-g-e 相比，采取分级压缩、中间冷却可省去图 11-5b 中阴影部分那一块面积。依次类推，分级越多，逐级采取中间冷却时，理论上可省更多的功。如级数增至无穷多，则可使整个压缩过程趋近定温过程，如图 11-6 所示。实际上，分级不宜太多，否则机构复杂，机械摩擦损失和流动阻力等不可逆损失亦将随之增加，一般视增压比的大小，分为两级到四级。

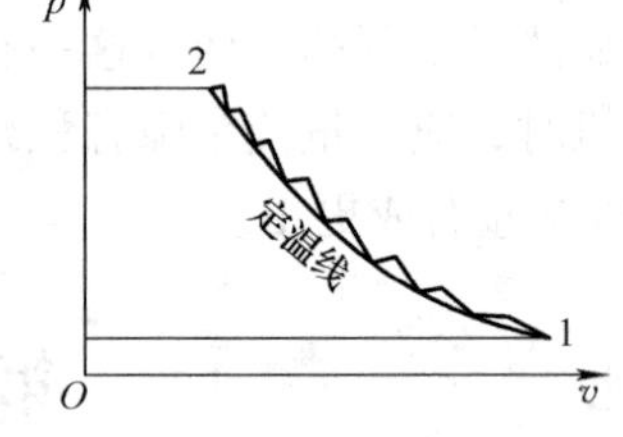

图 11-6　压缩级数与定温线的关系

三、最佳中间压力的确定

分级压缩随着采用的中间压力不同，所节省的功也不同，最佳的中间压力应使全机所消耗的功的总和为最小。下面进一步讨论如何选定两级压缩时的最佳中间压力 p_2，再将计算结果推广至一般的情况。

两级压缩时，总功耗为第一级低压气缸的功耗 W_{t1} 与第二级高压气缸的功耗 W_{t2} 的和。

若两压缩过程的多变指数 n 相同，则

$$W_C = W_{C1} + W_{C2} = \frac{nR_g T_1}{n-1}\left[1-\left(\frac{p_2}{p_1}\right)^{\frac{n-1}{n}}\right] + \frac{nR_g T_{2'}}{n-1}\left[1-\left(\frac{p_3}{p_1}\right)^{\frac{n-1}{n}}\right] \tag{11-7}$$

如果中间冷却器能使气体得到充分冷却，那么气体的温度最低能达到 $T_1 = T_{2'}$。这样有

$$W_C = \frac{nR_g T_1}{n-1}\left[2-\left(\frac{p_2}{p_1}\right)^{\frac{n-1}{n}} + \left(\frac{p_3}{p_1}\right)^{\frac{n-1}{n}}\right]$$

在工程应用上，上式中的进气压力 p_1 一般为大气压力，排气压力 p_3 一般是实际生产所要求达到的压力。这样，在 p_1、p_3 一定的情况下，压气机的总功耗主要由中间压力 p_2 决定，即有 $W_t = f(p_2)$。根据高等数学中求极值的方法，为了使总功耗最小，可令 $dW_t/dp_2 = 0$。由此求得 W_C 为最小值的条件是

$$p_2 = \sqrt{p_1 p_3} \quad 或 \quad \frac{p_2}{p_1} = \frac{p_3}{p_2}$$

由此可见，取两级增压比相等时，压气机的总功耗为最小。如果分成 m 级压缩，各级压力设为 p_1、p_2、p_3、…、p_m、p_{m+1}，则压气机所消耗的总功量为最小时，各中间压力应满足

$$\frac{p_2}{p_1} = \frac{p_3}{p_2} = \cdots = \frac{p_m}{p_{m-1}} = \frac{p_{m+1}}{p_m}$$

即各级的增压比都相同，且 $\beta = \sqrt[m]{p_{m+1}/p_1}$。若每级中间冷却器都可将气体冷却到初始温度 T_1，则各级气缸所需的功相等，每一级都为

$$w_C = \frac{nR_g T_1}{n-1}[1-(\beta)^{\frac{n-1}{n}}] \tag{11-8}$$

按每级增压比相等的原则确定中间压力的大小，不仅可使压气机总功耗最小，还可得到一些其他有利结果：

1）每级气缸所需的功相等，这样有利于曲轴的平衡。

2）每个气缸中气体压缩后所达到的最高温度相同，因为

$$\frac{T_2}{T_1} = \beta^{\frac{n-1}{n}} = \frac{T_3}{T_{2'}}$$

又因 $T_1 = T_{2'}$，所以 $T_2 = T_3$。这样每个气缸的温度条件相同。

3）每级向外排出的热量相等，且每一级的中间冷却器向外排出的热量也相等。

利用分级压缩、级间冷却时，各级的气缸容积是按增压比递减的。因为 $p_2 V_{2'} = p_1 V_1$，所以 $V_{2'}/V_1 = p_1/p_2 = 1/\beta$。

两级压缩和级间冷却压气机的 T-s 图如图 11-7 所示。图中 1-2-3′为不分级的多变压缩过程。如果气体在低压气缸中由点 1 多变压缩到点 2；经中间冷却器定压冷却到点 2′，2-2′为定压冷却放热过程，$T_1 = T_{2'}$，所放出的热量为 T-s 图上过程线 2-2′下面的面积 2-2′-j-m-2；再进入高压气缸多变压缩至点 3。所耗功为面积 n-1-2-2′-3-3_T-i-n。与不分级压缩时所消耗功（面积 n-1-3′-3_T-i-n）相比，可节省的功如图中面积 2-3′-3-2′-2 所示。同时压缩气体的终态温度 T_3 也比不分级压缩时的温度 $T_{3'}$ 低，这对压气机的可靠运动是有利的。

分级压缩对容积效率的提高也有利，因余隙容积的有害影响随增压比的增大而扩大，分级后，在每一级中的增压比缩小，故同样大的余隙容积对容积效率的有害影响将缩小，即容

积效率比不分级时大。

综上所述，多级压缩的主要优点是：节省压缩功，降低被压气体的终温。对于活塞式压气机还可提高其容积效率，增加压缩气体生产量。此外对压气机的结构、布置、运动管理等也极有利，故应用广泛。

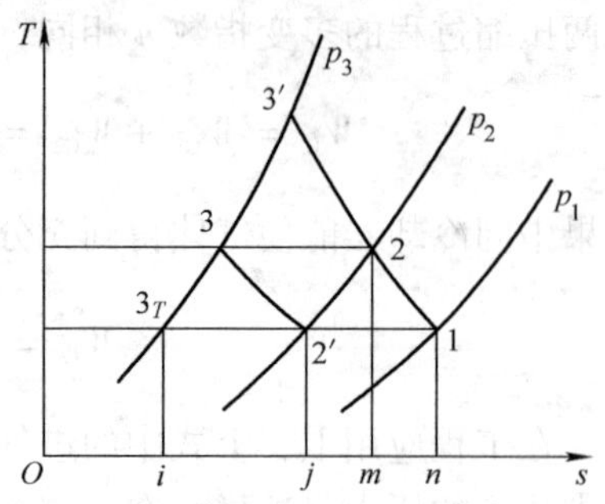

图 11-7　两级压缩和级间冷却压气机的 T-s 图

【例 11-1】　一台三级压缩、中间冷却的活塞式压气机装置的 p-v 图如图 11-8 所示。已知低压气缸直径 $D=450\text{mm}$，活塞行程 $S=300\text{mm}$，余隙比 $C=0.05$。空气初态为 $p_1=1\text{bar}$，$t_1=18℃$，经可逆多变压缩到 $p_2=15\text{bar}$，设各级多变指数 $n=1.3$。假定中间压力值最佳、中间冷却最充分。试求：（1）各中间压力；（2）低压气缸的有效吸气容积；（3）压气机排气温度和排气容积；（4）压气机压缩单位质量气体的功耗；（5）若采用单级活塞式压气机一次将同量的空气压缩到 $p_2=15\text{bar}$（$n=1.3$），则所需的比功量和排气温度各为多少？

解：（1）各中间压力

按压气机耗功量最小的原则，其各级的增压比应相等，即

$$\beta_1=\beta_2=\beta_3=\sqrt[3]{p_2/p_1}=\sqrt[3]{15/1}=2.466$$

即

$$\frac{p_a}{p_1}=\frac{p_b}{p_a}=\frac{p_2}{p_b}=2.466$$

所以

$$p_a=2.466p_1=2.466\text{bar}$$

$$p_b=2.466p_a=2.466^2\text{bar}=6.081\text{bar}$$

（2）低压气缸的有效吸气容积

低压气缸的活塞排量为　$V_h=\dfrac{\pi D^2}{4}S=\dfrac{\pi\times0.45^2}{4}\times0.3\text{m}^3=0.0477\text{m}^3$

低压气缸的余隙容积为　$V_0=V_hC=0.05\times0.0477\text{m}^3=0.00239\text{m}^3$

这里的 V_0 即为低压气缸中残余高压气体膨胀的始点容积，设低压气缸开始吸气时的容积为 V_x，根据多变过程的初始参数间的关系有

$$V_x=V_0\left(\frac{p_a}{p_1}\right)^{1/n}=0.00239(2.466/1)^{1/1.3}\text{m}^3=0.00478\text{m}^3$$

压气机低压气缸总容积为　$V_1=V_h+V_0=0.0477\text{m}^3+0.00239\text{m}^3=0.05009\text{m}^3$

所以低压缸的有效吸气容积为　$V=V_1-V_x=0.05009\text{m}^3-0.00478\text{m}^3=0.04531\text{m}^3$

（3）压气机排气温度 t_4 和排气容积 V_4-V_0

按多变压缩过程 3′-4 参数间关系得

$$T_4=T_{3'}\left(\frac{p_2}{p_b}\right)^{\frac{n-1}{n}}$$

因为中间冷却充分，所以 $T_{3'}=T_1=291\text{K}$，因此

$$T_4=291\times(2.466)^{\frac{1.3-1}{1.3}}=358.5\text{K}\quad 或\quad t_4=85.5℃$$

按进、排气状态方程得

$$\frac{p_1 V}{T_1} = \frac{p_2(V_4 - V_0)}{T_4}$$

$$\begin{aligned} V_4 - V_0 &= \frac{p_1 T_4}{p_2 T_1} V \\ &= \frac{1 \times 358.5}{15 \times 291} \times 0.04531\text{m}^3 \\ &= 0.00372\text{m}^3 \end{aligned}$$

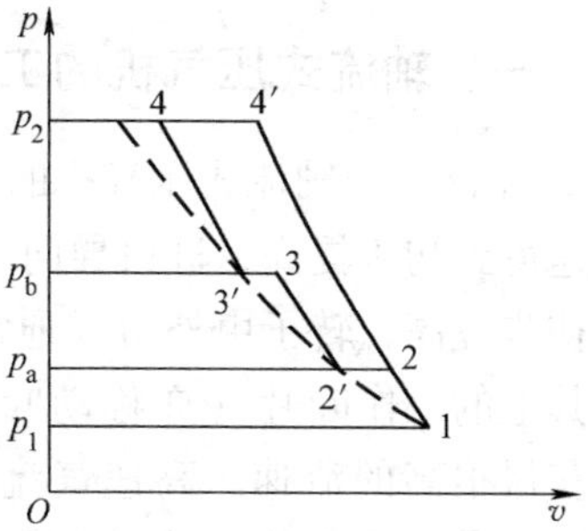

图 11-8　例 11-1 用图

（4）压气机所需的比功量

由于每级气缸所消耗的功量相等，对三级压缩，由式（11-8）得单位质量气体的比功耗为

$$\begin{aligned} w_C &= 3\frac{n}{n-1} R_g T_1 [1 - \beta_1^{\frac{n-1}{n}}] \\ &= \frac{3 \times 1.3}{1.3 - 1} \times 0.287 \times 291 \times [2.466^{\frac{1.3-1}{1.3}} - 1]\text{kJ/kg} \\ &= -251.4\text{kJ/kg} \end{aligned}$$

（5）单级可逆多变压缩时所需的比功量及排气温度

由式（11-8）有

$$\begin{aligned} w_C' &= \frac{n}{n-1} R_g T_1 \left[1 - \left(\frac{p_2}{p_1}\right)^{\frac{n-1}{n}}\right] \\ &= \frac{1.3}{1.3 - 1} \times 0.287 \times 291 (1 - 15^{\frac{1.3-1}{1.3}})\text{kJ/kg} \\ &= -314.2\text{kJ/kg} \end{aligned}$$

排气温度　$T_4 = T_1 (p_2/p_1)^{\frac{n-1}{n}} = 291 \times 15^{\frac{1.3-1}{1.3}}\text{K} = 543.6\text{K}$

$$t_4 = 270.6℃$$

讨论：单级压气机不仅比多级压气机的功耗大得多（增加约25%），而且排气温度达到270℃，这是不允许的，可见采用单级压缩不宜生产高压空气。

第四节　叶轮式压气机的工作原理

活塞式压气机的缺点是单位时间内产气量小，其原因是由于转速不高，间歇性的吸气和排气，以及有余隙容积的影响。叶轮式压气机克服了这些缺点，它的转速比活塞式压气机高，能连续不断地吸气和排气，没有余隙容积，所以它的机体紧凑而且产气量大。其缺点是每级的增压比小，如果要得到较高的压力，则需用很多的级数。其次因气流速度高，各部分的摩擦损失较大，使效率较差，故对设计和制造的技术水平要求高。近代的气体动力学理论和加工技术的进步，改进了各种叶轮式机械的效率，使叶轮式机械的效率可达90%以上。

叶轮式压气机分径流式（即离心式）与轴流式两种。离心式压气机适用于中、小型生产量的场合，转速高，但效率稍低。轴流式压气机则结构紧凑，便于安装更多的级数，通道长度可以缩短，且效率较高，适宜于大流量、效率要求高的场合。

一、轴流式压气机的工作原理

图 11-9 为轴流式压气机的构造示意图。空气从左下方进口流入压气机，经过收缩器时流速得到初步提高，进口导向叶片使气流流速改变为轴向，同时还起扩压管的作用，使压力有初步提高，转子由外力（通常为电动机、汽轮机、燃气轮机）带动，做高速旋转，固定在其上的工作叶片（亦称动叶片）推动气流，使气体获得很高的流速。高速气流进入固装在机壳上的导向叶片（亦称静叶片）间的通道，使气流的动能降低而压力提高，每一对导向叶片间的通道相当于一个扩压管。气流经过每一级（由一排工作叶片和一排导向叶片构成）时连续进行类似的过程，使气体的压力逐渐提高，最后经扩压器从右下方出口排出。流经扩压器时，气流的余速亦有一部分得以利用而提高其压力。

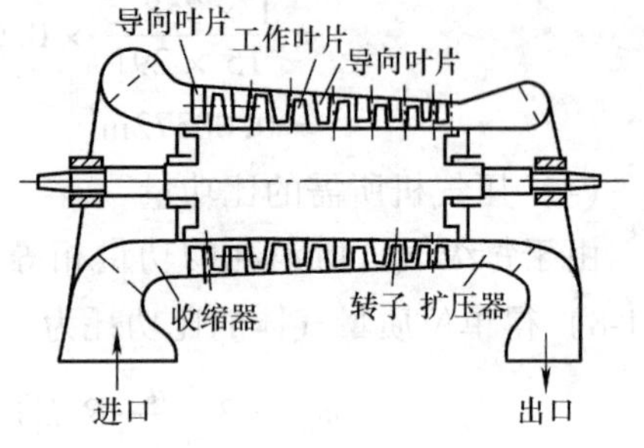

图 11-9　轴流式压气机的构造示意图

二、离心式压气机的工作原理

图 11-10 所示为离心式压气机的结构简图，压气机的叶轮被带动做高速旋转，空气沿轴向进入叶轮的叶片之间，旋转着的叶片使空气在离心力的作用下沿径向加速后以很高的速度被甩出叶轮。具有较大动能的气流，进入叶轮外圈所布置的有叶扩压器（由固定不动的叶片组成），这时速度下降，空气的动能转变为压力能。然后，再经过断面逐渐增大的蜗壳（扩压管），空气的速度进一步降低，压力进一步提高，使气体从排气口压出。

叶轮式压气机的工作过程虽与活塞式压气机不同，但从热力学观点来分析气体的状态变化过程，则与活塞式无异，即都是气体接受了外界的机械能而被压缩的过程，不同的只是在活塞式压气机中，通过活塞的运动来压缩气体，将机械能直接转变成了压力能。而在叶轮式压气机中，能量的转换是分成两个阶段完成的，第一阶段是通过工作叶片的转动将机械能转换成气体的动能，第二阶段再在扩压装置中将气体的动能转换成压力能。故对叶轮式压气机工作过程的热力学分析与活塞式压气机应是一样的。

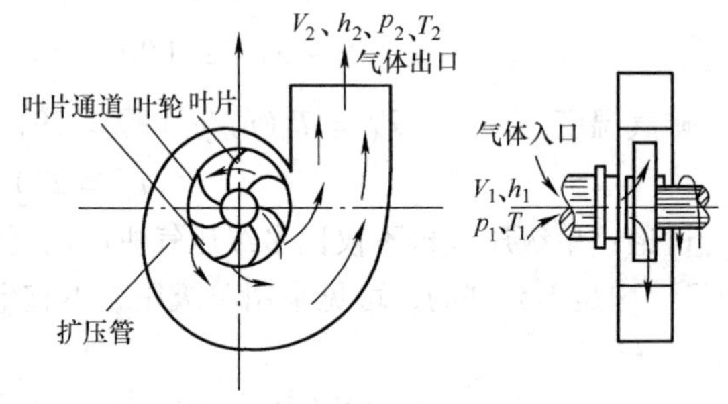

图 11-10　离心式压气机的结构简图

三、叶轮式压气机所消耗的功

如果忽略通过机壳向外的散热，叶轮式压气机的压缩过程可以看成是绝热的。气体的可逆绝热压缩如图 11-11 中 1-2_s 所示。压气机所需要的功为

$$w_{C,s} = h_{2_s} - h_1 = \text{面积}(j - 2_T - 2_s - m - j)$$

实际的压缩过程有相当大的摩擦损失，所实现的是不可逆的绝热压缩过程，如图中 1-2′ 所示，过程中气体的熵增大，终态为 2′。根据热力学第一定律，压气机实际所需要的功为

$$w'_C = h_{2'} - h_1 = \text{面积}(j - 2_T - 2' - n - j)$$

由于叶轮式压气机一般在不冷却的情况下工作，所以常采用绝热效率来衡量其工作的优劣。将压缩前气体的状态相同、压缩后气体的压力也相同的情况下，可逆绝热压缩时压气机所需的功 $w_{t,s}$ 和实际不可逆绝热压缩时所需的功 w'_t 之比称为压气机的绝热效率，亦称压气机绝热内效率，以 η_C 表示。

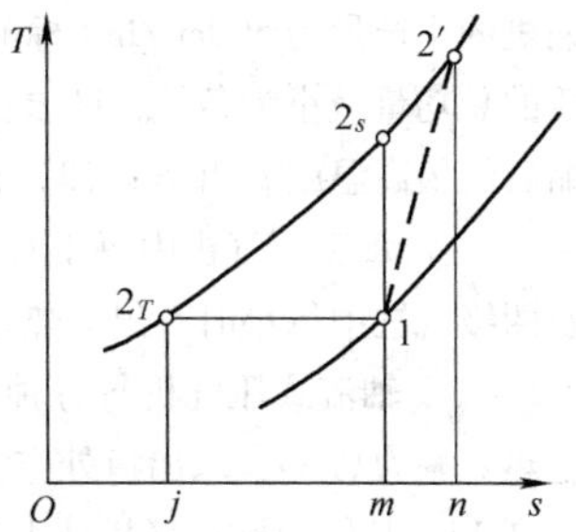

$$\eta_C = \frac{w_{C,s}}{w'_C} = \frac{h_{2_s} - h_1}{h_{2'} - h_1} \tag{11-9}$$

图 11-11　叶轮式压气机的压缩过程

若为理想气体，且比热容为定值，则

$$\eta_C = \frac{T_{2_s} - T_1}{T_{2'} - T_1} \tag{11-10}$$

实际压缩多消耗的功为

$$w'_C - w_{C,s} = h_{2'} - h_{2_s} = \text{面积}(2' - 2_s - m - n - 2')$$

思考与练习题

11-1　试从热力学角度分析为什么要对压气机进行冷却？

11-2　通常柴油机船舶均采用两级压气机来生产柴油机起动所需的压缩空气。压气机的气缸和中间冷却器均用海水冷却，若在起动压气机之前，忘记开海水阀，试问这时将产生什么样的后果？

11-3　如果在检修活塞式压气机时由于不小心而使压气机的余隙容积发生了变化，如比正常的小，则会产生什么后果？如比正常的大，又会产生什么后果？（用示功图进行分析）

11-4　活塞式压气机为什么要有余隙容积？它对活塞式压气机工作有何影响？

11-5　理想气体从同一初态出发，经可逆或不可逆绝热压缩过程，设功耗相同，试问它们的终态温度、压力和熵是否相同？

11-6　活塞式压缩机在什么情况下需采用分级压缩中间冷却？它的优点是什么？

11-7　叶轮式压缩机有什么特点？叶轮式压缩机的能量转换方式与活塞式有什么不同？

11-8　有一台活塞式空气压缩机，其余隙比为0.05，进气压力为0.1MPa，温度17℃，若要求压缩终了的压力达到1.6MPa，设压缩过程的多变指数为1.25，试求压气机的容积效率。若采用两级压缩，按总功耗最小确定中间压力，问此时容积效率又为多少？

11-9　某单缸活塞式压气机，用来制备压力为8bar的压缩空气，已知气缸直径为 $D = 300$mm，活塞行程 $S = 200$mm，余隙容积比为0.05，机轴转速为400r/min，压气机从大气中吸入空气，空气的初态 $p_1 = 1$bar、$t_1 = 20$℃，多变过程多变压缩指数 $n = 1.25$，求压气机的容积效率，并计算压气机每分钟生产的压缩空气量（以kg表示），以及带动该压气机所需电动机的功率（压气机的外部机械摩擦损失忽略不计）。

11-10　一台两级活塞式压气机，每小时吸入 $p_1 = 0.1$MPa、$t_1 = 17$℃的空气108.5kg，经可逆多变压缩到 $p_2 = 6$MPa。设各级多变指数为1.2，比热容为定值，且 $c_p = 1.004$kJ/（kg·K），$c_V = 0.717$kJ/（kg·K），试求：（1）最佳中间压力；（2）各级的排气终温度；（3）两级压缩的总功率；（4）两级压缩时气体放出的总热量；（5）气体在中间冷却器放出的热量。

11-11　某活塞式压气机从大气环境吸入 $p_1 = 1$bar、$t_1 = 20$℃的空气，经多变压缩到 $p_2 = 280$bar。为使每级压缩终了空气的温度在保证正常情况下不大于180℃，设气缸中多变压缩过程的多变指数 $n = 1.3$，试确定压气机应有的最小级数。

11-12　一台两级活塞式压气机，吸入的空气状态为 $p_1 = 0.1$MPa、$t_1 = 17$℃，将空气压缩到2.5MPa。

压缩机的生产量为500m^3/h（标准状态下），两气缸中的压缩过程均按多变指数 $n=1.25$ 进行。以压气机所需要的总功量最小为条件，试求：(1) 空气在低压气缸中被压缩后所达到的压力 p_2；(2) 压气机中气体被压缩后的最高温度 t_2 和 t_3；(3) 设压气机转速为250r/min，每个气缸在每个进气行程中吸入的空气体积 V_1 和 V_2；(4) 每级压气机中每小时所消耗的功 W_{C1} 和 W_{C2}，以及压气所消耗的总功 W_C；(5) 空气在中间冷却器及两级气缸中每小时产出的热量。

11-13　轴流式压气机每分钟吸入 $p_1=1\text{bar}$、$t_1=20℃$ 的空气60kg，经绝热压缩到 $p_2=5\text{bar}$，该压气机的绝热效率为0.85，求出口处空气的温度及压气机所消耗的功率。

11-14　某轴流式压气机从大气环境中吸入 $p_1=0.1\text{MPa}$、$t_1=27℃$ 的空气，其中体积流量为516.6m^3/min，绝热压缩到 $p_2=1\text{MPa}$。由于摩擦作用，使出口气体温度达到350℃。求：(1) 该压气机的绝热效率；(2) 因摩擦引起的熵产；(3) 拖动压气机所需的功率。

第十二章　气体动力循环

【学习目的】 熟悉三种内燃机理想循环的组成及内燃机平均压力的概念；熟练掌握内燃机理想循环热效率的计算方法及影响循环热效率的主要因素；掌握比较循环热效率大小的基本方法。

第一节　活塞式内燃机理想循环

一、柴油机混合加热理想循环

1. 柴油机的实际工作循环简介及其理想化

柴油机有四冲程和二冲程两种。进气、压缩、燃烧与膨胀、排气等四个过程由活塞在四个行程内完成的柴油机，称为四冲程柴油机；在两个行程中完成的，称为二冲程柴油机。下面以四冲程柴油机为例，简单介绍其工作循环。

图 12-1 所示为机械喷射式四冲程柴油机气缸中工质的压力随气缸容积变化的实际示功图。线段 0-1 表示吸气过程，由于进气管路的阻力，气缸内气体的压力稍低于环境压力。线段 1-2 代表压缩过程，在压缩过程的前一阶段，高温气缸壁对空气加热，压缩过程的多变指数 $n>k$，而后一阶段，由于被压缩的空气温度高于缸壁温度，这时空气向缸壁放热，$n<k$，整个压缩过程的平均多变指数 $n=1.34 \sim 1.37$，空气放热量大于吸热量，压缩终点压力为 3～5MPa，温度应超过燃油的自燃温度（柴油为 335℃左右），约为 600～700℃，以便燃油喷入后即能自行燃烧。线段 2-3-4 表示燃烧过程，通常在压缩过程结束前，一部分燃油由高压油泵提前喷入气缸，当压缩终了时，这部分燃油已被空气加热而迅速燃烧，因而在活塞处于上死点附近其运动速度变得很小的情况下，压力在短时间内迅速升高至 5～8MPa，这一过程接近定容燃烧过程。后来喷入气缸的燃油继续燃烧，同时活塞也向下死点移动，这时工质进行的是一个边燃烧边膨胀的过程，该过程接近定压过程，燃烧终点的温度可达 1400～1800℃。线段 4-5 表示膨胀过程，在整个膨胀过程中，工质的压力和温度均下降，但由于气缸容积的限制，工质膨胀到终点（即活塞移动到下死点附近）时的压力并没有降低至环境压力，一般为 0.25～0.45MPa。在整个膨胀过程中，多变指数 n 也是变化的。膨胀初始阶段，由于后燃的影响，工质吸热量大于工质向气缸壁的放热量，为吸热过程，$n<k$；后一阶段，工质对缸壁继续放热而后燃停止，为放热过程，$n>k$。整个膨胀过程究竟是放热还是吸热过程，取决于后燃的影响程度。对于机械喷射式柴油机循环来说，在膨胀过程中，由于后燃加给工质的热量大于工质向缸壁的放热量，是一个吸热过程，其平均多变指数一般为 $n=1.2 \sim 1.38$。线

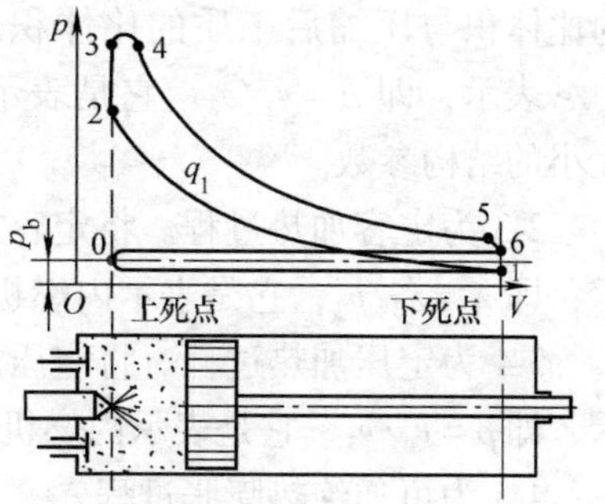

图 12-1　机械喷射式柴油机示功图

段 5-6 代表排气过程。活塞下行至下死点附近位置时，排气阀打开，废气在残余压差作用下排入环境中，气缸内压力迅速下降至略高于环境压力，这一过程经历的时间极短，活塞位置几乎没有移动。线段 6-0 亦为排气过程，这时活塞上行，将气缸中的废气排入环境中，由于排气管路的流动阻力，排气压力略高于环境压力。

综上所述，柴油机从环境中吸入新鲜空气，经过压缩、燃烧和膨胀做功后，以废气的形式排回环境，下一个循环需要重新吸入新鲜空气。过程本身并不是一个封闭循环，加之实际的进气、排气以及燃烧过程都是不可逆过程，所以其实际的工作循环是非常复杂的。为了简化问题，突出热力学上的主要因素，便于分析计算，需对实际工作循环加以合理的抽象和概括，使之成为闭合的、可逆的理想循环，这一过程称为实际循环的理想化。对上述柴油机实际循环的理想化假设有以下几方面：

1）将空气与燃油混合燃烧后得到的混合气体（称为燃气）当成性质与空气相似的理想气体，并采用比热容为定值以简化分析。

2）忽略实际过程中的流动阻力以及进气阀、排气阀的节流损失，认为进气压力与排气压力相等，进气所得到的推动功与排气所需的推动功很接近，可相互抵消，因而进气线 0-1 与排气线 6-0 将与环境压力线重合；废气排到环境中总会冷却到环境状态，再吸入的新鲜空气与上一循环吸入的新鲜空气状态相同，这样就将开式循环理想化为闭式循环。

3）将燃油燃烧加热工质的过程看成是工质从某一高温热源吸收相同数量的热量。且认为吸热过程由定容加热和定压加热两个过程组成。将排气放热过程以在定容下向某一冷源放出相同数量的热量来代替。

4）忽略压缩和膨胀过程中工质与气缸壁之间的热交换，近似认为是绝热压缩与绝热膨胀，并且不考虑摩擦损失，即认为是定熵压缩和定熵膨胀。

经过上述一些理想化假设后，可得出柴油机理想热力循环。图 12-2 为机械喷射式柴油机理想循环的 p-v 图和 T-s 图。该循环由于兼有定容和定压加热过程，所以称为“混合加热循环”，也称为“萨巴特循环”。

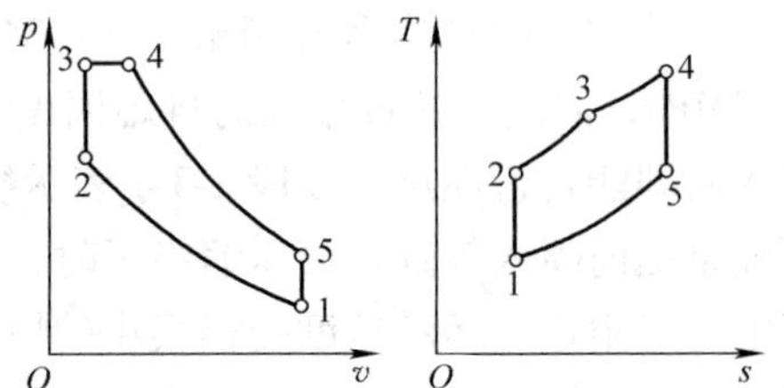

图 12-2　机械喷射式柴油机理想循环的 p-v 图和 T-s 图

图中 1-2 为可逆绝热压缩过程。将压缩前工质的比体积与压缩后工质的比体积之比称为压缩比，用 ε 表示，即 $\varepsilon = v_1/v_2$。它是表示内燃机工作容积大小的结构参数。

2-3 为定容加热过程。将定容加热后与定容加热前的压力之比称为定容升压比，用 λ 表示，即 $\lambda = p_3/p_2$，它是表示内燃机定容燃烧情况的特性参数。

3-4 为定压加热过程。将定压加热后与定压加热前工质比体积之比称为预胀比，用 ρ 表示，即 $\rho = v_4/v_3$，它是表示内燃机定压燃烧情况的特性参数。

4-5 为可逆绝热膨胀过程。

5-1 为定容放热过程。

2. 混合加热柴油机理想循环的热效率

根据循环热效率的定义，可将混合加热循环的热效率表示为

$$\eta_t = 1 - \frac{q_2}{q_1} = 1 - \frac{q_{2V}}{q_{1V} + q_{1p}}$$

式中，q_{1V}为2-3 过程中的定容加热量，$q_{1V}=c_V(T_3-T_2)$；q_{1p}为3-4 过程中的定压加热量，$q_{1p}=c_p(T_4-T_3)$；q_{2V}为5-1 过程中的定容放热量，其值为$q_{2V}=c_V(T_5-T_1)$。

故混合加热理想循环的热效率为

$$\eta_t = 1 - \frac{c_V(T_5 - T_1)}{c_V(T_3 - T_2) + c_p(T_4 - T_3)} = 1 - \frac{T_5 - T_1}{(T_3 - T_2) + \kappa(T_4 - T_3)} \qquad (12\text{-}1)$$

引入特性参数为基本变量可求得用循环特性参数表示的混合加热理想循环热效率的关系式。假定循环初始温度 T_1 为已知，可用 ε、λ、ρ 和 T_1 表示出循环其他特性点的温度参数。因为 1-2 为可逆绝热过程，所以

$$T_2 = T_1(v_1/v_2)^{\kappa-1} = T_1\varepsilon^{\kappa-1}$$

因为 2-3 为定容过程，所以

$$T_3 = T_2(p_3/p_2) = T_2\lambda = T_1\lambda\varepsilon^{\kappa-1}$$

因为 3-4 为定压过程，所以

$$T_4 = T_3(v_4/v_3) = T_3\rho = T_1\lambda\rho\varepsilon^{\kappa-1}$$

因为 5-1 为可逆绝热过程，所以

$$T_5 = T_4(v_4/v_5)^{\kappa-1} = T_4(v_3\rho/v_1)^{\kappa-1} = T_4(\rho/\varepsilon)^{\kappa-1} = T_1\lambda\rho^{\kappa}$$

将上述各特性点温度参数代入式（12-1）可得混合加热循环的热效率可表示为

$$\eta_t = 1 - \frac{1}{\varepsilon^{\kappa-1}}\frac{\lambda\rho^{\kappa} - 1}{(\lambda - 1) + \kappa\lambda(\rho - 1)} \qquad (12\text{-}2)$$

3. 混合加热理想循环热效率的讨论

从式（12-2）可以看出，热效率 η_t 是三个特性参数 ε、λ、ρ 的函数，它们之间的具体变化关系如下：

1）在一定的 λ、ρ 条件下，热效率 η_t 随压缩比 ε 的变化关系如图 12-3 所示。由图可见，热效率随压缩比的提高而增大，但是对于压缩比 ε 已经较高的柴油机来说，再提高 ε，热效率 η_t 的提高并不显著。当压缩比 ε 过大时，会使压缩终点的压力和爆压提高，引起柴油机机件受力过大，使机器过于笨重，而且柴油机的机件摩擦消耗的功也加大，以致热效率无明显增加。所以柴油机的压缩比主要按燃料可靠地起燃和正常燃烧来确定。现代柴油机的压缩比通常在 12 ~ 22 之间。

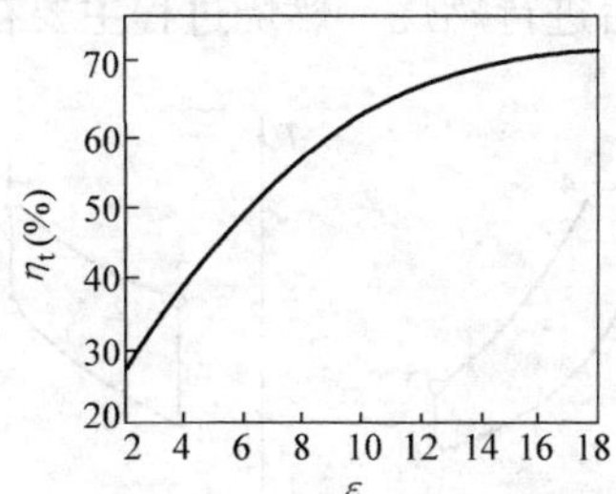

图 12-3　混合加热循环热效率 η_t 随 ε 变化曲线

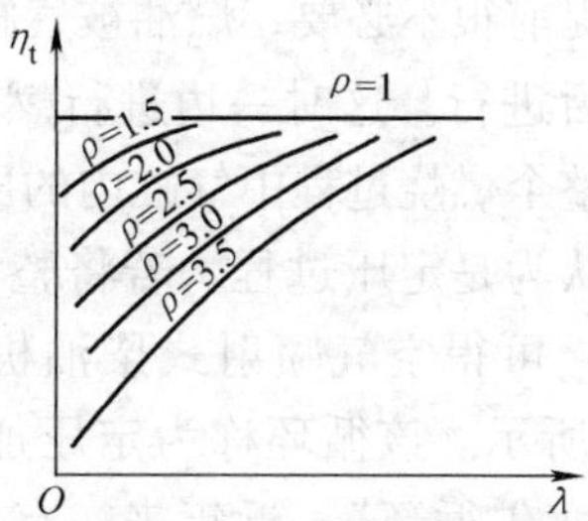

图 12-4　混合加热循环热效率 η_t 随 λ、ρ 变化曲线

2）在一定的 ε 下，提高定容升压比 λ 和降低预胀比 ρ，混合加热循环的热效率 η_t 增高，其相互关系如图 12-4 所示。

从上述分析可知，混合加热循环的热效率 η_t 随压缩比 ε、定容升压比 λ 的增大而增大，随预胀比 ρ 的减小而增大。因此，在供油量（总加热量）一定的情况下，在组织燃烧过程时，应尽可能增加定容燃烧部分的比例，减少定压燃烧部分的比例，亦即使燃烧过程尽可能地接近定容过程。

二、定容加热理想循环

在汽油机中，吸气过程吸入的是汽油与空气的混合物，经活塞压缩至上死点时，由电火花点火而迅速燃烧，这时活塞位移极小，可近似认为是定容燃烧过程。燃烧后的气体膨胀做功及排气过程与混合加热循环过程相同。图 12-5 为定容加热理想循环图，该循环又称为“奥托循环”。

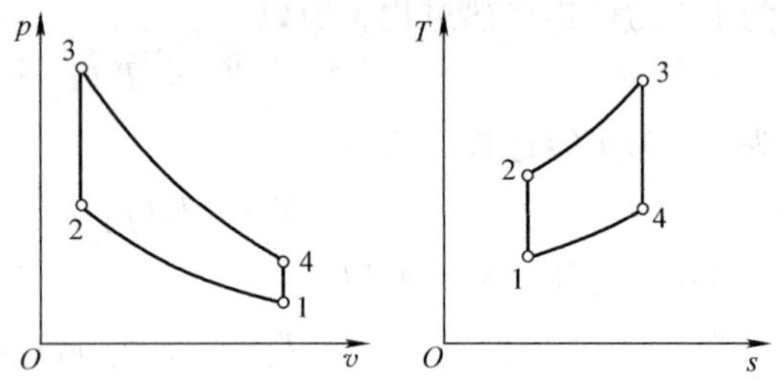

图 12-5　定容加热理想循环

图 12-5 中 1-2 为可逆绝热压缩过程；2-3 为定容加热过程；3-4 为可逆绝热膨胀过程；4-1 为定容放热过程。

将图 12-5 与图 12-2 比较可看出，定容加热理想循环可看做是加热量全部被分配到定容过程的混合加热理想循环的一个特例，此时 $\rho=1$，将其代入混合热理想加热循环热效率公式（12-2），可得定容加热理想循环的热效率为

$$\eta_t = 1 - \frac{1}{\varepsilon^{\kappa-1}} \tag{12-3}$$

由式（12-3）可知，定容加热理想循环的热效率只随压缩比 ε 的增加而提高。但是对于按定容加热循环工作的汽油机来说，由于压缩的是空气与汽油的可燃混合气，如果压缩比太大，在压缩过程中可燃混合气体温度就会超过它的自燃点而在点火前自行燃烧，发生“爆燃”，不但热效率会降低，还会影响机器的正常运转及寿命，所以汽油机的压缩比提高受到限制，一般为 6～10。

三、定压加热理想循环

早期的柴油机转速很低，应用压缩空气将燃油射入气缸中，雾化质量很好，滞燃期很短，喷油提前很不必要，燃油被气缸内的高温空气加热后进行燃烧，燃烧过程主要在活塞离开上死点后进行。这时一边进行燃烧，一边进行膨胀，在整个燃烧过程中气缸内的压力变化不大，可以近似认为是定压过程。若将整个实际工作循环理想化，可得空气喷射式柴油机的理想循环，如图 12-6 所示。该循环称为定压加热理想循环，或称“狄塞尔循环”。近年来，有些高增压柴油机及汽车用高速柴油机也是按定压加热循环工作的。

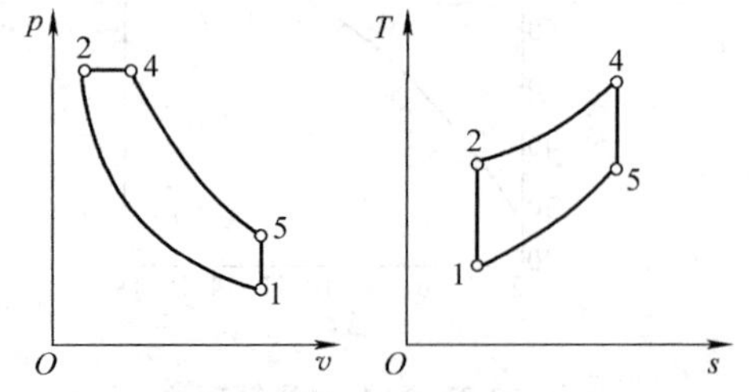

图 12-6　定压加热理想循环图

图 12-6 中，1-2 为可逆绝热压缩过程；2-3 为定压加热过程；3-4 为可逆绝热膨胀过程；4-1 为定容放热过程。

将图 12-6 与图 12-2 比较可以看出，定压加热理想循环可看做是加热量全部被分配到定压过程的混合加热理想循环的一个特例，此时 $\lambda = 1$，将其代入混合热理想加热循环热效率公式（12-2），可得定压加热理想循环的热效率为

$$\eta_t = 1 - \frac{1}{\varepsilon^{\kappa-1}} \frac{\rho^\kappa}{\kappa(\rho - 1)} \tag{12-4}$$

由式（12-4）可见，当预胀比 ρ 不变时，提高压缩比 ε，循环热效率 η_t 提高。若压缩比 ε 不变，提高预胀比 ρ，热效率 η_t 则降低。

第二节　活塞式内燃机理想循环的比较及循环的平均压力

各种活塞式内燃机理想循环的热力性质取决于实施循环时的条件，因此在比较各种循环热效率时必须在一定的条件下比较。一般分别以压缩比、加热量、最高压力、最高温度等相同作为比较标准，在方法上最简单的是应用 T-s 图。

一、平均温度的概念

如图 12-7 所示，有一任意可逆循环 a-b-c-d-a，其加热过程为 a-b-c，其放热过程为 c-d-a，则

$$q_1 = \int_a^c T\mathrm{d}s = \text{面积 } a\text{-}b\text{-}c\text{-}s_c\text{-}s_a\text{-}a$$

$$q_2 = \int_c^a T\mathrm{d}s = \text{面积 } c\text{-}d\text{-}a\text{-}s_a\text{-}s_c\text{-}c$$

若以温度为 $\overline{T}_1$ 的定温加热过程 4-1 来代替原加热过程 a-b-c，这一假想的定温加热过程与原加热过程比熵的变化量相同，且加热量相同，即

$$q_1 = \int_a^c T\mathrm{d}s = \overline{T}_1(s_c - s_a)$$

则

$$\overline{T}_1 = \frac{q_1}{s_c - s_a}$$

式中，$\overline{T}_1$ 即为循环中加热过程的平均吸热温度。同理

$$\overline{T}_2 = \frac{q_2}{s_c - s_a}$$

式中，$\overline{T}_2$ 即为循环中放热过程的放热平均温度。于是，原循环 a-b-c-d-a 的热效率可表示为

$$\eta_t = 1 - \frac{q_2}{q_1} = 1 - \frac{\overline{T}_2}{\overline{T}_1}$$

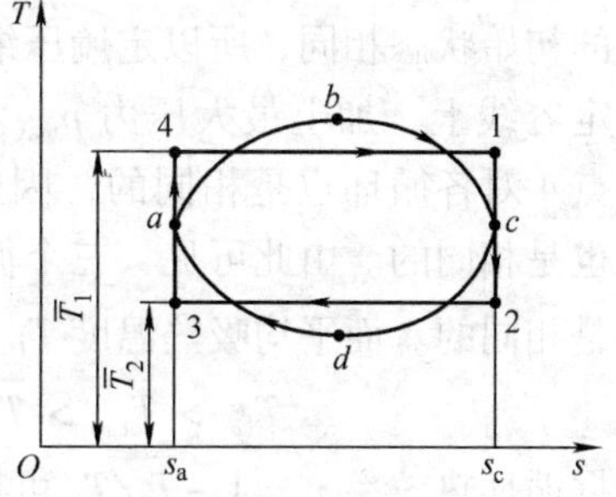

图 12-7　平均吸热温度和平均放热温度

可见，原循环的热效率等于由 $\overline{T}_1$ 与 $\overline{T}_2$ 组成的假想卡诺循环 1-2-3-4-1 的热效率。因此，凡能提高循环的平均吸热温度和降低循环的平均放热温度的措施，均能提高循环的热效率。

二、具有相同压缩比和加热量时的比较

在循环的压缩比和吸热量相同时，内燃机三种理想循环的 T-s 图如图 12-8 所示。循环1-2-3-4′-5′-1 为定容加热循环；循环 1-2-4″-5″-1 是定压加热循环；循环 1-2-3-4-5-1 是混合加热循环。由于初始状态相同，压缩比相同，所以三种循环的定熵压缩线相同，同时放热过程都在通过状态点 1 的同一条定容线上。

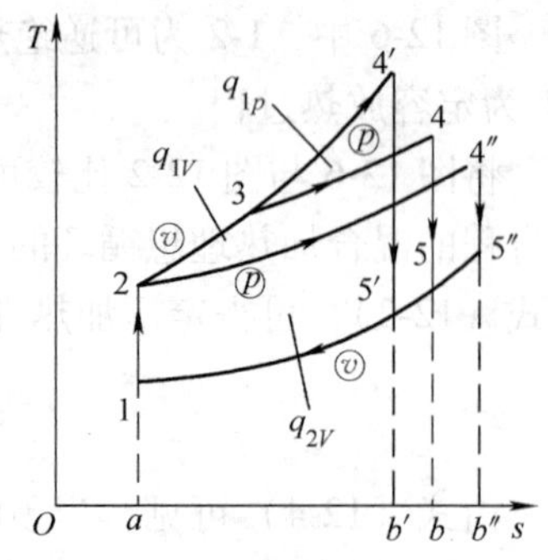

图 12-8　压缩比和吸热量相同时三种理想循环的比较

三个循环的吸热量 q_1 相同，而放热量是不同的，由图 12-8 可见：

面积（a-1-5′-b′-a）＜面积（a-1-5-b-a）＜面积（a-1-5″-b″-a）

也可表示为

$$q_{2V} < q_{2\mathrm{m}} < q_{2p}$$

根据循环热效率公式 $\eta_t = 1 - q_2/q_1$，三个循环吸热量 q_1 相同时，放热量越小的循环其热效率越大，所以有

$$\eta_{t,V} > \eta_{t,\mathrm{m}} > \eta_{t,p}$$

另外，也可从循环平均吸热温度和平均放热温度来比较，从图中可看出

$$\overline{T}_{1V} > \overline{T}_{1\mathrm{m}} > \overline{T}_{1p}$$

$$\overline{T}_{2V} < \overline{T}_{2\mathrm{m}} < \overline{T}_{2p}$$

因为 $\eta_t = 1 - \overline{T}_2/\overline{T}_1$，所以同样可得出上述相同的结果。

事实上，由于三种循环的压缩比各不相同（如一般汽油机的压缩比要比柴油机小得多），所以上述结果不符合内燃机循环的实际情况。但是上面的比较结果，说明了从热力学分析来看，定容加热比定压加热对循环有利。

三、循环最高温度和最大压力相同时的比较

循环最高温度（$T_{\max}$）和最大压力（$p_{\max}$）相同，即在相同的热力强度和机械强度的条件下进行比较。图 12-9 为上述条件下内燃机三种理想循环的 T-s 图。循环 1-2′-4-5-1 为定容加热循环；循环 1-2″-3-4-5-1 是定压加热循环；循环 1-2-3-4-5-1 是混合加热循环。由于各循环的初始状态相同，所以定熵压缩过程和定容放热过程分别在过点 1 的同一条定熵线和同一条定容线上，加上最大压力 $p_{\max}$ 和最高温度 $T_{\max}$ 确定的点 4 对各循环也是相同的，因此 3-4 定熵膨胀过程线也是相同的。由此可见，三个循环的平均放热 $\overline{T}_2$ 放热是相同的。而平均吸热温度 $\overline{T}_1$ 则有下列关系

$$\overline{T}_{1p} > \overline{T}_{1\mathrm{m}} > \overline{T}_{1V}$$

依据循环热效率 $\eta_t = 1 - \overline{T}_2/\overline{T}_1$ 可得

$$\eta_{t,p} > \eta_{t,\mathrm{m}} > \eta_{t,V}$$

即在相同的机械强度和热力强度下，定压加热循环的热效率 $\eta_{t,p}$ 为最高，定容加热循环的 $\eta_{t,V}$ 为最低，混合

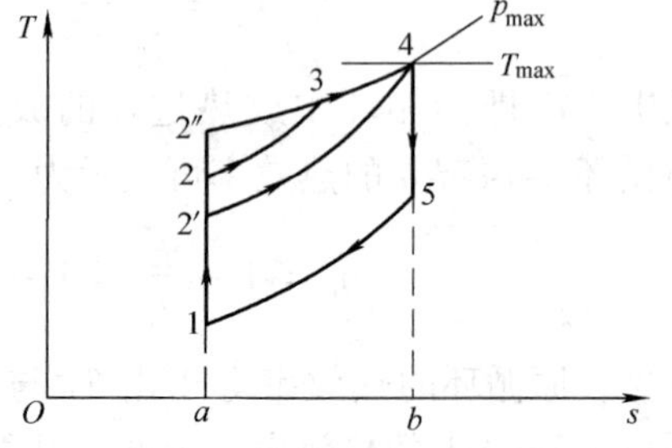

图 12-9　循环最高温度和最高压力相同时三种理想循环的比较

加热循环的 $\eta_{t,m}$ 居中。这里可以看到采用高的压缩比使循环热效率得以提高，$\eta_{t,p}$ 最高就是例子。

此外，也可通过比较三个理想循环吸热量和放热量大小的方法得出上述结论。从图 12-9 可以看出，三个循环的放热量 q_2 是相同的，而吸热量的关系是 $q_{1V} < q_{1m} < q_{1p}$，根据 $\eta_t = 1 - q_2/q_1$ 同样可得出 $\eta_{t,p} > \eta_{t,m} > \eta_{t,V}$。

四、内燃机的平均压力

内燃机具有热效率高和单位功率重量轻的优点，因此在船舶上及其他方面得到广泛应用。随着对船舶吨位和航速要求的提高，就要求不断提高内燃机的功率。但由于受内燃机重量、尺寸、制造工艺等方面的限制，使得气缸容积不可能无限制地增大，所以提高单位气缸容积的做功能力成为增加内燃机功率的重要方向。

设每一循环进入气缸内的气体质量为 m（kg），在每循环中所做的总功为 mw_0，其大小等于内燃机理想循环示功图上循环曲线所包围的面积，如图 12-10 所示。如果气缸活塞排量为 V_h，则单位气缸工作容积在每一循环中所做的功为

$$p_t = mw_0/V_h \quad \text{N/m}^2 \tag{12-5}$$

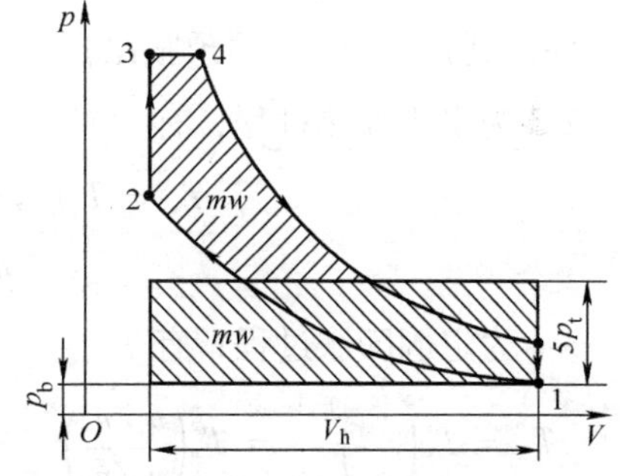

图 12-10　内燃机循环的 p-V 图与平均压力

由上式可见，单位气缸容积在每一循环中所做的功 p_t 的单位与压力单位相同，因此称 p_t 为“内燃机理想循环的平均压力”。在图 12-10 中，以气缸工作容积 V_h 为底边作矩形，使其面积等于示功图上循环曲线所包围的面积（即循环总功量），则该矩形的高即为平均压力 p_t。循环平均压力 p_t 代表了单位气缸容积的做功能力，是比较各类内燃机做功能力的重要指标。

如果吸入气缸的气体比体积为 v_1，则气缸工作容积 V_h 中气体的质量为 $m = V_h/v_1$，按理想气体状态方程式 $p_1V_1 = mR_gT_1$，则 $m = p_1V_h/R_gT_1$。由热效率的定义得 $w_0 = q_1\eta_t$。将它们分别代入式（12-5）可得

$$p_t = \frac{p_1}{R_gT_1}q_1\eta_t \tag{12-6}$$

由此可见，影响平均压力 p_t 的主要因素是柴油机压缩始点的压力 p_1 和温度 T_1，而且 p_t 与 p_1 成正比，与 T_1 成反比。这是因为 p_1 越大，T_1 越小时，空气的密度就越大，单位气缸工作容积进入的新鲜空气质量就越多，这就能使更多的燃油喷入气缸并完全燃烧，因而使 p_t 增大。为此，现代柴油机在空气进入气缸前，先用增压器（通常为离心式空气压气机）将空气绝热压缩，使空气压力由大气压力升高到 p_1，再将气体经过空气冷却器在定压下冷却，温度降低，然后将具有常温的增压空气送入柴油机的气缸中。这种使用增压器的柴油机称为增压式柴油机。另外，保证燃烧质量和提高内燃机热效率都可使平均压力 p_t 提高。

【例 12-1】 定压加热理想循环的压缩比 $\varepsilon = 20$，做功行程的 4% 作为定压加热过程。压缩行程的初始状态为 $p_1 = 100\text{kPa}$，$t_1 = 20℃$。求：（1）循环中每个过程的终态压力和温度；（2）循环热效率和平均压力为多少？取 $\kappa = 1.4$，$c_p = 1.003\text{kJ/(kg·K)}$，$R_g = 287\text{J/(kg·K)}$。

解：循环的 p-v 图及 T-s 图如图 12-6 所示。从已知条件可得

$$v_1 = R_g T_1/p_1 = 287 \times (20+273)/100000\,\mathrm{m^3/kg} = 0.84\,\mathrm{m^3/kg}$$

$$v_2 = v_1/\varepsilon = 0.84/20\,\mathrm{m^3/kg} = 0.042\,\mathrm{m^3/kg}$$

1-2 为定熵压缩过程，有

$$T_2 = T_1(v_1/v_2)^{\kappa-1} = 293 \times 20^{1.4-1}\,\mathrm{K} = 971\,\mathrm{K}$$

$$p_2 = p_1(v_1/v_2)^{\kappa} = 100 \times 20^{1.4}\,\mathrm{kPa} = 6628\,\mathrm{kPa}$$

已知定压加热过程是做功冲程的4%，即有

$$\frac{v_3 - v_2}{v_1 - v_2} = 0.04$$

从上式可得　$v_3 = v_2 + 0.04v_2\ (v_1/v_2 - 1)\ = v_2\ [1 + 0.04\ (\varepsilon - 1)]\ = 1.76v_2$

注意到 $\rho = v_3/v_2$，即预胀比 $\rho = 1.76$。

2-3 为定压加热过程，有

$$T_3 = T_2(v_3/v_2) = 971 \times 1.76\,\mathrm{K} = 1710\,\mathrm{K}$$

$$p_3 = p_2 = 6628\,\mathrm{kPa}$$

3-4 为定熵膨胀过程，有

$$T_4 = T_3\left(\frac{v_3}{v_4}\right)^{\kappa-1} = T_3\left(\frac{v_3/v_2}{v_4/v_2}\right)^{\kappa-4} = T_3(\rho/\varepsilon)^{\kappa-1} = 1710 \times (1.76/20)^{1.4-1}\,\mathrm{K} = 647\,\mathrm{K}$$

$$p_4 = p_3(v_3/v_4)^{\kappa} = p_3(\rho/\varepsilon)^{\kappa} = 6628 \times (1.76/20)^{1.4}\,\mathrm{kPa} = 221\,\mathrm{kPa}$$

依据式（12-4）可得循环热效率，即

$$\eta_t = 1 - \frac{\rho^{\kappa} - 1}{\varepsilon^{\kappa-1}\kappa(\rho - 1)} = 1 - \frac{1.76^{1.4} - 1}{20^{1.4-1} \times 1.4 \times (1.76 - 1)} = 0.658$$

平均压力为

$$p_t = \frac{mw_0}{V_h} = \frac{w_0}{v_h} = \frac{q_1\eta_t}{v_1 - v_2} = \frac{\eta_t c_p(T_3 - T_2)}{v_1 - v_2}$$

$$= \frac{0.658 \times 1.003 \times (1710 - 971)}{0.84 - 0.042}\,\mathrm{kPa} = 611\,\mathrm{kPa}$$

第三节　燃气轮机动力装置的理想循环

燃气轮机动力装置由压气机、燃烧室和燃气轮机三个基本部件组成，如图 12-11 所示。空气首先进入叶轮式压气机，先经固定在转子上的动叶片组成的通道，在动叶片高速旋转作用下使空气得到加速，而后进入静止叶片组成的扩压管将动能转化为工质的焓增，使压力上升，这是一级压缩过程，可以经过多级压缩达到所要求的压力。接着，高压空气进入燃烧室，与燃油混合燃烧，通常温度可达 1800～2300K，这时与二次冷却空气混合，以适当降低混合气体的温度再进入燃气轮机。燃气轮机也是一种叶轮式热力发动机，在燃气轮机中温度和压力都还相当高的燃气和空气的混合物，先在静叶片组成的喷管中将热能部分地转换为动

能，即作部分膨胀、降温、降压，而速度大大提高，形成高速气流，然后冲入固定在转子上的动叶片组成的通道，形成推力去推动动叶片使转子转动而输出机械功。燃气轮机做出的功量除用以带动压气机外，剩余部分（净功量）对外输出。从燃气轮机出来的废气排入大气环境，放热后恢复到大气状态而完成一个循环。为了研究问题的方便，也要将实际循环加以理想化，即①将工质视为类似于空气的理想气体，比热容为定值，喷入的燃料质量可以忽略不计；②工质经历的都是可逆过程，工质在压气机和燃气轮机中的过程都忽略其对外界的散热量，而视为可逆绝热过程；③在燃烧室中的燃烧过程，忽略流动引起的压力损失，视为可逆定压加热过程，从燃气轮机排出废气到压气机吸入空气之间认为是定压放热过程。这样就形成了封闭的燃气轮机装置的理想循环，称为定压加热燃气轮机理想循环，或称为勃雷登循环。

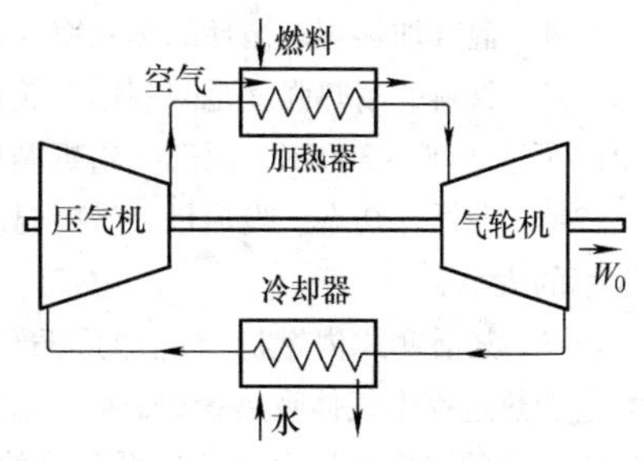

图 12-11　燃气轮机动力装置

如图 12-12 所示，勃雷登循环是由可逆绝热压缩过程 1-2、定压吸热过程 2-3、可逆绝热膨胀过程 3-4 和定压放热过程 4-1 所构成的一个封闭的热力循环。

定压加热燃气轮机循环特性常用增压比 $\beta = p_2/p_1$ 和最高温度 T_3（或温升比 $\tau = T_3/T_1$）表示。由可逆绝热过程 1-2 和 3-4 可以得到各点状态参数的关系为

$$\frac{T_2}{T_1} = \left(\frac{p_2}{p_1}\right)^{\frac{\kappa-1}{\kappa}} = \left(\frac{p_3}{p_4}\right)^{\frac{\kappa-1}{\kappa}} = \frac{T_3}{T_4} = \beta^{\frac{\kappa-1}{\kappa}}$$

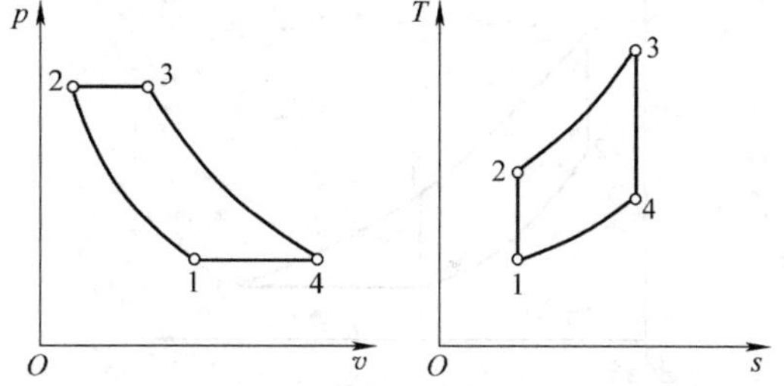

图 12-12　定压加热燃气轮机理想循环

定压吸热过程 2-3 中单位质量工质所吸收的热量为

$$q_1 = h_3 - h_2 = c_p(T_3 - T_2)$$

定压放热过程 4-1 中单位质量工质放出的热量为

$$q_2 = h_4 - h_1 = c_p(T_4 - T_1)$$

于是根据循环热效率的基本计算式可得到定压加热燃气轮理想循环热效率为

$$\eta_t = 1 - \frac{q_2}{q_1} = 1 - \frac{c_p(T_4 - T_1)}{c_p(T_3 - T_2)} = 1 - \frac{T_1(T_4/T_1 - 1)}{T_2(T_3/T_2 - 1)} = 1 - \frac{T_1}{T_2} = 1 - \frac{1}{\beta^{(\kappa-1)\kappa}} \tag{12-7}$$

从上式可见，定压加热燃气轮装置理想循环热效率 η_t 只取决于循环增压比 β（或者说只取决于压气机中可逆绝热压缩的初态温度和终态温度），并随增压比 β 的增大而提高，与其他条件无关。这是因为 β 值确定了循环吸热平均温度与放热平均温度的比值。实际上，压气机的增压比 β 通常在 5 ~20 之间。

思考与练习题

12-1　影响混合加热柴油机理想循环热效率的因素是什么？试在 T-s 上进行分析比较。

12-2　采用废气涡轮增压可以提高船舶柴油机功率的理论依据是什么？

12-3　四冲程机械喷射式柴油机的实际工作循环理想化后由哪几个工作过程组成？

12-4　混合加热理想循环的热效率与哪几个特性参数有关？它们怎样影响热效率？

12-5　材料的耐热强度是限制燃气轮机工作循环性能进一步提高的关键因素。为什么内燃机循环的最高温度可达 2000～3000K，而燃气轮机循环所允许的最高温度只能在 1000～1300K 的范围内？

12-6　在循环初态、吸热量、最高温度相同的条件下，试用 T-s 图分析比较活塞式内燃机三种理想循环热效率的大小。

12-7　某活塞式内燃机定容加热循环。压缩比 $\varepsilon = 10$，气体压缩过程起点状态是 $p_1 = 0.1\text{MPa}$、$t_1 = 35$℃，加热过程中气体吸热 650kJ/kg。假定比热容为定值，且 $\kappa = 1.4$，$c_p = 1.005\text{kJ/(kg·K)}$，求：(1) 循环中各点的温度和压力；(2) 循环热效率，并与同温度下的卡诺循环热效率作比较；(3) 平均压力值。

12-8　在如图 12-13 所示的内燃机定容加热循环中，如果绝热膨胀过程不是在点 4 结束，而一直延续到与进气压力相等的点 5（$p_5 = p_1$），试从 T-s 图比较循环 1-2-3-4-1 与 1-2-3-4-5-1 的热效率哪个大？若已知循环初始状态 $p_1 = 0.1\text{MPa}$、$t_1 = 25$℃，压缩比为 8，对 1kg 工质吸入的热量 $q_1 = 780\text{kJ/kg}$，将工质视为空气，试求上述两个循环热效率的大小，并进行比较。

12-9　燃气轮机定压加热理想循环中，压缩过程若采用定温压缩，则可减少压气机耗功量，因而增大循环净功。在不采用回热的情况下，这种循环 1-2′-3-4-1（见图 12-14）的热效率比采用绝热压缩的循环 1-2-3-4-1 是提高了还是下降了？为什么？

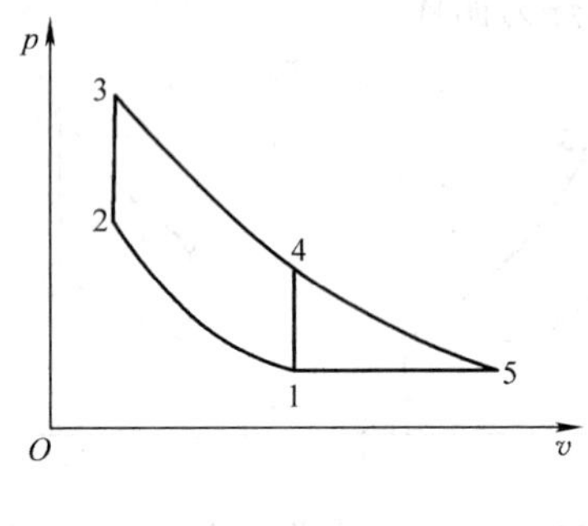

图 12-13　题 12-8 用图

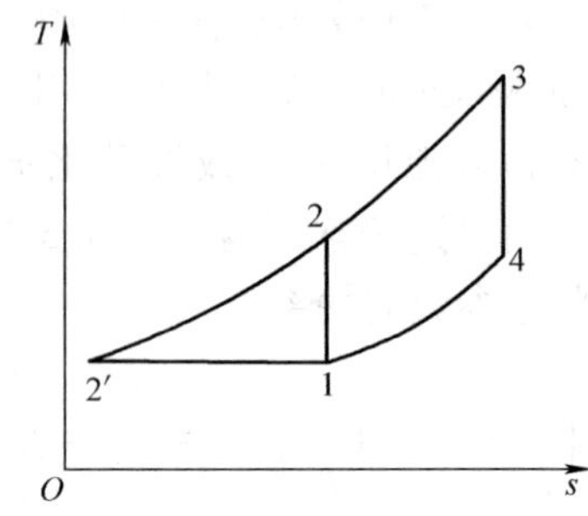

图 12-14　题 12-9 用图

12-10　试证明在有相同的压缩比（$\varepsilon = v_1/v_2$）的条件下，活塞式内燃机定容加热理想循环与燃气轮机定压加热理想循环有相同的热效率。

12-11　设定压加热燃气轮机装置的压气机进口温度为 T_1，循环的最高温度为 T_3，试求在循环作最大功时，压气机出口温度为 T_2 的表达式，设比热容为定值。

12-12　内燃机定压加热理想循环，工质视为空气。已知 $p_1 = 0.96\text{bar}$，$t_1 = 18$℃，压缩比为 11，定压加热过程占整个膨胀过程的 10%。若发动机每秒钟压缩空气量为 0.05m^3，求：(1) 循环热效率；(2) 发动机的输出净功率（提示：按题意先求出各状态点的体积再计算输出净功率）。

12-13　燃气轮机装置循环的工作环境为 100kPa 及 27℃。若增压比为 6，燃气轮机进口温度为 650℃，求循环的热效率、燃气轮机做功量、压气机做功量以及两机做功量之比。

第十三章　制冷循环

【学习目的】 掌握蒸汽压缩制冷循环的基本组成及影响其经济性的主要因素；能应用 p-h 图对蒸汽压缩制冷循环进行分析计算，掌握热泵循环的基本原理。

在热能工程中，除了各种热能动力装置外，还有一类重要的能量转换设备，就是制冷装置。它用于实现从温度低的物体吸出热量而释放给温度较高的环境，从而使物体的温度降低到环境温度以下并维持其较低温度。由热力学第二定律可知：热量从低温传至高温是一非自发过程，必须要有一定量功转变为热量或热量从高温传向低温的自发过程伴随才能发生。

第一节　蒸汽压缩式制冷循环

前述已分析得知，逆向卡诺循环是制冷装置的最理想循环。若采用理想气体作工质，则由于其定温过程无法得到工程上有价值的实现，因此也就无法实现以理想气体为工质的逆向卡诺循环。但在饱和状态下，湿饱和蒸汽的定压吸热过程和定压放热过程都是定温过程。如果采用湿饱和蒸汽为工质，就可容易地实现定温吸热和定温放热，从而可以按逆向卡诺循环工作，以便在一定的冷库温度和环境温度下获得最高的制冷系数。此外，采用湿饱和蒸汽为工质还有一个重要优点，由于工质在冷藏库中仍是靠工质的汽化吸热，而一般工质的汽化热都比较大，因此以湿饱和蒸汽为工质可以得到相当大的单位质量工质的制冷量。

一、蒸汽压缩制冷逆卡诺循环

图 13-1 是在给定的环境温度 T_1 和冷库温度 T_2 之间的蒸汽压缩制冷逆卡诺循环的装置示意图和 T-s 图。

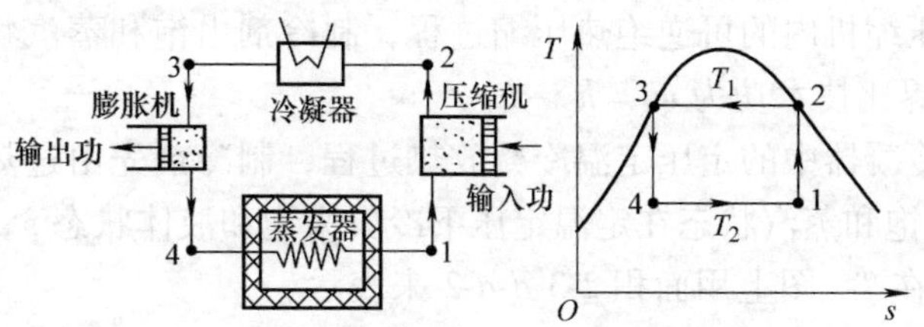

图 13-1　蒸汽压缩制冷逆卡诺循环

1-2 为制冷剂在压缩机内的可逆绝热压缩过程，消耗外界比技术功为 $w_C=h_2-h_1$。

2-3 为制冷剂在冷凝器中的定压定温冷凝放热过程，制冷剂由饱和蒸汽变为饱和液体，单位质量制冷剂放热量为 $q_1=h_2-h_3$。

3-4 为制冷剂在膨胀机中的可逆绝热膨胀过程，对外做比技术功 $w_e=h_3-h_4$。

4-1 为制冷剂在蒸发器中的定压定温蒸发吸热过程，它是真正实现制冷的过程，单位质量制冷剂吸热量为 $q_2=h_1-h_4$。

可见此逆卡诺循环的制冷系数为

$$\varepsilon_k = \frac{q_2}{w_c - w_e} = \frac{q_2}{w_0} = \frac{q_2}{q_1 - q_2} = \frac{T_2}{T_1 - T_2} \tag{13-1}$$

式中，ε_k 是温度 T_1 与 T_2 间所有制冷循环中制冷系数的最大值。以湿饱和蒸汽为工质的逆卡诺循环，需要进行湿饱和蒸汽的绝热压缩过程。当湿饱和蒸汽吸入压缩机时，工质中的饱和液体会立刻从压缩机气缸壁吸热汽化，使气缸内工质压力迅速下降，影响压缩机吸气，致使压缩机的吸气量减少而引起制冷装置的制冷量下降。同时，在压缩过程中未汽化的液体会产"液击"现象，以致使压缩机损坏。另外，湿饱和蒸汽在绝热膨胀过程中，因工质中液体的含量很大，故膨胀机的工作条件很差。可见，采用蒸汽为工质的逆卡诺循环实际上也是无法实现的。

二、蒸汽压缩制冷的理想循环

实际的蒸汽压缩制冷的理想循环是以逆卡诺循环为基础，对压缩过程及膨胀过程进行适当改进而形成的。第一，用膨胀节流阀代替膨胀机，以简化装置；第二，压缩机吸入的是干饱和蒸汽（或稍有过热度的过热蒸汽），即用"干压"代替"湿压"，避免压缩机发生"液击"现象。改进后的循环装置示意图以及其 T-s 图如图 13-2 所示。这个装置主要由压缩机、冷凝器、膨胀节流阀和蒸发器四大部件组成，循环过程如下。

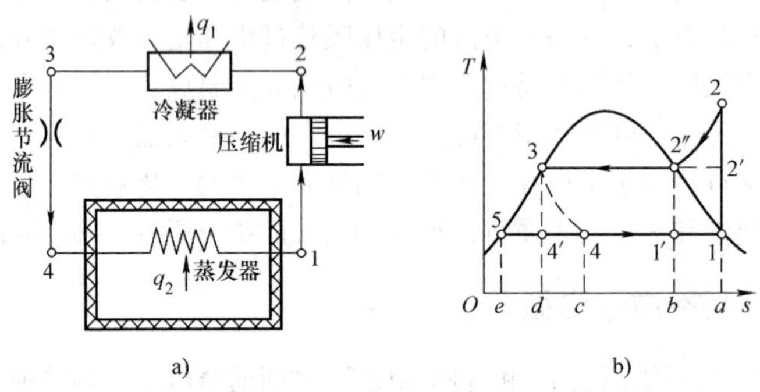

图 13-2　蒸汽压缩制冷理想循环

1-2 为制冷剂在压缩机内的可逆绝热压缩过程，制冷剂由饱和蒸汽状态 1 被压缩到过热蒸汽状态 2，消耗外界比技术功为 $w_c = h_2 - h_1$。

2-3 为制冷剂在冷凝器中的定压定温冷凝放热过程，制冷剂先由过热状态 2 冷却到饱和蒸汽状态 2″，再由干饱和蒸汽状态在定温定压下冷凝为饱和液体状态 3，单位质量制冷剂放热量为 $q_1 = h_2 - h_3$，在 T-s 图上用面积 2-3-d-a-2 来表示。

3-4 为制冷剂在膨胀节流阀中的节流过程，制冷剂的压力和温度急剧下降，由饱和液体状态 3 变成为汽、液共存的湿蒸汽状态 4，这是一个典型的不可逆绝热过程，在图上只能用虚线表示，并无确切的中间状态，但节流前后的焓相等，即 $h_3 = h_4$。

4-1 为制冷剂在蒸发器中的定压定温吸热汽化过程，制冷剂由干度低的湿蒸汽变成了干饱和蒸汽。这个过程中产生制冷效果，单位质量制冷剂吸热量为 $q_2 = h_1 - h_4$，在 T-s 图上用面积 4-1-a-c-4 表示。

这种在 T-s 图上用 1-2-3-4-1 表示的循环，由于没考虑到压缩机、冷凝器和蒸发器中实际过程的不可逆性，所以称为"蒸汽压缩制冷理想循环"。

循环中，单位质量制冷剂从冷库中吸收的热量为

$$q_2 = h_1 - h_4 = h_1 - h_3 \tag{13-2}$$

h_3（$=h_4$）为冷凝压力下饱和液体的焓，可从饱和蒸汽表上查得。

单位质量制冷剂向外界放出的热量为

$$q_1 = h_2 - h_3 \tag{13-3}$$

循环所耗的净功（即压缩机的功耗）为

$$w_0 = h_2 - h_1 \tag{13-4}$$

该蒸汽压缩制冷循环的制冷系数为

$$\varepsilon = \frac{q_2}{w_0} = \frac{h_1 - h_4}{h_2 - h_1} \tag{13-5}$$

三、制冷剂的 *p-h* 图

用 *T-s* 图来分析蒸汽压缩制冷循环时，有关耗功和制冷量、冷凝放热量都用相应的面积来表示。用面积来比较，较为形象，但用来进行计算时很不方便。下面介绍制冷剂的 *p-h* 图，它是以 *p* 为纵坐标，以 *h* 为横坐标的半对数坐标图。在该图上蒸汽压缩制冷循环的有关功量和热量都可用横坐标上相应的线段长度来表示。因而在制冷工程上各种制冷剂的 *p-h* 图得到了广泛的应用。

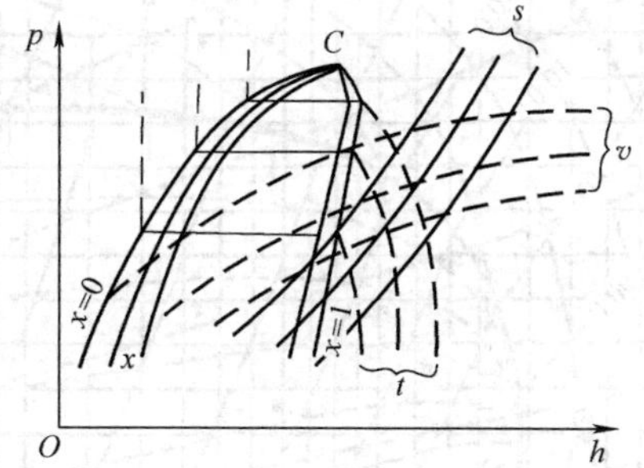

图 13-3　制冷剂 *p-h* 图的结构示意图

图 13-3 是制冷剂 *p-h* 图的结构示意图。图中除绘有饱和液体线（$x=0$）、饱和蒸汽线（$x=1$）和临界点 *C* 之外，还绘有四组等参数线：定干度线、定温线、定熵线和定比体积线。

图 13-4 和图 13-5 分别为 NH_3 和 HCFC134a 的 *p-h* 图。

图 13-6 为蒸汽压缩制冷理想循环的 *p-h* 图。图中：1-2 为制冷剂在压缩机中的绝热压缩过程，可用图中点 1 和点 2 之间的水平距离表示其耗功量；2-3 为制冷剂在冷凝器中的定压放热过程，其放热量用图中线段 2-3 的长度表示；3-4 为制冷剂在膨胀节流阀中的绝热节流过程，因节流前后焓相等，故用一垂直的虚线来表示这一不可逆绝热过程；4-1 为制冷剂在蒸发器中定压定温汽化的过程，其吸热量（制冷量）可用图中线段 4-1 的长度表示。

四、影响制冷系数的主要因素

1. 蒸发温度

如图 13-7 所示，原循环为 1-2-3-4-1，当冷凝压力不变，将蒸发温度由 T_4 提高到 $T_{4'}$，构成新的循环 1′-2-3-4′-1′。原循环的制冷系数为 $\varepsilon = (h_1 - h_4)/(h_2 - h_1)$，新循环的制冷系数为 $\varepsilon' = (h_{1'} - h_{4'})/(h_2 - h_{1'})$。由图可见，$(h_{1'} - h_{4'}) > (h_1 - h_4)$，$(h_2 - h_{1'}) < h_2 - h_1$，显然 $\varepsilon' > \varepsilon$。蒸发温度主要取决于制冷对象的要求，不能随意变动，但在允许的情况下，取较高的蒸发温度有利于提高循环的制冷系数。一般蒸发温度比冷库温度低 5～7℃，以保证传热需要。

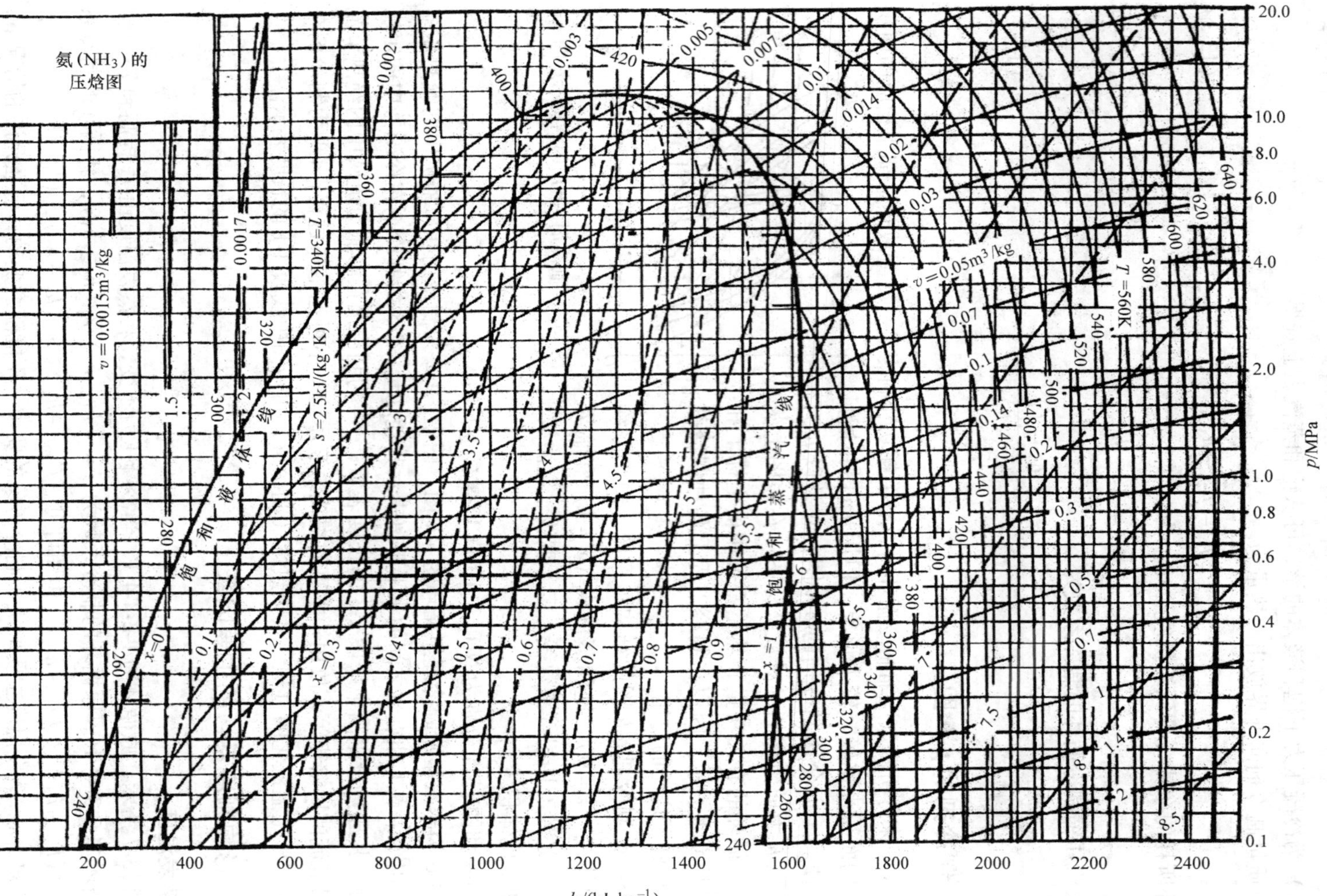

图 13-4　NH_3 蒸气的压焓图

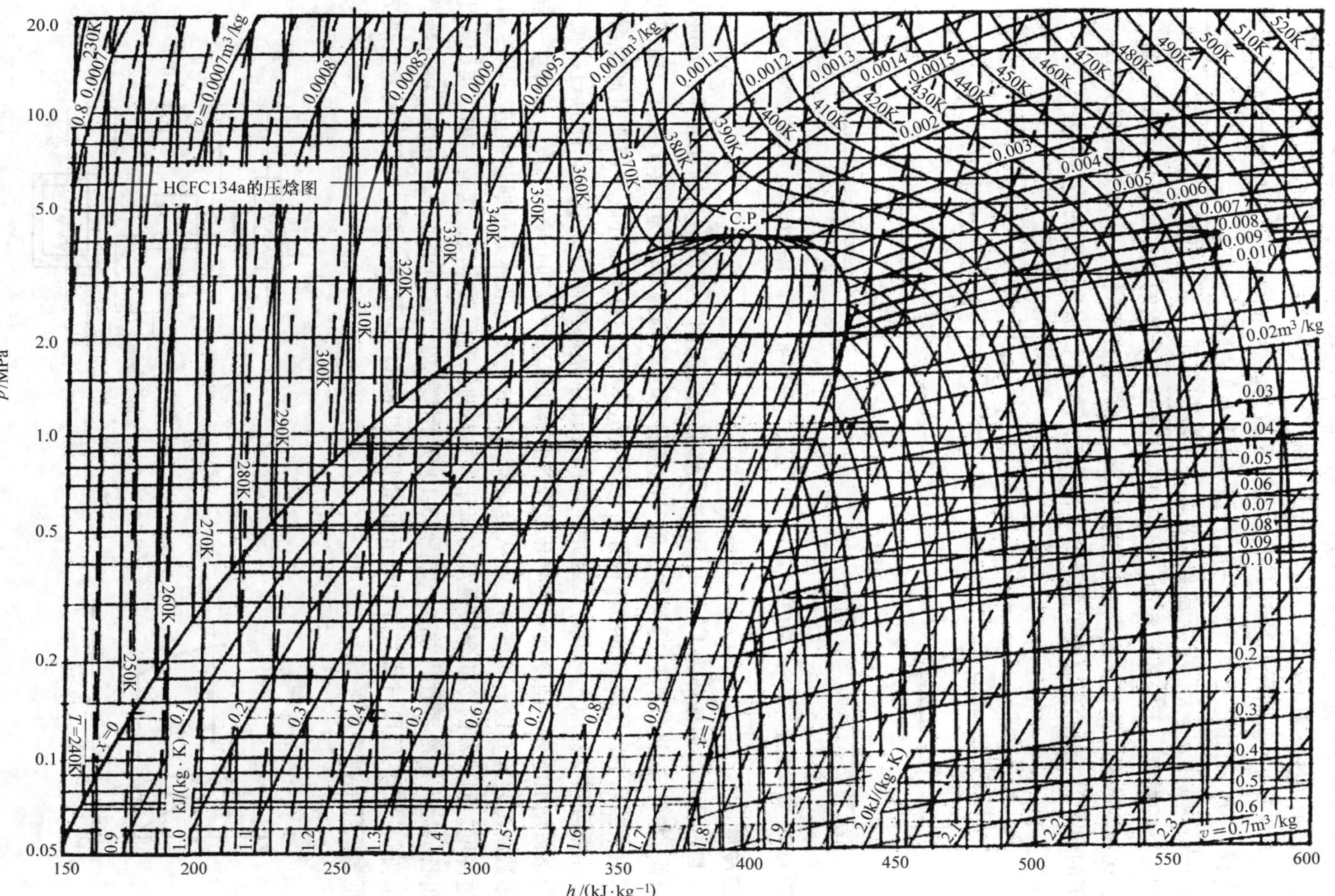

图 13-5　HCFC134a 压焓图

2. 冷凝温度

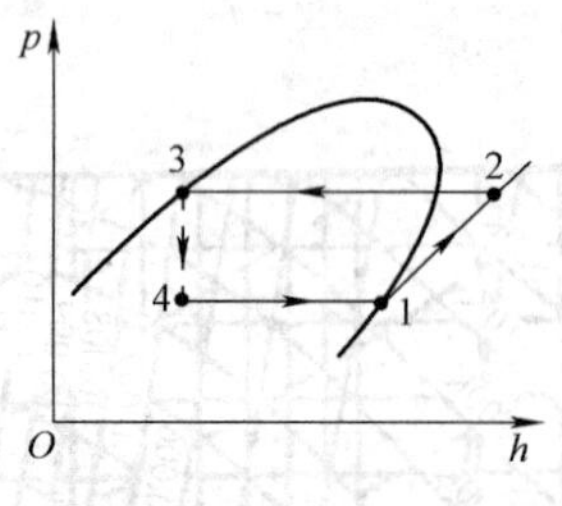

图 13-6 蒸汽压缩制冷理想循环的 p-h 图

如图 13-8 所示，原循环为 1-2-3-4-1，当蒸发温度不变，降低冷凝温度，则循环变为 1-2′-3′-4′-1。原循环的制冷系数为 $\varepsilon=(h_1-h_4)(h_2-h_1)$，新循环 1-2′-3′-4′-1 的制冷系数为 $\varepsilon'=(h_1-h_{4'})/(h_{2'}-h_1)$。由图可见，$(h_1-h_{4'})>(h_1-h_4)$，$(h_{2'}-h_1)<h_2-h_1$，显然 $\varepsilon'>\varepsilon$。冷凝温度主要取决于冷却介质（大气或冷却水）的温度，不能随意变动，但在允许选择冷却介质的温度时，比如，冰箱、冰柜从提高制冷系数出发，应放置在房间温度较低的地方。一般冷凝温度要高于冷却介质 5～7℃，以保证必要的传热温差。

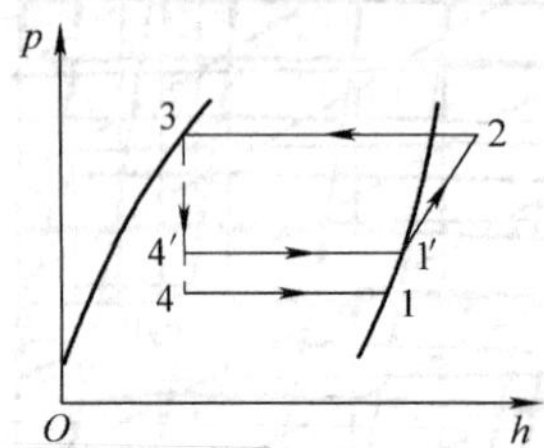

图 13-7 蒸发温度对制冷系数的影响

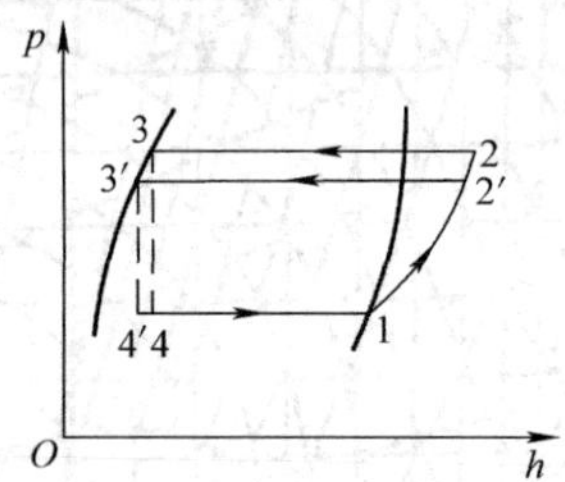

图 13-8 冷凝温度对制冷系数的影响

3. 过冷度

如图 13-9 所示，原循环为 1-2-3-4-1 中进入膨胀节流阀的工质状态为饱和液体，若进入膨胀节流阀的制冷剂液体为过冷液体，而其他条件不变，则循环变为 1-2-3′-4′-1。由图可见，在这两个循环中，压缩机的功耗相等，均为 (h_2-h_1)；而新循环的单位质量制冷剂的制冷量比原循环增加了 $(h_4-h_{4'})$。因此，新循环比原循环的制冷系数大，而且过冷度越大，制冷系数增加越多。制冷剂液体离开冷凝器的温度取决于冷却介质的温度，过冷度一般较小。多数制冷装置专设一回热器，使从冷凝器出来的制冷剂液体通过回热器进一步冷却，以增大过冷度。回热器的冷却介质通常为离开蒸发器的低温低压蒸汽，这是一种在实用上比较切实可行的增大制冷系数的方法，如图 13-10 所示。一般比较简单的处理方法是将冷凝器出口至节流阀进口的管段与蒸发器出口至压缩机进口的管段包扎在一起，使两者间发生热交换，用低温低压的制冷剂来增大过冷度。

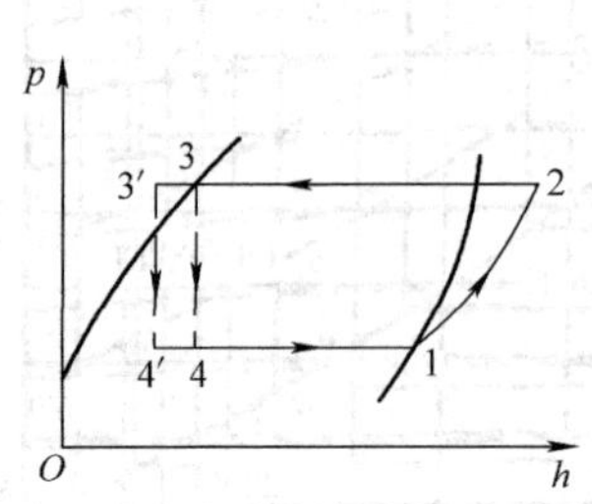

图 13-9 过冷度对制冷系数的影响

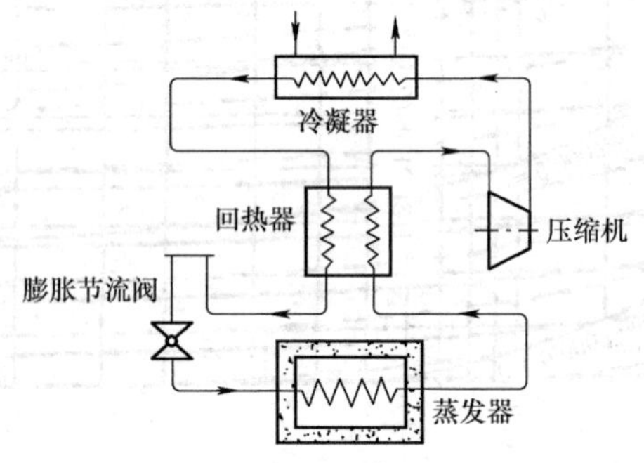

图 13-10 带回热器的蒸汽压缩压缩冷循环

五、单级压缩双蒸发器的制冷循环

船舶制冷装置往往需要用一台压缩机同时保持肉库（－15℃左右）和菜库（5℃左右）的低温。图 13-11 所示是一个具有一台压缩机和高、低压两个蒸发器的制冷系统。其相应的 T-s 图和 p-h 图如图 13-12 所示。

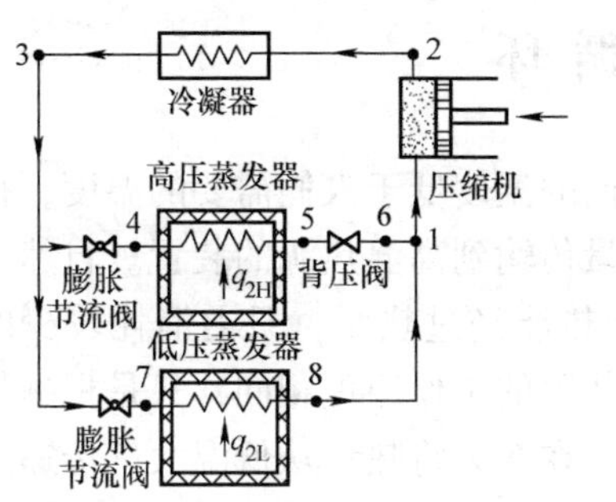

图 13-11 单级压缩双蒸发器制冷系

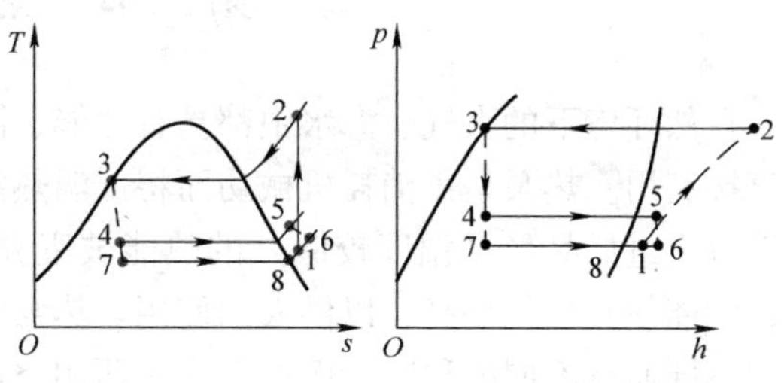

图 13-12 单级压缩双蒸发器制冷系统 T-s 图和 p-h 图

菜库中的蒸发器是高压蒸发器，肉库中的蒸发器是低压蒸发器。每个蒸发器前各有一个膨胀节流阀，以便制冷剂节流降压降温并自动控制制冷剂的流量。低压蒸发器的蒸发压力由压缩机的吸入压力来控制。高压蒸发器的蒸发压力由蒸发器后面的背压阀来控制，使之具有较高的蒸发温度，通过背压阀减压后与低压蒸发器出来的蒸汽定压混合后被压气机吸入。装置的其余部分与前述单级压缩制冷装置相同。

T-s 图和 p-h 图中，1-2 为压缩机中的可逆绝热压缩过程；2-3 为冷凝器中的定压冷凝过程；3-4 为高压膨胀节流阀中的不可逆绝热节流过程；3-7 为低压膨胀节流阀中的不可逆绝热节流过程；4-5 为高压蒸发器的吸热汽化过程；7-8 为低压蒸发器中的吸热汽化过程；5-6 为背压阀的节流降压过程；8-6 为高、低压蒸发器出来的制冷剂的定压混合过程，混合后的状态点为 1，再由压气吸入进行下一循环。

【例 13-1】 以 R12 为工质的制冷循环，工质在压缩机进口为饱和蒸汽状态（h_1 = 573.6kJ/kg），同压力下饱和液体的焓值 h_5 = 405.1kJ/kg。若工质在压缩机出口处 h_2 = 598kJ/kg，在绝热节流阀进口处 h_3 = 443.8kJ/kg，求：（1）单位质量工质的制冷量；（2）单位质量工质在冷凝器中的放热量；（3）单位质量工质的功耗；（4）该循环的制冷系数；（5）节流阀出口处工质的干度。

解：（1）制冷过程为工质从湿饱和蒸汽吸热汽化为干饱和蒸汽的过程，由于绝热节流前后的焓相等，即 $h_3 = h_4$，由式（13-2）可得单位质量工质的吸热量为

$$q_2 = h_1 - h_4 = h_1 - h_3 = 573.6\text{kJ/kg} - 443.8\text{kJ/kg} = 129.8\text{kJ/kg}$$

（2）由式（13-3）得单位质量工质的放热量为

$$q_1 = h_2 - h_3 = 598\text{kJ/kg} - 443.8\text{kJ/kg} = 154.2\text{kJ/kg}$$

（3）由式（13-4）得单位质量工质的功耗为

$$w_0 = h_2 - h_1 = 598\text{kJ/kg} - 573.6\text{kJ/kg} = 24.4\text{kJ/kg}$$

（4）该循环的制冷系数为

$$\varepsilon = \frac{q_2}{w_0} = \frac{129.8}{24.4} = 5.32$$

(5) 由干度的几何意义有

$$x_4 = \frac{h_x - h'}{h'' - h'} = \frac{h_4 - h_5}{h_1 - h_5} = \frac{h_3 - h_5}{h_1 - h_5} = \frac{443.8 - 405.1}{573.6 - 405.1} = 0.23$$

第二节　热泵循环

自然环境下的大气、海水中都具有热能，因为它们的温度低于人们需要的温度，往往不能直接利用。热泵是靠消耗机械功而将低温热源的热量传输到高温热源的装置。自然界和工程上有大量低品位（温度较低）的热能被废弃。这种热能经过热泵，只需消耗较少的机械能，就能使其品位提高，以供人们使用。热泵和制冷装置的工作原理相同，只是根据使用的目的不同而有不同的称呼。例如，冷暖两用空调装置，在冬天将热量从低温大气传递到温度比较高的室内以维持室内的高温（取暖），则为热泵。夏天，用它来冷却室内空气，将室内低温处的热量传递到室外的高温环境，则是制冷装置。这样，同一个装置在不同的季节兼有热泵和制冷两个用途。在实际装置中，只要在压缩机进口、出口管路上安装一个转换阀以控制制冷剂的流向即可，如图 13-13 所示。

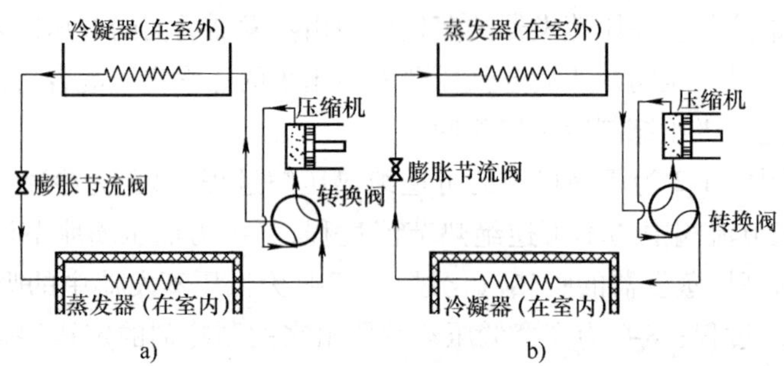

图 13-13　空调器的夏季和冬季工况

a）夏季工况　b）冬季工况

如图 13-13a 所示，在夏季时，从压缩机出来的高温高压制冷剂经转换阀，流入置于室外的冷凝器盘管中，冷凝后制冷剂流过膨胀节流阀并在室内的蒸发器中吸热蒸发，以达到冷却室内空气的目的。如图 13-13b 所示，在冬季时，由压缩机出来的热的制冷剂经转换阀直接通入置于室内的冷凝器盘管中，以加热室内的空气，而冷凝后的制冷剂则通过膨胀节流阀被引入置于室外的蒸发器中蒸发，然后制冷剂蒸汽进入压缩机中而完成一个热泵循环。

根据以上分析，热泵循环的经济性以制冷剂通过冷凝器的供热量 Q_1 与在压缩机中消耗的功 W_0 之比表示，称为热泵系数（或供热系数），即

$$\varepsilon' = \frac{Q_1}{W_0} = \frac{Q_2 + W_0}{W_0} = \varepsilon + 1 \tag{13-6}$$

热泵传给高温物体的热量包括消耗的机械功变成的热量。所以，热泵的供热系数比工作在相同条件下的制冷系数大。直接用电炉取暖所消耗的能量要比用电动机带动热泵的能量大得多。例如，某热泵的热供热系数为 4，则表示用 1kW 的电能的热泵可提供取暖用热 4kW。

因此热泵是一个比较合理的供热装置，是合理利用能源的途径之一。但是，利用热泵需消耗相当高的设备费用，近年来热泵的研究工作致力于降低设备费用和采用低品位的热能。

思考与练习题

13-1 蒸汽压缩制冷循环理论上是否可以实现逆卡诺循环？实际工程上为何不采用逆卡诺循环？

13-2 制冷压缩机用电动机带动，试问电能转换到哪里去了？能否不消耗电能而使制冷装置连续制冷？为什么？

13-3 使用制冷机可产生低温，利用所产生的低温物体作冷源可以扩大热动力装置循环所能利用的温差，从而提高整个热动力循环的热效率，这么做是否有利？为什么？

13-4 在制冷剂的 p-h 图（压-焓图）上画有哪些线？

13-5 影响蒸汽压缩制冷理想循环制冷系数的主要因素有哪些？如何提高制冷系数，如何计算制冷系数？

13-6 热泵的供热系数与哪些因素有关？如何提高供热系数？同一台装置在同一工况下供热系数与制冷系数有何关系？

13-7 一制冷机在 -20℃和30℃的热源间工作，若其吸热量为10kW，循环制冷系数是同温度间逆向卡诺循环的75%，试计算：(1) 散热量；(2) 循环耗功量；(3) 循环制冷量。

13-8 以R22为工质的制冷循环，工质在压缩机进口为饱和蒸汽状态（$h_1=397.5$kJ/kg），同压力下饱和液体的焓值 $h_5=168.3$kJ/kg。若工质在压缩机出口处 $h_2=433$kJ/kg，在绝热节流阀进口处 $h_3=224.1$kJ/kg，求：(1) 单位质量工质的制冷量；(2) 单位质量工质在冷凝器中的放热量；(3) 单位质量工质的功耗；(4) 该循环的制冷系数；(5) 节流阀出口处工质的干度。

13-9 一台热机带动一台热泵，热机和热泵排出的热量均用于加热暖气散热器的热水，若热机的热效率为50%，热泵的供热系数为10，则输给散热器热水的热量是输给热机热量的多少倍？

13-10 某蒸汽压缩制冷循环，用 CH_3Cl（氯甲烷）作制冷剂。压缩机从蒸发器吸入 $p_2=1.77$bar 的干饱和蒸汽并绝热压缩到 $t_3=102$℃，$p_2=9.67$bar。CH_3Cl 蒸汽在冷凝器中凝结并过冷，过冷液体离开冷凝器时的温度为35℃，若将制冷剂的过热蒸汽当做理想气体，且取比热容为定值，$c_p=1.62$kJ/(kg·K)，$c_V=1.08$kJ/(kg·K)。已知压缩机的气缸直径 $D=75$mm，活塞行程 $s=75$mm，机轴转速为480r/min，压缩机的容积效率为0.80。求：(1) 循环制冷系数。(2) 每小时制冷剂量的质量流量。(3) 若冷凝器中冷却水温度为12℃，所需的冷却水流量为多少？CH_3Cl 的有关状态参数见下表。

饱和温度	压力	比体积/(m^3/kg)		比焓/(kJ/kg)		比熵(kJ/kg·K)	
/℃	/bar	v'	v''	h'	h''	s'	s''
-10	1.77	0.00102	0.233	45.4	460.7	0.183	1.762
45	9.67	0.00105	0.046	133.0	483.6	0.485	1.587

第十四章　理想混合气体和湿空气

【学习目的】 掌握理想混合气体的基本概念及混合气体分压力和分体积定律，理解湿空气与干空气、饱和空气与未饱和空气、绝对湿度与相对湿度、含湿量、露点等基本概念；掌握湿空气的焓湿图及空气调节装置典型过程的特点；了解相对湿度的测量原理及方法。

第一节　理想混合气体

热力工程中应用的气体工质，大都是由几种单一气体组成的混合气体，它们通常处于无化学反应的稳定状态，例如空气，它主要由 N_2 和 O_2 及少量的其他稀有气体组成。空气中 N_2 和 O_2 的含量几乎是一定的。内燃机气缸中的燃气是石油燃料的燃烧产物。燃气的主要成分是 CO_2、H_2O、N_2、O_2 及少量的 CO、SO_2 等，其中各组成气体的含量因采用的燃油与空气比例不同而异。

混合气体的热力性质取决于组成气体的性质及成分。如果各组成气体都处在理想气体状态，则混合物也具有理想气体的一切特性。混合气体仍遵循理想气体状态方程式 $pV = mR_gT$。混合气体的摩尔体积也与同温、同压下任意单一理想气体的摩尔体积相同，标准状态时也是 $22.414\times10^{-3}\text{m}^3/\text{mol}$。混合气体的摩尔气体常数也是恒量，即

$$R = MR_g = 8.3143\text{J}/(\text{mol}\cdot\text{K})$$

式中，M 和 R_g 分别为混合气体的平均摩尔质量和平均气体常数。

一、平均摩尔质量和平均气体常数

由于气体分子的热运动，混合气体中大量的各种单一气体分子处于均匀混合状态，其中各种气体的相对分子量各不相同。我们假想存在某种单一气体，它的分子数目与总质量恰好与实际混合气体相同，这种假拟气体的相对分子质量就可作为混合气体的平均相对分子质量，它实质上是一种折合量，也称为折合相对分子质量或假拟相对分子质量。这种假设下的气体常数 R_g 也就称为混合气体的平均气体常数。

根据摩尔的定义，1mol 的任何物质都具有 6.02×10^{23} 个分子。若以 n 表示假拟气体的物质的量（即混合气体的物质的量），以 n_i 表示其中第 i 种组成气体的物质的量，根据假拟气体的概念得：

1）其分子数目等于混合气体中各组成气体分子数目的总和，即

$$n\times6.02\times10^{23} = \sum n_i\times6.02\times10^{23}$$

所以

$$n = \sum n_i \tag{14-1}$$

它表明：混合气体的物质的量等于各组成气体物质的量之和。

2）假拟气体的质量等于混合气体中各组成气体质量的总和，即 $nM = \sum n_iM_i$

或

$$M = \frac{\sum n_iM_i}{n} \tag{14-2}$$

式中，M_i 为第 i 种组成气体的摩尔质量，M 为混合气体的摩尔质量。相应地平均气体常数可由下式确定：

$$R_g = \frac{R}{M} = \frac{8.3143}{M}\text{J/(mol·K)}$$

因而，必须已知组成气体的成分及 M_i（或 R_i）之后，才能确定混合气体的平均摩尔质量 M 和平均气体常数 R_g。

二、混合气体的分压力定律

根据质量守恒定律，混合气体的质量必等于各组成气体质量的总和，即

$$m = m_1 + m_2 + \cdots = \sum m_i$$

令比值 $m_i/m = w_i$，它代表第 i 种组分气体的质量占混合气体总质量的百分数，称为相对质量或质量成分。上式除以 m，则得

$$\sum m_i/m = 1 \text{ 或} \sum w_i = 1$$

即混合气体中各组成气体质量成分之和为 1。

下面介绍混合气体的一个重要定律——分压力定律。所谓分压力是指，在与混合气体相同的温度下，各组成气体单独占有混合气体的体积 V 时，对容器壁的压力，如图 14-1a、b、c 所示。

根据理想混合气体的性质，对各组分可写出

$$p_i V = m_i R_{g,i} T$$

式中，p_i 为第 i 种组成气体的分压力；m_i 为第 i 种组成气体的质量；$R_{g,i}$ 为第 i 种组成气体的气体常数。将各组成气体状态方程式全部相加，可得

$$\sum (p_i V) = \sum (m_i R_{g,i} T)$$

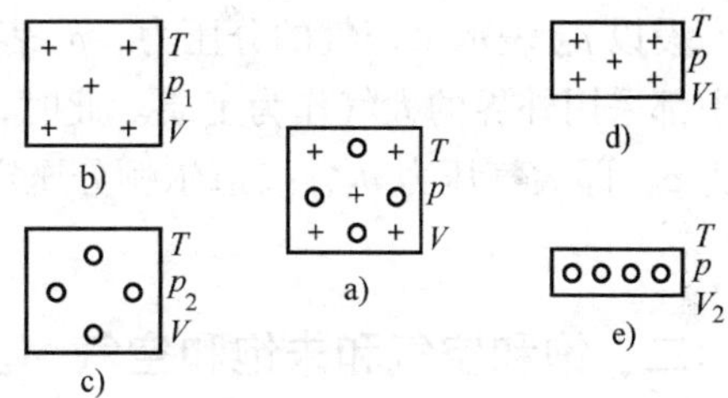

图 14-1　混合气体的分压力与分容积示意图

因各组分占据相同的体积 V 和具有相同的温度 T，所以

$$V\sum p_i = R_{g,i} T \sum m_i = mR_g T = pV$$

于是得

$$p = \sum p_i \tag{14-3}$$

可见，混合气体的总压力 p 等于各组成气体分压力 p_i 之和，此即道尔顿分压定律。这一定律是根据理想混合气体的性质推导出来的，故只适用于理想气体。

三、混合气体的分体积定律

所谓分体积是指，使各组成气体在保持着与混合气体相同的压力 p 和相同的温度 T 的条件下，将各组成气体单独分离出来时，各组成气体所占有的体积，如图 14-1a、d、e 所示。

组成气体的状态方程为

$$pV_i = n_i RT$$

式中，V_i 为第 i 种组成气体的分体积；n_i 为第 i 种组成气体的物质的量。全部相加可得

$$p\sum V_i = RT\sum n_i = nRT = pV$$

于是得

$$V = \sum V_i \tag{14-4}$$

可见，各组成气体的分体积之和等于混合气体的总体积，此即混合气体的分体积定律。

第二节　湿空气的基本概念

一、干空气和湿空气

湿空气是指含有水蒸气的空气，而干空气是指完全不含有水蒸气的空气。自然界中，江河湖海的水会蒸发汽化，所以通常大气中的空气总含有水蒸气，但因其含量极小，且含量的变化也不大，故往往不予以特殊考虑。但在某些场合，当空气中水蒸气含量的多少有特殊作用时，就不能以干空气代替湿空气近似地进行分析计算了。如工程上的烘干装置、供暖通风、车间或机舱降温、室内调温调湿、电站用的冷却水塔、精密仪表和电绝缘的防潮等。因此有必要对湿空气的性质进行专门研究。

湿空气是干空气与水蒸气的混合物。干空气可视为理想气体，而存在于大气中的水蒸气，由于其分压力通常是很小的，一般只有 3000 ~ 4000Pa，大都处于过热度较大的过热蒸汽状态，分子间距离足够远，可以视为理想气体，其状态参数间的关系也可用理想气体的状态方程来描述。因此，适用于理想气体的一些定律及其混合气体的计算公式也都适用于湿空气。

设以 p_w 表示水蒸气的分压力，p_a 表示干空气的分压力，通常在烘干、通风、空调等工程中都采用外界的大气作为工质。此时，气压表的读数就是湿空气的总压力，湿空气的总压力为 p，即大气压力 p_b，按道尔顿分压定律有

$$p_b = p_w + p_a$$

二、饱和空气和未饱和空气

空气中的水蒸气由于其含量不同，即分压力 p_w 的大小不同以及温度不同，可以处于过热蒸汽状态或干饱和蒸汽状态。

由干空气与过热水蒸气组成的湿空气称为未饱和空气。设湿空气的温度为 t，则湿空气中水蒸气的温度也为 t，对应于温度 t 的水蒸气的饱和压力为 p_s。如果湿空气中水蒸气的分压力 p_w 小于此饱和压力 p_s，则湿空气中的水蒸气处于过热状态，如图 14-2 中 A 点所示。此时湿空气的密度（$\rho_w = 1/v_w$）也小于对应于温度 t 的干饱和蒸汽的密度（$\rho'' = 1/v''$），即 $\rho_w < \rho''$或 $v_w > v''$。

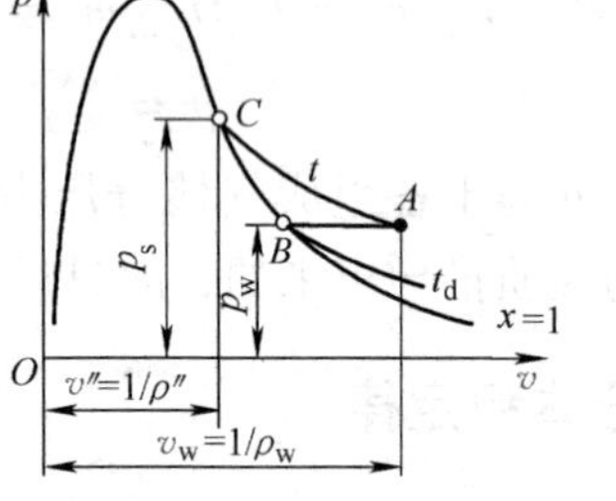

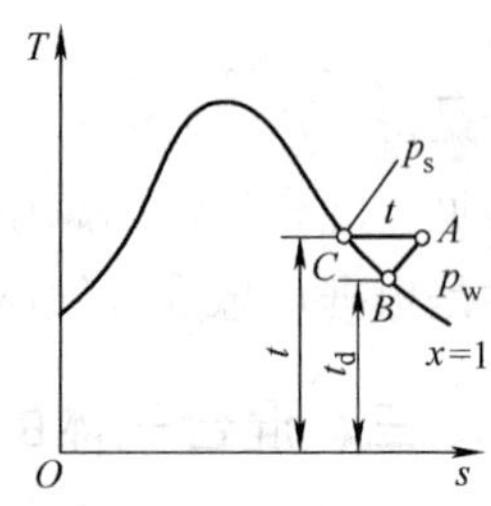

图 14-2　湿空气中水蒸气的状态变化

如果温度 t 不变，湿空气中的水蒸气含量增加，即水蒸气的分压力增加，则其状态将沿等温线向左上（p-v 图），或向左（T-s 图）移动，直到与 $x = 1$ 的干饱和蒸汽线相交于 C 点，达到饱和状态。如再增加水分，即将以水滴的形式凝结而从湿空气中分离出来。这时水蒸气的分压力是对应于温度 t 的条件下的极值，相当于温度 t 时水蒸气的饱和压力 p_s，其值可按 t 在饱和水蒸气表上查得。这种由干空气和饱和水蒸气组成的湿空气称为饱和空气，其 $\rho_w = \rho''$。

三、结露和露点

若未饱和空气中水蒸气的含量不变，即水蒸气分压力 p_w 不变，而湿空气的温度逐渐降低，其状态将沿等分压力线冷却向左（p-v 图），或向左下（T-s 图）移动，与 $x=1$ 的干饱和蒸气线相交于 B 点，也达到了饱和状态，如图 14-2 所示。如果再冷却，则水蒸气在 B 点温度下开始凝结，生成水滴或结露。此开始结露的温度称为露点。可见，露点是对应于湿空气中水蒸气分压力的饱和温度，以符号 t_d 表示，即 $t_d=f(p_w)$。露点可用湿度计或露点仪测量，测出露点也就相当于测出了当时湿空气中水蒸气的分压力 p_w。

露点是湿空气的一个重要参数。在空气调节中，为了减少湿空气中水蒸气的含量，可设法使湿空气冷却到温度低于露点，水蒸气便以水滴形式析出。露点对锅炉的运行管理有较大的影响，锅炉尾部受热面（例如空气预热器低温段）的堵灰和腐蚀，就是由于受热面的金属温度低于烟气中水蒸气和二氧化硫气体的露点之故，如果水蒸气和二氧化硫气体凝结，将在受热面上将形成硫酸，造成严重腐蚀。防止堵灰和腐蚀的主要原则是设法避免烟气中的水蒸气结露。在日常生活中也常遇见结露现象，如夏季白天温度较高，水分蒸发，夜间温度下降，大气中的水蒸气定压冷却，当气温下降到露点时，就开始结露。

四、绝对湿度和相对湿度

1. 绝对湿度

湿度即指湿空气中所含水蒸气的分量。1m^3 湿空气中所含水蒸气的质量称为湿空气的绝对湿度。显然其数值等于在湿空气的温度 t 和水蒸气分压力 p_w 下水蒸气的密度 ρ_w（kg/m^3）。对于未饱和空气可根据 t 和 p_w 在过热水蒸气表上查得，此时 ρ_w 小于与 t 相对应的 ρ''；对于饱和空气可根据 t 在饱和蒸气表上查得，此时 $\rho_w=\rho''$。由理想气体状态方程可得

$$\rho_w = \frac{m_w}{V} = \frac{p_w}{R_w T} \tag{14-5}$$

式中，m_w 为 1m^3 水蒸气的质量（kg），R_w 为水蒸气的气体常数。显然，在空气温度 t 一定时，p_w 越大绝对湿度 ρ_w 越大。当 $p_w=p_s$ 时（见图 14-2），湿空气为饱和空气。此时湿空气具有该温度下的最大绝对湿度，即

$$\rho_w = \rho_{max} = \rho'' = \frac{p_s}{R_w T} \tag{14-6}$$

2. 相对湿度

绝对湿度只能说明湿空气中实际所含水蒸气量的多少，而不能说明湿空气所具有的吸收水分的能力大小，因此常用相对湿度来说明湿空气吸收水蒸气的能力及其潮湿程度。相对湿度就是单位体积湿空气中实际所含水蒸气的质量与同温度下最大可能含有的水蒸气的质量的比值，用符号 φ 表示。即湿空气的实际绝对湿度与同温度下的最大绝对湿度的比值，则

$$\varphi = \frac{\rho_w}{\rho_s} = \frac{\rho_w}{\rho''} \tag{14-7}$$

φ 介于 0 和 1 之间，φ 越小，就表示湿空气离饱和状态越远，尚有吸收更多水蒸气的能力，即空气越干燥，吸收水蒸气的能力越强；反之，φ 越大，湿空气吸收水蒸气的能力越弱，即空气越潮湿。当 $\varphi=0$ 时，则为干空气；当 $\varphi=1$ 时，则为饱和湿空气。所以，不论

湿空气的温度如何，由 φ 的大小可直接看出湿空气的干燥程度。相对湿度反映了湿空气中水蒸气接近饱和状态的程度，故又称饱和度。

因湿空气可当做理想气体对待，这样由式（14-5）和式（14-6）可得

$$\varphi = \frac{\rho_w}{\rho_s} = \frac{p_w}{p_s} = \frac{p_w}{p_{max}} \tag{14-8}$$

式中，p_s 是温度为 t 时水蒸气可能达到的最大分压力，所以又写作 p_{max}。

3. 相对湿度的测量

相对湿度通常用干、湿球温度计来测量，如图 14-3 所示。两支同类型的温度计，其中之一在测温包上蒙一层浸在水中的湿纱布，成为湿球温度计。将干湿球温度计置于通风处，使空气连续不断地流经温度计，干球温度计上的读数即为空气的温度 t。湿球温度计因与湿布直接接触，其读数应为水温。若空气为饱和湿空气（即 $\varphi=1$），则湿布上的水不会汽化，两支温度计上的读数将相同。若空气为未饱和空气（即 $\varphi<1$），则流经湿布时水就会汽化。汽化需要汽化热，水的温度将因汽化放热而下降，水与空气间就形成温差。温差的存在，促使较热的空气传热给较冷的水。水因汽化而放热，又因温差从空气吸热，如放热量大于吸热量，水温势必继续下降，温差增加。温差的增加，将促使空气传入的热量增多。当空气向湿纱布单位时间传递的热量等于单位时间内湿纱布表面水分汽化所需热量时，湿纱布中的水温不变，此时湿球温度计上的读数称为湿球温度，以符号 t_w 表示。从湿球温度的形成来看，由于湿纱布上水分不断蒸发，紧贴湿球周围的空气就形成一个很薄的饱和空气层，它的温度很接近纱布上的水温，也就是说这一层饱和空气温度近似等于湿球温度 t_w。空气传给水的热量又以液体热加汽化热的形式返回空气中去，因此空气的焓值基本不变，所以可以近似地认为湿球周围饱和空气层的形成过程是湿空气定焓加湿过程。因此，定 t_w 线可用定焓线代替。温度为定值 t 的空气，所含水蒸气越少（亦即离饱和状态越远），其湿球温度也越低。因为空气流经湿布时汽化的水分较多，要求更大的温差以便从空气吸收更多的热来满足汽化的需要。由此可见，t_w 和空气实际所含的水蒸气量（或实际的绝对温度）有关。

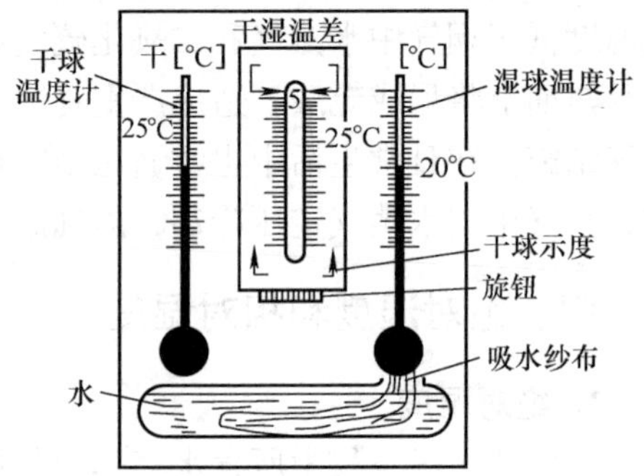

图 14-3　干、湿球温度计

五、含湿量

在物体的烘干过程中，利用空气作为工质来吸收水分，过程中干空气的质量保持不变，而所含的水蒸气则在变化。为分析计算方便，用 1kg 干空气作为计算单位，一定体积的湿空气中水蒸气的质量 m_w（g）与干空气质量 m_a（kg）之比值称为含湿量，以符号 d 表示，即

$$d = 1000\frac{m_w}{m_a} = 1000\frac{\rho_w}{\rho_a} \quad \text{g(水蒸气)/kg(干空气)} \tag{14-9}$$

须特别指出，上式以“kg（干空气）”为计算基准，它不同于 1kg 质量的湿空气，它是将所含水蒸气的质量 d 计算在干空气之外，也即在（$1+0.001d$）kg 质量的湿空气中才含有 $0.001d$kg 的水蒸气。由于以 1kg 质量干空气为基准，这个基准是不随湿空气的状态改变而

改变的。所以只要根据含湿量 d 的变化，就可以确定实际过程中湿空气的干湿程度。

设有温度为 T 的湿空气 $V\text{m}^3$，由于水蒸气和干空气处于混合状态，所以有共同的 V 和 T，分别写出它们的状态方程式为

$$p_w V = m_w R_w T \qquad m_w = \frac{p_w V}{R_w T}$$

$$p_a V = m_a R_a T \qquad m_a = \frac{p_a V}{R_a T}$$

所以

$$d = 1000 \times \frac{m_w}{m_a} = 1000 \times \frac{p_w}{p_a} \times \frac{R_a}{R_w} = 1000 \times \frac{M_w}{M_a} \times \frac{p_w}{p_a}$$

将水蒸气的摩尔质量 $M_w = 18.016\text{g/mol}$ 和干空气的摩尔质量 $M_a = 28.97\text{g/mol}$ 代入上式得到

$$d = 622\frac{p_w}{p_a}(\text{g/kg 干空气}) \tag{14-10}$$

对大气而言，大气压力 $p_b = p_w + p_a$，故用 $p_a = p_b - p_w$ 代入上式得

$$d = 622\frac{p_w}{p_b - p_w}(\text{g/kg 干空气}) \tag{14-11}$$

根据式（14-8）可知，$p_w = \varphi p_s$，所以

$$d = 622\frac{\varphi p_s}{p_b - \varphi p_s}(\text{g/kg 干空气}) \tag{14-12}$$

由上式可见，当湿空气的压力 p_b 一定时，湿空气的含湿量 d 只取决于水蒸气的分压力 p_w，即 $d = f(p_w)$。因此 d 和 p_w 不是互相独立的参数，不能同时作为两个状态参数来确定空气的状态。要确定湿空气的状态，除了给定 p_w（或 d）外，还需知道另一个独立参数，例如温度 t。

【例 14-1】　某车间内空气的压力和温度分别为 $0.9807 \times 10^5\text{Pa}$ 和 21℃，如测得相对湿度为 70%，求：（1）水蒸气的分压力和露点；（2）含湿量。

解：（1）由饱和水蒸气表查得 21℃时水蒸气的饱和压力为 $p_s = 0.024896 \times 10^5\text{Pa}$。故水蒸气分压力为

$$p_w = \varphi p_s = 0.7 \times 0.024896 \times 10^5\text{Pa} = 1.743\text{kPa}$$

对应于 $p_w = 1.743\text{kPa}$ 的饱和温度为 15.2℃，此温度即为露点。

（2）由式（14-11）得含湿量为

$$d = 622\frac{p_w}{p_b - p_w} = 622 \times \frac{0.01743 \times 10^5}{(0.9807 - 0.01743) \times 10^5}(\text{g/kg 干空气}) = 11.25(\text{g/kg 干空气})$$

六、湿空气的焓

含湿量为 d 的湿空气的焓，用符号 h 表示，它也是以 1kg 干空气为计算基准，其含意是 1kg 干空气的焓和 $0.001d$kg 水蒸气的焓的总和，即

$$h = h_a + 0.001 d h_w(\text{kJ/kg 干空气}) \tag{14-13}$$

式中，h_a 为 1kg 干空气的焓（kJ/kg 干空气）；h_w 为 1kg 水蒸气的焓（kJ/kg 水蒸气）；h 为湿空气的焓（kJ/kg 干空气）。

如果空气温度变化不大（100℃以下），可将干空气的定压比热容当成定值，c_p = 1.005kJ/（kg·K）。若以0℃时的焓为零，则干空气的焓 $h_a = c_p t = 1.005t$（kJ/kg干空气）。水蒸气的焓也有足够精确的经验公式

$$h_w = 2501 + 1.86t(\text{kJ/kg 干空气})$$

式中，2501为水在0℃时饱和水蒸气的焓值，1.86为常温低压下水蒸气的平均定压比热容。

将干空气和水蒸气的焓，代入式（14-13）中，可得湿空气的焓为

$$h = 1.005t + 0.001d(2501 + 1.86t)(\text{kJ/kg 干空气}) \tag{14-14}$$

通常在通风和空调等工程中，对空气的加热或冷却，都是在定压条件下进行的。所以空气在过程中吸收或放出的热量，均可用过程前后的焓差来计算。

第三节　湿空气 *h-d* 图

在对湿空气加工处理时，往往需要计算湿空气的某些状态参数，并确定湿空气在设备中的状态变化过程。用公式来计算和分析比较复杂，而利用湿空气的 h-d 图则很方便。因此，h-d 图是研究湿空气状态变化不可缺少的工具。

图14-4所示的湿空气 h-d 图，是按大气压力为101325Pa的状态作出的，不过气压稍有变化时，该图也可应用。h-d 图的横坐标为湿空气的含湿量 d，纵坐标为湿空气的焓 h。为了图形清晰起见，纵坐标与横坐标的交角不是直角，而是135°，但因通过坐标原点的水平线以下部分没有用，因此将坐标 d 上的刻度投影到水平轴上，如图14-5所示。h-d 图上绘有下列各曲线。

1. 定焓线

因为 h-d 图采用135°的斜角坐标，所以定焓线是一束互相平行并与水平线成45°角的直线，如图14-5所示。

2. 定含湿量线

定焓湿量线是一组与纵坐标轴平行的直线。

3. 定温线

当空气温度 t 为常数时，式（14-14）所表示的焓与含湿量之间的关系为一直线方程

$$h = a + bd$$

式中，$a = 1.005t$ 为斜角坐标上的纵截距；$b = 0.001$（$2501 + 1.86t$）为斜率。由于 $1.86t$ 比2501小得多，所以可近似认为定温线在 h-d 图上是斜率基本相同的一束直线，但这些直线并不严格平行，严格来说，随着温度的升高，其斜率 b 逐渐增大。

4. 定相对湿度线

根据式（14-12），当湿空气压力 p_b 和温度给定（p_s 由湿空气温度确定）时，在给定的定温线上，对应不同的 d 值，就有不同的 φ 值。将各定温线上相对湿度 φ 相同的点连接起来，成为一条上凸的曲线，即为定相对湿度线。由于含湿量 d 一定时，相对湿度 φ 随温度的降低而增大，所以定相对湿度线的值，从上至下逐渐增大，最下面一条定相对湿度线是极限情况，$\varphi = 100\%$，表征湿空气处于饱和状态的相对湿度。$\varphi = 100\%$ 线以上各点表示湿空气是过热的，$\varphi = 100\%$ 以下部分各点表示水蒸气已经开始凝结，$\varphi > 1$，这部分没有意义。所以 $\varphi = 100\%$ 的临界曲线也可当做是露点的轨迹。$\varphi = 0$ 即为干空气，此时 $d = 0$，所以它和纵

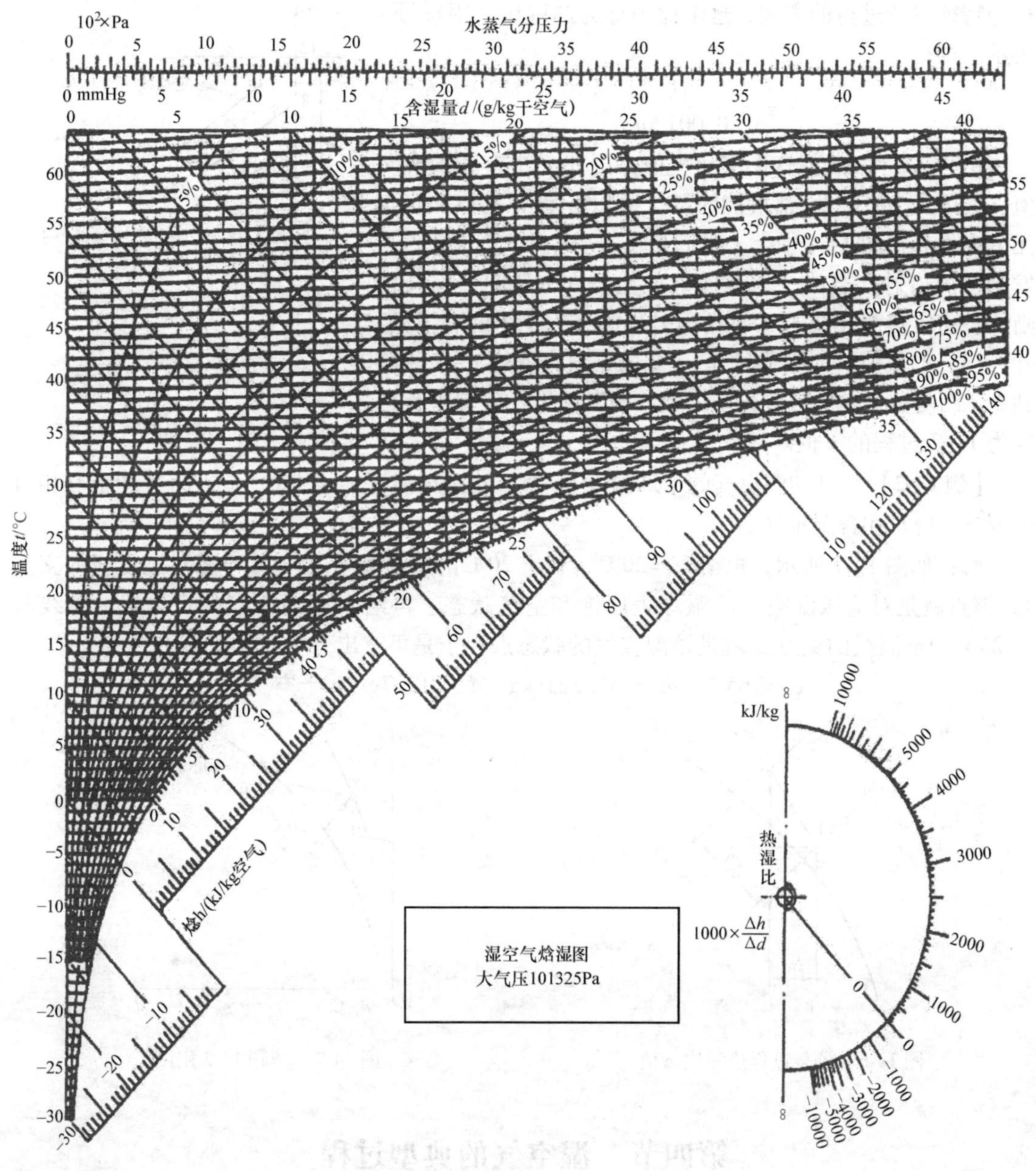

图 14-4 湿空气的焓湿图

坐标线重合。

5. 水蒸气分压力 p_w 与含湿量 d 的关系曲线

由式（14-11）可知，当大气压力 p_b 为定值时，水蒸气分压力 p_w 与含湿量 d 之间是一一对应的单值函数关系，即给定一个 p_w，就有一个 d 值。这一对应关系绘在图 14-4 所示的 h-d 图的上方，图上横坐标 d 之上方的对应坐标为 p_w。

6. 热湿比线

在图 14-6 上，湿空气从初态点 1（h_1，d_1）无论经何种过程到终点 2（h_2，d_2）均可用该过程焓值的变化量 $\Delta h = h_1 - h_2$ 与含湿量的变化量 $\Delta d = d_1 - d_2$ 的比值来表示湿空气变化过

程和特征以及进行的方向，这个比值称为热湿比，用符号 ε 表示，即

$$\varepsilon = \frac{\Delta h}{0.001\Delta d} \tag{14-15}$$

由于 Δh 和 Δd 都有正值和负值，因此 ε 也有正值和负值。又因为 Δh 和 Δd 都可能为零，所以 ε 也有零值和正负无穷大值。在图 14-4 中上，它们是从 $d=0$，$h=0$ 这一点出发画出的辐射状直线。为了使其他线条在 h-d 图上保持清晰，只将定热湿比线的尾部线段另外画在 h-d 图的右下角，并标出 ε 的数值。如查找过程 1－2 的 ε 值，就将 1－2 平移到 h-d 图的右下角的热湿比图线上，与其重合的定热湿比线即为 1－2 过程的 ε 值。

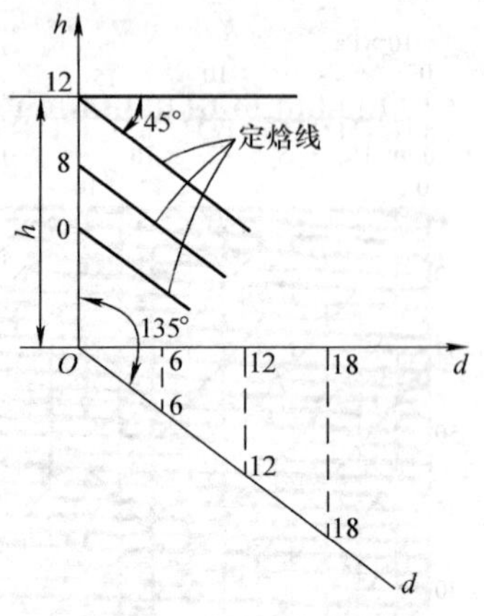

图 14-5　h-d 图上的斜角坐标

【例 14-2】　已知湿空气的干球温度 $t=25℃$，湿球温度 $t_w=20℃$，试用 h-d 图求其相对湿度 φ、焓 h 和含湿量 d。

解：如图 14-7 所示，根据 $t_w=20℃$，找出 20℃的定温线与 $\varphi=100\%$ 相对湿度线的交点 A，该点就是对应该湿空气的湿球表层饱和空气状态。再绘出经过 A 点的定焓线，该线与 $t=25℃$ 的定温线的交点 B 就是该湿空气的状态点，于是可查出

$$\varphi = 65\% \quad h = 57.2\text{kJ/kg} \quad d = 12.7\text{g/kg 干空气}$$

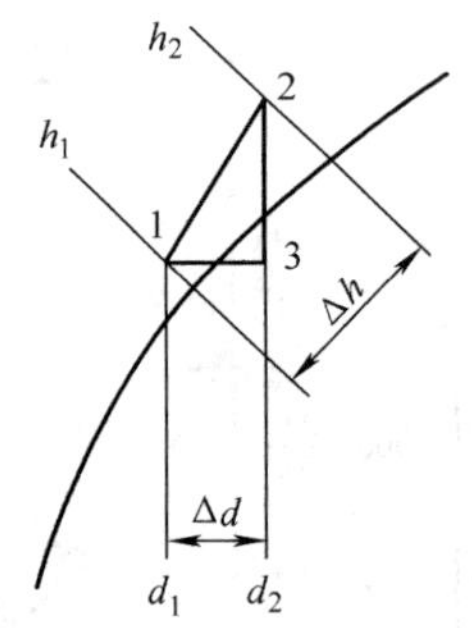

图 14-6　求某过程热湿比 ε 值

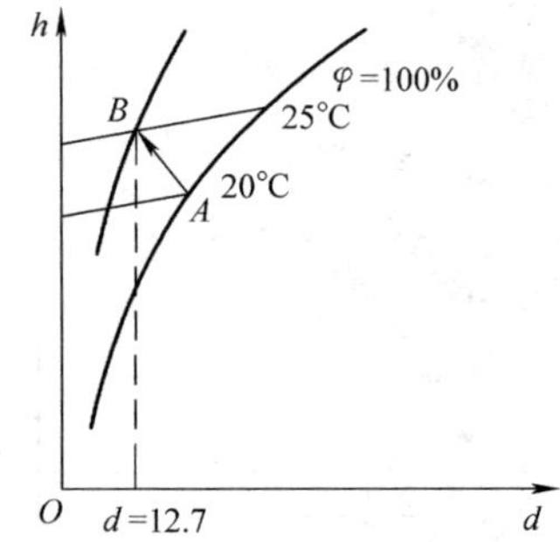

图 14-7　例题 14-2 用图

第四节　湿空气的典型过程

一、空气调节装置的工作概况

空气调节装置的主要设备有滤器、冷却器、加热器、加湿器和风机等，如图 14-8 所示。夏季，加热器和加湿器停止工作，由风机将一部分舱室内的空气（称为回风）和外界新鲜空气（称为新风）混合吸入。混合风经滤器去除灰尘后，进入壁面温度低于露点的冷却器进行降温去湿。然后将经过降温去湿的空气通入各舱室，以维持舱室内空气处于适宜状态。冬季，冷却器停止工作，混合风进入加热器使温度升高，再向空气喷水或喷蒸气，使其含湿量增加，然后将这种经过升温加湿的空气通入各舱室，以维持舱室内的空气处于适宜状态。

由此可见，空气调节装置对空气的加工处理，主要包括湿空气的混合、加热、冷却、加湿、除湿等典型过程。

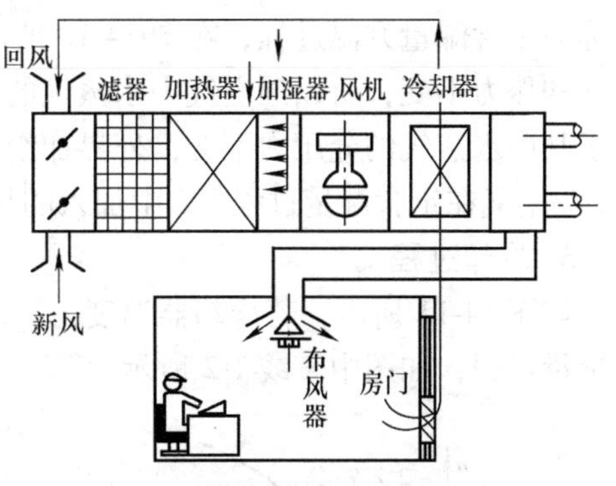

图 14-8　空气调节装置示意图

二、湿空气的几种典型过程

1. 混合过程

船舶上一般采用将一部分舱室内的空气与外界新鲜空气混合后，由通风机吸入，经空气调节设备处理后，再送入舱室的方法，这样要比只从外界吸入新风经济得多。例如，冬天室内的空气温度比室外高，混合后，可使加热器消耗的蒸气量减少；而在夏季，因为使用空气调节装置，室内空气温度低于外界空气温度，吸入部分回风和新鲜空气混合后，可减少制冷装置的冷负荷，节约能量。

如图 14-9 所示，设已知新风的状态为 1（h_1，d_1），其干空气的质量为 m_{a1}；回风的状态为点 2（h_2，d_2），其干空气的质量为 m_{a2}，在 h-d 图上求混合后的状态点 3。

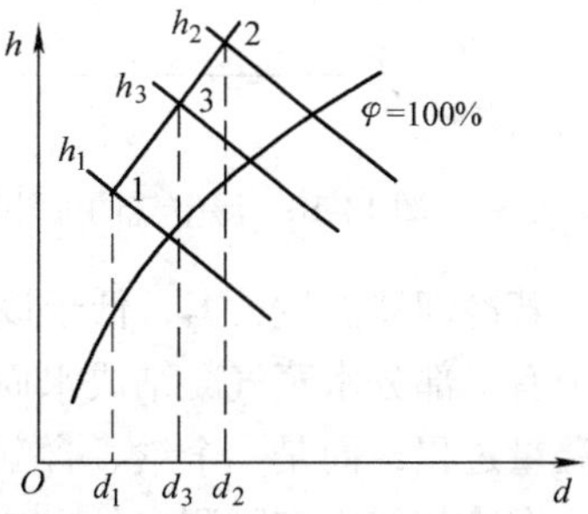

混合后干空气的质量为 $m_{a3}=m_{a1}+m_{a2}$，混合后空气中水蒸气的质量为

$$(m_{a1}+m_{a2})d_3=m_{a1}d_1+m_{a2}d_2$$

或改写成

$$d_3-d_1=\frac{m_{a2}}{m_{a1}}(d_2-d_3) \tag{14-16}$$

图 14-9　确定混合后湿空气的状态

上式实质上是混合过程质量守恒定律的具体表达式，即混合前后湿空气中的干空气和水蒸气分别满足质量守恒定律。

若混合过程是绝热的，则混合过程还应满足能量守恒定律，即混合前后湿空气的总焓应相等，即

$$(m_{a1}+m_{a2})h_3=m_{a1}h_1+m_{a2}h_2$$

或改写成

$$h_3-h_1=\frac{m_{a2}}{m_{a1}}(h_2-h_3) \tag{14-17}$$

用式（14-17）除式（14-16）得

$$\frac{h_3-h_1}{d_3-d_1}=\frac{h_2-h_3}{d_2-d_3} \tag{14-18}$$

根据式（14-18），从新风状态到混合状态的 1-3 过程线与从回风状态到混合状态的 2-3 过程线具有相同的斜率。可见，在 h-d 图上，混合状态 3 一定在新风状态点 1 与回风状态点 2 两点所连的直线上。点 3 在 1-2 线上的具体位置取决于回风量与新风量的比值，即 m_{a1}/m_{a2} 的相对大小。

2. 加热过程

湿空气被加热器定压加热时，由于其中的水蒸气质量和干空气质量都不变，所以这一过

程称为定含湿量升温过程，在图 14-10 所示的 h-d 图上用垂直线 1-2 表示。因为含湿量 d 和空气的压力不变，所以湿空气中水蒸气的分压力和露点都不变。此外，在定含湿量过程中，由于其中水蒸气的分压力不变，外界加给湿空气的热量全部用来增加其显热。$(1+0.001)d$kg 湿空气在定含湿量过程 1-2 中加入的热量为 $q=h_2-h_1$。

3. 冷却过程

如图 14-11 所示，若冷却器温度为 t_2，高于该湿空气的露点温度 t_d，则该冷却过程为定含湿量过程，如图中直线 1-2 所示。

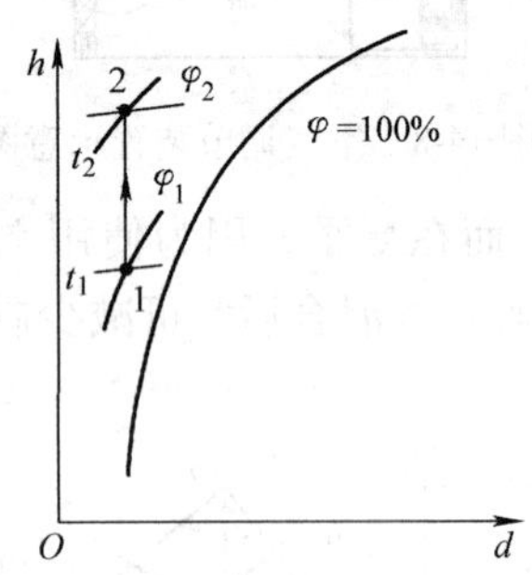

图 14-10　湿空气的加热过程

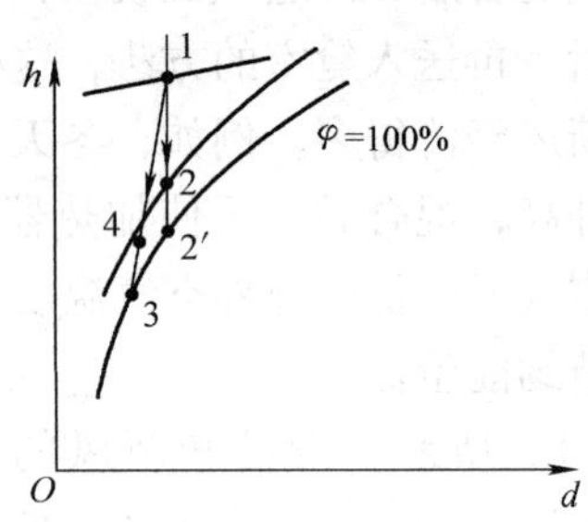

图 14-11　湿空气的冷却过程

若冷却器温度为 t_3，低于该湿空气的露点温度 t_d，则该冷却过程按 1-2-2′-3 进行，湿空气中有一部分水蒸气凝结成水而泄走，致使湿空气的含湿量 d 减小，这种冷却过程就不是定含温量过程，而是一个焓、含湿量均减小的过程。

在冷却器中实际测出的出口状态参数并不是点 3，而是 1-3 直线上的某一点 4。这是因为，湿空气流经冷却器时只有一部分贴近壁面流动而被冷却到点 3 的状态，其余部分则不断地与点 3 状态的湿空气混合。所以点 4 必然在 1-3 直线上。冷却器的管距越小，管中纵向排数越多，趋于点 3 的湿空气数量越多，冷却器出口处的湿空气状态参数 4 越就接近点 3。

4. 加湿过程

空气调节装置中的加湿过程可分为喷水和喷蒸气两种。

（1）喷水加湿过程　湿空气在空气调节装置中，被喷水加湿时，喷入的水被蒸发为水蒸气使湿空气的含湿量增加。若未加湿前湿空气的状态为（h_1，d_1），加湿后状态变为（h_2，d_2），则以 1kg 干空气为基准，加入的水的质量为

$$m_w = 0.001(d_2-d_1)$$

随加入的水带入湿空气的焓为

$$h_2-h_1 = 0.001(d_2-d_1)h_w$$

由于水的焓 h_w 在低压下较比汽化热小得多，以及 $0.001(d_2-d_1)$ 也很小，所以有热湿比

$$\varepsilon = \frac{h_2-h_1}{0.001(d_2-d_1)} = h_w \approx 0$$

因此，工程上可近似将喷水加湿过程按定焓过程处理。如图 14-12 中 1-2 过程所示。

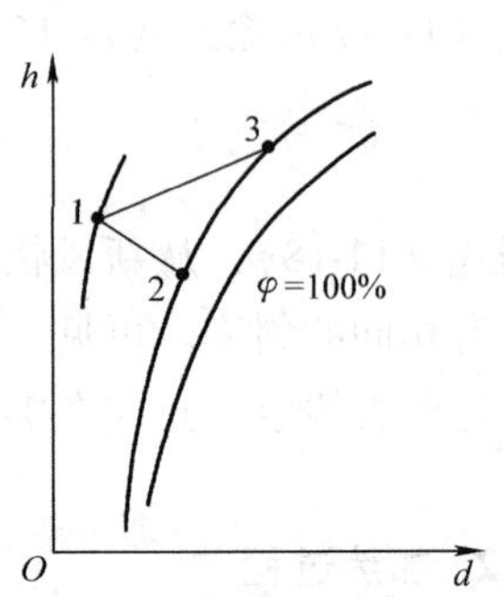

图 14-12　喷水和喷蒸汽加湿过程

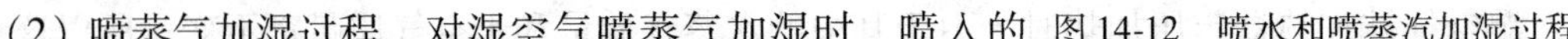

（2）喷蒸气加湿过程　对湿空气喷蒸气加湿时，喷入的

蒸气直接进入湿空气增加其焓值。若未加湿前湿空气的状态为（h_1，d_1），加湿后状态变为（h_2，d_2），以1kg干空气为基准，加入的水蒸气的质量为 $m_w = 0.001\ (d_2 - d_1)$。随加入的水带入湿空气的焓为

$$h_2 - h_1 = 0.001(d_2 - d_1)h_v$$

式中，h_v 表示喷入蒸气的比焓。低压蒸气的比焓可表示为

$$h_v = 2501 + 1.86t_v$$

式中，t_v 为喷入蒸气的温度。若喷入蒸气的温度 t_v 等于原湿空气的干球温度 t，则喷蒸气加湿过程为定温过程；若 $t_v \neq t$，因在空调范围内，t_v 不太高，因而 $1.86t_v$ 与2501相比影响很小，所以喷入蒸气的温度对原空气的温度影响较小。因此，工程上可近似地将喷蒸气加湿过程按定温过程处理，如图14-12中1－3过程所示。

【例14-3】 设大气压力为0.1MPa，温度为34℃，相对湿度为80%。如果利用空调装置使湿空气冷却到10℃，再加热到20℃，且通过空调装置的干空气质量为20kg。试确定：（1）终态空气的相对湿度；（2）湿空气在空调装置中除去的水的质量 m_w；（3）湿空气在空调装置中放出的热量和在加热器中吸收的热量。

解：（1）根据 $t_1 = 34℃$ 和 $\varphi_1 = 80\%$，查 h-s 图得：$d_1 = 0.0274$kg/kg 干空气；$h_1 = 104$kJ/kg 干空气。

根据 $t_2 = 10℃$ 和 $\varphi_2 = 100\%$，查 h-s 图得：$d_2 = 0.0076$kg/kg 干空气；$h_2 = 29.6$kJ/kg 干空气。

由 $t_3 = 20℃$，$d_2 = d_3 = 0.0076$kg/kg 干空气的饱和湿空气，由 h-s 图可得

$$h_3 = 39.5\text{kJ/kg 干空气} \quad \varphi_3 = 54\%$$

（2）湿空气在空调装置中除去的水分量

$$m_w = m_a(d_1 - d_2) = 20 \times (0.0274 - 0.0076)\text{kg} = 0.396\text{kg}$$

（3）湿空气在空调装置中放出的热量为

$$Q_{12} = m_a(h_1 - h_2) + m_w h_w = m_a(h_1 - h_2) + m_w c_{p,w} t_2$$
$$= 20 \times (104 - 29.6)\text{kJ} + 0.396 \times 4.18 \times 10\text{kJ} = 1504.55\text{kJ}$$

冷却去湿后的湿空气在加热器中吸收的热量为

$$Q_{23} = m_a(h_3 - h_2) = 20 \times (39.5 - 29.6)\text{kJ} = 198\text{kJ}$$

思考与练习题

14-1　解释降雾、结露和结霜现象，并说明它们发生的条件。

14-2　对于未饱和空气，湿球温度、干球温度和露点温度三者哪个最大？哪个最小？对于饱和空气它们的大小又将如何？

14-3　用什么方法能将未饱和空气变成饱和空气？如果将20℃时的饱和空气在定压下加热到30℃，它是否还是饱和空气？

14-4　在已知湿空气的干球温度 t 和湿球温度 t_w 时，试画出 h-d 图定性说明如何确定该湿空气的相对湿度 φ。

14-5　试在 h-d 图上表示状态点1（t_1，h_1）的露点温度 t_d 和湿球温度 t_w。

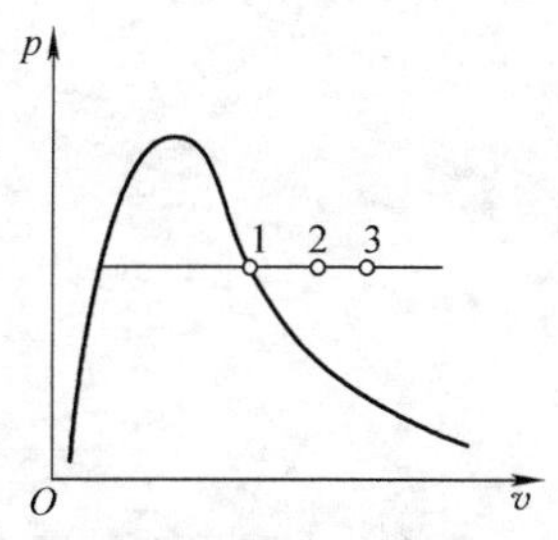

图14-13　题14-6用图

14-6　已知湿空气经历分压力不变的过程，如图14-13所示。状态1、2和3的分压力相同，试比较状态1、2和3的绝对湿度 ρ、相对湿度

φ 及含湿量 d 的大小。

14-7　湿空气的相对湿度与含湿量之间有什么关系？两种湿空气相对湿度一样，其含湿量是否相等，与温度的高低有关么？

14-8　设干-湿球温度计的读数分别为 $t=30℃$、$t_w=25℃$，大气压力 $p_b=0.1\text{MPa}$。试用 h-s 图确定空气的参数（包括 h、d、φ、p_V、ρ_V）。

14-9　已知湿空气压力 $p_b=0.101325\text{MPa}$，干球温度 $t=30℃$，相对湿度 $\varphi=40\%$，试求湿空气的含湿量和水蒸气的分压力（已知 $t=30℃$ 时，水蒸气的饱和压力为 4241.7Pa）。

14-10　设大气压力为 0.1MPa，温度为 30℃，相对湿度为 60%，试求湿空气的露点温度、绝对湿度和含湿量。

14-11　设大气压力为 0.1MPa，温度为 30℃，相对湿度为 80%。如果利用空气调节设备使其温度降低到 10℃，然后再加热到 20℃，试求所得空气的相对湿度。

14-12　在容积为 100m^3 的封闭室内，空气的压力为 0.1MPa，温度为 25℃，露点温度为 18℃，试求室内空气的含湿量和相对湿度。若此时室内放置若干盛水的敞口容器，容器的加热装置使水能保持 25℃定温蒸发至空气达到室温下饱和空气状态。试求达到饱和空气状态的空气的含湿量和水的蒸发量。

14-13　室内空气压力 $p=0.1\text{MPa}$，温度 $t=30℃$，如已知相对湿度 $\varphi=40\%$，试计算：（1）水蒸气分压力和露点温度；（2）含湿量；（3）在定压下将含 1kg 干空气的室内空气加热至 50℃所需的热量。

第三篇　传　热　学

传热学是研究具有不同温度的物体间能量传递规律及其工程应用的一门技术学科。热力学第二定律指出，在一个物体内或物系之间，只要存在着温度差，热量总是自发地由高温处传向低温处。这种靠温差推动的能量传递过程称为热传递过程。由于温差在自然界和生产领域中广泛存在着，故热量传递就成为自然界和生产领域中一种普遍现象。

传热学在各个工业领域应用十分广泛，在能源、宇航、动力工程、制冷、建筑、冶金、机械制造、化工等领域中都有大量的传热问题，尤其是在船舶轮机工程中，许多热力设备的设计、制造与运行管理都涉及大量的传热学知识。例如，为了提高内燃机的热效率，将燃气温度提高到1700℃时，气缸壁和活塞等部件必须有合理的结构和冷却方式，以保证各部件内有合理的温度分布，不会因热应力过大而损坏。同样，对燃气轮机的喷管和叶片也必须求解其温度分布，以保证进气温度提高到1000～1300℃还能安全运行。对于蒸汽动力装置中的锅炉、冷凝器以及制冷装置中的蒸发器、冷凝器、冷库的隔热层等都要进行有关热流量的计算，以满足设计、营运中的安全可靠性和经济性要求。

传热学规律在工程领域的应用问题，大致可分为两类。一类是着眼于传热速率的大小及其控制，或者说增强或削弱传热。例如，水冷式内燃机水套中冷却水在散热器中放出热量，为使散热器换热效率高及结构紧凑，就必须增强传热；相反，为使热力管道减少热损失，则必须采取隔热保温措施，以削弱传热。另一类工程传热问题，则着眼于温度分布及其控制，如确定内燃机活塞的温度分布就是常见的实例。要解决这两类工程传热问题，必须具备热传递规律的基础理论知识和分析传热问题的基本能力，掌握计算传热问题的基本方法和一定的实验技能。

热量传递有三种基本方式，即导热、对流和辐射。本篇着重定性地说明这三种传热形式的机理，分析每一种传热过程的本质，并适当地介绍这三种传热形式的计算方法及计算公式。由于实际传热过程往往是导热、对流和辐射三种基本方式的组合，本篇最后将以换热器热力计算作为实际应用的示例进行简单总结。

第十五章　导　　热

【学习目的】　理解温度场、等温线、温度梯度、热阻等基本概念，傅里叶定律的含义及应用，导热系数的意义及影响因素；熟练掌握平壁和圆筒壁稳态导热时的温度场和导热量的计算方法。

第一节　导热的基本概念和基本定律

热量从物体中温度较高的部分传递到温度较低的部分，或者从温度较高的物体传递到与之接触的温度较低的另一物体的过程称为热传导（又称导热）。

从微观角度看，气体、液体、导电固体和非导电固体的导热机理是有所不同的。气体的导热机理比较简单，温度表征分子的动能，因而在高温区域的分子速度要比低温区域的分子速度高，分子连续地无规则运动，被其他分子碰撞并交换能量和动量。如分子由高温区域向低温区域运动，分子将动能传递到系统的低温部分，并通过碰撞将能量传递给能位较低的分子，热量就由高温区传到低温区。液体导热的机理与气体相似。但是，因为液体分子间距较小，分子力场对分子碰撞过程中的能量交换影响很大，因此，情况要复杂得多。固体以两种形式传导热能，自由电子的迁移和晶格结构的振动（即原子、分子在其平衡位置附近的振动）。对于良好的导电体，有相当数量的自由电子在其晶格结构间运动，正像这些自由电子能传导电能一样，它们也可将热能由高温区域传输到低温区域。材料的晶格结构也能通过振动传递能量。非导电固体中的热传导主要是通过晶格结构的振动来实现的。通常通过晶格振动传递的能量不像电子传递的能量那么大，这就是良好的导电体往往是良好的导热体的原因。例如，铜、铝和银既是良好的导电体，也是常用的良好导热体。固体中的热传递完全取决于导热。液体和气体因具有流动的特性，在它们中的热传递，导热也同样发生，但在某种情况下，例如，在湍流区内，液体内部的导热通常不起主导作用。为进一步了解导热过程，必须掌握以下基本概念。

一、温度场

在某一瞬间导热物体内各点的温度分布状况称为温度场，如图 15-1a 所示。确定温度场的目的，除了分析计算物体内部的热流方向和导热量外，对于高温零件，如柴油机活塞、排气阀等，更重要的是弄清它们的工作情况，找出影响热负荷的因素。根据温度场是否与时间有关，温度场可分为稳态温度场和非稳态温度场。不随时间而变的温度场称为稳态温度场，各种热力设备在工况稳定、持续运转状态下，其内部的温度场都是稳态温度场。这时物体内部的温度分布仅为空间坐标的函数，即

$$t = f(x,y,z)$$

随时间而变的温度场称为非稳态温度场，各种热力设备在起动、加速和停车过程中，其内部的温度场即为非稳态温度场。这时物体内部的温度分布不仅为空间坐标的函数，还与时间有关。即温度的分布可表示为

$$t = f(x,y,z,\tau)$$

如果物体内部的温度在 x，y，z 三个方向都有变化，则称为三维温度场。对于二维和一维温度场，稳态时表示为 $t=f(x,y)$ 和 $t=f(x)$，非稳态时则为 $t=f(x,y,\tau)$ 和 $t=f(x,\tau)$。

发生于稳态温度场中的导热为稳态导热，稳态导热时，物体内各点的温度不随时间而变，其导热热流量为常数。而发生在非稳态温度场的导热称为非稳态导热。

二、等温面和等温线

在温度场中，把同一时刻温度相等的各点连接起来构成的面，称为等温面，它可能是平面，也可能是曲面。不同温度的等温面与任一平面（非等温面）的交线称为等温线，如图 15-1b 所示。实际工程上常以等温线图来表示复杂形状物体内的温度分布情况。如图 15-1a

所示的内燃机活塞头内的温度分布。等温面和等温线具有如下性质：

1）因为物体内的任一点不可能同时具有两个不同的温度，所以不同温度的等温面或等温线绝不会彼此相交。

2）沿着等温面或等温线切线方向上，没有热量的传递。热量的传递只是沿着最短的途径进行，即沿着等温面或等温线的法线方向进行。

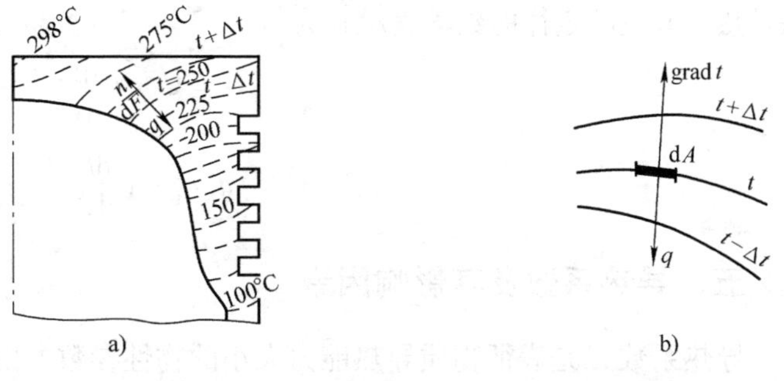

图 15-1　温度场、等温线和温度梯度示意图

3）在物体内部，等温面或等温线可以是完全封闭的曲面，或者终止于物体的边缘，但不可以在物体内部中断。

三、温度梯度

在等温面或等温线的法线方向上，单位长度的温度变化率，或者说沿等温面法线方向上的温度增量与法向距离的比值的极限称为温度梯度。温度梯度反映了温度场在空间的变化规律。

图 15-1b 是从柴油机活塞头内取出的一小块并放大，温度为 t 的等温线上某点处微元面积 dA 的法线用 n 轴表示，在该点沿法线与温度为 $t+\Delta t$ 的等温线相距 Δn，则该点的温度梯度是

$$\mathrm{grad}t = \lim_{\Delta n \to 0}\left(\frac{\Delta t}{\Delta n}\right) = \frac{\partial t}{\partial n}$$

对于一维稳态温度场来说，由于 $t=f(x)$，其温度梯度为 $\mathrm{d}t/\mathrm{d}x$。

温度梯度是矢量，其方向是指向温度增加的方向，而热量传递方向与温度梯度方向恰好相反，或者说热量传递方向与温度降度（$-\partial t/\partial n$）一致。

四、导热的基本定律

纯导热物体内，导热热流量与垂直于导热方向的面积成正比，与等温面法线方向上的温度梯度成正比，方向与温度降低方向相同。这一结论是 1822 年法国数理学家傅里叶在对各向同性连续介质（均匀物质）导热过程实验研究的基础上提出的，称为傅里叶定律。用公式表示为

$$Q = -\lambda A \frac{\partial t}{\partial n} \tag{15-1}$$

式中，Q 为单位时间内通过物体的导热量，称为导热热流量，单位为 W；λ 为物体材料的导热系数，它反映材料导热性能的好坏，单位是 W/（m · ℃）；A 为垂直于导热方向的导热面积，单位为 m^2；$\partial t/\partial n$ 为温度梯度，单位是℃/m；负号表示热流方向与温度梯度的方向相反。

对于单位导热面积而言

$$q = \frac{Q}{A} = -\lambda \frac{\partial t}{\partial n} \tag{15-2}$$

式中，q 为单位时间为单位导热面积上的导热量，称为热流密度，单位为 W/m^2。对一维稳态导热，傅里叶定律的数学表示式为

$$Q = -\lambda A \frac{dt}{dx} \tag{15-3}$$

或

$$q = -\lambda \frac{dt}{dx} \tag{15-4}$$

五、导热系数及其影响因素

导热系数 λ 是表征物质导热能力大小的物性参数。由式（15-2）可知

$$\lambda = -\frac{q}{\partial t/\partial n}$$

可见，物体的导热系数代表单位温度降度时的导热热流密度，即单位时间内，单位导热面积上，当物体内温度降低1℃/m时的导热量。其值与材料的几何形状无关，而完全取决于材料的成分、内部结构、密度、温度和含水量等，主要由实验测定。以物质的种类分，λ 的值以金属为最大，非金属固体次之，液体更次之，而以气体为最小。其中银的 λ =418W/（m·℃），哥罗仿气体的 λ =0.0066W/（m·℃）为最小。

各种物质的 λ 值都与温度有关，但由于物质的结构不同，有些物质的 λ 值随温度上升而增大，有些物质的 λ 值却随温度的上升而下降。对于水从 0℃ 到 120℃，λ 值增大；从120℃到300℃，λ 值却随温度上升而下降。但是对大多数物质来说，还是有一定的规律性的。气体的 λ 值随温度升高而升高；液体的 λ 值随温度升高而下降；非金属固体的 λ 值随温度升高而升高；金属固体的 λ 值随温度升高而下降。它们的具体数值变化情况可查阅有关传热学手册和参考书。表 15-1 给出了工程上常用的几种物质在常温常压下的 λ 值。

表 15-1　工程上常用的几种物质在常温常压下的 λ 值

种类	名称	λ/［W/（m·℃）］	名称	λ/［W/（m·℃）］
金属固体	银	407～418	纯铜	381～395
	铝	180～200	含锌黄铜	93～116
	钢、生铁	47～58	合金钢	17～35
其他固体	锅炉水垢	0.58～2.33	烟灰	0.058～0.116
	冰	2.21	霜或压紧的雪	0.47
	松软的雪	0.105		
热绝缘材料	玻璃棉	0.03～0.043	石棉绳	0.099～0.209
	软木板	0.044～0.079	泡沫塑料	0.041～0.056
液体和气体	水	0.55～0.67	润滑油	0.148
	重油	0.119	氟利昂 12	0.088
	空气	0.024	氢	0.176
	二氧化碳	0.014	氟利昂 12 蒸气	0.014

当某一纯金属元素中掺入另一种元素后，由于自由电子的传播受到很大的削弱，导数系数 λ 值显著下降。例如纯铜的 λ 值为 395，而含锌黄铜的 λ 值只有 93～116。习惯上将室温条件下导热系数小于 0.2W/（m·℃）的材料称为隔热材料或保温材料。工程应用中的隔热

材料多为多孔性材料或纤维性材料，其孔隙中充满着空气或其他气体。由于气体的 λ 值较小，所以这些材料的导热系数也比较小。这类材料容易受潮而吸收水分，当小孔中充满导热系数比气体大的水分时，致使受潮的绝热材料 λ 值增大。此外，促使 λ 值增大的更重要的原因是水分受热后的移动方向与导热方向一致。当水由高温向低温进行传质时，热量也从高温处传向低温处。例如，干砖的 $\lambda=0.35$W/（m·℃）；水的 $\lambda=0.6$W/（m·℃）；而湿砖的 λ 可达到1.0W/（m·℃）左右。

第二节　平壁和圆筒壁的稳态导热

一、平壁的稳态导热

船上废气涡轮增压的空气冷却器、润滑油冷却器的外壳和锅炉的炉墙等，两侧都与不同温度的流体接触，热量通过这些壁面的过程可视为无内热源的平壁导热。

1. 单层平壁

图15-2所示为一单层平壁的稳态导热。设平壁厚度为 δ，导热系数为 λ，两表面分别维持均匀稳定的温度 t_1 和 t_2，且 $t_1>t_2$。当平壁的高度远大于其厚度（10倍以上）时，沿高度和宽度两个方向的温度变化就会很小，导热仅沿厚度方向进行，可近似作为一维导热处理。在离左侧壁 x 处，取一厚度为 dx 的薄层平壁，该薄层温度差为 dt。根据傅里叶定律，通过该层的单位面积热流密度为

$$q=-\lambda\frac{\mathrm{d}t}{\mathrm{d}x}$$

分离变量后得

$$\mathrm{d}t=-\frac{q}{\lambda}\mathrm{d}x$$

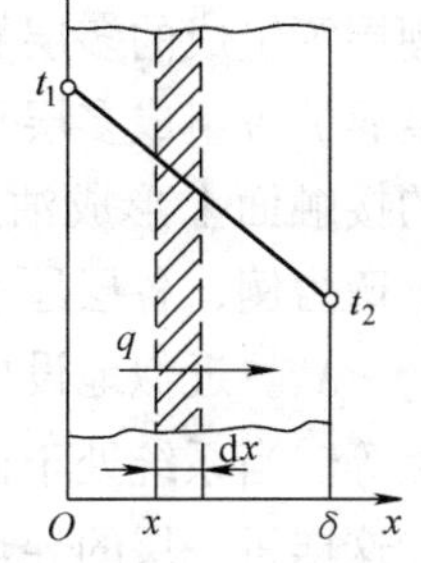

图15-2　单层平壁的稳态导热

在平壁稳态导热中 q 为常数，λ 为一定温度范围内的平均导热系数，也是常数。所以上式积分后可得

$$t=-\frac{q}{\lambda}x+c \tag{15-5}$$

式中，c 为积分常数。该式表明，平壁内的温度沿壁厚方向是按直线规律分布的。式中的积分常数可由边界条件决定，将 $x=0$ 时，$t=t_1$；$x=\delta$ 时，$t=t_2$ 代入上式后，可得单层平壁单位面积上的热流密度为

$$q=\lambda\frac{t_1-t_2}{\delta}=\frac{\lambda}{\delta}\Delta t \tag{15-6}$$

热量传递是自然界中的一种转移过程，与自然界中的其他转移过程，如电量的转移、动量的转移、质量的转移有类似之处。导热与导电过程的类比见表15-2。各种转移过程的共同规律性可归结为

$$\text{过程中的转移量}=\frac{\text{过程的动力}}{\text{过程的阻力}}$$

在电学中，这种规律性就是众所周知的欧姆定律，即 $I=\Delta U/R$。在导热中，与之相对应的表达式可从式（15-6）的下列形式中得出，即

$$q = \frac{\Delta t}{\delta/\lambda} \tag{15-7}$$

这种形式有助于清楚地理解式中各项的物理意义。式中，热流密度 q 为导热过程中的迁移量，温差 Δt 为转移过程的动力，而分母 δ/λ 为转移过程的阻力。热转移过程的阻力称为热阻，用符号 r_t 表示。它与电转移过程中的阻力 R 相当。对整个导热面积 A 来说，$R_t = \frac{\Delta t}{Q} = \frac{\delta}{\lambda A}$。

热阻概念的建立对复杂热转移过程的分析带来很大的便利。比如，我们可借用比较熟悉的串联、并联电路的计算公式来计算传热过程的总热阻。

表 15-2　导热与导电过程的类比

项目	导电过程	导热过程
过程的动力	电位差 U	温差 Δt
过程的阻力	电阻 R	热阻 R_t
过程的转移量	电流 I	热流量 Q

2. 多层平壁

多层平壁是指几层不同材料组成的平壁，如建筑围护结构就是由建筑材料、隔热保温层和防潮层等组成的多层平壁；锅炉的炉墙就是由耐火材料层、隔热材料层和红砖层砌成的，外加金属护板组成多层平壁；板式油冷却器在使用中，板片与水的接触面上形成水垢，板片与油的接触面上形成油层，即组成三层平壁。以图 15-3 中的三层平壁为例，各层厚度分别为 δ_1、δ_2、δ_3，导热系数相应为 λ_1、λ_2、λ_3。近似地设层间接触良好，并认为接合面上各处的温度相等。当系统处于稳态时，导过各层 $A\text{m}^2$ 面积的热流量必相等。这样每一层的导热量可表示成

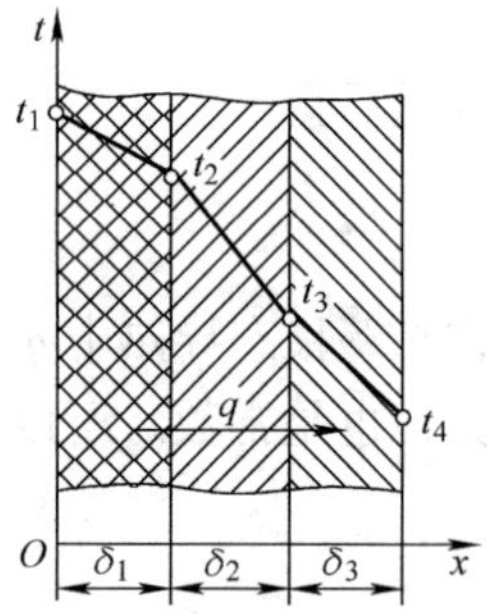

$$\left.\begin{aligned} Q &= \lambda_1 A \frac{t_1 - t_2}{\delta_1} \\ Q &= \lambda_2 A \frac{t_2 - t_3}{\delta_2} \\ Q &= \lambda_3 A \frac{t_3 - t_4}{\delta_3} \end{aligned}\right\} \tag{15-8}$$

图 15-3　三层平壁的稳态导热

解上述三式，得导热量为

$$Q = \frac{t_1 - t_4}{\frac{\delta_1}{\lambda_1 A} + \frac{\delta_2}{\lambda_2 A} + \frac{\delta_3}{\lambda_3 A}} = \frac{t_1 - t_4}{R_{t1} + R_{t2} + R_{t3}} \tag{15-9}$$

三层平壁稳态导热时的热流密度为

$$q = \frac{Q}{A} = \frac{t_1 - t_4}{\frac{\delta_1}{\lambda_1} + \frac{\delta_2}{\lambda_2} + \frac{\delta_3}{\lambda_3}} = \frac{t_1 - t_4}{r_{t1} + r_{t2} + r_{t3}} \tag{15-10}$$

由上两式可知，多层平壁的导热量取决于总温差和总热阻，而总热阻等于各层热阻之和。类

比串联电路的欧姆定律可知，多层平壁导热总热阻可采用类似串联电路求总电阻的方法求得，即总热阻等于各层热阻串联之和，可表示成图 15-4 所示的热网络图。

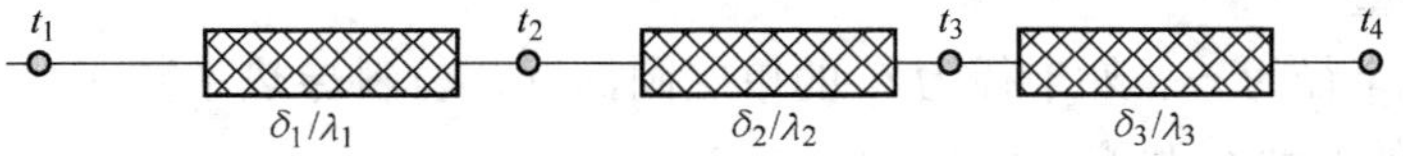

t_1 δ_1/λ_1 t_2 δ_2/λ_2 t_3 δ_3/λ_3 t_4

图 15-4 平壁的导热热阻网络图

依次类推，n 层多层壁的热流密度计算公式为

$$q = \frac{t_1 - t_{n+1}}{\sum_{i=1}^{n} \frac{\delta_i}{\lambda_i}} \tag{15-11}$$

解得热流密度后，层间界面上的未知温度 t_2、t_3 可利用式（15-8）求得。例如

$$t_2 = t_1 - q\frac{\delta_1}{\lambda_1}$$

$$t_3 = t_1 - q\left(\frac{\delta_1}{\lambda_1} + \frac{\delta_2}{\lambda_2}\right)$$

一般地，对 n 层平壁，第 m 层与第 $m+1$ 层间的界面温度为

$$t_{m+1} = t_1 - q\sum_{i=1}^{m} \frac{\delta_i}{\lambda_i} \tag{15-12}$$

【例 15-1】 某锅炉炉墙由耐火砖层、硅藻土焙烧板层和金属密封护板所构成，其导热系数 λ_1、λ_2、λ_3 分别为 1.1W/（m·℃）、0.12W/（m·℃）、45W/（m·℃）；厚度 δ_1、δ_2、δ_3 分别为 115mm、185mm、3mm，炉墙内、外表面的平均温度各为 642℃、54℃。试求通过炉墙的热流密度和层间温度。

解： 局部热阻为

$$r_{t1} = \frac{\delta_1}{\lambda_1} = \frac{0.115}{1.1}\text{m}^2\cdot℃/\text{W} = 0.105\text{m}^2\cdot℃/\text{W}$$

$$r_{t2} = \frac{\delta_2}{\lambda_2} = \frac{0.185}{0.12}\text{m}^2\cdot℃/\text{W} = 1.542\text{m}^2\cdot℃/\text{W}$$

$$r_{t3} = \frac{\delta_3}{\lambda_3} = \frac{0.003}{45}\text{m}^2\cdot℃/\text{W} = 6.7\times10^{-5}\text{m}^2\cdot℃/\text{W}$$

可见，第三层热阻与第一层、第二层相比，其值甚小，可忽略不计，故

$$q = \frac{t_1 - t_4}{r_{t1} + r_{t2} + r_{t3}} \approx \frac{642 - 54}{0.105 + 1.542}\text{W/m}^2 = 357\text{W/m}^2$$

层间界面温度为

$$t_2 = t_1 - q\frac{\delta_1}{\lambda_1} = 642℃ - 357\times\frac{0.115}{1.1}℃ = 604.7℃$$

$$t_3 \approx t_4 = 54℃$$

二、圆筒壁的稳态导热

工程常见的蒸汽或热水输送管道的散热损失计算，锅炉换热管、管式换热器、柴油机气

缸的传热计算等都属于圆筒壁的传热计算。圆筒壁也因其组成材料的不同而分单层与多层。如包有隔热材料的冷热管道，有水垢的换热器管子等，即属于多层圆筒壁。

1. 单层圆筒壁

图 15-5 是内半径为 r_1、外半径为 r_2 的单层圆筒壁，材料导热系数 λ 为常数，圆筒内外表面各维持一定的温度 t_1 和 t_2，且 $t_1 > t_2$。

通常在工程上遇到的圆筒壁长度 l 都较大，温度沿轴向变化很小，可认为只沿径向（r 方向）有变化，即 $t = f(r)$，沿轴向的导热可略去不计，所以壁内的等温面是一系列同心圆柱面。通常可采用圆柱坐标来分析圆筒壁的一维稳态导热。

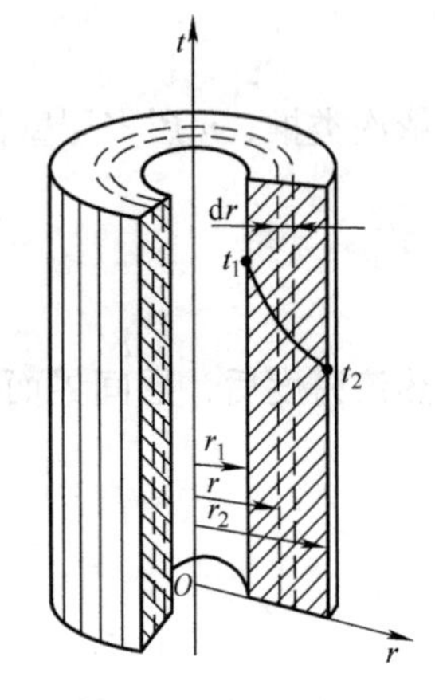

图 15-5　单层圆筒壁的稳态导热

圆筒壁导热与平壁的不同之处在于它的导热面积 A 与厚度有关，即圆筒壁导热面积随半径的增加而加大，由于单位时间通过整个圆筒壁的导热量 Q 不变，故圆筒壁的热流密度 $q = Q/A$ 将随半径增加而减少。因此一般不能用平壁导热的计算公式来计算圆筒壁的导热问题，而要通过傅里叶定律经积分求得，也可通过对柱坐标下的一维稳态导热微分方程求解得到。

从壁内离圆筒中心 r 处，割出厚度为 $\mathrm{d}r$ 的一层圆筒壁，如图 15-5 中的虚线所示。在此 $\mathrm{d}r$ 厚的圆筒壁内，导热温差为 $\mathrm{d}t$，温度梯度则为 $\mathrm{d}t/\mathrm{d}r$，它的导热面积 $A = 2\pi rl$。由傅里叶定律可得通过圆筒壁的导热量应为

$$Q = -\lambda A\frac{\mathrm{d}t}{\mathrm{d}r} = -\lambda\frac{\mathrm{d}t}{\mathrm{d}r}2\pi rl$$

分离变量后得

$$\mathrm{d}t = -\frac{Q}{2\pi\lambda l}\frac{dr}{r}$$

将上式积分得圆筒壁导热温度场表达式

$$t = -\frac{Q}{2\pi\lambda l}\ln r + c$$

从上式可见，圆筒壁内的温度分布是一条对数曲线，如图 15-5 所示。式中的积分常数 c，可由圆筒壁的边界条件确定。当 $r = r_1$ 时，$t = t_1$；当 $r = r_2$ 时，$t = t_2$。由此可得

$$t_1 = -\frac{Q}{2\pi\lambda l}\ln r_1 + c$$

$$t_2 = -\frac{Q}{2\pi\lambda l}\ln r_2 + c$$

将上两式相减，并以圆筒直径比代替半径比，经整理后可得到

$$Q = \frac{t_1 - t_2}{\frac{1}{2\pi\lambda l}\ln\frac{r_2}{r_1}} = \frac{t_1 - t_2}{\frac{1}{2\pi\lambda l}\ln\frac{d_2}{d_1}} \tag{15-13}$$

式（15-13）是圆筒壁导热计算公式。式中 d_1、d_2 分别为圆筒壁的内径和外径。当 $t_2 > t_1$ 时，式（15-13）计算出的导热量为负值，说明热量是从外表面传到内表面的。

根据圆筒壁的导热特点，工程计算中一般不以单位面积为基准计算导热量，而以单位长

度为基准来计算它的导热量，这样，单位时间通过每米长圆筒壁的导热量 q_l 为

$$q_l = \frac{Q}{l} = \frac{t_1 - t_2}{\dfrac{1}{2\pi\lambda}\ln\dfrac{d_2}{d_1}} = \frac{t_1 - t_2}{R_l} \tag{15-14}$$

式中，R_l 为每米长单层圆筒壁的导热热阻。即

$$R_l = \frac{1}{2\pi\lambda}\ln\frac{d_2}{d_1} \tag{15-15}$$

可见，圆筒壁的导热量仍然与内外壁面的温差成正比，与其热阻成反比。

2. 多层圆筒壁

图 15-6 所示为三层不同材料组成的多层圆筒壁，已知相应的半径为 r_1、r_2、r_3 和 r_4；各层的导热系数为 λ_1、λ_2 和 λ_3，圆筒壁内外表面的温度各为 t_1 和 t_4，且 $t_1 > t_4$；若层与层之间接触良好，接触面的温度分别为 t_2 和 t_3。则通过多层圆筒壁的导热量 q_l 和各接触面的温度可按热阻叠加原理分析求得。

在稳态导热下，通过每一层的热流量 q_l 相等。根据图 15-6b所示的热阻图，可直接写出三层圆筒壁的导热量计算公式为

$$q_l = \frac{t_1 - t_4}{R_{l1} + R_{l2} + R_{l3}} = \frac{t_1 - t_4}{\dfrac{1}{2\pi\lambda_1}\ln\dfrac{d_2}{d_1} + \dfrac{1}{2\pi\lambda_2}\ln\dfrac{d_3}{d_2} + \dfrac{1}{2\pi\lambda_3}\ln\dfrac{d_4}{d_3}} \tag{15-16}$$

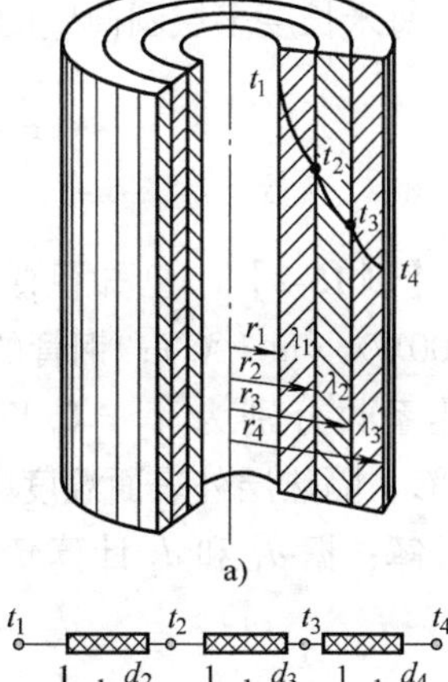

图 15-6　三层圆筒壁的稳态导热

一般地，对于 n 层圆筒壁，则

$$q_l = \frac{t_1 - t_{n+1}}{\sum\limits_{i=1}^{n}\dfrac{1}{2\pi\lambda_i}\ln\dfrac{d_{i+1}}{d_i}} \tag{15-17}$$

对于多层圆筒壁各接触面上的温度，可按下式求得

$$t_{i+1} = t_1 - q_l(R_{l1} + R_{l2} + \cdots + R_{li})$$

3. 薄壁圆筒导热的简化计算

圆筒壁导热的简化计算是以平壁导热的计算方法来处理圆筒壁的导热计算。现以单层圆筒壁为例，分析这种简化计算的方法及其使用条件，然后推广应用到多层圆筒壁。

一段长度为 l 的单层圆筒壁的内表面积为 $A_1 = \pi d_1 l$，外表面积为 $A_2 = \pi d_2 l$，内外表面平均面积为

$$A_m = (A_1 + A_2)/2 = \frac{\pi}{2}(d_1 + d_2)l = \pi d_m l$$

将此圆筒壁沿轴向割开展平成为一平壁时，平壁的面积应为 $A_m = \pi d_m l$，厚度应为 $\delta = (d_2 - d_1)/2$。按平壁导热计算公式计算此平壁导热量为

$$Q = \frac{\lambda}{\delta}\Delta t A_m = \frac{\lambda}{\delta}\pi d_m l(t_1 - t_2) = \frac{t_1 - t_2}{\dfrac{\delta}{\pi d_m \lambda}}l$$

单位长度圆筒壁的热流量

$$q_1 = \frac{Q}{l} = \frac{t_1 - t_2}{\dfrac{\delta}{\pi d_m \lambda}} \quad (15\text{-}18)$$

式中，$d_m = (d_1 + d_2)/2$ 为圆筒壁平均直径，单位为 m；$\delta = (d_2 - d_1)/2$ 为圆筒壁的厚度，单位为 m；l 为圆筒壁长度，单位为 m；$\dfrac{\delta}{\pi d_m \lambda}$为圆筒壁简化计算时，每米长度上的导热热阻，单位为℃ · m/W。

按式（15-18）计算肯定会有误差。计算结果表明，对薄壁圆筒，即 $d_2/d_1 < 2$ 的圆筒，式（15-18）和式（15-14）的计算相比较，误差不超过 4%。这在一般工程计算中是允许的。因此，$d_2/d_1 < 2$ 是判断能否将圆筒壁导热按平壁方法计算的条件。

对于多层圆筒壁，当各层直径之比小于 2 时，亦可按简化方法计算，根据热阻叠加原理，每米长度多层圆筒壁的导热量为

$$q_1 = \frac{t_1 - t_{n+1}}{\sum_{i=1}^{n} \dfrac{\delta_i}{\pi d_{mi} \lambda_i}} \quad (15\text{-}19)$$

【例 15-2】 已知供暖蒸汽钢管的内径为 150mm，外径为 160mm、导热系数为 $\lambda_1 = 50.00\text{W/(m·℃)}$；钢管的外表面包着两层隔热层，其厚度分别为 $\delta_2 = 30\text{mm}$，$\delta_3 = 50\text{mm}$，导热系数分别为 $\lambda_2 = 0.17\text{W/(m·℃)}$，$\lambda_3 = 0.09\text{W/(m·℃)}$；钢管内表面温度 $t_1 = 300℃$，隔热层外表面温度为 $t_4 = 50℃$。求（1）单位管长热损失；（2）各层间温度。

解：据 d_1 和 d_2 计算 d_3 和 d_4 可得

$$d_3 = d_2 + 2\delta_2 = 0.16\text{m} + 2 \times 0.03\text{m} = 0.22\text{m}$$

$$d_4 = d_3 + 2\delta_3 = 0.22\text{m} + 2 \times 0.05\text{m} = 0.32\text{m}$$

（1）根据式（15-16）计算蒸汽管道单位长度热损失为

$$q_1 = \frac{t_1 - t_4}{\dfrac{1}{2\pi\lambda_1}\ln\dfrac{d_2}{d_1} + \dfrac{1}{2\pi\lambda_2}\ln\dfrac{d_3}{d_2} + \dfrac{1}{2\pi\lambda_3}\ln\dfrac{d_4}{d_3}} = \frac{2 \times 3.14(300 - 50)}{\dfrac{1}{50}\ln\dfrac{0.16}{0.15} + \dfrac{1}{0.17}\ln\dfrac{0.22}{0.16} + \dfrac{1}{0.09}\ln\dfrac{0.32}{0.22}}\text{W/m}$$

$$= 260\text{W/m}$$

（2）各层间温度为

$$t_2 = t_1 - \frac{q_1}{2\pi\lambda_1}\ln\frac{d_2}{d_1} = 300℃ - \frac{260}{2 \times \pi \times 50} \times \ln\frac{0.16}{0.15}℃ = 299.95℃$$

$$t_3 = t_1 - \frac{q_1}{2\pi}\left(\frac{1}{\lambda_1}\ln\frac{d_2}{d_1} + \frac{1}{\lambda_2}\ln\frac{d_3}{d_2}\right) = 300℃ - \frac{260}{2\pi}\left(\frac{1}{50} \times \ln\frac{0.16}{0.15} + \frac{1}{0.17}\ln\frac{0.22}{0.16}\right)℃ = 222.40℃$$

思考与练习题

15-1 冬天手触放在室内的铁块和木材上，感到铁块较冷，这是为什么？

15-2 在多层平壁的稳态导热中，已经测得 t_1、t_2、t_3 和 t_4，依次为 600℃、500℃、200℃和 100℃，试问哪一层壁的热阻最大？哪一层壁的热阻最小？为什么？

15-3 热绝缘材料的导热系数受哪些因素的影响？为什么湿砖的导热系数比水的导热系数还大？

15-4 温度梯度是如何定义的？它的方向与导热方向是否相同？

15-5 导热系数是否随温度变化？不同物质的导热能力与温度的关系是否相同？

15-6　正常运行的柴油机气缸套的温度分布是属于何种温度场?

15-7　圆筒壁的导热热阻与哪些因素有关?在什么情况下可按平壁的热阻公式计算?

15-8　一台简单换热器的壁为平板,壁厚为6mm,壁的一侧温度固定为40℃,当通过器壁的稳定热流量为6×10^5W,并使另一侧壁温不超过260℃时,求垂直于该热流方向的壁表面积。假设$\lambda=52$W/(m·℃)。

15-9　用平底锅烧开水,与水接触的锅底温度为111℃,热流密度为42400W/m^2。使用一段时间后,锅底结了一层平均厚度为3mm的水垢。假设此时与水相接触的水垢的表面温度及热流密度分别等于原来的值,试计算水垢与金属锅底接触面上的温度。设水垢的导热系数为1W/(m·℃)。

15-10　如图15-7所示,一炉壁由三层材料组成。第一层是耐火砖,导热系数$\lambda_1=1.7$W/(m·℃),允许的最高使用温度为1450℃;第二层是绝热砖,导热系数为$\lambda_2=0.35$W/(m·℃),允许的最高使用温度为1100℃;第三层是铁板,厚度$\delta_3=6$mm,导热系数$\lambda_3=40.7$W/(m·℃)。炉壁内表面温度$t_1=1350$℃,外表面温度$t_2=220$℃,热稳定状态下,通过炉壁的热流密度$q=4652$W/m^2。试问各层壁的厚度应该为多少才能使炉壁的总厚度最小?

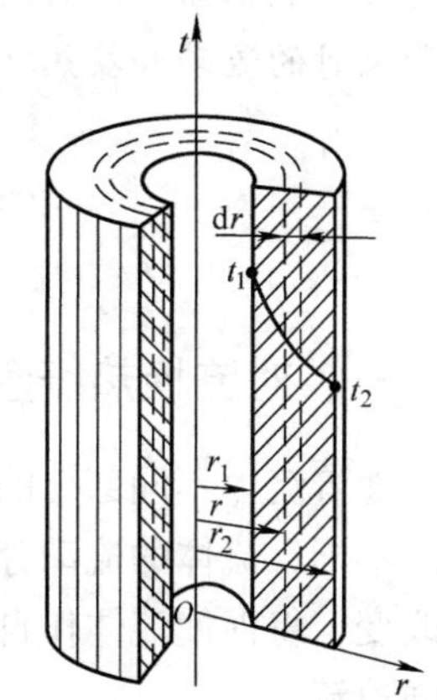

图15-7　题15-10用图

15-11　炉壁依次由耐火砖、绝热材料和铁板组成。耐火砖的导热系数$\lambda_1=1.047$W/(m·℃),厚度$\delta_1=50$mm;绝热材料的导热系数$\lambda_2=0.116$W/(m·℃);铁板的导热系数$\lambda_3=40.7$W/(m·℃),厚度$\delta_3=5$mm。假设热流密度$q=465$W/m^2,耐火砖内表面温度为600℃,铁板外表面温度40℃,试求绝热材料的厚度以及各层接触面的温度。

15-12　蒸汽管道的外直径$d_1=30$mm,准备包两层厚度都是15mm的不同材料的热绝缘层。A种材料的导热系数$\lambda_A=0.04$W/(m·℃),B种材料导热系数$\lambda_B=0.1$W/(m·℃)。若温差一定,试问从减少热损失的观点看下列两种方案:(1)A在里层,B在外层;(2)B在里层,A在外层,哪一种好?为什么?

15-13　地下水平埋管的外径为200mm,深为700mm,设管壁温度为80℃,地面温度为0℃,埋土的导热系数为1W/(m·℃)。求管子单位长度的散热量。

15-14　蒸汽管道的内外直径分别为86mm和100mm,内表面温度为150℃。今采用玻璃棉保温,若要求保温层外表面温度不超过40℃,且蒸汽管道允许的热损失不超过$q_l=50$W/m,试求玻璃棉保温层的厚度至少应为多少?

15-15　内直径为300mm,厚度为8mm的钢管,表面依次包上一层厚度为25mm的保温材料和一层厚度为3mm的帆布。钢的导热系数为46.5W/(m·℃),保温材料的导热系数为0.116W/(m·℃),帆布的导热系数为0.093W/(m·℃),试求这种情况下的导热热阻比裸管时增加多少倍?

15-16　热力管道的内外直径分别为140mm和156mm,管壁导热系数为58W/(m·℃)。管外包着两层热绝缘层:第一层的厚度为20mm,导热系数为0.037W/(m·℃),第二层的厚度为40mm,导热系数为0.14W/(m·℃)。管内表面温度和热绝缘层外表面温度分别维持为300℃和50℃。试求管道单位长度的热损失和各层接触面上的温度。

第十六章　对 流 换 热

【学习目的】 理解对流换热的概念、牛顿冷却公式及影响对流换热的主要因素；熟悉对流换热中的四个常用准则数的定义、物理意义和作用；了解管内强迫对流换热的流动及传热特点，能根据不同的流态选用合适的准则方程式正确计算管内对流换热问题；了解流体横掠管束时的流动和换热特点，熟悉自然对流换热、凝结换热和沸腾换热的原理及基本规律。

第一节　对流换热及基本公式

一、对流换热概念

随着流体不同部分的相对位移，将热量从一处带到另一处的现象称为热对流。根据流动起因不同，流体的流动分为自由流动和强迫流动。流体内部存在温差时，由于流体密度随温度改变，将促使流体作自由流动。而船舶机舱中的流体大多数是依赖外力作用产生流动，称为强迫流动。

流动的流体和固体壁直接接触，当两者温度不同时，相互间所发生的热传递过程称为对流换热过程。如果流体的运动是由泵、风扇、鼓风机和具有一定压力或处于一定高度的流体储槽所引起的，则产生的热量传递过程称为受迫对流换热；如果流体的运动是由流体内部温度场产生的密度差所引起的，则这种热量传递过程称为自然对流换热或自由对流换热。对流换热过程既具有流体分子间的微观导热作用，又具有流体宏观位移的热对流作用。所以对流换热过程必然受到导热规律和流体流动规律的支配。

热力工程中对流换热的现象非常广泛。例如，锅炉、内燃机废气涡轮增压空气的冷却器、汽轮机的冷凝器、润滑油冷却器、锅炉省煤器、空气预热器、过热器等，它们的器壁或管道的内外壁，都与不同温度的流体相接触，其间发生的热传递过程都属于对流换热。

二、对流换热公式

分析对流换热过程，主要是研究影响对流换热的各种因素，进而确定通过固体表面的热流密度，即计算单位面积在单位时间内与流体所交换的热量 q。显然 $q=Q/A$，式中的 Q 为表面在单位时间内与流体所交换的热量，A 为固体壁面面积。

对流换热的基本计算公式现今仍采用 1701 年牛顿提出的公式，称为牛顿冷却公式，即

$$Q = \alpha A(t_f - t_w) \tag{16-1}$$

式中，Q 为对流换热的热流量，单位为 W；A 为换热面积，单位为 m^2；t_f 为流体温度，单位为℃；t_w 为固体壁面温度，单位为℃；α 为表面传热系数，单位为 $W/m^2 \cdot ℃$。

写成热流密度的形式则为

$$q = \alpha(t_f - t_w) \tag{16-2}$$

表面传热系数 α，其意义是 $1m^2$ 的壁面上，当流体与壁面之间的温度差为 1℃时，每秒

钟所传递的热量，单位是 W/（m^2 · ℃）。α 的大小反映了对流换热过程的强弱程度。上两式可改写为

$$Q = (t_f - t_w) \Big/ \frac{1}{\alpha A} \text{及} q = (t_f - t_w) \Big/ \frac{1}{\alpha}$$

式中，$1/\alpha A$ 称为换热面积为 A 的对流换热热阻，其单位为 K/W，而 $1/\alpha$ 则为单位对流换热面积热阻。对流换热热阻与表面传热系数成反比。

由式（16-2）可见，q 与表面传热系数 α 成正比，与流体和固体表面的温差（$t_f - t_w$）成正比。从本质上看，对流换热过程的热量转移，既靠流体的流动作用，也有流体分子间的导热作用。因此，对流换热的强弱将与这两种作用的强弱密切相关。显然，所有影响这两种作用的因素都会影响对流换热过程，而表面传热系数则反映了各种影响因素的综合结果。

第二节 影响表面传热系数的因素分析

对流换热过程的热量传递是靠两种作用完成的：一是对流，流体质点不断运动和混合，将热量由一处带到另一处，此为对流传递作用；同时由于流体与壁面以及流体各处存在温差，热量也必然会以导热的方式传递，而且温度梯度越大的地方，导热作用越明显。显然，一切支配这两种作用的因素和规律，诸如流动状态、流体种类和物性、壁面几何形状和参数等都会影响换热过程，可见对流换热过程是一个比较复杂的物理现象。表面传热系数 α 从量上综合反映了对流换热的强度。以下就几方面的影响因素作进一步的叙述。

一、流体流动产生的原因

根据流体流动产生的原因不同，流体的流动可分为“受迫流动”和“自由流动”两类。流体的受迫流动是由机械力（例如泵或风机）的作用所引起的，所以又称为“强迫流动”，它可以是没有对流换热的等温流动，也可以是有对流换热的非等温流动，此时流动速度取决于外力所产生的压差、流体的性质和流道的阻力等；而流体的自由流动往往是由于固体表面对流体局部加热或冷却引起的，例如利用暖气片取暖和各种热工设备的外壳对外散热等。此时，受热的那部分流体因密度减小而上升，附近密度较大的冷流体就流过来补充，流动的原因是流体的密度差产生所谓“浮升力”，所以自由流动也称为“自然对流”。因此自由流动的速度除取决于流动受热或冷却的强度外，还与流体性质、空间大小和形状等有关。自由流动是由流体密度改变和重力作用所引起的，所以它还与换热壁面的位置有关。受迫流动与自由流动具有不同的换热规律，由于机械力推动下的流体流速可以大大超过自然对流的流速，所以表面传热系数的值也会比自然对流时高。例如夏天开电风扇，人会感到凉爽，这是因为风扇引起的强迫对流增大了空气与人体表面的表面传热系数。实际上，在有对流换热的情况下，流体受迫流动的同时，也会有自然对流存在；不过，受迫流动的速度越大，自然对流的影响就越小，甚至完全不必加以考虑。

二、流体的流动状态

流体的流动状态是指流动的形状和结构。由流体力学可知，流体的流动状态有层流和湍

流之分。流体流过固体壁面时，层流边界层与湍流边界层具有不同的换热特征和换热强度，因此研究对流换热过程时，区分流体的流动状态极为重要。在层流边界层中，除了由于分子可能从某一流层运动到相邻的另一流层中去而传递动量以外，主要是依靠流层间的导热来传递热量的。在湍流边界层中，由于湍流支层中还同时存在流体横向脉动的对流方式，使流体沿壁面法线方向产生热对流作用而增强热传递，因此只有层流底层中是以导热方式来传递热量的。在对流换热过程中，如果保持其他条件相同，则流速高时的湍流与流速低时的层流相比，湍流的表面传热系数 α 要比层流的表面传热系数 α 大好几倍，甚至更多。但流体的受迫流动要依靠泵或风机等消耗机械功来获得，流速越高或流体粘度越大，需要克服的流动阻力越大。所以，工程上对高粘性油类的加热或冷却，大多采用层流或接近于层流时的换热过程，即使是低粘性的空气，由于密度小，管道口径小于 10mm 时，为了不使流速过高，也常采用雷诺数较低的湍流，并不片面利用速度越高，表面传热系数越大的特性。

三、流体有无相变发生

相变是指参与换热的液体因受热而发生汽化现象，或参与换热的气体（如水蒸气）因冷却放热而凝结的情况。这两种情况下的换热分别称为沸腾换热和凝结换热，或统称为相变换热。液体有相变的对流换热过程，具有一些新的特点，它与无相变的对流换热过程有很大的差别。进行相变时，流体温度基本保持相应压力下的饱和温度不变。这时流体与壁面间的换热量等于流体吸收或放出的热量，而气液两相的流动情况也不同于单相流动。所以有相变时与无相变时的换热条件是不一样的。一般地说，对于同一流体，有相变时比无相变时的换热程度要大得多。这是因为相态改变时物质的热参与了作用，同时气泡或凝结水滴的运动也破坏了层流或层流底层的运动性质，大大增强了流动的扰动性，使壁面法线方向出现了强烈的热对流作用。

四、流体的物理性质

流体的物理性质不同，对换热过程的影响也不一样。在温差和速度完全相同的水和空气中，物体被加热或冷却的速度相差很大，例如钢棒经加热后，在水里冷却比在同样流速的油液或空气中冷却得快，所以，船舶柴油机的燃烧室部件用水作冷却液。这主要是水和空气的导热系数 λ 相差悬殊，因而影响了表面传热系数 α。

对换热有影响的流体物理性质参数有密度、动力粘度、导热系数、比热容、体膨胀系数、汽化热等。

流体体积热容量越高，换热越强。流体的粘度越大，对流体流动的滞止作用将由于流体的粘性而更深入地传播到流体内部，使层流底层加厚，与此同时，流体的密度既然是决定自然对流强度的因素之一，势必对换热的强弱也要产生影响。例如水的密度要比同温度的空气大 1000 倍左右，尽管水的粘度比较高，在同样的流道中，流速相仿时，水的表面传热系数要比空气高许多倍。同样，熔化金属（亦称“液态金属”）由于导热系数特别高，表面传热系数又比水高得多。此外流体的动力粘度 μ 和密度 ρ 通过雷诺数 Re 反映出流体的流动情况是层流还是湍流，进而影响表面传热系数 α。所有物理性质参数的值实际上都会随温而改变，所以，表面传热系数的大小还与流体温度 t_f、壁面温度 t_w 以及热流的方向有关。

五、换热面的几何因素

几何因素包括换热面的形状、大小以及换热面在流体中的相对位置。换热面的形状和大小以及相对于流体流动方向的不同位置，对于流体在壁面上所形成的边界层有很大影响，显然，这会影响对流换热的强度。例如，受迫流动的流体在管内作层流流动时，边界层厚度最大发展到等于半径，如图 16-1a 所示。根据判别流态的雷诺数 $Re=\rho ud/\mu$，管径 d 也与流动属于层流还是湍流有关。图 16-1b 中，流体横向绕过圆柱体，尾部产生旋涡现象，流动情况与管内流动就完全不同。上述各因素都会影响对流换热规律。

换热面与流体流动的相对位置，例如，对于自由流动换热，换热面横放、竖放、斜放、向上或向下等也影响对流换热。图 16-2 所示为热壁面在冷空气之下和在冷空气之上两种不同位置的自由流动换热现象。前者气流旺盛，后者气流受到壁面的限制，流动得不到充分展开，换热较弱。

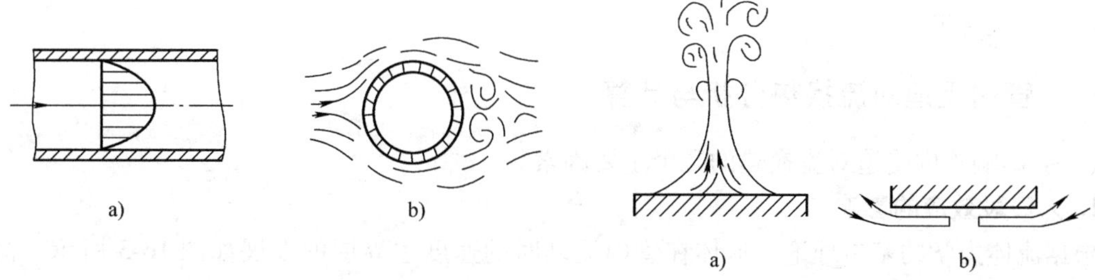

图 16-1　换热面几何形状的影响　　图 16-2　换热面相对位置的影响

综上所述，影响表面传热系数 α 的因素很多。牛顿最早研究对流换热过程时，只是抓住了影响对流换热过程的两个主要因素，即换热面积和流体与壁面之温差，而将一切其他的影响因素甚至像流速这样的主要影响也都归纳在表面传热系数之中。因此，表面传热系数 α 应是所有这些影响因素的复杂函数，即

$$\alpha = f(\mu,\lambda,a,\rho,u,\Delta t,l,\Phi,\cdots) \tag{16-3}$$

或

$$Q = f(\mu,\lambda,a,\rho,u,g\alpha_V\Delta t,l,\Phi,\cdots) \tag{16-4}$$

式中，$g\alpha_V\Delta t$ 为重力加速度、流体的体膨胀系数和流体与壁面温差的积，表示单位体积流体因温度不同而产生的浮升力所造成的加速度；a 为热扩散率；l 为壁面的几何尺寸；Φ 为壁面形状因素。

由于表面传热系数 α 是许多影响因素的复杂函数，在实验中寻求各种换热情况的上述函数式时，为方便，将式（16-3）写成准则间的函数关系，即

$$Nu = f(Re,Gr,Pr) \tag{16-5}$$

以上四个准则数都是量纲为一的量，它们各代表影响对流换热的某一方面的影响因素。

努谢尔特准则 $Nu=\dfrac{\alpha l}{\lambda}=\alpha\Delta t/(\lambda\Delta t/l)$：它表达了对流换热量与同温差下厚度为 l 的流体层的导热量之比。它反映了对流换热的强弱程度。

雷诺准则 $Re=ul/\nu$：它表达了流体流动时的惯性力与粘滞力的相对大小。Re 数值大说明惯性力的作用大，流态往往呈现湍流；Re 数值小说明粘滞力的作用大，流态往往是层流。

因此，Re 是说明流体流动状态的相似准则。

格拉晓夫准则 $Gr = g\alpha_V \Delta t l^3 / \nu^2$：它反映了流体所受的浮升力与粘滞力的相对大小。$Gr$ 数增大，表明浮升力作用相对增大，自然对流增强。因此 Gr 是说明自然对流强度的相似准则。

普朗特准则 $Pr = \nu / a = \mu c_p / \lambda$：它完全由流体的有关物性参数所组成，故又称为物性准则。它反映了流体的动量扩散能力与热量扩散能力的相对大小。Pr 是说明流体物理性质对对流换热影响的相似准则。

相似准则 Nu、Re、Gr、Pr 包含了影响对流换热现象的一切物理量，所以可以用准则间的函数关系表示表面传热系数与诸因素的函数关系。

第三节　受迫对流换热的分析与计算

在工业换热设备中最常见的换热方式是流体在管内或管外流动并与管壁换热。例如，内燃机散热器管中的水；壳管式机油冷却器管内的水和管外的滑油；水管锅炉换热管内的水和管外的高温烟气等。

一、管内受迫对流换热分析与计算

（一）影响管内受迫对流换热的几个主要因素

1. 入口段效应的影响

根据流体力学的基本理论，流体在管内流动时的速度边界层的发展如图 16-3 所示。流体流进管口后，因摩擦力而使管壁处的流速降低，形成边界层并逐渐加厚，但由于管的各断面流量不变，故管心流速将随边界层流速的降低而增大，经过一段距离 ΔL 后，管壁两侧的边界层在管中心汇合，边界层停止发展，它的厚度就等于管的内半径，即 $\delta = R$。至此，管断面速度分布达到定型，即流态达到定型。从入口到流速开始定型的截面称为入口段，以 ΔL 表示。在定型段中，轴向速度维持不变。

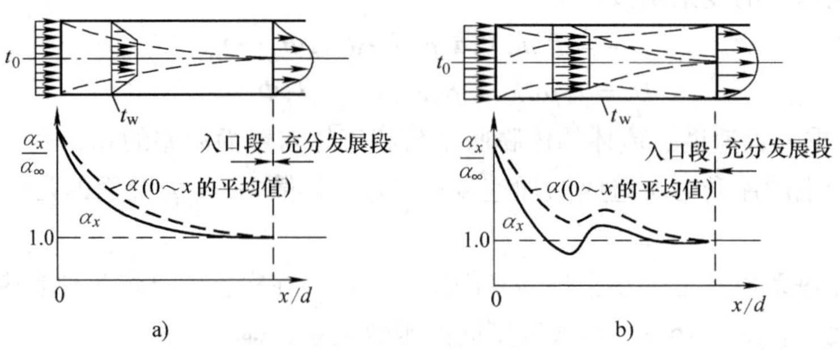

图 16-3　管内流动局部换热系数的变化

经过不定型段后，管内流动状态是层流还是湍流，由 Re 数来判断。当 $Re < 2320$ 时，流态为层流；当 $Re > 10^4$ 时为旺盛湍流；当 $2320 < Re < 10^4$ 时为过渡流。入口段的长度对于层流 $\Delta L = 0.0288DRe$；对于湍流 $\Delta L \approx 40D$。

图 16-3 还定性地标绘了管内局部表面传热系数 α_x 随 x 的变化。在进口处，边界层最薄，α_x 具有最高值，随后逐渐降低。在层流情况下，α_x 趋于不变的距离较长。在湍流情况

下，当边界层转为湍流后，α_x 将回升并迅速趋于不变值。此现象称为入口段效应。

2. 不均匀物性场的影响

在换热条件下，管心部分和管壁部分流体的温度是不同的，因而物性发生变化，特别是粘度的差异将导致有温差时的速度场不同于等温流动时的速度场。设图16-4中速度分布曲线1是定温流动的情况，若管内流动是液体，因液体粘度是随温度升高而降低的，则当它被冷却时壁面附近的液体粘度高于管心，摩擦力增大，速度降低，这时速度分布将如曲线2所示。如果液体被加热，则速度场将如曲线3所示。显然，曲线3在壁面上的速度梯度大于曲线1，速度分布通过温度分布影响换热强度。因此，从边界层状况对换热的影响来看，在流体温度 t_f 相同的条件下，加热液体的表面传热系数应高于冷却液体的表面传热系数。这就是不均匀物性场（由冷却或加热引起）造成的一种影响。对于气体，它的粘度随温度的升高而增大，所以，由于热流方向不同引起粘度变化对换热的影响恰好与液体相反。

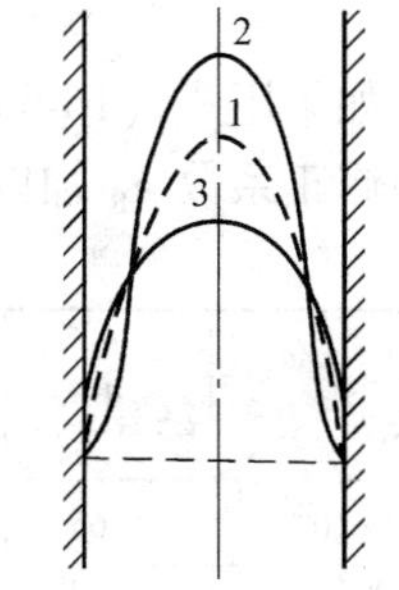

图16-4 热流方向对管流速度场的影响

3. 管道弯曲的影响

螺旋管、螺旋板式换热设备中，流体通道呈螺旋形。图16-5表示弯曲管道中流体的流动，弯曲段由于离心力的作用，沿截面会产生二次环流而加强流体的扰动和混合，减薄了边界层的层流底层，使换热增强。一般换热器中，由于管道弯头的长度在总管长中所占的比例微小，上述影响甚微。但是，对于螺旋管道，在应用由直管所得的换热经验公式计算表面传热系数 α 时，必须乘以弯管效应的修正系数 ε_R。

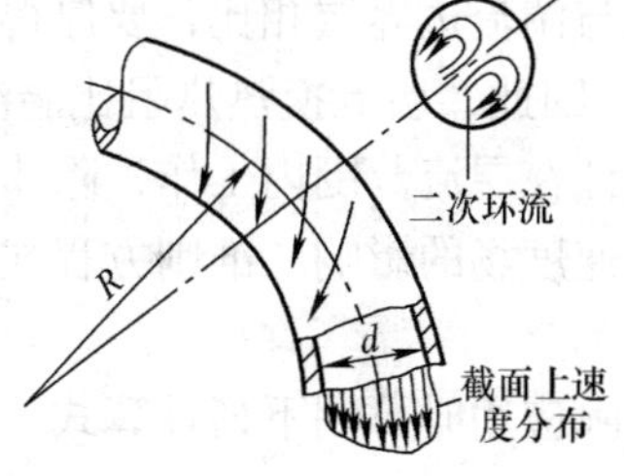

图16-5 弯管中的二次环流

（二）管内受迫湍流时的换热计算

根据湍流换热的特征，管内受迫流动放热准则方程式 $Nu=f(Re, Pr)$ 可用以下的函数形式表达。对光滑管内湍流按迪图斯－贝尔特公式计算，即

$$Nu_f = 0.023Re^{0.8}Pr^{0.4} \quad (t_w > t_f \text{时}) \tag{16-6}$$

$$Nu_f = 0.023Re^{0.8}Pr^{0.3} \quad (t_w < t_f \text{时}) \tag{16-7}$$

上两式中，以流体的平均温度 $t_m = (t_f + t_w)/2$ 为定性温度。Pr 所取指数值不同是考虑到流体被加热或冷却时，层流底层中流体粘度受温度的影响不同。

式（16-6）和式（16-7）适用于 $L/D>60$ 的长管，适用于 $Re=10^4 \sim 12\times10^4$，$Pr=0.7\sim120$ 的情况；定型尺寸取管子内径 D。对于非圆形管采用当量直径 D_e，为

$$D_e = \frac{4A}{U}$$

这里，A 为流道断面面积，单位为 m^2；U 为被流体润湿的流道周边长度，单位为m。

对温差较大和粘度较高的流体，为修正热流方向的影响，引用了比值 $\left(\frac{\mu_f}{\mu_w}\right)^{0.14}$ 作为修正项，将上述两个加热和冷却的换热计算统一成一个准则方程式

$$Nu_f = 0.023Re^{0.8}Pr^{\frac{1}{3}}\left(\frac{\mu_f}{\mu_w}\right)^{0.14} \tag{16-8}$$

式中，μ_f 为流体温度 t_f 下的流体动力粘度；μ_w 为壁温 t_w 下的流体动力粘度。当液体被加热时，热流方向修正项$\left(\frac{\mu_f}{\mu_w}\right)^{0.14}>1$；当液体被冷却时，$\left(\frac{\mu_f}{\mu_w}\right)^{0.14}<1$。对于气体则情形相反。

如对于空气，可取 $Pr=0.7$，式（16-8）可简化为下列近似公式

$$Nu = 0.019Re^{0.8} \tag{16-9}$$

如果用式（16-6）~式（16-9）计算短管和螺旋管时，应以管长修正系数 ε_1 和弯管效应的修正系数 ε_R 加以修正，ε_1 的值可由表 16-1 根据 L/d 和 Re 查出。

表 16-1　湍流放热时入口段效应修正系数 ε_1

Re \ L/d	1	2	5	10	15	20	30	40	50
1×10^4	1.65	1.50	1.34	1.28	1.17	1.13	1.07	1.03	1
2×10^4	1.51	1.40	1.27	1.23	1.13	1.10	1.05	1.02	1
5×10^4	1.34	1.27	1.18	1.13	1.10	1.08	1.04	1.02	1
1×10^5	1.28	1.22	1.15	1.10	1.08	1.06	1.03	1.02	1
1×10^6	1.14	1.11	1.08	1.05	1.04	1.03	1.02	1.01	1

（三）管内受迫层流时的换热计算

在流体与管壁发生对流换热时，如管内径和温差较小，将会出现严格的层流。层流边界层与湍流边界层相比，要厚得多，层流的热边界层厚度 δ_t 最后会发展到等于管道的内半径 R。因此，层流换热热阻比湍流大，而表面传热系数 α 就远比湍流时小。通常工业设备都不设计在层流范围内工作，除非对于粘性很大的流体，如油类。层流放热时，考虑到自由流动对速度场的影响，准则方程式应具有下列函数形式

$$Nu = CRe^m Pr^n Gr^p$$

实际应用时可用下列计算式

$$Nu_f = 0.15Re_f^{0.33}Pr_f^{0.43}Gr_f^{0.1}\left(\frac{Pr_f}{Pr_w}\right)^{0.25} \tag{16-10}$$

对于短管，修正系数 ε_1 可从表 16-2 查取。

表 16-2　层流换热时入口段修正系数 ε_1

L/d	1	2	5	10	15	20	30	40	50
ε_1	1.90	1.70	1.44	1.28	1.18	1.13	1.05	1.02	1

（四）过渡状态时的换热计算

流动过渡状态是指层流向湍流的过渡区，此时自由流动的影响将由不可忽视到完全可以略去不计，它既不是层流也不完全具有旺盛湍流的特征。在过渡区中，由于流动中出现了湍流旋涡，过渡区的表面传热系数将随 Re 数的增大而增加，而且随着湍流传递作用的增长，在整个过渡区，换热规律是多变的。在设计工业换热设备时，应避开这一区域，以免设计计算建立在不确定的基础上。若实际使用中的换热设备，由于某种原因处于过渡流状态运行时，建议采用下列计算公式：

对于气体，$0.6<Pr<1.5$，$0.5<T_f/T_w<1.5$；$2320<Re<10^4$

$$Nu_f = 0.0214(Re_f^{0.8}-100)Pr_f^{0.4}\left[1+\left(\frac{D}{L}\right)^{\frac{2}{3}}\right]\left(\frac{T_f}{T_w}\right)^{0.45} \tag{16-11}$$

对于液体，$1.5 < Pr < 500$，$0.05 < Pr_f/Pr_w < 20$；$2320 < Re < 10^4$

$$Nu_f = 0.012(Re_f^{0.87} - 280)Pr_f^{0.4}\left[1 + \left(\frac{D}{L}\right)^{\frac{2}{3}}\right]\left(\frac{Pr_f}{Pr_w}\right)^{0.11} \tag{16-12}$$

【例 16-1】　水在内径为 20mm 的直管内流动，流速为 2m/s，圆管长 5m，水的进口温度为 25.4℃，出口温度为 34.6℃。求管内表面传热系数。

解：水的定性温度为

$$t_m = (t_f + t_w)/2 = (25.4 + 34.6)℃/2 = 30℃$$

据此温度从附录 I 中查得水的物性参数为：$\lambda = 0.618$W/（m · ℃），$Pr_f = 5.42$，$\nu = 0.805 \times 10^{-6}$m²/s。

水在管内流动的 Re 数为

$$Re = \frac{ud}{v} = \frac{2 \times 0.02}{0.805 \times 10^{-6}} = 4.97 \times 10^4 > 10^4$$

所以流态为旺盛湍流。本题的 Re 数和 Pr 数都符合公式（16-6）的允许范围，故有

$$Nu = 0.023Re^{0.8}Pr^{0.4} = 0.023 \times (4.97 \times 10^4)^{0.8} \times (5.42)^{0.4} = 258.5$$

表面传热系数为

$$\alpha = \frac{Nu\lambda}{d} = \frac{258.5 \times 0.618}{0.02}\text{W/(m}^2 \cdot ℃) = 7988\text{W/(m}^2 \cdot ℃)$$

由于不知壁面温度，又是 $L/d > 50$ 的直管，因此无需修正。

二、流体横向外绕单管时的换热分析与计算

1. 流动情况

流体外绕圆管时，沿程压力发生变化。大约在管的前半部压力降低，而在后半部压力又回升，如图 16-6 所示。这一转折点称为绕流脱体的起点（或称分离点）。从此点起边界层内缘脱离壁面，如图 16-6b 中虚线所示，故称脱体。脱体起点位置取决于 Re 数。$Re < 10$ 时不出现脱体。$10 < Re \leqslant 1.5 \times 10^5$ 时边界层为层流，脱体发生在 $\varphi = 80° \sim 85°$处，而 $Re \geqslant 1.5 \times 10^5$ 时，边界层在脱体前已转变为湍流，脱体的发生推后到 $\varphi \approx 140°$处。

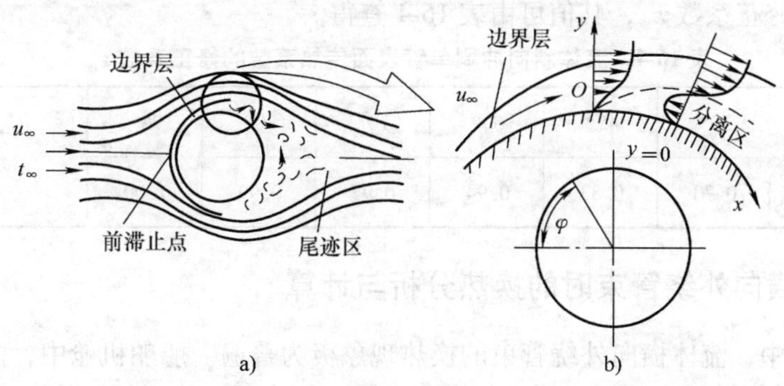

图 16-6　横绕圆管流动边界层

2. 换热情况

边界层的成长和脱体决定了横绕圆管换热的特征。图 16-7 是热流壁面局部努谢尔特数随角度 φ 的变化。这些曲线在 $\varphi = 0° \sim 80°$左右递减，是由于边界层不断增厚的缘故。低 Re

数时，回升点反映了绕流脱体的起点，这是由于脱体区的扰动强化了换热。高 Re 数时，第一次回升是由于转变成湍流的原因，第二次回升约在 $\varphi = 140°$，则是由于脱体的缘故。

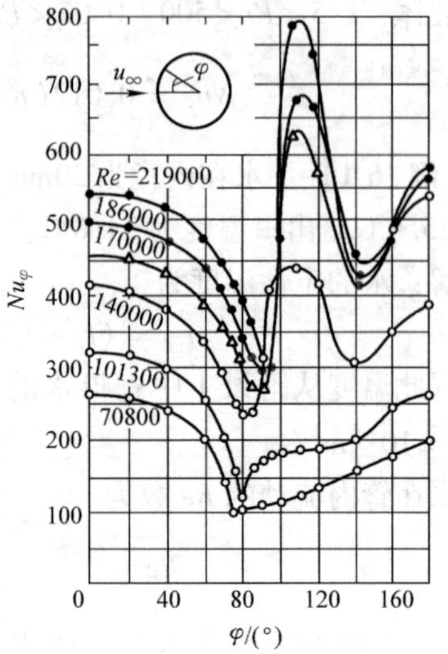

图 16-7　横绕圆管局部换热系数的变化

虽然局部表面传热系数变化比较复杂，但从平均表面传热系数的角度看，如图 16-8 所示，渐变的规律性很明显。为计算方便，对空气推荐分段幂次关联式：

$$Nu_f = cRe^m \tag{16-13}$$

式中，c 及 m 的值见表 16-3；定性温度取流体的平均温度；定型尺寸用管外径；Re 数中的 u 按通道来流的速度 u_∞ 计算。温度范围为 $t_f = 15.5 \sim 982℃$，$t_w = 21 \sim 1046℃$。上式亦适用于烟气。对于液体，可在等号右边乘以因子 $1.1Pr_{液}^{1/3}$，则得下式

$$Nu_{液} = 1.1Pr_{液}^{1/3}\ cRe^m \tag{16-14}$$

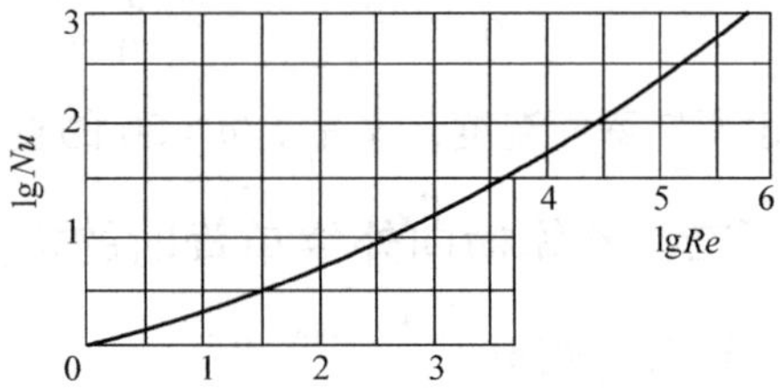

图 16-8　空气横绕圆管换热的实验结果

表 16-3　c 及 m 值

Re	c	m
4 ~ 40	0.821	0.385
40 ~ 4000	0.615	0.466
4000 ~ 40000	0.174	0.618
40000 ~ 250000	0.0239	0.805

上面的分析和介绍的经验公式都是指流体的流动方向与管道轴线相垂直，即冲击角 $\psi = 90°$。若冲击角 $\psi < 90°$，则流体流过圆管时，如同流经椭圆一样，将使旋涡区域缩小，而且正对来流的冲击减弱，这些都会促使平均表面传热系数 α 降低。因此，根据上述公式算出的 α 值，必须乘以修正系数 ε_ψ，其值可由表 16-4 查得。

表 16-4　流体斜向冲刷单管表面传热系数的修正系数 ε_ψ

ψ	15°	30°	45°	60°	70°	80°	90°	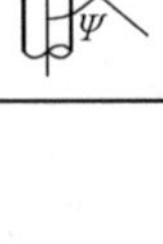
ε_ψ	0.41	0.70	0.83	0.94	0.97	0.99	1.00	

三、流体横向外绕管束时的换热分析与计算

在热力工程中，流体横向外绕管束的换热现象极为普遍。船舶机舱中，内燃机的增压空气从空气冷却器的管束外流过的换热；润滑油从机油冷却器的管束外流过的换热；锅炉中的烟气从过热器和省煤器等管束外流过的换热等都属于这种换热方式。在对各种换热器的设计和性能进行分析时，经常要估计流体横绕管束的表面传热系数。

1. 流动和换热情况

影响流体与管束壁面间传热系数的主要因素是流速和管束本身所引起的湍流度。因此，

管束几何条件，即管径、节距（管距）、排数和排列方式等与传热系数有密切关系。流体横向外绕管束时的换热，由于管子与管子之间的相互影响，流动与换热又出现一些不同上述流体横向外绕单管时的特点。

换热设备中管束的排列方式很多，但以图 16-9 的顺排和叉排两种为最普遍。叉排时，流体在管间交替收缩和扩张的弯曲通道中流动，而顺排时则流道相对比较平直，并且当流速和纵向管间距 s_2 较小时，易在管的尾部形成滞流区。因此，一般地说，叉排时流体扰动较好，放热比顺排强。对这两种排列方式的第一排管子来说，其换热情况与横向外绕单管相似，但后面的各排管子就不同了。顺排自第二排起和叉排自第三排起，流动受到前面几排管子尾部涡流的干扰。因此管束中流动状态比较复杂。在低 Re 数下（$Re<10^3$），前排管子的尾部只能出现一些不强的大旋涡，由于粘滞力的作用及克服尾部压力的增长，旋涡会很快消失，对下一排管前部边界层的影响很小，故管表面边界层层流占优势，可视为层流工况；随着 Re 数的增加，在管子间的湍流旋涡加强，当 $Re=5\times10^2\sim2\times10^5$ 时，管的前半周表面将是处于湍流旋涡影响下的层流边界层，后半周则是涡旋流，流动状态可视为混合工况；只有 $Re>2\times10^5$ 后，管子表面湍流边界层才占优势。对叉排管来说，各排管子的换热情况与横向外绕单管比较接近。但对顺排来说，后排管子的前部处于前排管子的旋涡之中。这样在 Re 数不大时，这些管子前半部的换热强度就要比叉排的差，因而在同样的 Re 数下，顺排管束的传热系数就不如叉排。但到高 Re 数时，顺排的传热系数却会超过叉排。

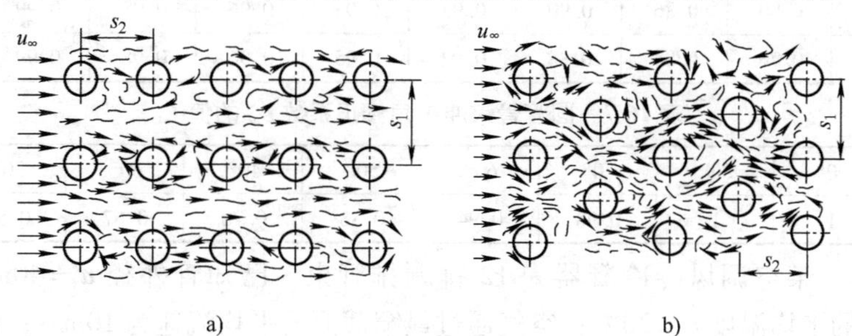

图 16-9　流体横绕管束的流动情况
a) 顺排　b) 叉排

2. 换热计算

综上所述，流体受迫横向外绕圆管束的对流换热与 Re 数、Pr 数、管外径 D、管子排列方式、管间距和管排数 n 等诸多因素有关，可表示成下列函数关系：

$$Nu=f\left(Re,Pr,\frac{s_1}{D},\frac{s_2}{D},\varepsilon_n\right) \tag{16-15}$$

或写成幂函数

$$Nu=cRe^{m}Pr^{n}\left(\frac{Pr_f}{Pr_w}\right)^{0.25}\left(\frac{s_1}{s_2}\right)^{p}\varepsilon_n \tag{16-16}$$

式中，s_1/s_2 为相对管间距；ε_n 为考虑管排数影响的修正系数。表 16-5 所列换热准则式是排数大于 20 时的平均表面传热系数。若排数低于 20，应采用表 16-6 所列的修正系数进行校正，它适用于 $Re>10^3$ 的情况。表 16-5 中各式的定性温度用流体在管束中的平均温度；定型尺寸为管外径；Re 数中的流速取整个管束中最窄截面处的流速。

对于壳管式换热器内冷却水与管束的换热，由于折流挡板的作用，流体有时与管束呈平行流动，有时又近似垂直于管束流动。当流向与管轴夹角 ψ 小于90°时，表面传热系数应乘以冲击角修正系数 ε_ψ，ε_ψ 之值可查表16-7。

表 16-5 流体强迫横向流过管束的热量计算式

排列方式	适用范围		液体计算式	气体计算式（$Pr=0.7$）
顺排	$Re=10^3\sim2\times10^5$，$\frac{s_1}{s_2}<0.7$		$Nu=0.27Re^{0.63}Pr^{0.36}\left(\frac{Pr}{Pr_w}\right)^{0.25}$	$Nu=0.24Re^{0.25}$
	$Re=2\times10^5\sim2\times10^6$		$Nu=0.021Re^{0.84}Pr^{0.36}\left(\frac{Pr}{Pr_w}\right)^{0.25}$	$Nu=0.018Re^{0.84}$
叉排	$Re=10^3\sim2\times10^5$	$\frac{s_1}{s_2}\leqslant2$	$Nu=0.35Re^{0.6}Pr^{0.36}\left(\frac{Pr}{Pr_w}\right)^{0.25}\left(\frac{s_1}{s_2}\right)^{0.2}$	$Nu=0.31Re^{0.6}\left(\frac{s_1}{s_2}\right)^{0.2}$
		$\frac{s_1}{s_2}>2$	$Nu=0.40Re^{0.6}Pr^{0.36}\left(\frac{Pr}{Pr_w}\right)^{0.25}$	$Nu=0.35Re^{0.6}$
	$Re=2\times10^5\sim2\times10^6$		$Nu=0.022Re^{0.84}Pr^{0.36}\left(\frac{Pr}{Pr_w}\right)^{0.25}$	$Nu=0.019Re^{0.84}$

表 16-6 管排数修正系数 ε_n

排数	1	2	3	4	5	6	8	12	16	20
顺排	0.69	0.80	0.86	0.90	0.93	0.95	0.96	0.98	0.99	1
叉排	0.62	0.76	0.84	0.88	0.92	0.95	0.96	0.98	0.99	1

表 16-7 圆管管束冲击角修正系数 ε_ψ 的值

ψ	90°	80°	70°	60°	50°	40°	30°	20°	10°
ε_ψ	1	1	0.98	0.94	0.88	0.78	0.67	0.52	0.42

【例 16-2】 某空调风冷冷凝器为12排顺排管束。已知管外径 $d=40$mm；$s_1/d=2$；$s_2/d=3$；空气的平均温度 $t_f=20$℃；空气通过最窄截面的平均流速为10m/s；冲击角为50°。求其表面传热系数。

解： 由附录H中查得空气在20℃时的物理性质参数为：$\lambda=2.59\times10^{-2}$W/（m·℃），$\upsilon=15.06\times10^{-6}\text{m}^2/\text{s}$。

空气的流动的 Re 为

$$Re=\frac{ud}{\nu}=\frac{10\times0.04}{15.06\times10^{-6}}=2.67\times10^4$$

根据 Re、顺排结构及 $s_1/s_2=2/3<0.7$ 三个条件从表16-5中选择合适的计算公式为

$$Nu=0.24Re^{0.63}=0.24\times(2.67\times10^4)^{0.63}=147.54$$

由此得20排换热管的表面传热系数为

$$\alpha=\frac{Nu\lambda}{d}=\frac{147.54\times0.0259}{0.04}\text{W/(m}^2\cdot\text{K)}=95.53\text{W/(m}^2\cdot℃)$$

根据表16-6得知顺排12排管的修正系数为 $\varepsilon_n=0.98$，根据表16-7得知冲击角为50°时的修正系数 $\varepsilon_\psi=0.88$，其实际表面传热系数应为20排管的表面传热系数与管排修正系数 ε_n 和冲击角修正系数 ε_ψ 的乘积

$$\alpha'=\alpha\varepsilon_n\varepsilon_\varphi=95.53\times0.98\times0.88\text{W/(m}^2\cdot℃)=82.4\text{W/(m}^2\cdot℃)$$

第四节　自然对流换热计算

自然对流换热因流体所处的空间大小分两类：一类是流体处在很大的空间中，如室内散热器的散热，建筑物墙壁外表面的散热，锅炉炉墙的散热，机舱中各种换热器的换热等，因流体所处空间很大，流体自然流动换热时，边界层的发展不因空间限制而受到干扰，故称为无限空间自然对流换热；另一类是流体所处空间有限，如双层玻璃窗中有空气间层，锅炉炉墙中的空气夹层等，称为有限空间自然对流换热。

一、无限空间中自然对流换热的状态分析

无限空间自然对流也有层流和湍流之分。以冷流体沿热竖壁自然对流为例，如图 16-10 所示，当流体受浮升力作用沿壁面上升时，边界层开始为层流。如果壁面有足够高度，达到某一位置后，流态转变为湍流。由层流到湍流的转变点取决于壁面温度和流体温度之差和流体的性质，由 *Gr* 和 *Pr* 之积来确定。

在层流边界层中，随着厚度的增加，局部表面传热系数 α_x 将逐渐降低。当边界层由层流向湍流转变时，α_x 趋于增大。研究表明，在常壁温或常热流边界条件下，当达到旺盛湍流时，α_x 将保持不变，与壁面高度无关，如图 16-10 中的 α_x 曲线所示。

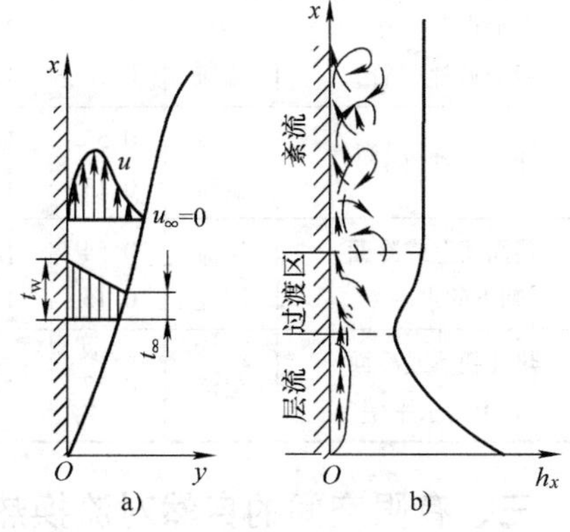

图 16-10　流体沿竖壁自然对流的状态

流体沿横管、球体及其他一些椭圆形物体作自然流动时，如图 16-11 所示。对于小管径管子，由于流体流过管外壁的路程较短，上升的空气流达到热表面以上一定的高度后仍保持层流状态，如图 16-11a 所示，当气流再升高时才变为湍流；对于大管径的管子，热空气流在管子的上边线处就开始转变为湍流，如图 16-11b 所示。

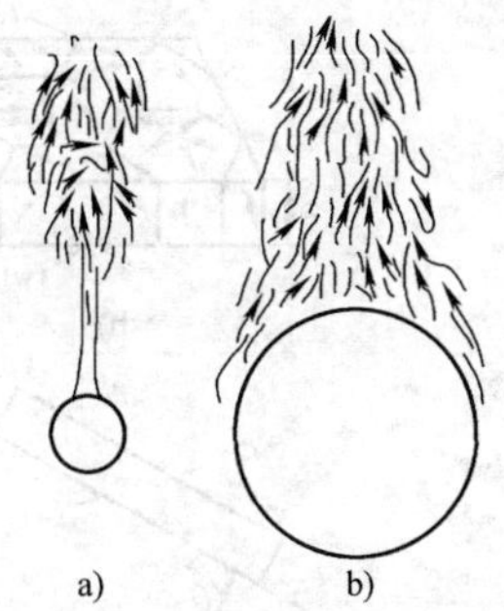
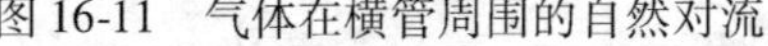

图 16-11　气体在横管周围的自然对流

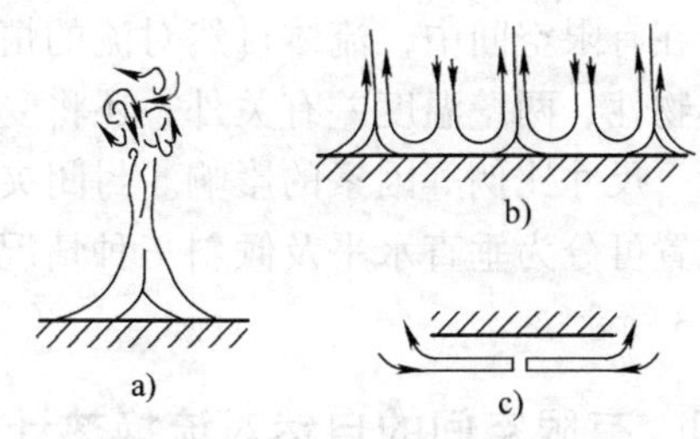

图 16-12　靠近热横流板的自然对流

对于水平放置的平板，流体的自然流动状态随板宽度、热表面朝向的不同而不同。图 16-12a 所示为热表面朝上、尺寸较小的水平平板上受热流体上升的状况，只有一股气流上升，且集中到板中间。图 16-12b 所示的平板表面很大，且热面朝上，在板面上受热流体既有局部上升又有局部下降。对于热表面朝下的平板，流体的运动情况如图 16-12c 所示，在

平板表面下仅有一薄层流体在流动，再下面的流体就保持静止。

二、无限空间的自然对流换热计算

经实验研究得出无限空间自然对流换热的准则方程式为

$$Nu = C(GrPr)^n \tag{16-17}$$

式中，C 和 n 是由实验确定的常数，其值的选择可按换热表面的形状及（Gr、Pr）的数值范围由表 16-8 查得。进行计算时，将壁温 t_w 当做定值，定性温度为边界层平均温度，即 $t_m = (t_w + t_f)/2$；定型尺寸见表 16-8。

对倾斜壁的自然对流换热，如辐射采暖板倾斜安装在墙壁上，可按其倾角算出在垂直部分和水平面上的投影长度，用此长度作定型尺寸分别计算出垂直部分和水平部分的表面传热系数，则倾斜壁的表面传热系数是这两部分表面传热系数的平方和的平方根值。

表 16-8　无限空间自然对流换热准则方程式中的 C 和 n 值

表面形状及位置	C、n 值			定型尺寸 L	适用范围（Gr　Pr）
	流态	C	n		
垂直平壁及垂直圆柱（管）	层流 湍流	0.59 0.10	1/4 1/3	高度 h	$10^4 \sim 10^9$ $10^9 \sim 10^{13}$
水平圆柱（管）	层流 湍流	0.53 0.13	1/4 1/3	圆柱外径 d	$10^4 \sim 10^9$ $10^9 \sim 10^{12}$
热面朝上或冷面朝下的水平壁	层流 湍流	0.54 0.15	1/4 1/3	矩形取两个边长的平均值；圆盘取 0.9d	$10^5 \sim 2\times10^7$ $2\times10^7 \sim 3\times10^{10}$
热面朝下或冷面朝上的水平壁	层流	0.58	1/5	矩形取两个边长的平均值；圆盘取 0.9d	$3\times10^5 \sim 3\times10^{10}$

三、有限空间的自然对流换热的状态分析

有限空间的自然对流换热是指在封闭的夹层内由高温壁到低温壁的换热过程，且其换热过程是热壁和冷壁两个自然对流过程的组合。例如直冷电冰箱冷藏室，靠近蒸发器的冷气向下流动，靠近冰箱门的热空气因浮升力而向上运动。在有限空间中，流体自然对流的情况除与流体物性、两壁温度差有关外，还将受到空间形状、尺寸比例等因素的影响。封闭夹层的几何位置可分为垂直水平及倾斜三种情况，如图 16-13 所示。

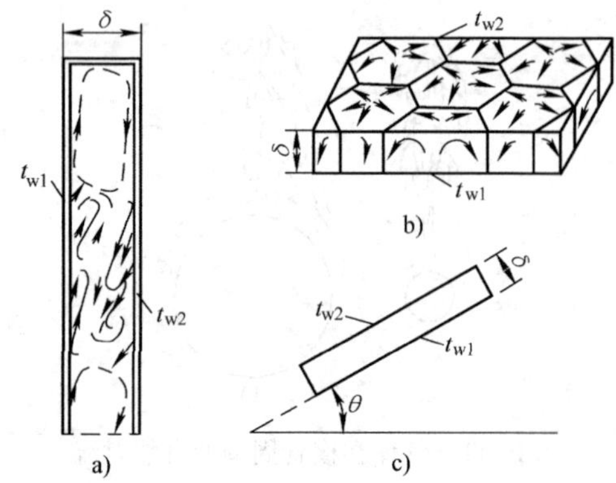

图 16-13　有限空间的自然对流换热

四、有限空间的自然对流换热计算

1. 有限空间的自然对流换热准则方程式

封闭夹层有限空间自然对流换热准则方程式用下列形式表示

$$Nu = C(GrPr)^m \left(\frac{\delta}{H}\right)^n \tag{16-18}$$

式中，δ 为夹层厚度，单位为 m；H 为垂直夹层高度，单位为 m；C、m、n 为常数，由有限空间自然对流换热计算方程式表查取。需要说明的是，式中 Gr 和 Pr 的定型尺寸均为夹层厚度 δ，定性温度为冷热壁面的算术平均温度。

2. 有限空间自然对流换热的当量表面传热系数

有限空间的换热是冷、热两壁自然对流换热的综合结果，通常用一个当量表面传热系数 α_e 来表示换热的强弱，则流过夹层的热量为

$$q = \alpha_e(t_{w1} - t_{w2}) \tag{16-19}$$

式中，t_{w1} 为热壁面的温度，单位为℃；t_{w2} 为冷壁面的温度，单位为℃；α_e 为当量表面传热系数，单位为 W/（m^2·℃）。

【例 16-3】　室温为 10℃的房间有一个直径为 10cm 的烟囱，其竖直部分高为 1.5m，水平部分长 15m。求烟囱的平均壁温为 110℃时，烟筒的对流换热量。

解：平均温度

$$t_m = (t_f + t_w)/2 = (10 + 110)℃/2 = 60℃$$

由附录 H 查得，60℃时空气的物理性质参数为 $\lambda = 0.029$W/（m·℃），$\nu = 18.97 \times 10^{-6}$m^2/s，$Pr = 0.696$。

（1）烟筒竖直部分的散热

$$Gr_m = \frac{g\alpha_V l^3 \Delta t}{\upsilon^2} = \frac{9.8 \times 1.5^3 \times (110 - 10)}{(18.97 \times 10^{-6})^2 \times (273 + 60)} = 2.76 \times 10^{10}$$

$$(GrPr)_m = 2.76 \times 10^{10} \times 0.696 = 1.92 \times 10^{10}$$

由表 16-8 知
$$Nu_m = 0.1 \times (1.92 \times 10^{10})^{1/3} = 268$$

所以
$$\alpha = Nu_m \frac{\lambda}{l} = 268 \times 0.029/1.5\text{W/(m}^2\cdot℃) = 5.18\text{W/(m}^2\cdot℃)$$

$$Q_1 = \pi dl\alpha(t_w - t_f) = 3.14 \times 0.1 \times 1.5 \times 5.18 \times 100\text{W} = 244\text{W}$$

（2）烟筒水平部分的散热

$$Gr_m = \frac{g\alpha_V l^3 \Delta t}{\upsilon^2} = \frac{9.8 \times 0.1^3 \times (110 - 10)}{(18.97 \times 10^{-6})^2 \times (273 + 60)} = 8.2 \times 10^6$$

$$(GrPr)_m = 8.2 \times 10^6 \times 0.696 = 5.71 \times 10^6$$

由表 16-8 知
$$Nu_m = 0.53 \times (5.71 \times 10^6)^{1/4} = 25.9$$

所以
$$\alpha = Nu_m \frac{\lambda}{l} = 25.9 \times 0.029/0.1\text{W/(m}^2\cdot\text{K}) = 7.511\text{W/(m}^2\cdot\text{K})$$

$$Q_2 = \pi dl\alpha(t_w - t_f) = 3.14 \times 0.1 \times 15 \times 7.511 \times 100\text{W} = 3538\text{W}$$

烟筒的总对流散热量为

$$Q = Q_1 + Q_2 = 244\text{W} + 3538\text{W} = 3782\text{W}$$

第五节　凝结和沸腾换热

一、蒸汽凝结换热

工质由气态变为液态的过程称为冷凝或凝结。它可以在工质本身的体积内或冷壁上发

生，并同时伴随传热和传质或单纯传热。它属于有相态变化的传热，是换热设备中常见的传热过程。例如制冷剂在冷凝器中的冷凝，汽轮机乏汽在凝汽器中的冷凝等。当饱和蒸汽与低于饱和温度的壁面相接触时，它就凝结成液体，并且附着在壁面上。根据冷凝液体是否能够润湿冷却壁面，可以得到两种不同形式的冷凝状态。如果能够润湿壁面时，它就在壁面上形成一层液膜，并受重力作用而向下流动，称为膜状凝结，如图 16-14a 所示。此时，壁面上总是覆盖着一层液膜。蒸汽凝结时放出的热必须经过液膜才能传到冷却壁面。水蒸气的膜状凝结表面传热系数较大，通常为 4600 ~ 11000W/（m^2 · ℃）。当冷凝液体不能润湿壁面时，它就在壁面上形成许多小水珠，并逐渐发展长大，最后沿壁面滚下。这些滚下的液珠一方面和相遇的液珠汇合形成较大的液珠；另一方面又冲掉了滚下路程上的所有液珠，于是蒸汽又在这些赤裸的冷却壁面上重新凝结为液珠，这称为珠状凝结，如图 16-14b 所示。此时，蒸汽与部分冷却壁面之间没有液膜的阻隔，热阻力减小，热流密度要比膜状凝结的大十多倍。例如水蒸气遇到有油的冷却壁面，或者在特别加工过的金属壁面上冷凝含有某些有机化学成分的水蒸气，都可以得到珠状凝结以增强放热。

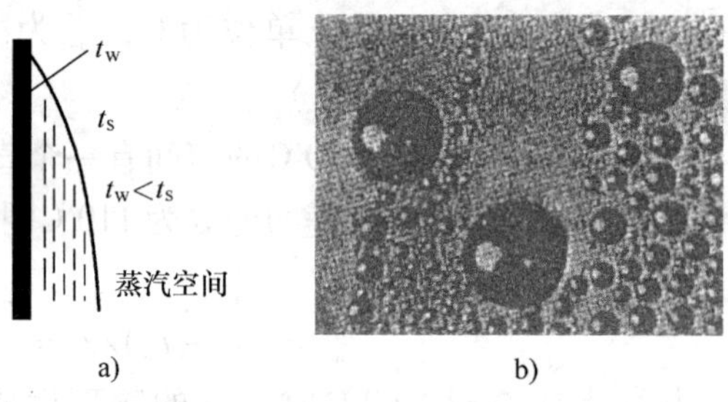

图 16-14　蒸汽在壁面上的凝结

冷凝液体润湿壁面的能力取决于它的表面张力以及它与壁面的附着力。若附着力大于表面张力则会形成膜状凝结，反之则形成珠状凝结。水蒸气冷凝器以及氨和氟利昂冷凝器中大都是膜状凝结。只有个别沾有油膜的壁面上才可能出现部分珠状凝结。因此，工业设备的设计计算都是按膜状凝结来考虑的。下面只讨论膜状凝结，并给出计算平均表面传热系数的公式。

1. 膜状凝结换热的计算

膜状凝结时，凝结只能在膜的表面进行，热量则以导热和对流方式穿过液膜传到壁面上。故膜的厚度及其运动状态（层流或湍流），对表面传热系数影响较大，而厚度和流态除与凝液的粘度、密度等物性有关外，还与壁的高度以及蒸汽与壁的温度差有关。

竖壁上膜状凝结的液膜也有层流和湍流两种流态，如图 16-15a 所示。上段液膜较薄，流动属于层流；下段因液膜增厚，流速增大，层流逐步经历过渡区而转变为湍流。图 16-15b 表示了局部表面传热系数 α_x 的变化规律。液膜属于层流或湍流仍可由临界雷诺数 Re_c 来判别。

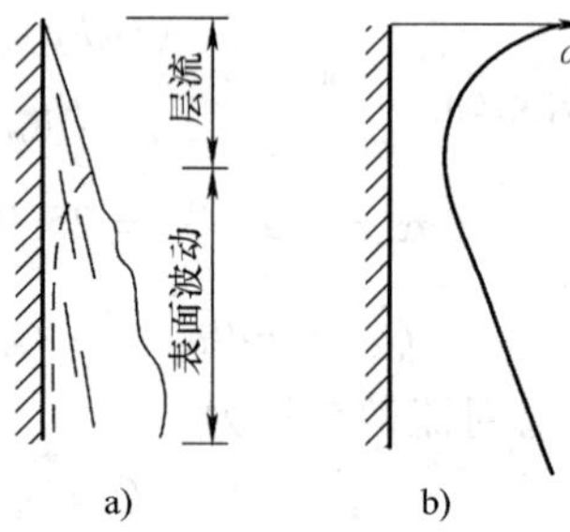

图 16-15　液膜流动情况及局部换热系数

(1) 层流膜状凝结的计算　努谢尔特 1916 年根据连续液膜的层流运动和导热机理，从理论上最先导得层流膜状凝结放热计算式。竖壁层流膜状凝结平均表面传热系数为

$$\alpha = 0.943\left[\frac{\rho^2 g\lambda^3 r}{\mu L(t_f - t_w)}\right]^{\frac{1}{4}} \tag{16-20}$$

上式称为竖壁层流膜状凝结平均表面传热系数的努谢尔特理论计算式。此式中的定型尺寸采用竖壁的高度 L（m）。据竖壁膜层凝结放热的实验数据与上式计算的理论值进行比较，发

现理论值偏低。这是凝液向下流动时由于加速度等因素使膜层发生波动，波动的出现使液膜的有效厚度减薄，表面传热系数增大。因此，实用上往往将式（16-20）中的系数提高20%。对于横管外壁的凝结放热，由于管子的直径通常都比较小，液膜多是处于层流状态。努谢尔特在分析倾斜壁表面传热系数的基础上导出水平单管上的膜状凝结表面传热系数

$$\alpha = 0.725\left[\frac{\rho^2 g\lambda^3 r}{\mu D(t_f - t_w)}\right]^{\frac{1}{4}} \tag{16-21}$$

上式定型尺寸为管外径 D（m）。横管公式理论值和实验值非常接近。

（2）湍流膜状凝结的计算　当凝结雷诺数 $Re_m > 1800$ 时，竖壁膜层流态转变为湍流，努谢尔特公式已不适用。在湍流液膜中，通过膜层的热量传递，除导热方式外，湍流传递方式成为重要的因素，这时放热将随 Re 增加而增加。可用下列准则方程式来计算湍流膜状凝结表面传热系数：

$$C_0 = 0.0077Re_m^{0.4} \tag{16-22}$$

式中，$C_0 = \alpha\ (\nu^2/g)^{\frac{1}{3}}/\lambda$ 为量纲为一数群，称为凝结准则数。$Re_m = D_H u_m/\nu_m$ 称为凝结雷诺准则数（定性温度为 t_m）；这里 u_m 为壁的底部截面上膜层平均速度（m/s）；D_H 为该截面膜层的当量直径（m），当液膜宽度为 L 时，润湿周围边 $U \approx L$，截面积 $A = L\delta$，则 $D_H = 4A/U \approx 4\delta$；$\nu_m$ 为液膜的运动粘度（m^2/s），以 t_m 为定性温度。

2. 影响凝结换热的因素

影响凝结换热的主要因素是蒸汽流速和蒸汽中不凝结气体的含量。

（1）蒸汽流速的影响　前述努谢尔特公式没有考虑蒸汽流速的影响，故只适用于蒸汽速度很低的情况（一般水蒸气流速低于10m/s），大的速度会在液膜表面产生明显的粘性切应力。当蒸汽向上流动与液膜下流方向相反时，则使液膜减速和热边界层增厚，导致表面传热系数 α 下降；而当蒸汽向下流动与液膜下流方向一致时，则加速液膜流动使热边界层变薄，致使表面传热系数 α 增大。但不论蒸汽向上还是向下流动，如果流速很大以致液膜被吹离壁面，则 α 显著增大。

（2）蒸汽中含有不凝结气体的影响　蒸汽中常见的不凝结气体是空气，这是因为蒸汽动力装置或制冷装置中，一般都存在负压设备，当设备密封不严时，外界空气会被吸入系统，对运行产生影响。

就传热方面而言，蒸汽中空气含量即使极其微弱，也会对蒸汽的凝结过程产生非常大的影响。例如，当水蒸气中的空气的质量分数为1%时，凝结换热系数比纯净蒸汽时降低60%。这是因为，在靠近液膜的蒸汽的局部区域中，空气含量会随着蒸汽的不断凝结而上升，最终会在液膜附近形成一层空气膜，蒸汽在抵达液膜表面时进行凝结前，必须以扩散的方式穿过空气层，这就必然减少了蒸汽的凝结量。另一方面，液膜附近空气含量的上升导致蒸汽分压力的下降，使相应的蒸汽饱和温度也下降，这就减小了凝结换热的驱动温差，使凝结换热受到削弱。

二、液体的沸腾换热

热量通过高温壁面传给液相物质，使得一部分液体转变成气相时的换热过程称为沸腾放热。水在锅炉中的沸腾汽化，制冷剂在蒸发器中的汽化都是沸腾换热。液体沸腾时，放热表

面上局部地区的液体汽化而形成气泡，随着加热过程的进行，气泡不断增殖、扩大和跃离放热表面。在这些气泡穿过液体层而由液面逸出的过程中，放热表面和液体内部都会受到气泡的强烈扰动。致使沸腾表面传热系数要比无相变的自由流动和受迫流动表面传热系数高得多。水在常压下的沸腾表面传热系数为4600～12000W/（m^2·℃）。因此，沸腾换热属于高强度换热，气泡的产生和运动是沸腾换热的主要特点。

（一）大容器沸腾换热的特点

如图16-16所示，有一盛水的大容器，热量从底部加热面传入使水受热，温度升高。当温度升高到一定数值时，就会在加热面上的局部地方开始产生气泡。如果气泡能自由上升，并在上升过程中不受液体流动的影响，液体的运动只是由自然对流和气泡的扰动引起，这种沸腾现象就称为“大容器沸腾”。

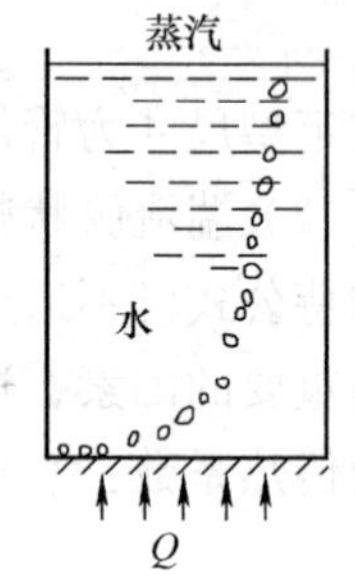

图16-16　大容器沸腾

（二）大容器沸腾换热的三个阶段

实验观察发表明，随着壁面过热度 Δt 的变化，大容器沸腾会出现不同类型的沸腾阶段。以一个大气压下饱和水的沸腾为例。根据壁面过热度的不同，饱和水的沸腾可分为自然对流、核态沸腾和膜态沸腾三个阶段，如图16-17所示。

1. 自然对流阶段

当壁面过热度 Δt 比较低时，加热面表面的液体轻微过热，产生的气泡不多，沸腾换热基本上相当于液体自然对流时的换热状态。换热系数随 Δt 的变化较平坦。

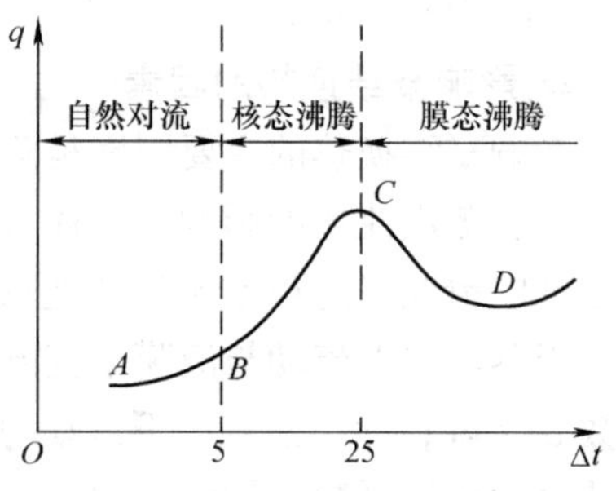

图16-17　大容器沸腾换热的三个阶段

2. 核态沸腾阶段

随着壁面过热度 Δt 的增大，加热面上汽化核心的数目增多，气泡数量显著增加。大量气泡的产生和运动，使沸腾液体受到剧烈扰动，从而使传热系数迅速增大。这一阶段称为核态沸腾阶段，也称为泡态沸腾阶段。工业设备中的沸腾大多数都处于这一阶段。

3. 膜态沸腾阶段

如果继续提高 Δt，加热面上气泡的数量进一步迅速增加，若气泡产生的速度大于它脱离加热面的速度，就会使它们在脱离加热面之前连接起来，形成一层气膜，覆盖在加热面上，将沸腾液体与加热面隔开，此时加热面的热量只能穿过这一层气膜才能传递给液体。这一阶段称为膜态沸腾阶段。因气泡的导热系数很小，故这层蒸汽膜的导热热阻很大，换热恶化，传热系数迅速下降。

（三）大容器沸腾换热的计算

综上所述，影响沸腾放热的因素主要是放热表面与流体的饱和温度差、压力及流体的物性。目前一般都将表面传热系数整理成：$\alpha = A\Delta t^n = Bq^m$ 的形式（亦可整理准则方程式）。水在0.1～4.0MPa的大空间沸腾的表面传热系数可按下列计算：

$$\alpha = 4.435q^{0.7}p^{0.15} \tag{16-23}$$

由 $q=\alpha\Delta t$，上式又可改写为

$$\alpha = 144.83\Delta t^{2.33}p^{0.5} \tag{16-24}$$

式中，p 为沸腾绝对压力，单位为 MPa；q 为热流密度，单位为 W/m^2；$\Delta t = t_w - t_s$，单位为℃。

水的沸腾表面传热系数远高于水受迫流动时的表面传热系数。所以，水的沸腾放热属于高强度放热之列。因为 α 大，在一般情况下，往往可略去沸腾热阻。但是，像制冷剂这类低沸点工质的沸腾表面传热系数和热流密度远低于水的数值，沸腾表面传热系数约为 500 ~ 2000W/（m^2·℃）。

强化泡状沸腾换热的措施很多，关键是设法使沸腾表面汽化核心增大。这方面已经初步适用的方法是：用挤压或砂布打磨等方法使表面粗糙，此法主要问题是凹缝易被污垢堵塞而失去作用。此外，在水中添加去除油垢的润湿剂，使气泡容易离开壁面，也能增加放热。

思考与练习题

16-1 影响对流换热的主要因素有哪些？

16-2 写出努谢尔特准则数、雷诺准则数、普朗特准则数及格拉晓夫准则数的表达式。并说明它们各自的物理意义。它们分别说明了关于对流换热现象的哪一方面的问题？

16-3 何谓入口效应？热流方向对换热有何影响？

16-4 管束的顺排和叉排是如何影响换热的？

16-5 既然湍流时一般换热较强，为什么实用上还有工作于层流的换热器？

16-6 在对流换热中用什么系数表示对流换热的强弱？

16-7 为什么蒸汽动力装置冷凝器内的真空度与抽气装置的工作情况有关？当冷凝器内积聚的空气过多时，真空度有什么变化？制冷装置的冷凝器内积有空气会有什么害处？

16-8 160℃的机油以 0.3m/s 的速度在内径为 25mm 的管内流动，管壁温度为 150℃。试求以下两种情况的表面传热系数：（1）管长为 2m；（2）管长为 6m。

16-9 15 个标准大气压的空气，以 0.5kg/s 的流量流经内径 $d = 7.5$cm、长 $l = 6$m 的管子，管壁温度为 200℃，空气在入口处的温度为 250℃。试求出口处空气的温度。

16-10 管式空气预热器采用叉排布置，$s_1 = 80$mm，$s_2 = 48$mm，管子外径 $d = 40$mm。空气以 8.18m/s 的速度掠过管束，入口处和出口处空气的温度分别为 260℃和 340℃。试求空气对管壁的表面传热系数。

16-11 试述珠状凝结和膜状凝结的形成及其换热特点。

16-12 流体纵向流过管壁时，为什么各种断面形状的管道可用同一准则方程进行计算？其定型尺寸应如何选择？流体横绕不同断面形状的管道时，其表面传热系数是否也可用同一准则方程来计算？为什么？

16-13 一大气压的饱和水蒸气在竖壁上凝结，管面保持 60℃，试确定液膜出现湍流的高度。

第十七章　辐射换热

【学习目的】 理解热辐射的物理本质和特点；掌握黑体、白体、透明体和灰体的概念，热辐射的四个基本定律；理解有效辐射、空间热阻、表面热阻、角系数的概念；掌握封闭空腔的灰体表面的辐射热阻网络，能熟练计算两个灰体表面组成的封闭系统的辐射换热量，正确理解遮热板的基本原理。

第一节　热辐射的基本概念

导热和对流换热是不同温度的物体直接接触，依靠组成物质的微观粒子的热运动和物体宏观运动来传递热量的现象。而两物体之间的辐射换热则不需要直接接触，无论相隔多远都能发生，因为这种能量传递过程是由载运能量的电磁波的发射和吸收所引起的。导热和对流所传递的热量约与温差的一次方成正比，而辐射换热所传递的热量约与温度的四次方之差成正比。因此，热辐射传递能量的规律与导热、对流换热有很大的区别，研究方法也有其自身的特点。

一、热辐射的本质和特点

当物质微观粒子运动状态发生改变时，如电子从高能位轨道向低能位轨道迁移就会向外发射能量，这是物质的一种固有属性。物质内部分子和原子总是处于不停的运动中，分子的热运动和原子的振动引起了电子运动轨道的变化，于是引起周围电场的变化，电磁感应使电场的每一变化又引起磁场的变化，这种电磁场的交替变化就形成了电磁波并向外发射，物体向外发射电磁波的过程称为辐射，电磁波运载的能量称为辐射能，由于热的原因使物体向外发射辐射能的过程称为热辐射。

热辐射的电磁波是由物体内部微观粒子在运动状态改变时所激发出来的，它仅仅取决于温度。只要设法维持物体的温度不变，其发射辐射能的数量也不变。当物体的温度升高或降低时，辐射能也相应增加或减少。此外，任何物体在向外发出辐射能的同时，还在不断地吸收周围其他物体发出的辐射能，并将吸收的辐射能重新换成热能。所谓辐射换热是指物体之间的相互辐射和吸收过程的总效果。例如，在两个温度不等的物体之间进行的辐射换热，温度较高的物体辐射多于吸收，而温度较低的物体则辐射少于吸收。因此，辐射换热的结果是高温物体向低温物体转移了热量。若两换热物体温度相等，此时它们辐射和吸收的能量恰好相等。因此，物体间辐射换热量等于零，这种情况称为热动平衡。

虽然各种辐射发生的原因不同，但它们之间并无本质的差别。它们都以电磁波方式传递能量，而且各种电磁波都以光速在空间进行传播。电磁波的速率、波长和频率存在下列关系：

$$c = f\lambda \tag{17-1}$$

式中，c 为电磁波的传播速率，单位为 m/s，在真空中 $c=3\times10^8$m/s，在大气中传播速率略低于此值；f 为频率，单位为 1/s；λ 为电磁波的波长单位为 m，其常用单位为 μm（微米），$1\mu m=10^{-6}m$。

电磁波的性质取决于波长或频率，在热辐射的分析中，通常用波长来描述电磁波。电磁波的波长有很宽的变化范围，例如，宇宙射线的波长极短（$\lambda<10^{-6}\mu m$），而某些无线电波的波长则很长（可以千米计）。实用上常将它们按波长分成若干区段，每个区段给予一个专门的名称。图 17-1 给出了电磁波按波长划分的大致情况，以及每个区段的相应名称。

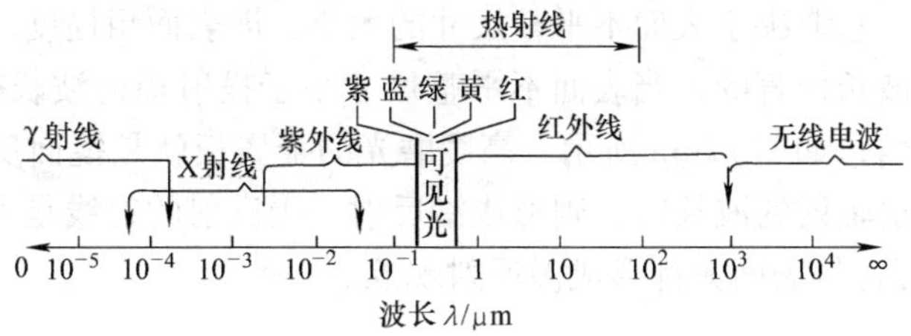

图 17-1 电磁波谱

从理论上讲，物体热辐射的电磁波波长可以包括整个波谱，即波长从零到无穷大。然而，在工业上所遇到的温度范围内，即 2000K 以下，热辐射效应最为显著、有实际意义的热辐射波长位于波谱的 0.38～100μm 之间，故此范围内的射线称为热射线。而且大部分能量位于红外线区段的 0.76～20μm 范围内。而在可见光区段，即波长为 0.38～0.76μm 的区段。热辐射能量的密度不大。太阳是温度约为 5800K 的热源，其温度比一般工业上遇到的温度高出许多。太阳辐射的主要能量集中在 0.2～2μm 的波长范围，其中可见光区段占有很大的比例。一个被加热的物体，有一个取决于它的温度的特征颜色。显然，当热辐射波的波长大于 0.76μm 时，人们的眼睛将看不见它们。

红外线又有远红外线和近红外线之分，大体上以 25μm 为界限，将波长在 25μm 以下的红外线称为近红外线，波长在 25μm 以上的红外线称为远红外线。但因两者的物理作用并无本质的差别，这种区分的界限并没有统一的规定。

若将不允许热辐射透过的物体（如固体）置于电磁波的行进途中，它将对热辐射起遮蔽作用。这表明只有在没有热屏蔽的物体之间才可以进行辐射能的交换。

二、物体对投射辐射的反应

热辐射的能量投射到物体表面上时，与可见光一样也有吸收、反射和穿透现象发生，如图 17-2 所示。假设外界投射到物体表面上的总能量为 Q，其中一部分 Q_a 在进入表面后被物体吸收，另一部分 Q_b 被物体反射，其余部分 Q_d 则穿透物体。于是，按能量守恒定律：

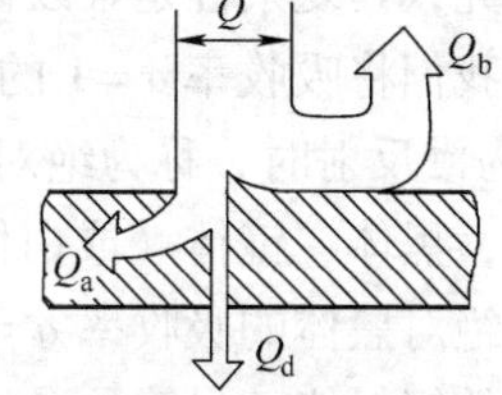

图 17-2 物体对投射辐射的反应

$$Q=Q_a+Q_b+Q_d$$

或者

$$\frac{Q_a}{Q}+\frac{Q_b}{Q}+\frac{Q_d}{Q}=1$$

其中各个能量百分数 Q_a/Q、Q_b/Q、Q_d/Q 分别称为该物体对投射辐射的吸收率、反射率和穿透率，并依次用符号 a、b 和 d 表示。于是，上式可写成

$$a + b + d = 1 \tag{17-2}$$

实际上，当辐射能进入固体、液体表面后，在一个很短的距离内就被吸收完了，且被转换成热能使物体温度升高。对于金属导体而言，热辐射进入表面内的这一距离只有 1μm 的数量级，对于大多数的非导体材料来说，这一距离也小于1mm。实用工程材料的厚度一般都大于这个数值，因此，可以认为固体和液体不允许热辐射透过，即穿透率 $d = 0$，于是式（17-2）简化为 $a + b = 1$。这说明固体和液体表面对投射辐射的反应具有表面特性。

下面讨论辐射能投射到物体表面后的反射现象。与可见光一样，辐射能的反射也有镜面反射和漫反射的区分，它取决于表面不平整尺寸的大小，即表面粗糙度。这里所指表面粗糙度是相对于热辐射的波长而言的。当表面不平整尺寸小于投射辐射波长时，形成镜面反射，此时入射角等于反射角，如图 17-3a 所示。高度磨光的金属板就是镜面反射的实例。当表面的不平整尺寸大于投射辐射的波长时，则形成漫反射。漫反射的射线是十分不规则的，如图 17-3b 所示。一般工程材料表面大都形成漫反射现象。

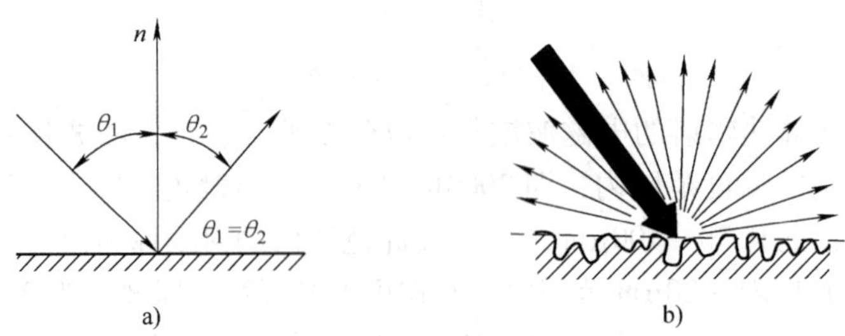

图 17-3　反射的两种情况

辐射能投射到气体上时，其情形则不同于固体和液体。气体对辐射能几乎没有反射能力，可认为反射率 $b = 0$，这时式（17-2）简化成 $a + d = 1$。显然，吸收性大的气体，其穿透性就差。

由上所述可以知道，固体和液体对外界的辐射特性，以及它们对投射辐射所呈现的吸收和反射特性，都具有在物体表面上进行的特点，而不涉及物体的内部。因此，物体表面状况对这些特性的影响是至关重要的。而对于气体，穿透和吸收在整个气体容积中进行，表面状况则是无关紧要的。

自然界所有物体（固体、液体和气体）的吸收率 a、反射率 b 和穿透率 d 的数值都在 0 ~ 1的范围内变化。每个量的数值又因具体条件不同而千差万别，将这些问题孤立地进行逐个研究，其复杂性是难以计算的。为方便起见，从理想物体着手进行研究，可使问题得到简化。我们将吸收率 $a = 1$ 的物体称为绝对黑体（简称黑体）；将反射率 $b = 1$ 的物体称为镜体（当为漫反射时，称为绝对白体）；将穿透率 $d = 1$ 的物体称为绝对透明体（简称透明体）。显然，黑体、镜体（或白体）和透明体都是假定的理想物体。

绝对黑体的吸收率 $a = 1$，这就意味着黑体能够全部吸收各种波长的辐射能。尽管在自然并不存在绝对黑体，但用人工方法可以制造出十分接近于黑体的模型。我们可以利用在表面上开一个小孔的空腔制成黑体，如图 17-4 所示。空腔壁面应保持均匀的温度，当辐射能经小孔射进空腔时，在空腔内要经历多次地吸收和反射，而每经过一次吸收，辐射能就按照内壁吸收率的份额被减弱一次，

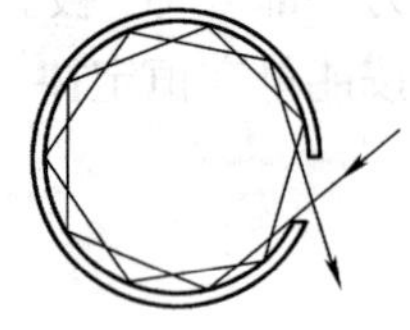

图 17-4　黑体模型

最终离开小孔的能量就非常小，可以认为辐射能完全被空腔内部吸收。就辐射特性而论，小孔好像一个黑体表面一样。值得指出的是，小孔面积与空腔内壁总面积之比越小，就越接近于黑体。若这两个面积之比小于0.6%，内壁吸收率为0.6时，计算结果表明，小孔的吸收率可大于0.996。上面所建立的黑体模型，在黑体辐射的实验研究，以及实际物体与黑体辐射特性比较等方面都非常有用。

三、辐射力和单色辐射力

辐射力E是指单位时间内，物体单位表面积向半球空间所辐射的全波长（$\lambda=0\sim\infty$）的总能量，又称全辐射力，单位为W/m^2，绝对黑体的辐射力以E_b表示。

单色辐射力E_λ是指单位时间，单位面积物体向周围半球空间辐射的某一波长的能量。物体辐射能量按波长的分布是不均匀的，设在波长$\lambda\sim(\lambda+d\lambda)$这一波段范围内，辐射的能量为$dE$，则下式给出了单色辐射力$E_\lambda$的定义：

$$E_\lambda=\frac{dE}{d\lambda} \tag{17-3}$$

式中，单色辐射力E_λ的单位为W/m^3。绝对黑体的单色辐射力以$E_{b\lambda}$表示。

第二节　热辐射的基本定律

一、普朗克定律

普朗克定律揭示了绝对黑体的辐射能量在不同温度下按波长的分布规律。即$E_{b\lambda}$与波长λ、绝对温度T之间的关系。它的表达式如下：

$$E_{b\lambda}=\frac{C_1\lambda^{-5}}{e^{C_2/\lambda T}-1} \tag{17-4}$$

式中，λ为波长，单位为μm；T为辐射表面的绝对温度，单位为K；常数$C_1=3.742\times10^{-16}$ W/m^2；$C_2=1.4388\times10^2 m\cdot K$。

图17-5是根据普朗克定律所揭示的关系$E_{b\lambda}=f(\lambda,T)$描绘的曲线，由图可知，在一定的温度下黑体辐射的各种波长的能量不一样：当$\lambda=0$及$\lambda=\infty$时，$E_{b\lambda}=0$。曲线有一峰值（即$E_{b\lambda}$达到最大值），曲线的峰值随温度的升高向短波方向移动。对式（17-4）求极大值，可求得对应于$E_{b\lambda}$为最大值的波长λ_m与温度之间的关系，即维恩位移定律：

$$\lambda_m T=2897.6\mu m\cdot K\approx2.9mm\cdot K \tag{17-5}$$

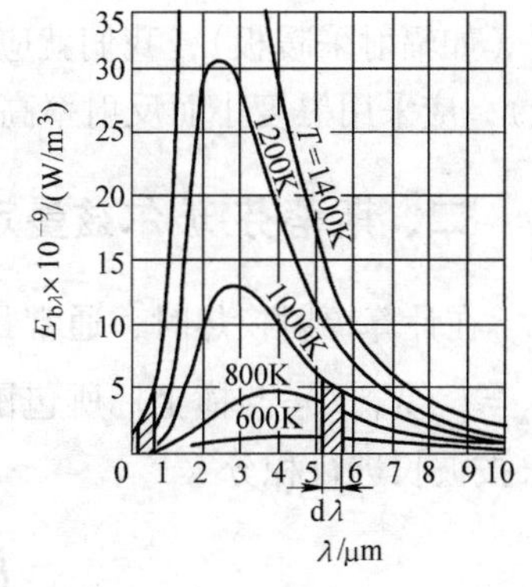

图17-5　普朗克定律图示

从图17-5可以看出，只有当物体的绝对温度达到1600K时，其辐射能中才具有波长$\lambda=0.6\sim0.7\mu m$，而能为肉眼所见到的可见光射线。随着温度的升高，可见光射线增加。当温度接近太阳温度5800K时，$E_{b\lambda}$的峰值方位于可见光范围。

黑体温度在2500℃以下，辐射能量大部分都分布在0.76μm < λ < 10μm 的范围内，而可见光部分的辐射能与辐射总能量相比是相当小的，可以忽略。

自然界中并不存在绝对黑体。液体和一切固体材料都是吸收率 $a<1$ 的物体，在热辐射的研究中，我们将吸收率 $a<1$ 并且吸收率不随波长改变的物体称为灰体。经验表明，对于绝大多数固体和液体，在热射线范围内都可近似当成灰体对待，这将简化热辐射的计算。

物体的单色辐射力与同温度下黑体的单色辐射力 $E_{b\lambda}$ 之比用 ε_λ 表示，即

$$\varepsilon_\lambda = E_\lambda / E_{b\lambda} \tag{17-6}$$

ε_λ 称为物体的单色黑度，其值在0～1之间。对于灰体，其单色黑度 ε_λ 是不随波长而改变的常数，因此，不同温度下灰体的单色辐射力 E_λ 与波长的函数关系曲线 $E_\lambda = f(\lambda, T)$ 的形状将与黑体相似。如图17-6所示。

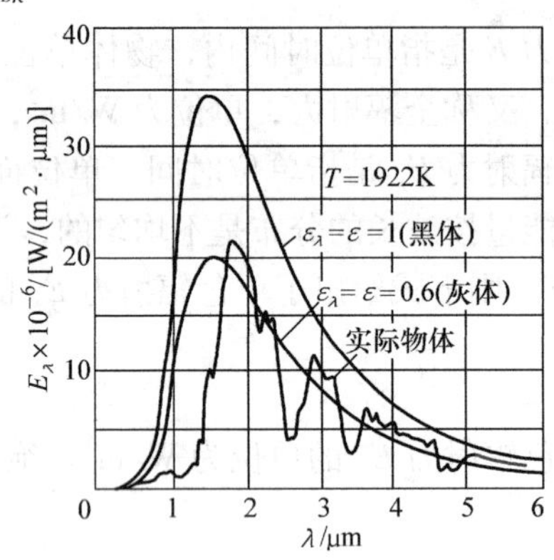

图17-6 不同辐射表面单色辐射力的比较

灰体的黑度（即全黑度）ε 被定义为灰体的辐射力 E 与同温度下黑体的辐射力 E_b 之比，根据单色辐射力的定义式 $E_\lambda = \dfrac{dE}{d\lambda}$ 有

$$\varepsilon = \frac{E}{E_b} = \frac{\int_0^\infty E_\lambda d\lambda}{\int_0^\infty E_{b\lambda} d\lambda} = \frac{\int_0^\infty \varepsilon_\lambda E_{b\lambda} d\lambda}{\int_0^\infty E_{b\lambda} d\lambda} = \varepsilon_\lambda \tag{17-7}$$

实际物体既然近似地视为灰体，则其黑度 ε 就等于灰体同温度下任意波长 λ 的单色黑度。图17-6中，粗实线表示 $\varepsilon=\varepsilon_\lambda=0.6$ 的灰体，数值0.6是根据实际表面和灰体表面有相等的辐射力而确定的。黑度表征物体热辐射接近黑体热辐射的程度，是分析和计算热辐射的一个重要依据。灰体的黑度 ε，一般是表面温度的函数，但在温度变化不大的范围内，可近似认为黑度是与温度无关的定值。

由式（17-6）可见，在相同温度下，黑体的辐射力为最大。当工程上需要增强辐射换热时（如辐射采暖板），我们就应设法提高物体表面的黑度。在需要隔绝辐射热时（如保温瓶胆），应采用黑度小而反射率高的材料。

二、斯蒂芬-玻尔兹曼定律

在计算辐射换热时，通常最关心的是黑体辐射力 E_b 与温度 T 的关系。图17-5中曲线 $E_{b\lambda}=f(\lambda, T)$ 与横坐标所包围的面积即为该温度下黑体的辐射力 E_b。故将式（17-4）的 $E_{b\lambda}$ 按波长进行积分

$$E_b = \int_0^\infty E_{b\lambda} d\lambda = \int_0^\infty \frac{C_1 \lambda^{-5}}{e^{C_2/\lambda T} - 1} d\lambda$$

得出黑体的辐射力

$$E_b = \sigma_b T^4 \tag{17-8}$$

式中，$\sigma_b=5.67\times10^{-8}\text{W}/(\text{m}^2\cdot\text{K}^4)$，称为黑体辐射常数（或斯蒂芬-玻尔兹曼常数）。

为便于工程计算，式（17-8）常写成下列形式

$$E_b=C_b\left(\frac{T}{100}\right)^4 \tag{17-9}$$

其中，C_b 称为黑体辐射系数，其值为 $5.67\text{W}/(\text{m}^2\cdot\text{K}^4)$。

式（17-8）和式（17-9）是斯蒂芬-玻尔兹曼定律的数学表达式，它说明黑体的辐射力与它的绝对温度的四次方成正比，故斯蒂芬-玻尔兹曼定律又称为四次方定律。这一定律对灰体也是适用的，即灰体的辐射力

$$E=\varepsilon E_b=\varepsilon C_b\left(\frac{T}{100}\right)^4=C\left(\frac{T}{100}\right)^4 \tag{17-10}$$

这里 $C=\varepsilon C_b$ 称为灰体辐射系数。由物体的性质、表面状况及温度而确定。

由于辐射力和绝对温度的四次方成正比，所以，当温差增大时，辐射换热量将以更大的速率增加，这就不难理解在锅炉炉膛内设置水冷壁的优点。炉膛火焰温度高达1000℃以上，利用水冷壁构成辐射受热面吸收火焰的辐射能，可大大增强传热，既保护了炉墙，也节约了金属。

三、兰贝特定律

在研究物体之间的辐射换热问题时，需要确定一个物体向空间所辐射出去的总能量中有多少能投射到另一物体上。例如，人们站成半圆形围观火炉，当打开炉门时，站在炉门正前方的人所得到的辐射热量要比其他人多一些，这说明在距离相等的条件下，与炉门平面呈法线方向的人体所得到辐射能量最多。兰贝特定律阐明了物体表面的辐射能在空间各个方向的分布问题。

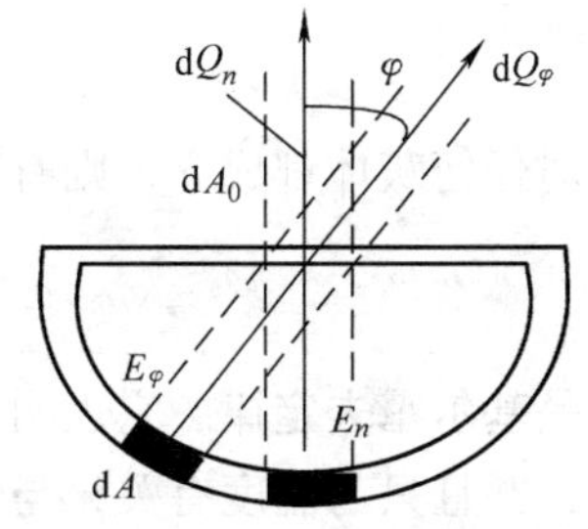

图 17-7　兰贝特定律的推导

图 17-7 所示为内表面涂以黑烟灰的半球形薄壁空穴，其平壁中央开有一个面积为 dA_0 的小孔。空穴内壁向中心孔的辐射力皆为 E_n。为了找出自小孔 dA_0 向不同方向发出辐射能量的分布规律，现在观察与小孔法线方向 n 成 φ 角的方向上，经小孔 dA_0 发射出去的一小束射线，这束射线由内壁上的 dA 射出。这束射线的辐射能量为

$$dQ_\varphi=E_n dA$$

空穴内壁面积 dA 上的射线全部通过 dA_0，而 dQ_φ 与法线 n 的夹角为 φ，由直角三角形的边角关系可知 $dA=dA_0\cos\varphi$，于是可得到

$$dQ_\varphi=E_n dA_0\cos\varphi$$

若将 dQ_φ 看做是 dA_0 小孔面积上发出的辐射热，则辐射力 E_φ 可以下式求得

$$E_\varphi=\frac{dQ_\varphi}{dA_0}=E_n\cos\varphi \tag{17-11}$$

式（17-11）就是兰贝特定律的数学表达式。它表明在某一微小面积 dA_0 上发射出的一小束射线的能量，是以垂直于 dA_0 的法线方向为最大值，而随着夹角 φ 的增大呈余弦定律关系减弱。

四、基尔霍夫定律

基尔霍夫定律确定了同一物体辐射力和吸收率之间的关系。图 17-8 表示出了两个彼此靠得很近的表面，以致每一表面辐射出去的能量，可以认为完全落在另一表面上，这两个表面一个为灰体，另一个为黑体，它们的温度、辐射力、吸收率分别为 T、T_b、E、E_b、a、a_b（$a_b=1$）。辐射换热中，由黑体每秒每平方米表面辐射的能量为 E_b，投射到灰体表面被吸收 aE_b，余下（$1-a$）E_b 被反射回黑体，由黑体所吸收。而灰体每秒每平方米表面辐射的能量为 E，投射在黑体表面，被黑体全部吸收。两表面辐射换热的结果，灰体表面吸收的能量 aE_b，而失去的能量为 E，两者的差额就是辐射换热量 q。

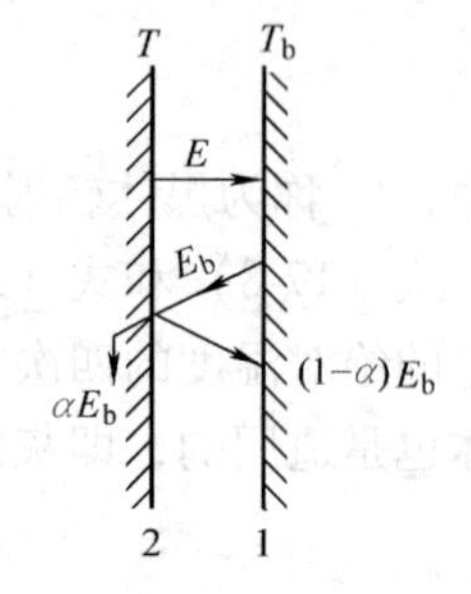

图 17-8　基尔霍夫定律的推导

$$q=aE_b-E$$

如果 $T=T_b$，则两表面处于热辐射的动态平衡状态，辐射换热量为零，即

$$q=aE_b-E=0$$

由此得到 $E=aE_b$ 或

$$\frac{E}{a}=E_b \tag{17-12}$$

上式对任何灰体都成立，则有

$$\frac{E_1}{a_1}=\frac{E_2}{a_2}=\cdots=E_b=f\ (T) \tag{17-13}$$

这就是基尔霍夫定律。它表明灰体的辐射力与吸收率之比值，恒等于同温度下绝对黑体的辐射力，并且只与温度有关，与物体的性质无关。这也说明善于辐射的物体也善于吸收；因为所有实际物体的吸收率永远小于 1，所以同温度下黑体的辐射能力最大。但基尔霍夫定律仅仅对于温度平衡的热辐射才是正确的。

将式（17-7）和式（17-12）相比较，可见

$$\varepsilon=a \tag{17-14}$$

式（17-14）说明灰体的黑度在数值上恒等于它的吸收率。同理，基尔霍夫定律也适用于单色辐射，可得出物体单色辐射力 E_λ 与同温度下黑体单色辐射力 $E_{b\lambda}$ 之比等于物体的单色吸收率 a_λ。

$$\frac{E_\lambda}{E_{b\lambda}}=a_\lambda=\varepsilon_\lambda$$

第三节　物体间的辐射换热计算

分析热辐射的目的之一是计算物体间的辐射换热量。为了导出两物体间的辐射换热计算公式，首先集中研究两物体中某一物体对辐射能的收支情况，这就要用到有效辐射和角系数的概念。

一、黑体间的辐射换热和角系数

图 17-9 所示为任意放置的两个黑体表面间的辐射换热。假定两个表面面积分别为 A_1 和 A_2，分别维持 T_1 和 T_2 的恒温，表面之间的介质对热辐射是透明的。每个表面所辐射出的能量都只有一部分可以到达另一个表面，其余部分则落到体系以外的空间。我们将表面 1 发出的辐射能落到表面 2 上的百分数称为表面 1 对表面2 的角系数，记为 $X_{1,2}$。同理也可定义表面 2 对表面 1 的角系数 $X_{2,1}$。于是，单位时间内从表面 1 发出而到达表面 2 的辐射能为 $E_{b1}A_1X_{1,2}$，而单位时间内从表面 2 发出到达表面 1 的辐射能为 $E_{b2}A_2X_{2,1}$。因为两个表面都是黑体，所以落到其上的能量分别被它们全部吸收，于是两个表面之间的净换热量 $Q_{1,2}$ 为

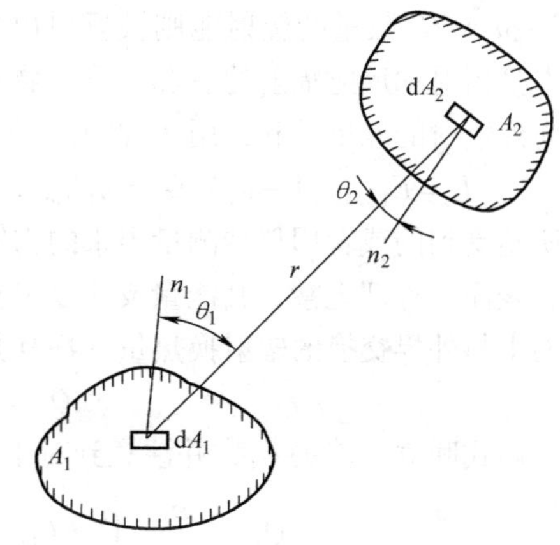

图 17-9 任意放置的两个黑体表面间的辐射换热

$$Q_{1,2} = E_{b1}A_1X_{1,2} - E_{b2}A_2X_{2,1}$$

如果处于热平衡条件下，即 $T_1 = T_2$ 时，净换热量 $Q_{1,2} = 0$，且 $E_{b1} = E_{b2}$，由上式可得

$$A_1X_{1,2} = A_2X_{2,1} \tag{17-15}$$

此式表示了两个表面在辐射换热时角系数的相对性。尽管这个关系是在热平衡条件下（$T_1 = T_2$）得出的，但因角系数纯属几何因子，它只取决于换热物体的几何特性（形状、尺寸及物体的相对位置），而与物体的物性和温度等条件无关，所以对非黑体表面及不处于热平衡条件下的情况，式（17-15）同样适用。于是可得两个黑体间辐射换热的计算式为

$$Q_{1,2} = A_1X_{1,2}(E_{b1} - E_{b2}) = A_2X_{2,1}(E_{b1} - E_{b2}) \tag{17-16}$$

若将上式改写成以下形式

$$Q_{1,2} = \frac{E_{b1} - E_{b2}}{\dfrac{1}{A_1X_{1,2}}}$$

则上式与电学中的欧姆定律可以类比。式中，$Q_{1,2}$ 相当于电路中的传输量电流，$E_{b1} - E_{b2}$ 对应于电路两端的电位差，而 $1/(A_1X_{1,2})$ 是辐射换热的热阻，对应于电路的电阻。这个热阻仅仅取决于空间参量，与表面的辐射特性无关，所以称为辐射空间热阻。图 17-10 所示为两黑体表面间辐射换热的网络图。

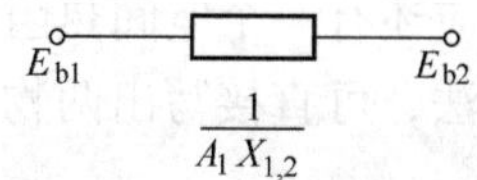

图 17-10 两黑体表面间的辐射换热网络图

二、灰体间的辐射换热和有效辐射

灰体表面只能吸收一部分投入辐射，其余部分则全部反射出去。由于这个缘故，灰体间的辐射换热比黑体间辐射换热要复杂，它存在着灰体表面间的多次反射和吸收现象。引用一种算总账的方法，即引用有效辐射的概念可使分析和计算得到简化。

如图 17-11 所示，表面 1 的辐射力为 E_1，表示表面 1 具有辐射能力，称为表面 1 的本身辐射，它的数量完全取决于表面 1 的温度和物理性质。从其他物体辐射到表面 1 上的外来辐

射能量用 G_1 来表示，称为投入辐射。G_1 中的一部分，即 a_1G_1 数量的辐射能被表面 1 所吸收，称为吸收辐射；G_1 中的另一部分，即（$1-a_1$）G_1 数量的辐射能则被反射出去，称为反射辐射。物体的本身辐射和反射辐射的总和，称为物体的有效辐射，即由表面 1 向外辐射的能量总和，用 J_1 表示，它等于

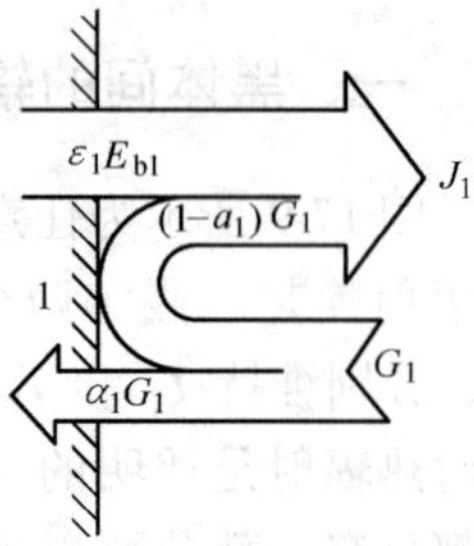

$$J_1 = E_1 + (1-a_1)G_1 = \varepsilon_1 E_{b1} + (1-a_1)G_1$$

我们所感受到的或者用仪器测量出来的物体辐射都是有效辐射。

图 17-11　有效辐射的概念

从表面 1 外部观察，其能量支出 J_1 与投入辐射 G_1 之差额即为表面 1 与外界交换的辐射换热量（净换热量），即有

$$Q_1 = A_1(J_1 - G_1)$$

将上述两式联立，消去 G_1，并注意到对于漫反射灰体表面有 $\varepsilon_1 = a_1$，可得

$$Q_1 = \frac{\varepsilon_1}{1-\varepsilon_1}A_1(E_{b1}-J_1) = \frac{E_{b1}-J_1}{(1-\varepsilon_1)/(\varepsilon_1 A_1)} \tag{17-17}$$

上式的电阻模拟如图 17-12 所示。图中，在黑体辐射力 E_{b1} 与有效辐射 J_1 两个电位节点间，模拟网络的电阻为（$1-\varepsilon_1$）/（$\varepsilon_1 A_1$）。在辐射换热中，这个量被称为表面辐射热阻，简称表面热阻。表面热阻可理解为由于实际物体表面都不是黑体，以致外来投射辐射不能全部被吸收，或者说它的辐射力不如相同温度下的黑体那么大，当将实际物体当成黑体来计算时，相当于在黑体组成的辐射换热表面增加了一个表面热阻。因此可认为表面热阻反映了实际物体表面接近黑体表面的程度，对黑体表面，显然表面热阻为零。

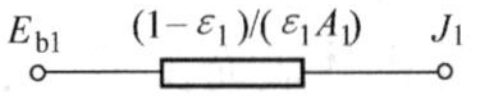

图 17-12　表面热阻

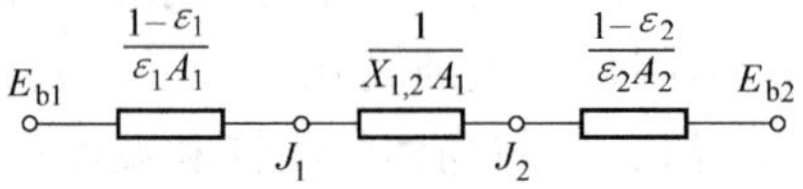

图 17-13　两个灰体间的辐射换热网络

三、两灰体间的辐射换热计算

温度不同的两物体（近似当做灰体处理）间进行辐射换热时，根据前述表面热阻和空间热阻的概念，两换热表面应各有一个表面热阻，两表面之间考虑形状、尺寸和相对位置的影响应还有一个空间热阻。其辐射换热网络图如图 17-13 所示。据此图，应用串联电路的计算方法，可直接写出两物体间辐射换热量计算公式为

$$Q_{1,2} = \frac{E_{b1}-E_{b2}}{\dfrac{1-\varepsilon_1}{\varepsilon_1 A_1}+\dfrac{1}{A_1 X_{1,2}}+\dfrac{1-\varepsilon_2}{\varepsilon_2 A_2}}$$

若用 A_1 作为计算面积，上式可改写成

$$Q_{1,2} = \frac{A_1(E_{b1}-E_{b2})}{\left(\dfrac{1}{\varepsilon_1}-1\right)+\dfrac{1}{X_{1,2}}+\dfrac{A_1}{A_2}\left(\dfrac{1}{\varepsilon_2}-1\right)} = \varepsilon_s A_1(E_{b1}-E_{b2}) \tag{17-18}$$

其中

$$\varepsilon_s = \frac{1}{\left(\dfrac{1}{\varepsilon_1}-1\right)+\dfrac{1}{X_{1,2}}+\dfrac{A_1}{A_2}\left(\dfrac{1}{\varepsilon_2}-1\right)}$$

称为换热场合的系统黑度。

图 17-14 所示为具有重要实用价值的仅有两个灰体参与换热的系统。图中 17-14a 是空腔与其内包物体间的辐射换热系统。物体 1 和 2 的表面温度、黑度及面积分别为 T_1、ε_1、A_1 和 T_2、ε_2、A_2。设表面 1 为凸面。由于它完全被表面 2 包围，因此角系数 $X_{1,2}=1$，有效辐射 J_1 可全部到达表面 2。此时表面 1 和表面 2 间的辐射换热量的计算式由式（17-18）简化为

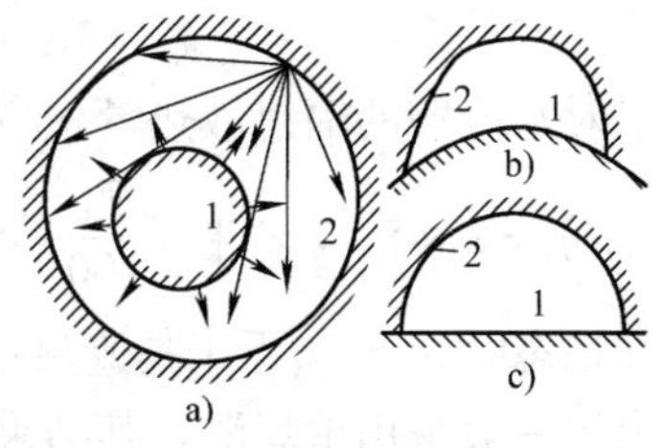

图 17-14　两个物体组成的辐射换热系统

$$Q_{1,2}=\frac{A_1\ (E_{b1}-E_{b2})}{\dfrac{1}{\varepsilon_1}+\dfrac{A_1}{A_2}\ (\dfrac{1}{\varepsilon_2}-1)} \tag{17-19}$$

式（17-18）同样也适用于图 17-14b、c 的情况。在下述特殊情况下，式（17-19）还可以简化。

1）表面积 A_2 和 A_1 相差很小，即 $A_1/A_2 \to 1$ 的辐射换热系统是个重要性的特例。实用上有重要意义的相距很近的两无限大平行平板间的辐射换热就属于此种特例。这时，辐射换热量 $Q_{1,2}$ 可按下式计算：

$$Q_{1,2}=\frac{A_1\ (E_{b1}-E_{b2})}{\dfrac{1}{\varepsilon_1}+\dfrac{1}{\varepsilon_2}-1}=\frac{5.67A_1\ [\ (\dfrac{T_1}{100})^4-\ (\dfrac{T_2}{100})^4\ ]}{\dfrac{1}{\varepsilon_1}+\dfrac{1}{\varepsilon_2}-1} \tag{17-20}$$

2）表面积 A_2 比 A_1 大得多，即 $A_1/A_2 \to 0$ 的辐射换热系统是又一个重要的特例。大房间内的小物体（如高温管道等）的辐射散热，以及气体容器内（或管道内）热电偶测温的辐射误差等实际问题的计算都属于这种情况。这时，式（17-20）简化为

$$Q_{1,2}=\varepsilon_1 A_1\ (E_{b1}-E_{b2})\ =5.67\varepsilon_1 A_1\ [\ (\frac{T_1}{100})^4-(\frac{T_2}{100})^4\ ] \tag{17-21}$$

这个特例，系统黑度 $\varepsilon_s=\varepsilon_1$。也就是说，在这种情况下进行辐射换热计算，不需要知道包壳物体 2 的面积 A_2 及黑度 ε_2。

【例 17-1】　一根直径 $d=50\text{mm}$，长度 $l=8\text{m}$ 的钢管，被置于横断面为 $0.2\times0.2\text{m}^2$ 的砖槽道内。若钢管温度和黑度分别为 $t_1=250℃$、$\varepsilon_1=0.79$，砖槽表面温度和黑度分别为 $t_2=27℃$、$\varepsilon_2=0.93$，试计算该钢管的辐射热损失。

解： 可直接利用式（17-19）计算

$$Q_{1,2}=\frac{5.67A_1[(\dfrac{T_1}{100})^4-(\dfrac{T_2}{100})^4]}{\dfrac{1}{\varepsilon_1}+\dfrac{A_1}{A_2}(\dfrac{1}{\varepsilon_1}-1)}$$

$$=\frac{3.14\times0.05\times8\times5.67\times[(\dfrac{523}{100})^4-(\dfrac{300}{100})^4]}{\dfrac{1}{0.79}+\dfrac{3.14\times0.05}{4\times0.2}\times(\dfrac{1}{0.93}-1)}\text{W}=3.712\text{kW}$$

【例 17-2】　用单层遮热罩抽气式热电偶测炉膛烟气温度。已知水冷壁面温度 $t_w=600℃$，热电偶和遮热罩的表面黑度都是 0.3。由于抽气的原因，烟气对热电偶和遮热罩的表面传热系数增加到 $\alpha=116\text{W}/(\text{m}^2\cdot℃)$。当烟气的真实温度 $t_f=1000℃$时，热电偶的指示温度为多少？

解：烟气以对流换热方式传给遮热罩内外两个表面的热量 q_3 为

$$q_3 = 2\alpha\ (t_f - t_w)\ = 2\times 116\times (1000 - t_3) \quad \text{(a)}$$

遮热罩对水冷壁的辐射散热量 q_4 为

$$q_4 = \varepsilon\times 5.67\times\left[\left(\frac{T_3}{100}\right)^4 - \left(\frac{T_w}{100}\right)^4\right] = 0.3\times 5.67\times\left[\left(\frac{T_3}{100}\right)^4 - \left(\frac{873}{100}\right)^4\right] \quad \text{(b)}$$

在稳态时 $q_3 = q_4$，于是遮热罩的平衡温度 t_3 可从式（a）和（b）中求出。此时，方程式的求解一般采用试算法。其结果为 $t_3 = 903$℃。

烟气对热电偶的对流换热量 q_1 为

$$q_1 = \alpha\ (t_f - t_1)\ = 116\times (1000 - t_1) \quad \text{(c)}$$

热电偶对遮热罩的辐射散热量 q_2 为

$$q_2 = \varepsilon\times 5.67\times\left[\left(\frac{T_1}{100}\right)^4 - \left(\frac{T_2}{100}\right)^4\right] = 0.3\times 5.67\times\left[\left(\frac{T_1}{100}\right)^4 - \left(\frac{1176}{100}\right)^4\right] \quad \text{(d)}$$

在热平衡时，$q_1 = q_2$，于是可由式（c）和（d）求出热电偶的平衡温度 t_1，即热电偶的指示温度。通过试算法可求得 $t_1 = 951.2$℃。这时的测温绝对误差为 48.8℃，相对误差 4.88%。与裸露热电偶相比较测温精度大为提高。为了进一步降低测温误差，还可采用多层遮热罩抽气式热电偶。

第四节　遮热板原理

当某些实用场合要求减少辐射换热时，在换热表面之间插入薄板是一种有效的方式。这种起遮盖辐射热的薄板称为遮热板。在锻压、热处理、铸造、炼钢等高温车间，由于高温炉或炽热工件使工人受到大量辐射热，影响身体健康；另外，在有大量辐射热的场合，用温度计测量气体温度时，常因辐射热而带来误差等，在这些情况下采用遮热板可以减少辐射。又如某些低温液化气体保温瓶，常在瓶胆夹层放置一层至数层高反射率的遮热屏以尽量削弱热辐射，达到良好的保温效果。下面利用辐射理论对遮热板进行讨论，以说明遮板的原理。

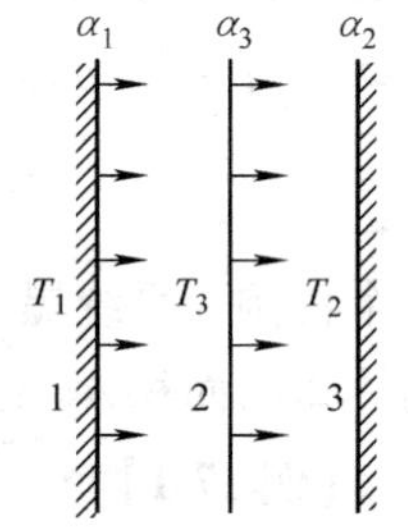

图 17-15　遮热板原理

想象有一块很薄的金属板插入温度不同的两个平行平壁之间，如图 17-15 所示。这块很薄的金属板由于可用来阻碍辐射换热而起着遮热板的作用。由于板很薄，它的导热热阻可以忽略不计。遮热板两个表面的吸收率为 a_3，平壁和遮热板都按灰体处理，并且 $a_1 = a_2 = a_3 = \varepsilon$。根据式（17-18）可写出

$$q_{1,3} = \varepsilon_s\ (E_{b1} - E_{b3})$$
$$q_{3,2} = \varepsilon_s\ (E_{b3} - E_{b2}) \quad (17\text{-}22)$$

式中，$q_{1,3}$和 $q_{3,2}$分别为表面 1 对遮热板 3 和遮热板 3 对表面 2 的辐射换热热流密度。表面（1，3）与表面（3，2）两个系统的系统黑度相同，都是

$$\varepsilon_s = \frac{1}{\dfrac{1}{\varepsilon} + \dfrac{1}{\varepsilon} - 1}$$

在热稳态条件下，$q_{1,3} = q_{3,2} = q_{1,2}$。将式（17-22）中的两式相加得

$$q_{1,2}=\frac{1}{2}\varepsilon_s\ (E_{b1}-E_{b2}) \tag{17-23}$$

由此可见，在加入一块遮热板后，使两壁之间的辐射换热量减少到原来无遮热板时的1/2，起到了遮热的作用。

按前述讨论，放入 n 块遮热板，仍假设平壁及遮热板的吸收率 a（或黑度 ε）均相等，可以推算出辐射换热量将减少到原来无遮热板的 $1/(n+1)$。这表明遮热板层数越多，遮热效果越好。以上是按相同吸收率 a（或黑度 ε）分析得出的结论。实际上，由于选用反射率高的材料，a_3 要远小于 a_1、a_2，遮热效果比上述分析结果还要显著得多。例如，镀镍表面（$a=0.05$）的辐射热阻要比已被氧化金属片（$a=0.8$）的辐射热阻大 26 倍。因此为了获得较好的遮热效果，遮热板应尽量选择反射率较高的材料，如铝箔等。通常在一些高温管道外表面包以多层铝箔制成的遮热板，以减少辐射热损失。遮热板之所以能减少辐射换热，是因为对受射体系来说，遮热板成了发射体，而 $T_3<T_1$，发射物体与受射物体间的温度降落由原来的一次降落变为多次降落，每次的温度降落减小，这样传给受热体的热量也就减少了。

思考与练习题

17-1　热辐射与导热、热对流有何区别？

17-2　试说明何谓绝对黑体、绝对白体、绝对透明体？

17-3　试说明何谓灰体，它有什么特性？

17-4　白天向房间窗户望过去，为什么窗户变成一个黑框子，望不见房间里面的东西？

17-5　试解释用玻璃和透明塑料布做成的温室的保温机理。

17-6　试说明采用粗糙表面可以增强辐射换热强度的道理。

17-7　遮热板减少辐射换热的原因是什么？

17-8　物体 1 置于密闭空腔 2 内，其两表面黑度皆为 1。表面 1 的温度为 815℃，它发出的辐射能全部落在温度保持为 260℃的表面 2 上。两物体辐射面积 A_2 与 A_1 之比为 20，试计算两表面间的辐射换热量。

17-9　柴油机的排烟管为同心套管式，其内管的外壁温度 $t_1=327$℃，其外管的内壁温度 $t_2=67$℃，试确定两壁之间的辐射换热量。两壁面的黑度为 $\varepsilon_1=\varepsilon_2=0.8$，设 $A_2=A_1$。

17-10　两无限大平板的表面温度分别为 t_1 和 t_2，黑度分别为 ε_1 和 ε_2。其间的遮热板黑度为 ε_3。试画出稳态时三板之间辐射换热的热阻网络图，并说明遮热板可减少辐射换热量的道理。

17-11　设有两温度不同的无限大平行平壁，其黑度 $\varepsilon_1=\varepsilon_2=0.8$，其在两平壁中间插入一黑度为 $\varepsilon=0.05$ 的遮热薄板，则其辐射换热量将减少到原来无遮热板时的多少分之一？

17-12　用裸露的热电偶测定圆管中气流的温度，热电偶的指示值为 $t_1=170$℃。已知管壁温度 $t_w=90$℃，气流对热接点的对流换热系数为 $\alpha=50\text{W}/(\text{m}^2\cdot\text{K})$，接点表面黑度 $\varepsilon=0.6$。试确定气流的真实温度及测温误差。

17-13　一平板表面接受到太阳辐射为 1262W/m^2，该表面对太阳辐射的吸收率为 $a=0.9$，自身辐射黑度为 $\varepsilon=0.5$，平板的另一侧绝热。平板的向阳面对环境的散热相当于对 −50℃的表面进行辐射换热，试确定稳态工况下平板表面的温度。

17-14　一外径为 100mm 的钢管横穿过室温为 27℃的大房间，管外壁温为 100℃，表面黑度为 0.85。试确定单位管长上的热损失。

17-15　两同心圆筒壁的温度分别为 −196℃和 30℃，直径分别为 10cm 和 15cm，表面黑度均为 0.8。试计算单位长度套筒壁间的辐射换热量。为减少辐射换热，在其间同心地插入一隔热罩，直径为 12.5cm，两表面的黑度为 0.05，试画出此时辐射换热的热阻网络图，并计算套筒壁间的辐射换热量。

第十八章　传热过程及换热器

【学习目的】 理解复合换热与传热过程的概念；掌握传热过程的热阻分析法，能熟练进行平壁和圆筒壁的稳态传热计算；了解工程上常见的换热器类型，能对间壁式换热器进行传热分析和热力计算；理解增强和削弱传热的原理和手段，能综合运用所学知识分析解决一般性强化和削弱传热的问题。

工程实际中，往往同时存在着导热、对流换热和辐射换热三种基本方式，本章讨论这三种基本传热方式联合作用时的传热过程，介绍通过平壁、圆筒壁的传热及热绝缘的应用以及各类换热器的构造原理和热工计算的基本方法。

第一节　传热过程的分析和计算

一、平壁和圆筒壁的稳态传热过程分析与计算

1. 通过平壁的稳态传热

假定有一单层平壁，壁的导热系数为 λ，厚度为 δ。在平壁的一边有温度为 t_{f1} 的热流体，在另一边，有温度为 t_{f2} 的冷流体。两边壁面温度都不知道，以 t_{w1} 和 t_{w2} 代表，如图 18-1 所示。流体温度和壁的温度只沿 x 方向发生变化。已知热流体一边的总表面传热系数为 α_1。而冷流体一边的总表面传热系数为 α_2。过程处于热稳定状态。

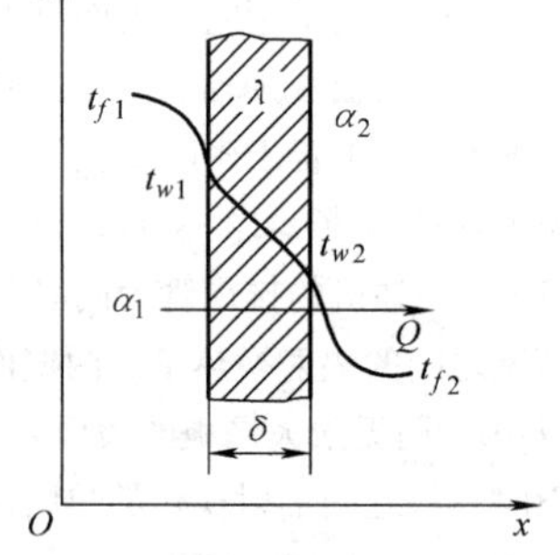

图 18-1　通过平壁的传热

对于平壁问题，各个环节的热阻都可以用 $\Delta t/q$ 来表示，三个串联环节的热分别为

$$\frac{t_{f1}-t_{w1}}{q}=\frac{1}{\alpha_1}$$

$$\frac{t_{w1}-t_{w2}}{q}=\frac{\delta}{\lambda}$$

$$\frac{t_{w2}-t_{f2}}{q}=\frac{1}{\alpha_2}$$

三个热阻叠加就等于总的传热热阻 r_k

$$\frac{t_{f1}-t_{f2}}{q}=\frac{1}{\alpha_1}+\frac{\delta}{\lambda}+\frac{1}{\alpha_2}$$

即

$$r_k = r_{\alpha1}+r_{\lambda}+r_{\alpha2}$$

由此可得通过平壁所传递的热量(热流密度)为

$$q=\frac{t_{f1}-t_{f2}}{\frac{1}{\alpha_1}+\frac{\delta}{\lambda}+\frac{1}{\alpha_2}}=k(t_{f1}-t_{f2}) \tag{18-1}$$

此式称为传热方程式，式中 k 习惯上称为传热系数 W/(m^2·℃)。由上式可知传热系数为

$$k=\frac{1}{\frac{1}{\alpha_1}+\frac{\delta}{\lambda}+\frac{1}{\alpha_2}}=\frac{1}{r_k} \tag{18-2}$$

显然，知道了壁厚 δ、导热系数 λ 和两壁面的表面传热系数 α_1 和 α_2，就可以确定传热系数的值。热阻是传热学中的一个基本概念，热阻分析法在解决各种传热问题时应用广泛。例如，对于多个环节串联组成的传热过程，分析其热阻的组成，弄清各个环节的热阻在总热阻中所占的地位，能使我们有效地抓住过程的主要矛盾。

由式(18-1)算出热流密度 q 后，壁面温度 t_{w1} 和 t_{w2} 就可确定了，例如

$$t_{w1}=t_{f1}-\frac{q}{\alpha_1} \tag{18-3}$$

2. 通过圆筒壁的稳态传热

圆筒内侧和外侧的表面积是不相等的，因而对内侧和外侧的传热系数在数值上是不相等的。图 18-2 中的管形换热面长 l，内径和外径分别为 d_i 和 d_o，壁面材料的导热系数为 λ，管子内外侧流体的总表面传热系数分别为 α_i 和 α_o，温度分别为 t_i 和 t_o，管内壁与管外壁的温度分别为 t_{wi} 和 t_{wo}。先写出各个传热过程的算式

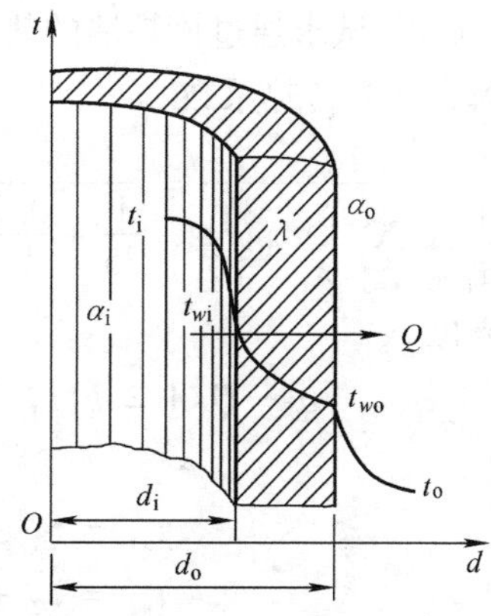

图 18-2　通过圆筒壁的稳态传热

$$t_i-t_{wi}=\frac{Q}{\alpha_i\pi d_i l}$$

$$t_{wi}-t_{wo}=\frac{Q}{2\pi\lambda l}\ln\frac{d_o}{d_i}$$

$$t_{wo}-t_o=\frac{Q}{\alpha_o\pi d_o l}$$

于是

$$Q=\frac{\pi l(t_i-t_o)}{\frac{1}{\alpha_i d_i}+\frac{1}{2\lambda}\ln\frac{d_o}{d_i}+\frac{1}{\alpha_o d_o}} \tag{18-4}$$

用下式表示圆管外侧传热：

$$Q=kA_o(t_i-t_o)=k\pi d_o l(t_i-t_o) \tag{18-5}$$

比较式(18-4)和式(18-5)，得到圆管外侧的传热系数：

$$k_o=\frac{1}{\frac{1}{\alpha_i}\frac{d_o}{d_i}+\frac{d_o}{2\lambda}\ln\frac{d_o}{d_i}+\frac{1}{\alpha_o}} \tag{18-6}$$

同样，如果以圆管内侧的表面 $A_i=\pi d_i l$ 为基准，则对应于圆管内侧的传热系数为

$$k_i=\frac{1}{\frac{1}{\alpha_i}+\frac{d_i}{2\lambda}\ln\frac{d_o}{d_i}+\frac{1}{\alpha_o}\frac{d_i}{d_o}} \tag{18-7}$$

与平壁的传热系数不同，对圆管的传热系数必须注明是对哪个壁面而言的。在计算时，习惯上以圆管的外表面积为准。从热阻的角度来看，式(18-6)可以改写成

$$\frac{1}{kA_o}=\frac{1}{\alpha_i A_i}+\frac{1}{2\pi\lambda l}\ln\frac{d_o}{d_i}+\frac{1}{\alpha_o A_o} \tag{18-8}$$

等式左边是对管外壁而言的传热总热阻，右边三项则对应于管内、管壁和管外这三个传热环节的分热阻。可见串联热阻叠加原则仍然是适用的。但是必须注意，由于圆管内外表面积不一样，不能引用单位面积热阻的概念，而必须引用总面积热阻的概念。

有时管子内外侧有水垢、铁锈、煤灰、油垢等，或者外侧包有保温层时，在式(18-4)、式(18-6)、式(18-7)中应增加相应的热阻项。

【例 18-1】 锅炉炉墙由三层组成，内层是厚度 $\delta_1=0.23m$，$\lambda_1=1.2W/(m\cdot℃)$的耐火砖层；外层是 $\delta_3=0.24m$，$\lambda_3=0.6W/(m\cdot℃)$的红砖层；两层之间填以厚度 $\delta_2=0.05m$，$\lambda_1=0.095W/(m\cdot℃)$的石棉作为隔热层。炉墙内侧烟气温度 $t_{f1}=511℃$，烟气侧表面传热系数 $\alpha_1=35\ W/(m^2\cdot℃)$；锅炉房内空气温度 $t_{f2}=22℃$，空气侧表面传热系数 $\alpha_2=15W/(m^2\cdot℃)$。试求通过该炉墙的热损失和炉墙内、外表面的温度。

解： 计算传热系数

$$k=\frac{1}{\frac{1}{\alpha_1}+\sum_{i=1}^{n}\frac{\delta_1}{\lambda_i}+\frac{1}{\alpha_2}}=\frac{1}{\frac{1}{35}+\frac{0.23}{1.2}+\frac{0.05}{0.095}+\frac{0.24}{0.6}+\frac{1}{15}}W/(m^2\cdot℃)=0.824W/(m^2\cdot℃)$$

热流密度

$$q=Q/A=k(t_{f1}-t_{f2})=0.824(511-22)W/m^2=403W/m^2$$

壁温

$$t_{w1}=t_{f1}-q/\alpha_1=511℃-403/35℃=499.5℃$$

$$t_{w2}=t_{f2}+q/\alpha_2=22℃+403/15℃=49℃$$

第二节　换　热　器

一、换热器的主要类型

使热量从高温流体传递给低温流体，以满足规定热工艺要求的换热设备称为热交换器(或称换热器)。实际工程应用中，由于应用场合、工艺要求和换热器设计方案的不同，出现了形式多样的换热器。对于这些实际使用中类型众多的换热器，可以按其工作原理、结构及换热器内流体的流程进行分类。

1. 按工作原理分类

(1)混合式换热器　在这种换热器中，高温流体通过和低温流体直接混合而将热量传递给低温流体，因此这种类型的换热器又称为直接接触换热器。比如在热力发电厂中使用的热力除氧器，就是利用高温蒸汽直接加热冷水，使水中溶解的氧气逸出。混合式换热器中发生的热量传递并不属于传热过程。

(2)回热式换热器　在这种换热器中，高温流体和低温流体周期性地交替流过固体壁面而实现热量从高温流体向低温流体的传递。其固体表面是通过在低温状态时先蓄积高温流体

的热量，然后再将蓄积的热量在高温状态时传给低温流体，因此这种换热器又称蓄热式换热器。即使在换热器的稳定工作过程中，这种换热器中的热量传递过程也是非稳态的。比如在空气分离装置、炼铁高炉及炼钢平炉中，常用这种换热器来预冷或预热空气。

(3)间壁式换热器　工程上很多情况只要求高温流体将热量传递给低温流体，而不允许两种流体相互混合，间壁式换热器是能严格满足这一要求的换热器。所谓间壁式换热器就是指用固体壁面将高温流体和低温流体分隔开，并实现热量通过固体壁面从高温流体向低温流体传递的过程。比如船舶动力装置中的淡水冷却器、润滑油冷却器、空气冷却器、燃油加热器，制冷装置中的冷凝器，蒸发器等都属于间壁式换热器。在间壁式换热器中，热量传递属于传热过程。

由于间壁式换热器在工程使用中占据绝对主要地位，且其热量传递方式属于传热过程，本书只介绍有关间壁式换热器的计算。

2. 间壁式换热器的主要形式

间壁式换热器根据固体壁的不同形式，可分为管式和板式两大类。常用的管式换热器主要有套管式、壳管式、肋片管式等多种；常用板式换热器主要有平行板式、螺旋板式、板翅式等多种。

(1)套管式换热器　如图 18-3 所示，这种换热器由直径不同的同心圆管组成，一种流体在管内流动，另一种流体在两管形成的环形通道中流动。这是一种结构最简单的换热器，按照两种流体相对流动的方向不同，这种换热器还可进一步分类。如图 18-3a 所示，两种流体流动方向一致，称为顺流式套管换热器。图 18-3b、c 中，两种流体流动方向相反，称为逆流式套管换热器。

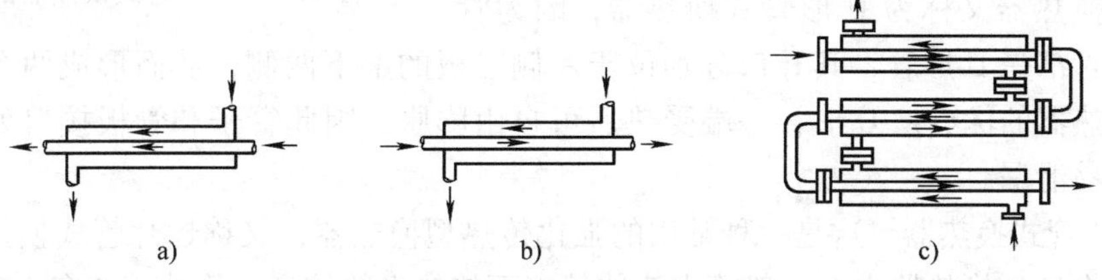

图 18-3　套管式换热器

套管换热器由于传热面积不宜做得太大，因而只能应用于一些特殊场合，如所要求的传热量不大，流体流量较小或流体压力很高时。在船舶上，这种换热器通常安装在竖壁上，作锅炉或柴油机的燃油加热器用。这种燃油加热器的水蒸气在内管中流动，其凝结表面传热系数远大于在两管间流动的燃油的表面传热系数。为了增强传热，内管采用在其外侧具有轴向平肋的特别管子，以提高加热器的传热量。

(2)壳管式换热式　壳管式换热器主要由管束和外壳两部分组成，其主要结构和部件名称及两种流体的流动情况如图 18-4 所示。这种换热器又称为管壳式换热器或列管式换热器。

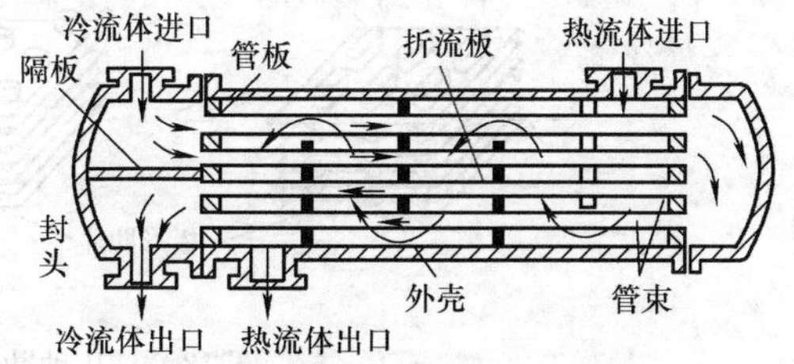

图 18-4　1-2 型壳管式换热器示意图

壳管式换热器由于能处理的流体流量大，传热量大，结构简单，运行可靠，因此在实际中得到大量应用。如在船舶上可用于冷凝器、润滑油冷却器、燃油加热器和造水蒸发等。

在管束的管子内流动的流体称为管侧流体，即图 18-4 中的冷流体。管侧流体从换热器的一端流到另一端称为一个管程。由于图 18-4 所示壳管式换热器左侧封头隔板的作用，因此管侧流体为两个管程的流动。在管子外侧与外壳内表面所形成空间内流动的流体称为壳侧流体，即图 18-4 中的热流体。同样，壳侧流体从换热器的一端流动到另一端称为一个壳程。图 18-4 中的换热器又称为 1-2 型壳管式换热器。1 表示壳侧流体为一个壳程的流动；2 表示管侧流体为两个管程的流动。类似地，图 18-5 所示的换热器称为 2-4 型壳管式换热器，这种换热器可当做由两个 1-2 型壳管换热器串联组成。

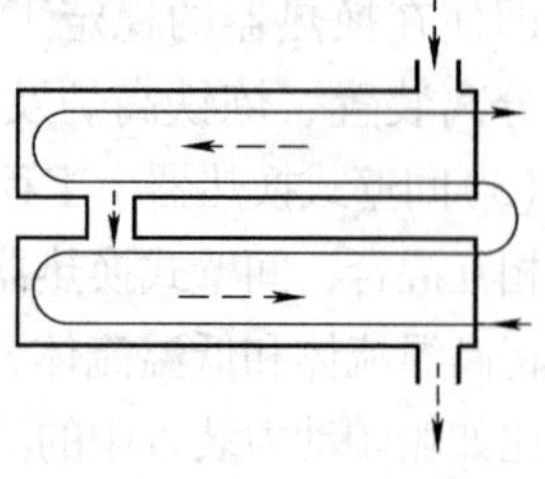

图 18-5　2-4 型壳管式换热器示意图

在同样的壳程流动速度下，壳侧流体横向冲刷管束外部的传热效果要比简单的顺着管束纵向冲刷好得多，因此，在换热器内加装了一定数量的折流板改变壳侧流体的流向，增强传热效果。折流板同时还可增加换热器的强度，减少管束的振动。加装折流板不利的一面是增加了壳侧流体的流动阻力。

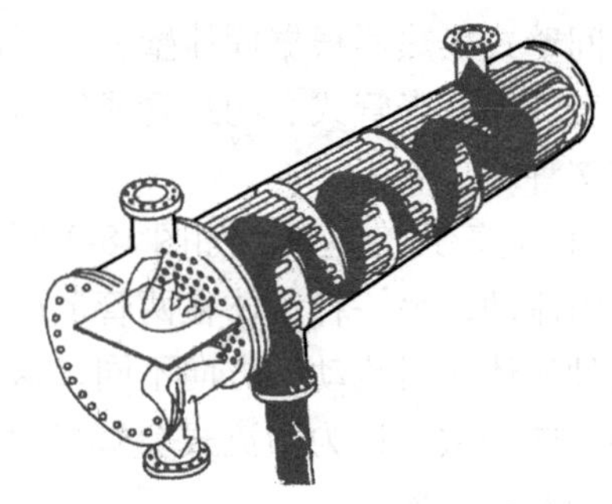

图 18-6　U 形管式换热器剖面图

图 18-6 所示 1-2 型壳管式换热器与图 18-4 所示的换热器的不同这处在于该换热器少了一个右端的管板。这种换热器又称为 U 形管式换热器，因为管束中每一根管都是 U 形管，其开口分别位于左侧隔板的上下两侧，从而形成两个管程的流动。这种换热器的优点是 U 形管一端受热后可自由膨胀，因此管子和管板接口处的热应力很小，不容易泄漏。

(3)肋片管式换热器　这是一种常用的强化传热型换热器，又称翅片管式换热器，如图 18-7 所示。在这种换热器中，一般管内流体的表面传热系数较高，管外流体多为空气，表面传热系数较小，热阻较大。为了强化传热，在这一侧加肋片可以使传热系数成倍增加。因此肋片管式换热器主要用在两换热流体的表面传热系数相差悬殊的情况。如车用冷却水散热器。肋片管式换热器需特别注意的问题是应保证外壁与肋基良好，紧密接触，保证不存在接触热阻，否则肋片强化传热的作用会急剧下降。

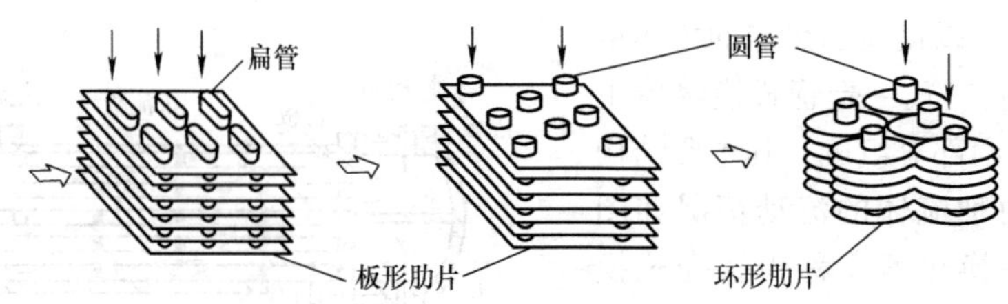

图 18-7　几种肋片管式换热器

(4)平行板式换热器　如图 18-8 所示，平行板式换热器由许多几何结构相同的平行薄板相互叠压而成。两相邻薄板用密封垫隔开，形成两种流体间隔流动的通道。为强化传热并增加钢板的刚度，常在薄板上压制出各种花纹，如图 18-8 中的薄板为人字形波纹板。

平行板式换热器由于板间流体的流动湍流度很大，因而总传热系数很大，比如水-水单相传热系数可达到 6000W/(m^2 · ℃)以上。而且由于板间距很小，其单位体积的传热面积(称为紧凑度)很大，可达到 5000 m^2/m^3，因而这种换热器属于高效换热器。这种换热器也很容易进行拆卸清洗，因而可用于容易沉积污垢的流体场合。这种换热器的缺点是密封垫容易老化，薄板容易穿孔，这些都会引起两种流体的混合，使换热器不能工作。目前，船舶中央冷却系统中的中央海水冷却器常采用这种结构形式的换热器。

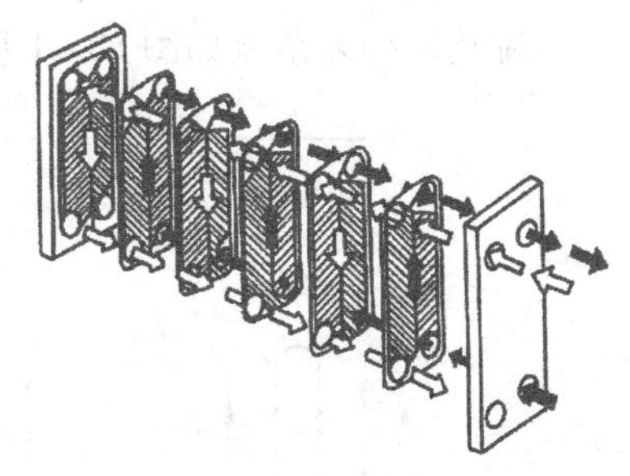

图 18-8 平行板式换热器示意图

(5)板翅式换热器 如图 18-9 所示，这种换热器由许多薄平板和板间的二次表面(翅片)组成。翅片既起到强化传热的作用，又能固定板间距并增加平板强度。

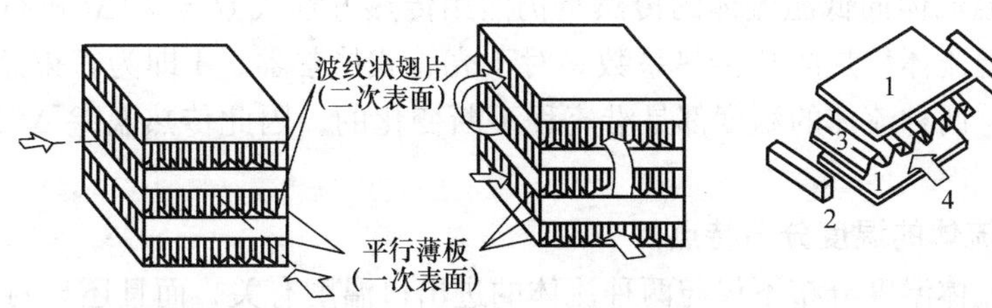

图 18-9 板翅式换热器结构图

1—平隔板 2—侧条 3—翅片 4—流体

这种换热器的总传热系数也很高，比如用于气-气传热时，以平板面积为传热面积的传热系数就可达到 350W/(m^2 · ℃)，它的紧凑度也很高，可达 4000 ~ 5000 m^2/m^3，因而这种换热器也属于高效换热器。

(6)螺旋板式换热器 如图 18-10 所示，螺旋板式换热器由两块卷制成螺旋状的金属板相互套接而成，在螺旋形中心用一块矩形金属板将两个流道隔开。流体 1 从换热器中心的半圆接口进入，从螺旋板侧边开口流出；流体 2 从螺旋板侧边另一开口流入，从中心半圆接口流出。

螺旋板式换热器的传热效果很好，紧凑度较高，但制造、加工困难，密封也较困难，承压能力较低。

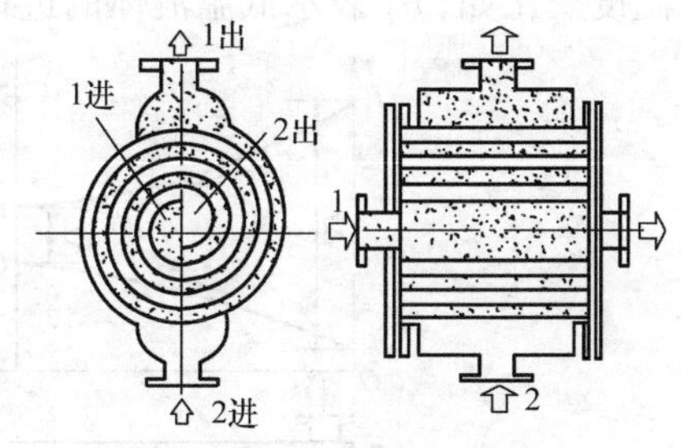

图 18-10 螺旋板式换热器示意图

3. 间壁式换热器中的流动形式

除了在套管式换热器中介绍的两种流体间的顺流流动和逆流流动方式外，在间壁式换热器中还会出现许多两种流体间的不同流动方式。比如对于 1-2 型或 U 形管式换热器，壳侧流体和管侧流体间既有顺流也有逆流，甚至出现包括流向相互垂直的交叉流；在板翅式换热器中，两种流体的流向一般采用相互垂直的交叉流动。所有这些流动都可统称为复杂流。顺流、逆流及各种复杂流如图 18-11 所示。

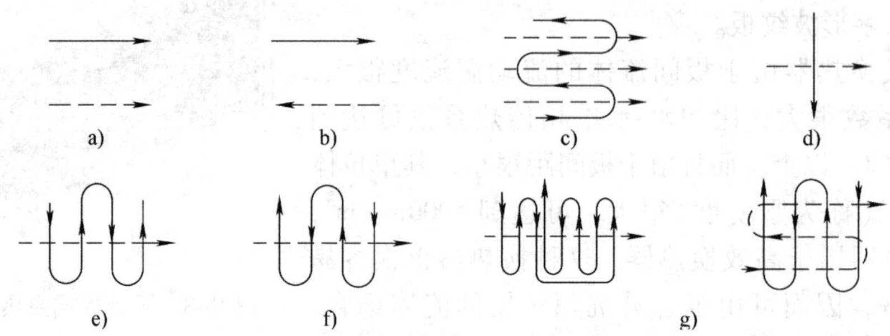

图 18-11　间壁式换热器中的流动形式
a)顺流　b)逆流　c)平行混合流　d)一次交叉流
e)顺流式交叉流　f)逆流式交叉流　g)混合式交叉流

二、换热器的平均传热温差

换热器中高温流体向低温流体的传热量仍然用传热方程式 $Q = kA\Delta t$ 进行计算。其中 k 为高温流体向低温流体传热的总传热系数。对于壳管式换热器，A 即为管束总的外表面积。由于在换热器中，两种流体的温度都是沿流程不断变化的，因此传热温差 Δt 采用平均传热温差。

1. 换热器内流体的温度分布特点

换热器中的流体温度分布不仅与两种流体的进出口温度有关，而且还与两种流体的流动形式有关，两种流体间不同的流动形式形成两种流体沿流程的不同变化曲线。

图 18-12a、b 分别是顺流和逆流换热器中高温流体和低温流体温度沿流程变化的曲线，曲线上箭头表示流体的流动方向，横坐标表示壳管式换热器中的管长方向。

为方便起见，换热器中的参数用下标“1”代表该参数是高温流体参数。用下标“2”表示该参数是低温流体的参数。温度用上标“′”表示该温度是进口温度，用上标“″”表示该温度是出口温度。比如，t'_2 表示低温流体的进口温度，其余类推。

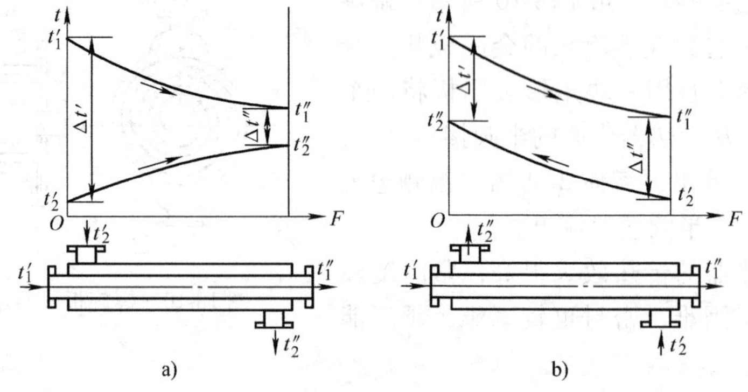

图 18-12　流体无相变时温度沿流程的变化曲线

在换热器的传热过程中，忽略换热器向环境的散热损失时，高温流体放出的热量应等于低温流体所得到的热量，它们同时也等于传热过程的传热量，因而有下面的能量平衡方程式：

$$Q = q_{m_1}c_{p1}(t_1' - t_1'') = q_{m_2}c_{p2}(t_2'' - t_2') \tag{18-9}$$

式中，q_{m1}和q_{m2}分别为高、低温流体的质量流量；c_{p1}和c_{p2}分别为高、低温流体的比定压热容。

根据式(18-9)，当两种流体的$q_{m_1}c_{p1} \neq q_{m_2}c_{p2}$时，两种流体的进出口温度差（$t_1' - t_1''$）和（$t_2'' - t_2'$）是不相等的。比如，图18-12a中，由于$q_{m_1}c_{p1} < q_{m_2}c_{p2}$，则（$t_1' - t_1''$）>（$t_2'' - t_2'$），并且高温流体的温度变化曲线相对于低温流体更陡些。

从图18-12可看出，对于顺流式换热器，低温流体被加热后的出口温度t_2''一定低于高温流体的出口温度t_1''，在传热面积为无穷大的极限情况下，至多有$t_2'' = t_1'' < t_1'$。但对于逆流式换热器，低温流体出口温度t_2''可以高于t_1''，在传热面积为无穷大的极限情况下，逆流换热器中低温流体从高温流体回收的热量可以比顺流式换热器回收的更多，这是逆流式换热器相对于顺流式换热器的一个优点。

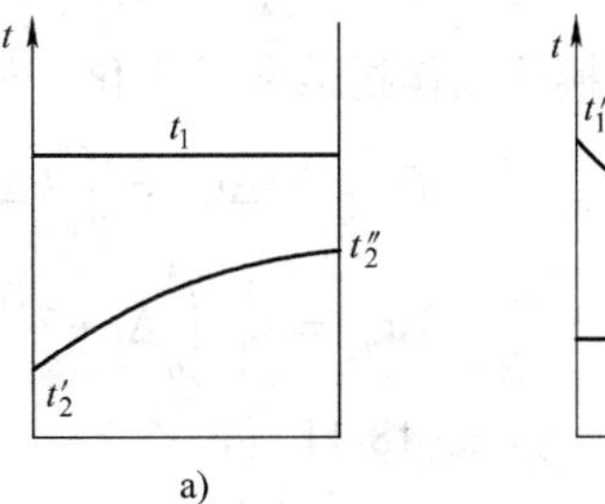

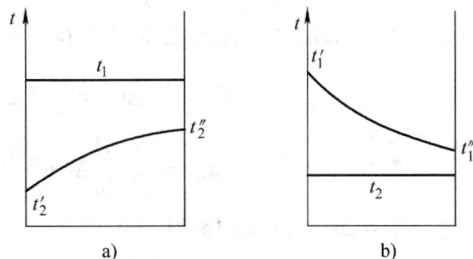

图18-13　流体有相变时温度铅流程的变化曲线

图18-13a、b是换热器中一种流体发生相变时两种流体的温度沿流程变化曲线。图中18-13a表示高温饱和蒸汽1被低温流体2冷却发生凝结相变，这时流体1温度不变；图中18-13b表示低温饱和液体2被高温流体1加热而发生沸腾相变，这时流体2温度不变。

当流体发生相变时，可以认为它的比定压热容c_p为无穷大，在传热量为有限值的情况下，由式(18-9)可知，其进、出口温度必然相等。

2. 简单顺流和逆流换热器的平均传热温差

在推导换热器传热平均温差时假定：①高、低温流体的质量流量q_{m_1}和q_{m_2}及比定压热容c_{p1}和c_{p2}在整个换热面上都是常数；②传热系数在整个换热面上不变；③换热器无散热损失；④换热面沿流动方向的导热量可以忽略不计；⑤在换热器中，任一种流体都不能既有相变又有单相介质换热。

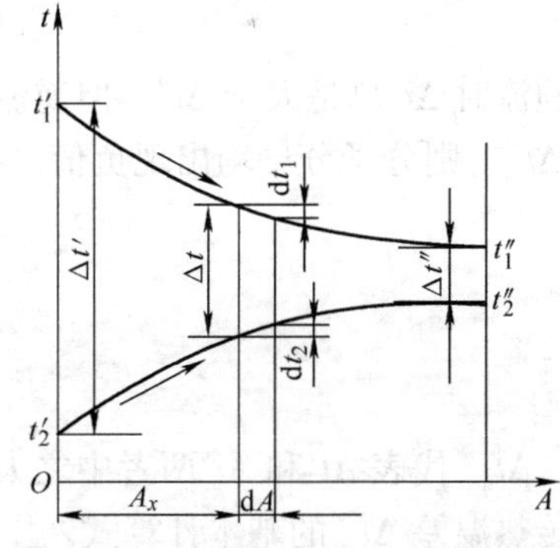

图18-14　顺流时平均温差的推导

现在集中注意力来研究通过图上微元换热面dA一段的传热，如图18-14所示。在dA两侧，高、低温流体温度分别为t_1及t_2，温差为Δt，即$\Delta t = t_1 - t_2$。通过微元面dA的热流量为$dQ = kdA\Delta t$，热流体放出这份热流量后温度下降了dt_1，于是$dQ = -q_{m_1}c_{p1}dt_1$。同理，对低温流体，则有$dQ = q_{m_2}c_{p2}dt_2$。对式$\Delta t = t_1 - t_2$求微分，可推得

$$d(\Delta t) = dt_1 - dt_2 = -\left(\frac{1}{q_{m_1}c_{p1}} + \frac{1}{q_{m_2}c_{p2}}\right)dQ = -\mu dQ \tag{18-10}$$

式中，μ是为简化表达而引入的。再引入传热方程式可得

$$d(\Delta t) = -\mu k\Delta t dA$$

分离变量得

$$\frac{d(\Delta t)}{\Delta t} = -\mu k dA$$

积分得

$$\int_{\Delta t'}^{\Delta t}\frac{\mathrm{d}(\Delta t)}{\Delta t}=-\mu k\int_{0}^{A_x}\mathrm{d}A$$

式中，$\Delta t'$和 Δt 分别表示 $A=0$ 和 $A=A_x$ 处的温差。积分结果可化为

$$\ln\frac{\Delta t}{\Delta t'}=-\mu kA_x \text{ 或 } \Delta t=\Delta t'\mathrm{e}^{-\mu kA_x} \tag{18-11}$$

由此可见，温差沿换热面作指数曲线变化。整个换热面的平均传热温差可由上式导得，为

$$Q=kA\Delta t_{\mathrm{m}}=\int_{0}^{A}k\Delta t\mathrm{d}A$$

$$\Delta t_{\mathrm{m}}=\frac{1}{A}\int_{0}^{A}\Delta t'\mathrm{e}^{-\mu kA_x}\mathrm{d}A=-\frac{\Delta t'}{\mu kA}(\mathrm{e}^{-\mu kA}-1)$$

$A=A_x$ 时，$\Delta t=\Delta t''$。按式(18-11)得

$$\ln\frac{\Delta t''}{\Delta t'}=-\mu kA \text{ 或 } \Delta t''/\Delta t'=\mathrm{e}^{-\mu kA} \tag{18-12}$$

于是可得到

$$\Delta t_{\mathrm{m}}=\frac{\Delta t'}{\ln\dfrac{\Delta t''}{\Delta t'}}\left(\frac{\Delta t''}{\Delta t'}-1\right)=\frac{\Delta t'-\Delta t''}{\ln\dfrac{\Delta t'}{\Delta t''}} \tag{18-13}$$

由于计算式中出现了对数，故常称对数平均温差。

对简单逆流换热器的 Δt_{m} 可采用类似的方法进行推导，所得结果与式(18-13)相同。由于逆流时，$\mathrm{d}Q=-q_{m_2}c_{p2}\mathrm{d}t_2$，故 μ 的形式为

$$\mu=\frac{1}{q_{m_1}c_{p1}}-\frac{1}{q_{m_2}c_{P2}}$$

顺流时 $\Delta t'$总是大于 $\Delta t''$，但逆流时有可能出现 $\Delta t'<\Delta t''$的情况。此时如仍按式(18-13)计算 Δt_{m}，则分子分母均出现负值。为了避免这一点，可以不论顺流、逆流，统一用以下计算式:

$$\Delta t_{\mathrm{m}}=\frac{\Delta t_{\max}-\Delta t_{\min}}{\ln\dfrac{\Delta t_{\max}}{\Delta t_{\min}}} \tag{18-14}$$

式中，$\Delta t_{\max}$代表 $\Delta t'$和 $\Delta t''$两者中之大者，而 $\Delta t_{\min}$代表两者中之小者。式(18-14)为实际确定平均传热温差 Δt_{m} 的基本计算式。

算术平均温差总是比对数平均温差大一些。如果 $\Delta t_{\max}$与 $\Delta t_{\min}$相差不大，对数平均温差就比较接近算术平均温差$(\Delta t_{\max}+\Delta t_{\min})/2$。计算表明，当 $\Delta t_{\max}/\Delta t_{\min}<1.7$ 时，用算术平均温差代替对数平均温差产生的误差不超过 +2.3%，所以现行锅炉热力计算规定:

$\Delta t_{\max}/\Delta t_{\min}<1.7$ 时采用算术平均温差。如果将允许误差放宽到 +4%，则只要 $\Delta t_{\max}/\Delta t_{\min}<2$ 就可采用算术平均温差。

很多换热器中两种流体的流动方向并不是顺流和逆流流动，这些复杂流换热器的平均温差理论上也可用以上方法推导而得，但计算过程要复杂得多。在工程计算中，常用采下式计算复杂流换热器的平均传热温差 Δt_m

$$\Delta t_{\mathrm{m}}=\psi\Delta t_{\mathrm{cm}} \tag{18-15}$$

式中，Δt_{cm}是将复杂流换热器中两种流体的四个温度假设按逆流布置所得到的对数平均温

差。ψ 称为逆流修正系数，它的大小反映了复杂流的传热性能接近逆流传热的程度。实际的复杂流换热器要求 $\psi > 0.9$，至少也不小于0.8，否则传热性能太差，应进行改型设计。

几种复杂流换热器的 ψ 值已按复杂流换热器 Δt_m 的理论推导结果整理成图18-15～图18-18的曲线，以供实际使用中查取。对于各种型式复杂流换热器，都用以下两个量纲为一的辅助参数来查取 ψ 值。

$$P = \frac{t_2'' - t_2'}{t_1' - t_2'}, \; R = \frac{t_1' - t_1''}{t_2'' - t_2'}$$

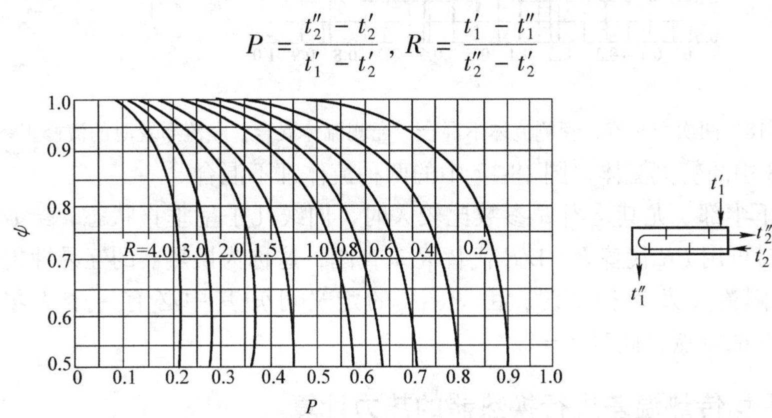

图18-15　壳侧1程，管侧4、8、12、…程时的逆流修正系数

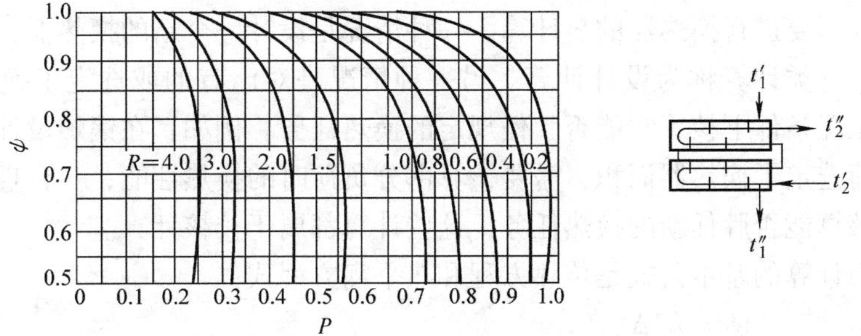

图18-16　壳侧2程，管侧4、8、12、…程时的逆流修正系数

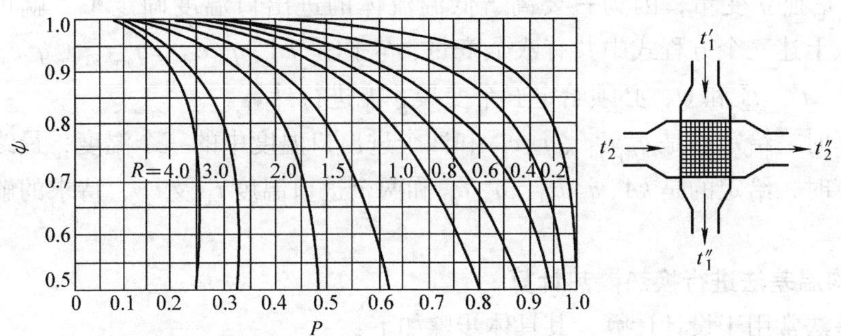

图18-17　一次交叉流、两种流体都不混合时的逆流修正系数

使用图18-15～图18-18查取 ψ 值时，应注意以下问题：

1）对于多流程的壳管式换热器（见图18-15、图18-16），各程的传热面积应相等。

2）对于交叉流换热器（见图18-17、图18-18），所谓一种流体混合是指该种流体在与流动垂直的方向上无流道限制，可以发生横向混合，如图18-18中的壳侧流体。而不混合则相

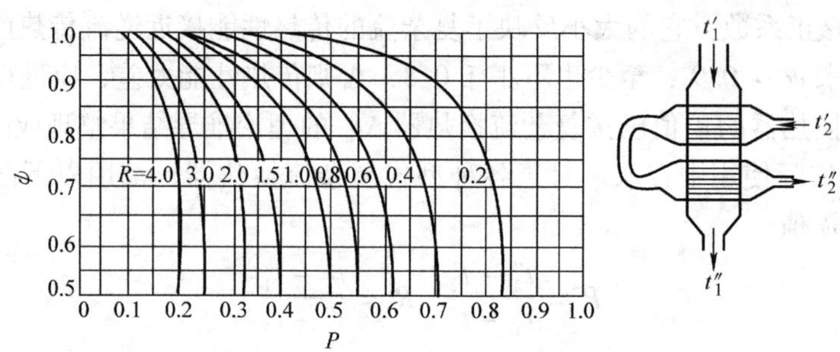

图 18-18　两次交叉流，管侧流体不混合，壳侧流体混合，顺流布置时的流修正系数

反，如图 18-18 中的管侧流体，图 18-17 中的两种流体都不混合。

3）在图的下半部，尤其是当 R 参数比较大时，曲线几乎呈垂直状态，给 ψ 的准确查取造成困难，这时可用 PR 代替 P，$1/R$ 代替 R 来查图，这称为换热器的互易性规则。

4）当有一侧流体发生相变时，由 P、R 的定义可知其中必有一个为零，再根据图 18-15～图 18-18 的特点，此时 $\psi=1$。

三、用平均传热温差进行换热器的热力计算

1. 设计计算和校核计算

有两种情况需要进行换热器的热计算。一种情况是设计一个新的换热器，以确定换热器所需换热面积，这类计算称为设计计算。另一种情况是对已有的或选定了换热面积的换热器，在非设计工况条件下核算它能否胜任规定的换热任务。例如：在锅炉设计中，一个过热器已按额定负荷选定了换热器面积，需要核算部分负荷时的换热性能；一台现成的换热器移作他用时，要核算能否胜任新的换热任务，这些计算都属于校核计算。

换热器热力计算的基本公式是传热方程和热平衡方程式：

$$Q = kA\Delta t_{\mathrm{m}}$$

$$Q = q_{m_1}c_{p1}(t_1' - t_1'') = q_{m_2}c_{p2}(t_2'' - t_2')$$

其中，Δt_m 不是独立变量，因为只要高、低温流体的进出口温度确定了，就可以算出 Δt_{m} 来。因此，在上述三个方程式中共有八个变量，它们是 kA、$q_{m_1}c_{p1}$、$q_{m_2}c_{p2}$（$q_m c_p$ 之积称为水当量）、t_1'、t_1''、t_2'、t_2'' 和 Q，必须给定五个变量才能进行计算。

设计计算时，给定的是 $q_{m_1}c_{p1}$、$q_{m_2}c_{p2}$ 和四个进出口温度中的三个温度，最终求得 kA。

校核计算时，给定的是 kA、$q_{m_1}c_{p1}$、$q_{m_2}c_{p2}$ 和两个进口温度 t_1' 及 t_2'，待求的解是出口温度 t''_1 及 t''_2。

2. 用平均温差法进行换热器热计算

平均温差法常用于设计计算，其具体步骤如下：

1）根据给定条件，由热平衡方程求出进出口温度中的待定温度。

2）由高、低温流体的四个进出口温度确定平均温差 Δt_{m}，计算时要注意保持修正系数 ψ 具有合适的数值。

3）初步布置换热面，并计算出相应的传热系数 k。

4）由传热方程求出所需传热面积 A，并核算换热面两侧流体的流动阻力。

5）如流动阻力过大，则应改变方案重新设计。

平均温差法也可用于换热器的校核计算。要进行校核计算时，若将 k 当做完全给定的量对待，则方程组中包含的8个量中，已知量为 kA、$q_{m_1}c_{p1}$、$q_{m_2}c_{p2}$、t'_1、t'_2 五个，可以求解剩余的未知量。然而 k 值随着解得的 t''_1 及 t''_2 值的不同会稍有变化，因此实际计算往往采用逐次逼近法。不过，因为 k 值变化不大，几次试算即能满足要求。其具体步骤如下：

1)先假设一个流体的出口温度，按热平衡方程求出另一个流体的出口温度。

2)根据四个进出口温度求得平均温差 Δt_m。

3)根据换热器结构，算出相应工作条件下传热系数 k 的值。

4)已知 kA 和 Δt_m，按传热方程式求出 Q 值。因为流体的出口温度是假设性的，因此求出的 Q 值也未必是真实的数值。

5)根据四个进出口温度，用热平衡方程式求得另一个 Q 值。同理，这个 Q 值也是假设性的。

6)比较步骤4)和5)求得的两个 Q 值。一般来说，两者总是不同的。这说明步骤1)中假设的温度值不符合实际。再重新假设一个流体的出口温度，重复上述步骤1)到6)，直到由步骤4)和5)求得的两个 Q 值彼此接近为止。至于两者接近到何种程度，则由所要求的计算精度而定。一般认为两者之差小于5%即可。

【例18-2】　流量 $V_1=39\text{m}^3/\text{h}$ 的30号透平油，在冷油器中从 $t'_1=59.5℃$ 冷却到 $t''_1=45℃$。冷油器采用1-2型壳管式结构，管子为铜管，外径为15mm，壁厚1mm。流量为47.7t/h的河水作为冷却水在管侧流过，进口温度为 $t'_2=33℃$。油安排在壳侧。油侧的表面传热系数 $\alpha_0=450\text{W}/(\text{m}^2\cdot℃)$，水侧的表面传热系数 $\alpha_i=5850\text{W}/(\text{m}^2\cdot℃)$。已知30号透平油在运行温度下的物性为 $\rho_1=879\text{kg/m}^3$，$c_1=1.95\text{kJ}/(\text{kg}\cdot℃)$。求所需换热面积。

解： 油侧的热流量

$Q=G_1c_1(t'_1-t''_1)=\rho_1V_1c_1(t'_1-t''_1)=879\times39\times1.95\times(56.9-45)\text{W}=222000\text{W}$

冷却水的温升

$$t''_2-t'_2=\frac{Q}{G_2c_2}=\frac{798000}{47700\times4.19}℃=4℃$$

于是，冷却水的出口温度 $t''_2=33℃+4℃=37℃$

计算参量 P 和 R

$$P=\frac{t''_2-t'_2}{t'_1-t'_2}=\frac{37-33}{56.9-33}=0.17$$

$$R=\frac{t'_1-t''_1}{t''_2-t'_2}=\frac{56.9-45}{37-33}=3$$

查图18-15得 $\psi=0.97$。

平均温度为

$$\Delta t_m=0.97\times\frac{(56.9-37)-(45-33)}{\ln\dfrac{56.9-37}{45-33}}℃=15.1℃$$

取管内外侧污垢系数为 $0.0006\text{m}^2\cdot℃/\text{W}$ 和 $0.0002\text{m}^2\cdot℃/\text{W}$，总污垢系数 $R_f=0.0008\text{m}^2\cdot℃/\text{W}$。

管壁导热热阻可忽略不计，于是

$$k=\frac{1}{\frac{1}{\alpha_i}\frac{d_0}{d_i}+\frac{1}{\alpha_0}+R_f}=\frac{1}{\frac{1}{5850}\times\frac{15}{13}+\frac{1}{450}+0.0008}\mathrm{W/(m^2\cdot ℃)}=311\mathrm{W/(m^2\cdot ℃)}$$

冷油器的计算面积为

$$A=\frac{Q}{k\Delta t_m}=\frac{222000}{311\times 15.1}\mathrm{m^2}=47.3\mathrm{m^2}$$

实际设计面积可留10%的裕度，取为 $47.3\times 1.10\mathrm{m^2}=52.0\mathrm{m^2}$。

第三节　传热过程的削弱和强化

工程上存在的大量传热问题，就其性质可分为两类，即增强传热和削弱传热。

一、强化传热的途径

所谓强化传热，指的是根据影响传热的因素，采取某些措施，以增加换热设备单位面积上的传热量 q。因此增强传热是挖掘换热设备的潜力，缩小设备体积，减轻设备重量的有效途径。它比单纯依靠扩大换热设备面积或增加设备台数以增加传热量，有更重要的意义。

由传热方程式 $Q=kA\Delta t_{\mathrm{m}}$ 可以看出，增加传热面积 A、增大传热温差 Δt_{m}、增大传热系数，都可以使传热量 Q 增加。故传热方程指出了增强传热必须遵循的方向。但是由于各类换热设备的用途与构造不同，所用工质及其温度不一样，传热方式亦有差异，因此解决增强传热问题的方法就有区别，这就需要针对具体问题作具体分析。

1. 增大传热面积 A

从研究如何改进传热面的结构出发，而不是单纯增大传热面积 A，如采用肋片管、波纹板、板翅式换热器等，以合理地提高设备单位体积的传热面积，使换热器达到高效紧凑的目的。

2. 增大传热温差 Δt_{m}

增大传热温差的途径有两个。一是增加热流体的温度或降低冷流体的温度。例如，提高辐射采暖板管内蒸汽的压力，提高热水采暖板的热水温度；又如在空调工程中降低空气冷却器中冷却水的温度，采用深井水代替自来水作为冷凝器的冷却水等，都是直接扩大传热温差以增强传热的重要方法。二是在换热器中采用逆流式换热，也是扩大传热温差的有效途径。

必须指出，增加传热温差有时受到工艺或设备条件的限制，例如，提高辐射采暖板的蒸汽温度，不能超过辐射采暖允许的辐射强度，同时也会受到锅炉条件的限制等。

3. 增大传热系数 k

增强传热的积极措施是设法增大传热系数。从前述对传热过程的分析可见，当需要强化一个传热过程时，应当首先判断哪一个传热环节的热阻最大，然后针对这个环节采取相应的强化措施。

现从分析平壁传热系数的一般表达式 $k=\dfrac{1}{\dfrac{1}{\alpha_i}+\sum\limits_{i=1}^{n}\dfrac{\delta_i}{\lambda_i}+\dfrac{1}{\alpha_o}}$ 出发，来说明提高 k 的一般途径：

(1)减小导热热阻　在 $\sum_{i=1}^{n}\frac{\delta_i}{\lambda_i}$ 中，包括传热壁(金属壁或砖墙等)本身的热阻和其表面上附着物的热阻。在工程计算中，金属壁的导热热阻往往可略去不计。但当传热壁面上沉积烟渣或水垢层时，因为它们的导热系数很小，虽然其厚度不大，也会产生较大的导热热阻。如以热阻来衡量，1mm 的水垢层相当于 40mm 的钢板，1mm 的烟渣层相当于 400mm 的钢板。故传热面要经常清洗，去除污垢，保证传热系数不下降。在换热设备中，一般都是金属薄壁，壁的热阻很小，常可略去不计。故换热器中传热过程的主要热阻是两侧的对流换热热阻。

(2)减小对流换热热阻　减小对流换热热阻，即要增大壁面两侧的表面传热系数 α。由于影响 α 的因素很多，提高 α 的途径也很多。现将工程常用的方法介绍如下：

1)在表面传热系数较小的一侧加肋片。虽然加肋片并没有增大 α 值，但由于加肋片后扩大了换热面积，它的作用和增大 α 的效果是一样的。加肋片是减小对流换热热阻，增大传热系数的最有效方法。如气体的表面传热系数较小，直接采用强化措施以增大气体的表面传热系数是非常有限的。但是，如采用在气体侧加肋片的方法 ，则可大大减小其对流换热热阻。

2)增加流速。增加流速将增加流体的湍流程度，减小层流底层的厚度，从而增强传热。当然增加流速将使流体的流动阻力增大，从而消耗更多的功率，同时，还要受到风机和泵的性能的限制。

3)增加流体的扰动。例如，将传热面做成波纹形的表面(如波纹板式换热器)或螺旋形的表面(如螺旋板式换热器)，以造成强烈的扰动使层流底层变薄，因而可获得较高的表面传热系数。又如带褶皱的绕片式热泵或制冷机，肋片上的褶皱能引起扰动作用，对增加表面传热系数是有利的。增强扰动的措施还有许多，但也必须指出，增加扰动亦将相应增加摩擦阻力，使压降损失增大。

4)改变流体的物理性质。流体的物性对 α 有较大影响，一般导热系数与比热容较大的流体，其表面传热系数也较大。例如，在常温下空气的导热系数为 0.025W/(m·℃)，水的导热系数约为 0.587 W/(m·℃)，在一般情况下，空气与壁面间 α 值在 1~60 W/(m^2·℃)范围内，而水与壁面间的 α 值约在 200~1200W/(m^2·℃)范围内。故冷却设备中用水冷比风冷却的体积可减小很多。此外，在流体内加入一些其他物质，使流体混合物性质发生变化，亦可增强传热。例如在蒸汽中加入少量其他物体，如硬酯酸、油酸等，可以造成珠状凝结而使表面传热系数增大。在流体中加入少量固体微粒，由于固体微粒的导热系数和比热容一般比流体大，并且加进少量微粒后还可增加流动的湍流度，从而使表面传热系数增大。对于气体，在高温时还可以利用固体微粒的辐射来增强传热。

5)改变换热表面情况。换热表面的相对位置、形状、大小都对 α 有很大影响。壁面粗糙度增加时，表面传热系数也增大。但对管内流动，流动压降也将随之增加。故表面粗糙度对增强传热的经济效果必须综合考虑。改变换热面形状和大小，如采用各种异形管(椭圆管、螺旋管、波纹管、变截面管等)。椭圆管在相同截面面积下当量直径小于圆管，故表面传热系数大，其他异形管除传热面积略有增大外，由于表面形状的变化使流动的湍流程度增加有利于 α 增大。对低肋螺旋管，在凝结放热时还具有减薄冷凝膜的作用。当蒸汽在螺旋管表面凝结时，由于表面张力作用，凝液将由螺纹的顶部缩向螺纹的凹槽部，从而使螺纹的顶部暴露在蒸汽中，有利于蒸汽的冷凝。对于有机工质的冷凝（氟利昂等）用低肋螺纹管很有利。国外还有将管子表面加工成许多细的锯齿形的肋，用于冷凝放热，原理也一样。近年来还发展了一种多孔金属管，表面烧结一层很薄的多孔金属层，改进表面结构以增强沸腾换热。

6）合理安排流体冲刷管壁的角度。流体横向冲刷比纵向冲刷管子好。例如，在锅炉中烟气冲刷直径为51mm的管子，速度都取8m/s，纵向冲刷时其$\alpha=26.75\text{W}/(\text{m}^2\cdot℃)$，而横向冲刷时可达$\alpha=54.66\text{W}/(\text{m}^2\cdot℃)$。

7）利用热辐射以强化传热。两物体间的辐射换热量与它们的绝对温度的四次幂之差成正比。因此，在某些情况下，热辐射是比其他换热方式更强烈的一种换热，这一点从锅炉的发展中可以看出。随着生产规模的不断扩大，锅炉容量日益增加，最初采用了增加锅炉受热面的方法，即增加锅筒、增加对流管束，而现代锅炉在保证正常燃烧的情况下，水冷壁在锅炉的受热面中的比例逐步增大，在现代大型锅炉中，水冷壁也成为主要的受热面了。由于采用热辐射以强化锅炉的传热，才使得现代锅炉容量不断增加，而金属消耗不断降低。此外，选择黑度大的表面，也是强化热辐射的一个重要手段，如辐射板的应用。

二、热绝缘

为了削弱某些设备与外界的换热量，通常采用隔热保温措施。如船舶锅炉和蒸汽管道上包扎热绝缘层，伙食冷库、冷藏舱以及输送冷介质的管道包上隔热的绝缘分层等。都是为了增加导热热阻。热绝缘层一般指为了减少设备与外界热交换量而添加的辅助层。

1. 应用热绝缘层的目的

应用热绝缘层的目的概括起来可归纳为以下几点：

（1）节约燃料　包扎热绝缘层能减少设备的散热损失，减少热力设备的燃料消耗。

（2）满足工程技术条件的需要　例如，制冷工程中的冷库外表面包以热绝缘层，可以避免浪费制冷量。

（3）改善劳动条件　例如，锅炉和蒸汽管道的外表面通常均包扎热绝缘层以降低机舱温度和防止人员烫伤。劳动保护法规定，热力设备的绝缘层外表温度不得超过50℃。

2. 对热绝缘材料的要求及选用

一般来说，通常将导热系数小于$0.20\text{W}/(m\cdot℃)$的材料称为隔热材料或保温材料。这种材料的种类很多，按生产过程有天然的，如石棉、云母和软木等；人工合成的，如石棉绳、矿渣棉等。按使用场合分类：

1）高温隔热材料有：石棉、硅石和硅藻土制品。

2）常温和低温隔热材料有：软木、玻璃纤维、超细玻璃棉和珍珠岩。

3）低温条件下防潮要求较高的隔热材料有：泡沫树脂和泡沫塑料等。

根据不同的用途，可选用不同性能的材料。通常保温材料应具有下述性能：

（1）导热系数小　为了起到良好的隔热保温作用，材料的导热系数要小。为此，隔热材料通常为多孔隙材料，当温度升高时，孔隙中的空气对流和辐射换热就要加强，从而使导热系数增大。

（2）力学性能较好　有一定的抗压和抗拉强度，易加工成型。

（3）不吸水性和耐高温的能力　隔热材料吸收水分后将使导热系数迅速上升，受潮还易导致材料变形所以一定要防止保温层受潮。由于水分迁移方向与传热方向相同，防水层必须设置在保温材料的外侧。

理想的隔热材料，除需具有导热系数小，易成型、耐振、不变形、不吸水、不受潮等性能外，还应满足密度小、不自燃、耐火、无怪味、不蛀以及价低易购等要求。

3. 临界热绝缘直径

在热力管道隔热保温技术中，对平壁和圆管的隔热保温是有区别的。在平壁上加设热绝缘层后一定会有增大热阻、减小传热的能力，且隔热性能与隔热层厚度成正比。但在圆管外加隔热层后则不一定能起到隔热保温的作用。这是由于在圆管的传热过程中，传热热阻和隔热材料层厚度的函数关系不是单调地渐增。当圆管外包扎一层绝缘层时，其传热过程的总热阻可表示为

$$R_k = \frac{1}{\alpha_i \pi d_1 l} + \frac{1}{2\pi\lambda l}\ln\frac{d_2}{d_1} + \frac{1}{2\pi\lambda_s l}\ln\frac{d_x}{d_2} + \frac{1}{\alpha_o \pi d_x l}$$

式中，d_1、d_2 分别为圆管的内、外直径；λ 为管壁材料的导热系数；d_x 为隔热层外径；λ_s 为隔热材料的导热系数。针对某一具体的管道，R_k 中的前两项数值是一定的，而后两项则与绝缘层外径 d_x 有关。当加厚热绝缘层时，R_k 中的第三项 $\frac{1}{2\pi\lambda_s l}\ln\frac{d_x}{d_2}$ 随 d_x 的增大而增大；而最后一项 $\frac{1}{\alpha_o \pi d_x l}$ 却随 d_x 的增大而减小。图 18-19a 表示出了总热阻 R_k 及后两项随热绝缘层外径 d_x 的变化曲线。由图可见，总热阻 R_k 随 d_x 先逐渐减小，后逐渐增大，具有一个极小值。与这一变化相对应的传热量 q_l 随 d_x 的变化先是逐渐增大，然后逐渐减小，具有极大值，如图 18-19b 所示。对应于总热阻 R_k 为极小值时的隔热层外径称为临界热绝缘直径，用符号 d_{cr}表示。由

$$\frac{dR_k}{dd_x} = \frac{1}{\pi d_x}\left(\frac{1}{2\lambda_s} - \frac{1}{\alpha_o d_x}\right) = 0$$

得

$$d_{cr} = \frac{2\lambda_s}{\alpha_o} \tag{18-16}$$

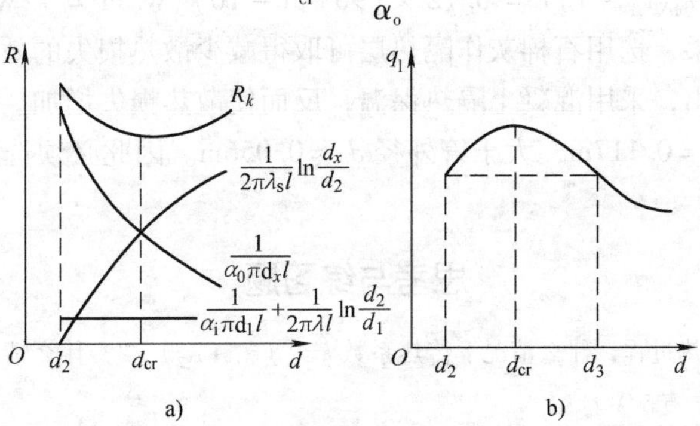

a)　b)

图 18-19　临界热绝缘直径

因此，在热力管道外敷设隔热材料时，如果管道外径 d_2 小于临界热绝缘直径 d_{cr}，管道的传热量 q_l 反而比没有隔热层时更大，直到隔热层外径 d_x 大于临界热绝缘直径 d_{cr}时，才有增强热阻，减小传热量的作用。由此可得出结论：只有管道外径 d_2 大于临界热绝缘直径 d_{cr} 时，覆盖隔热层后才能始终起到增强热阻，减小传热量的作用。由式(18-16)可见，d_{cr}只与

隔热材料的导热系数 λ_s 及周围介质的表面传热系数 α_o 有关，而与原管道的外径 d_2 无关。所以，当 λ_s 和 α_o 一定时，d_{cr} 的大小就确定了。通常隔热材料的 λ_s 很小，以致 d_{cr} 一般都很小，而常用的工程热力管道的外径往往都大于临界热绝缘直径。

【例 18-3】 某热水管道的内、外直径分别为 51mm 和 56mm，导热系数为 40W/(m · ℃)；热水和大气温度分别为 90℃和 -10℃；热水侧的表面传热系数 α_1 = 2000 W/(m² · ℃)，大气侧的表面传热系数 α_2 = 12 W/(m² · ℃)。为了减少管道的热损失，须在管道的外侧壁面上覆盖一层厚度为 30mm 的隔热材料。可供选用的材料有混凝土[λ = 0.7 W/(m · ℃)]和石棉灰[λ = 0.1 W/(m · ℃)]，试通过计算确定选用哪一种隔热材料？

解：（1）覆盖隔热材料前每米管道的热损失

$$k_1 = \frac{1}{\dfrac{1}{\pi d_1 \alpha_1} + \dfrac{1}{2\pi\lambda}\ln\dfrac{d_2}{d_1} + \dfrac{1}{\pi d_2 \alpha_2}} = \frac{1}{\dfrac{1}{2000\pi \times 0.051} + \dfrac{1}{2\pi \times 40}\ln\dfrac{0.056}{0.051} + \dfrac{1}{12\pi \times 0.056}} \mathrm{W/(m \cdot ℃)}$$

$$= 2.1\mathrm{W/(m \cdot ℃)}$$

$$q_1 = k_1(t_{f1} - t_{f2}) = 2.1 \times [90 - (-10)]\mathrm{W/m} = 210\mathrm{W/m}$$

（2）采用混凝土隔热层时每米管道的热损失

$$k_1 = \frac{1}{\dfrac{1}{2000\pi \times 0.051} + \dfrac{1}{2\pi \times 40}\ln\dfrac{56}{51} + \dfrac{1}{2\pi \times 0.7}\ln\dfrac{116}{56} + \dfrac{1}{12\pi \times 0.116}} \mathrm{W/(m \cdot ℃)}$$

$$= 2.5\mathrm{W/(m \cdot ℃)}$$

$$q_1 = k_1(t_{f1} - t_{f2}) = 2.5 \times [90 - (-10)]\mathrm{W/m} = 250\mathrm{W/m}$$

（3）采用石棉灰隔热层时每米管长的热损失

$$k_1 = \frac{1}{\dfrac{1}{2000\pi \times 0.051} + \dfrac{1}{2\pi \times 40}\ln\dfrac{56}{51} + \dfrac{1}{2\pi \times 0.1}\ln\dfrac{116}{56} + \dfrac{1}{12\pi \times 0.116}} \mathrm{W/(m \cdot ℃)}$$

$$= 0.72\mathrm{W/(m \cdot ℃)}$$

$$q_1 = k_1(t_{f1} - t_{f2}) = 0.72 \times [90 - (-10)]\mathrm{W/m} = 72\mathrm{W/m}$$

比较以上计算结果，选用石棉灰作隔热层可取得减少散热损失的效果。

由计算结果可看出，采用混凝土隔热保温，反而使散热损失增加。这是由于此种情况下的临界热绝缘直径 d_{cr} = 0.117m，大于管外径 d_2 = 0.056m。因此必须选用导热系数更小的隔热材料。

思考与练习题

18-1　对于平壁的传热过程，什么情况下传热系数 $k = (\alpha_1 + \alpha_2)/2$？什么情况下 $k \to \alpha_1$？什么情况下 $k \to \alpha_2$？什么情况下 $k \to \delta/\lambda$？

18-2　试由圆筒壁传热公式分析传热量与哪些因素有关。

18-3　两块大平壁平行放置，最左边是流体 1，两平板中间是流体 2，最右边是流体 3，且 $t_{f1} > t_{f2} > t_{f3}$。这一综合传热过程包含几个热阻？画出热阻网络图并写出总传热系数（从流体 1 到流体 3）的表达式。

18-4　导热系数、热扩散率、表面传热系数、传热系数有何区别？

18-5　换热器加肋片的目的是什么？肋片应加在哪一边？试分析它们对传热系数的影响。

18-6　提高表面传热系数的主要途径有哪些？通过增加换热面粗糙度来强化传热的基本原理是什么？

18-7　何谓临界热绝缘直径？其影响因素有哪些？临界热绝缘直径对管道保温材料的选用有何指导意义？

18-8　在传热过程中传热系数的大小反映了什么问题？

18-9　强化传热应从哪几个方面入手？

18-10　一蒸汽管道，内径为60mm，外径为66mm，管壁导热系数为50W/（m·℃），管内流过140℃的蒸汽，管外依次覆盖10mm厚的 $\lambda_1 = 0.11$W/（m·℃）的石棉保温层和15mm厚的 $\lambda_2 = 0.03$W/（m·℃）的玻璃纤维保温层。已知蒸汽侧的表面传热系数为8600W/（m^2·℃），周围空气温度为20℃，没有保温层时空气侧的表面传热系数为15W/（m^2·℃）。有保温层时空气侧的表面传热系数为7W/（m^2·℃）。试求散热损失减少的百分数和各层温度。

18-11　一有环肋的肋片管，水蒸气在管内流动，表面传热系数为1220W/（m^2·℃）。空气横向掠过管外，按总外表面面积计算的表面热系数为723W/（m^2·℃）。肋片管基管外径25.4mm，壁厚2mm，肋高15.8mm，肋厚0.381mm，肋片中心线的间距为2.5mm，基管与肋片均用铝做成。试计算当表面洁净无垢时肋片管的传热系数［铝的导热系数取为169W/（m·℃）］。

18-12　画出当 $q_{m_1}c_{p1} > q_{m_2}c_{p2}$、$q_{m_1}c_{p1} < q_{m_2}c_{p2}$、$q_{m_1}c_{p1}$ 为∞及 $q_{m_2}c_{p2}$ 为∞时，冷热流体温度随换热面积 A 的变化曲线。

18-13　在一台1-2型壳管式冷油器中，管内冷水从16℃升高到35℃，管外空气从119℃下降到45℃，空气流量为19.6kg/min，换热器传热系数为84W/（m^2·℃），试计算所需的传热面积。

18-14　一台新的换热器的流动方式为顺流。热流体初温为360℃，终温为300℃，水当量为2500W/℃；冷流体初温为30℃，终温为200℃；传热系数为800W/（m^2·℃）；换热面积0.97m^2。此换热器运行一年后，发现冷流体只能加热到120℃，且热流体终温大于300℃，试问题此换热器性能恶化的原因是什么？污垢热阻是多少？

18-15　用一个壳侧为一程的壳管式换热器来冷凝 1.013×10^5Pa的饱和水蒸气，要求每小时内凝结18kg蒸汽。进入换热器的冷却水的温度为25℃，离开时为60℃。设传热系数 $k = 1800$W/（m^2·℃），问所需的传热面积是多少？

18-16　在一台逆流式的水-水换热器中，热水进口温度为87.5℃，流量为9000kg/h；冷水进口温度为32℃，流量为13500kg/h，传热系数 $k = 1740$W/（m^2·℃），传热面积为3.75m^2。试确定热水的出口温度。

18-17　设管道绝缘层的表面传热系数为14W/（m^2·℃），试求下列两种保温管道的临界热绝缘直径 d_{cr}：（1）敷设导热系数为0.058W/（m·℃）的矿渣棉；（2）敷设导热系数为0.302W/（m·℃）的水泥。

18-18　温度为25℃的室内，放置表面温度为200℃，外径为0.05 m的管道，如以 $\lambda = 0.1$W/（m·℃）的蛭石作管道外的保温层，而保温层外表面与空气间的表面传热系数为14W/（m^2·℃）。试问保温层需要多厚才能使其表面温度不超过50℃。

附　　录

附录 A　饱和水与饱和蒸汽表（按温度排序）

温度	饱和压力	比体积		比焓		比汽化热	比熵	
		饱和水	干饱和蒸汽	饱和水	干饱和蒸汽		饱和水	干饱和蒸汽
t/℃	p_s/MPa	v'/(m^3/kg)	v''/(m^3/kg)	h'/(kJ/kg)	h''/(kJ/kg)	r/(kJ/kg)	s'/[kJ/(kg·K)]	s''/[kJ/(kg·K)]
0	0.0006112	0.00100022	206.154	−0.05	2500.51	2500.6	−0.0002	9.1544
0.01	0.0006117	0.00100021	206.012	0.00	2500.53	2500.5	0.0000	9.1541
1	0.0006571	0.00100018	192.464	4.18	2502.35	2498.2	0.0153	9.1278
2	0.0007059	0.00100013	179.787	8.39	2504.19	2495.8	0.0306	9.1014
4	0.0008135	0.00100008	157.151	16.82	2507.87	2491.1	0.0611	9.0493
6	0.0009352	0.00100100	137.670	25.22	2511.55	2486.3	0.0913	8.9982
8	0.0010728	0.00100019	120.868	33.62	2515.23	2481.6	0.1213	8.9480
10	0.0012297	0.00100034	106.341	42.00	2518.90	2476.9	0.1510	8.8988
12	0.0014025	0.00100054	93.756	50.38	2522.57	2472.2	0.1805	8.8504
14	0.0015985	0.00100080	82.828	58.76	2526.24	2467.5	0.2098	8.8209
16	0.0018183	0.00100110	73.320	67.13	2529.90	2462.8	0.2388	8.7562
18	0.0020640	0.00100145	65.029	75.50	2533.55	2458.1	0.2677	8.7103
20	0.0023385	0.00100185	57.786	83.86	2537.20	2453.8	0.2963	8.6652
22	0.0026444	0.00100229	51.445	92.23	2540.84	2449.2	0.3247	8.6210
24	0.0029846	0.00100276	45.884	100.59	2544.47	2444.4	0.3530	8.5774
26	0.0033625	0.00100328	40.997	108.95	2548.10	2439.6	0.3810	8.5347
28	0.0037814	0.00100383	36.694	117.32	2551.73	2435.0	0.4089	8.4927
30	0.0042451	0.00100442	32.899	125.86	2555.35	2430.2	0.4366	8.4514
35	0.0056263	0.00100605	25.222	146.59	2564.38	2418.4	0.5050	8.3511
40	0.0073811	0.00100789	19.529	167.50	2573.36	2406.5	0.5723	8.2551
45	0.0095897	0.00100993	15.2636	188.42	2582.30	2394.5	0.6386	8.1630
50	0.0123446	0.00101216	12.0365	209.33	2591.19	2382.5	0.7038	8.0745
55	0.015752	0.00101455	9.5723	230.24	2600.02	2370.5	0.7680	7.9896
60	0.019933	0.00101713	7.6740	251.15	2608.79	2358.4	0.8312	7.9080
65	0.025024	0.00101886	6.1992	272.08	2617.48	2346.2	0.8935	7.8295
70	0.031178	0.00102276	5.0443	293.01	2626.10	2333.8	0.9550	7.7540
75	0.038565	0.00102528	4.1330	313.96	2634.63	2321.4	1.0156	7.6812
80	0.047376	0.00102903	3.4086	334.93	2643.06	2308.9	1.0753	7.6112
85	0.057818	0.00103240	2.8288	355.92	2651.40	2296.3	1.1343	7.5436
90	0.070121	0.00103593	2.3616	376.94	2659.63	2283.4	1.1926	7.4783
95	0.084533	0.00103961	1.9827	397.98	2667.73	2269.7	1.2501	7.4154
100	0.101325	0.00104344	1.6736	419.06	2675.71	2256.6	1.3069	7.3545
110	0.143243	0.00105356	1.2106	461.33	2691.26	2229.9	1.4186	7.2386
120	0.198483	0.00106031	0.89219	503.76	2706.18	2202.4	1.5277	7.1297
130	0.270018	0.00106968	0.66873	546.38	2720.39	2174.0	1.6346	7.0272
140	0.361190	0.00107972	0.50900	589.21	2733.81	2144.6	1.7393	6.9302
150	0.47571	0.00109046	0.39286	632.28	2736.35	2114.1	1.8420	6.8381
160	0.61766	0.00110193	0.30709	675.62	2757.92	2082.3	1.9429	6.7502

（续）

温度	饱和压力	比体积		比焓		比汽化热	比熵	
		饱和水	干饱和蒸汽	饱和水	干饱和蒸汽		饱和水	干饱和蒸汽
t/℃	p_s/ MPa	v'/ (m^3/kg)	v''/ (m^3/kg)	h'/ (kJ/kg)	h''/ (kJ/kg)	r/ (kJ/kg)	s'/ [kJ/(kg·K)]	s''/ [kJ/(kg·K)]
170	0.79147	0.00111420	0.24283	719.25	2768.42	2049.2	2.0420	6.6661
180	1.00193	0.00112732	0.19403	763.22	2777.74	2014.5	2.1396	6.5852
190	1.25417	0.00114136	0.15650	807.56	2785.80	1978.2	2.2358	6.5071
200	1.55366	0.00115641	0.12732	852.32	2792.47	1940.1	2.3307	6.4312
210	1.90617	0.00117258	0.10438	897.62	2797.65	1900.0	2.4245	6.3571
220	2.31783	0.00119000	0.086157	943.46	2801.20	1856.2	2.5175	6.2846
230	2.79505	0.00120882	0.071553	989.95	2830.00	1811.4	2.6096	6.2130
240	3.34459	0.00122922	0.058743	1037.2	2802.88	1764.0	2.7013	6.1422
250	3.97351	0.00125145	0.050112	1085.3	2800.66	1713.7	2.7926	6.0716
260	4.68923	0.00127579	0.042195	1134.3	2796.14	1660.2	2.8837	6.0007
270	5.49956	0.00130262	0.035637	1184.5	2789.05	1602.9	2.9751	5.9292
280	6.41273	0.00133242	0.030165	1236.0	2779.08	1541.6	3.0668	5.8564
290	7.43746	0.00136582	0.025565	1289.1	2765.81	1476.7	3.1594	5.7815
300	8.58308	0.00140369	0.021669	1344.0	2748.71	1404.7	3.2533	5.7042
310	9.8597	0.00144728	0.018343	1401.2	2727.01	1325.9	3.3490	5.6226
320	11.278	0.00149844	0.015479	1461.2	2699.72	1238.5	3.4475	5.5356
330	12.851	0.00156008	0.012978	1524.9	2665.30	1140.4	3.5500	5.4408
340	14.593	0.00163728	0.010790	1593.7	2621.32	1027.6	3.6586	5.3345
350	16.521	0.00174008	0.008812	1670.3	2563.39	893.0	3.7773	5.2104
360	18.657	0.00189423	0.006958	1761.1	2481.48	720.6	3.9155	5.0536
370	21.033	0.00221480	0.004982	1891.7	2338.79	447.1	4.1125	4.8076
374.12	22.064	0.003106	0.003106	2085.9	2085.9	0.0	4.4092	4.4092

附录B　饱和水与饱和蒸汽表（按压力排序）

压力	饱和温度	比体积		比焓		比汽化热	比熵	
		饱和水	干饱和蒸汽	饱和水	干饱和蒸汽		饱和水	干饱和蒸汽
p/ MPa	t_s/ ℃	v'/ (m^3/kg)	v''/ (m^3/kg)	h'/ (kJ/kg)	h''/ (kJ/kg)	γ/ (kJ/kg)	s'/ [kJ/(kg·K)]	s''/ [kJ/(kg·K)]
0.0010	6.982	0.0010001	129.208	29.33	2513.8	2484.5	0.1060	8.9756
0.0020	17.511	0.0010012	67.006	73.45	2533.2	2459.8	0.2606	8.7236
0.0030	24.098	0.0010027	45.668	101.00	2545.2	2444.2	0.3543	8.5776
0.0040	28.981	0.0010040	34.803	212.41	2554.1	2432.7	0.4224	8.4747
0.0050	32.90	0.0010052	28.196	137.77	2561.2	2423.4	0.4763	8.3952
0.0060	36.18	0.0010064	23.742	151.50	2567.1	2415.6	0.5209	8.3305
0.0070	39.02	0.0010074	20.532	163.38	2572.2	2408.8	0.5591	8.2760
0.0080	41.53	0.0010084	18.106	173.87	2576.7	2402.8	0.5926	8.2289
0.0090	43.79	0.0010094	16.206	183.28	2580.8	2397.5	0.6224	8.1875
0.0100	45.83	0.0010102	14.676	191.84	2584.4	2392.6	0.6493	8.1505
0.015	54.00	0.0010140	10.025	225.98	2598.9	2372.9	0.7549	8.0089
0.020	60.09	0.0010172	7.6515	251.46	2609.6	2358.1	0.8321	7.9092

（续）

压力	饱和温度	比体积		比焓		比汽化热	比熵	
		饱和水	干饱和蒸汽	饱和水	干饱和蒸汽		饱和水	干饱和蒸汽
p/ MPa	t_s/ ℃	v'/ (m^3/kg)	v''/ (m^3/kg)	h'/ (kJ/kg)	h''/ (kJ/kg)	γ/ (kJ/kg)	s'/ [kJ/ (kg · K)]	s''/ [kJ/ (kg · K)]
0. 025	64. 99	0. 0010199	6. 2060	271. 99	2618. 1	2346. 1	0. 8932	7. 8321
0. 030	69. 12	0. 0010223	5. 2308	289. 31	2625. 3	2336. 0	0. 9441	7. 7695
0. 040	75. 89	0. 0010265	3. 9949	317. 65	2636. 8	2319. 2	1. 0261	7. 6711
0. 050	81. 35	0. 0010301	3. 2415	340. 57	2646. 0	2305. 4	1. 0912	7. 5951
0. 060	85. 95	0. 0010333	2. 7329	359. 93	2653. 6	2293. 7	1. 1454	7. 5332
0. 070	89. 96	0. 0010361	2. 3658	376. 77	2660. 2	2283. 4	1. 1921	7. 4811
0. 080	93. 51	0. 0010387	2. 0879	391. 72	2666. 0	2274. 3	1. 2330	7. 4360
0. 090	96. 71	0. 0010412	1. 8701	405. 21	2671. 1	2265. 9	1. 2696	7. 3963
0. 100	99. 63	0. 0010434	1. 6946	417. 51	2675. 7	2258. 2	1. 3027	7. 3608
0. 12	104. 81	0. 0010476	1. 4289	439. 36	2683. 8	2244. 4	1. 3609	7. 2996
0. 14	109. 32	0. 0010513	1. 2370	458. 42	2690. 8	2232. 4	1. 4109	7. 2480
0. 16	113. 32	0. 0010547	1. 0917	475. 38	2696. 8	2221. 4	1. 4550	7. 2032
0. 18	116. 93	0. 0010579	0. 97775	490. 70	2702. 1	2211. 4	1. 4944	7. 1638
0. 20	120. 23	0. 0010608	0. 88592	504. 7	2706. 9	2202. 2	1. 5301	7. 1286
0. 25	127. 43	0. 0010675	0. 71881	535. 4	2717. 2	2181. 8	1. 6072	7. 0540
0. 30	133. 54	0. 0010735	0. 60586	561. 4	2725. 5	2164. 1	1. 6717	6. 9930
0. 35	138. 88	0. 0010789	0. 52425	584. 3	2732. 5	2148. 2	1. 7273	6. 9414
0. 40	143. 62	0. 0010839	0. 46242	604. 7	2738. 5	2133. 8	1. 7764	6. 8966
0. 45	147. 92	0. 0010885	0. 41392	623. 2	2743. 8	2120. 6	1. 8204	6. 8570
0. 50	151. 85	0. 0010928	0. 37481	640. 1	2748. 5	2108. 4	1. 8604	6. 8215
0. 60	158. 84	0. 0011009	0. 31556	670. 4	2756. 4	2086. 0	1. 9308	6. 7598
0. 70	164. 96	0. 0011082	0. 27274	697. 1	2762. 9	2065. 8	1. 9918	6. 7074
0. 80	170. 43	0. 0011150	0. 24030	720. 9	2768. 4	2047. 5	2. 0457	6. 6618
0. 90	175. 36	0. 0011213	0. 21484	742. 6	2773. 0	2030. 4	2. 0941	6. 6212
1. 0	179. 88	0. 0011274	0. 19430	762. 6	2777. 0	2014. 4	2. 1382	6. 5847
1. 1	184. 06	0. 0011331	0. 17739	781. 1	2780. 4	1999. 3	2. 1786	6. 5515
1. 2	187. 96	0. 0011386	0. 16320	798. 4	2783. 4	1985. 0	2. 2160	6. 5210
1. 3	191. 60	0. 0011438	0. 15112	814. 7	2786. 0	1971. 3	2. 2509	6. 4927
1. 4	195. 04	0. 0011489	0. 14072	830. 1	2788. 4	1958. 3	2. 2836	6. 4665
1. 5	198. 28	0. 0011538	0. 13165	844. 7	2790. 4	1945. 7	2. 3144	6. 4418
1. 6	201. 37	0. 0011586	0. 12368	858. 6	2792. 2	1933. 6	2. 3436	6. 4187
1. 7	204. 30	0. 0011633	0. 11661	871. 8	2793. 8	1922. 0	2. 3712	6. 3967
1. 8	207. 10	0. 0011679	0. 11031	884. 6	2795. 1	1910. 5	2. 3976	6. 3759
1. 9	109. 79	0. 0011723	0. 10464	896. 8	2796. 4	1899. 6	2. 4227	6. 3561
2. 0	212. 37	0. 0011767	0. 09953	908. 6	2797. 4	1888. 8	2. 4468	6. 3373
2. 2	217. 24	0. 0011851	0. 09046	930. 9	2799. 1	1868. 2	2. 4922	6. 3018
2. 4	221. 78	0. 0011933	0. 08319	951. 9	2800. 4	1848. 5	2. 5343	6. 2691
2. 6	226. 03	0. 0012013	0. 07685	971. 7	2801. 2	1829. 5	2. 5736	6. 2386
2. 8	230. 04	0. 0012088	0. 07138	990. 5	2801. 7	1811. 2	2. 6106	6. 2101
3. 0	233. 84	0. 0012163	0. 06662	1008. 4	2801. 9	1793. 5	2. 6455	6. 1832
3. 5	242. 54	0. 0012345	0. 05702	1049. 8	2801. 3	1751. 5	2. 7253	6. 1218
4. 0	250. 33	0. 0012521	0. 04974	1087. 5	2799. 4	1711. 9	2. 7967	6. 0670
4. 5	257. 41	0. 0012691	0. 04402	1122. 2	2796. 5	1674. 3	2. 8614	6. 0171
5. 0	263. 92	0. 0012858	0. 03941	1154. 6	2792. 8	1638. 2	2. 9209	5. 9712
6. 0	275. 56	0. 0013187	0. 03241	1213. 9	2783. 3	1569. 4	3. 0277	5. 8878
7. 0	285. 80	0. 0013514	0. 02734	1267. 7	2771. 4	1503. 7	3. 1225	5. 8126
8. 0	294. 98	0. 0013843	0. 02349	1317. 5	2757. 5	1440. 0	3. 2083	5. 7430
9. 0	303. 31	0. 0014179	0. 02046	1364. 2	2741. 8	1377. 6	3. 2875	5. 6773
10. 0	310. 96	0. 0014562	0. 01800	1408. 6	2724. 4	1315. 8	3. 3616	5. 6143
12. 0	324. 64	0. 0015267	0. 01425	1492. 6	2684. 8	1192. 2	3. 4986	5. 4930
14. 0	336. 63	0. 0016104	0. 01149	1572. 8	2638. 3	1065. 5	3. 6262	5. 3737
16. 0	347. 32	0. 0017101	0. 009330	1651. 5	2582. 7	931. 2	3. 7486	5. 2496
18. 0	356. 96	0. 0018380	0. 007534	1733. 4	2514. 4	781. 0	3. 8789	5. 1135
20. 0	365. 71	0. 0020380	0. 005873	1828. 8	2413. 5	585. 0	4. 0181	4. 9338
22. 0	373. 68	0. 002675	0. 003757	2007. 7	2192. 5	184. 8	4. 2891	4. 5748
22. 115	374. 12	0. 003147	0. 003417	2095. 2	2095. 2	0. 00	4. 4237	4. 4237

附录 C 未饱和水与过热蒸汽表

p	0.001MPa			0.005MPa			0.01MPa			0.04MPa		
饱和参数	$t_s=6.982$ $v''=129.208$ $h''=2513.8$ $s''=8.9756$			$t_s=32.90$ $v''=28.196$ $h''=2561.2$ $s''=8.3952$			$t_s=45.83$ $v''=14.676$ $h''=2584.4$ $s''=8.1505$			$t_s=75.89$ $v''=3.9949$ $h''=2636.8$ $s''=7.6711$		
t/℃	v/(m^3/kg)	h/(kJ/kg)	s/[kJ/(kg·K)]	v/(m^3/kg)	h/(kJ/kg)	s/[kJ/(kg·K)]	v/(m^3/kg)	h/(kJ/kg)	s/[kJ/(kg·K)]	v/(m^3/kg)	h/(kJ/kg)	s/[kJ/(kg·K)]
0	0.0010002	-0.0412	-0.0001	0.0010002	0.0	-0.0001	0.0010002	0.0	-0.0001	0.0010002	0.0	-0.0001
10	130.60	2519.5	8.9956	0.0010002	42.0	0.1510	0.0010002	42.0	0.1510	0.0010002	42.0	0.1510
20	135.23	2538.1	9.0604	0.0010017	83.9	0.2963	0.0010017	83.9	0.2963	0.0010017	83.9	0.2963
30	139.85	2556.8	9.1230	0.0010047	125.7	0.4365	0.0010043	125.7	0.4365	0.0010043	125.7	0.4365
40	144.47	2575.5	9.1837	28.86	2574.6	8.4385	0.0010078	167.4	0.5721	0.0010078	167.4	0.5721
50	149.09	2594.2	9.2426	29.78	2593.4	8.4977	14.87	2592.3	8.1752	0.0010121	209.3	0.7035
60	153.71	2613.0	9.2997	30.71	2612.3	8.5552	15.34	2611.3	8.2331	0.0010171	251.1	0.8310
70	158.33	2631.8	9.3552	31.64	2631.1	8.6110	15.80	2630.3	8.2892	0.0010228	293.0	0.9548
80	162.95	2650.6	9.4093	32.57	2650.0	8.6652	16.27	2649.3	8.3437	4.044	2644.9	7.6940
90	167.57	2669.4	9.4619	33.49	2668.9	8.7180	16.73	2668.3	8.3968	4.162	2664.4	7.7485
100	172.19	2688.3	9.5132	34.42	2687.9	8.7695	17.20	2687.2	8.4484	4.280	2683.8	7.8013
120	181.42	2726.2	9.6122	36.27	2725.9	8.8687	18.12	2725.4	8.5479	4.515	2722.6	7.9025
140	190.66	2764.3	9.7066	38.12	2764.0	8.9633	19.05	2763.6	8.6427	4.749	2761.3	7.9986
160	199.89	2802.6	9.7971	39.97	2802.3	9.0539	19.98	2802.0	8.7334	4.983	2800.1	8.0903
180	209.12	2841.0	9.8839	41.81	2840.8	9.1408	20.90	2840.6	8.8204	5.216	2838.9	8.1780
200	218.35	2879.6	9.9672	43.66	2879.5	9.2244	21.82	2879.3	8.9041	5.448	2877.9	8.2621
220	227.58	2918.6	10.0480	45.51	2918.5	9.3049	22.75	2918.3	8.9848	5.680	2917.1	8.3432
240	236.82	2957.7	10.1257	47.36	2957.6	9.3828	23.67	2957.4	9.0626	5.912	2956.4	8.4213
260	246.05	2997.1	10.2010	49.20	2997.0	9.4580	24.60	2996.8	9.1379	6.144	2995.9	8.4969
280	255.28	3036.7	10.2739	51.05	3036.6	9.5310	25.52	3036.5	9.2109	6.375	3035.6	8.5700
300	264.51	3076.5	10.3446	52.90	3076.4	9.6017	26.44	3076.3	9.2817	6.606	3075.6	8.6409
400	310.66	3279.5	10.6709	62.13	3279.4	9.9280	31.06	3279.4	9.6081	7.763	3278.9	8.9678
500	356.81	3489.0	10.960	71.36	3489.0	10.218	35.68	3488.9	9.8982	8.918	3488.6	9.2581
600	402.96	3705.3	11.224	80.59	3705.3	10.481	40.29	3705.2	10.161	10.07	3705.0	9.5212

（续）

p	0.008MPa			0.1MPa			0.5MPa			1MPa		
饱和参数	$t_s=93.51$ $v''=2.0879$ $h''=2666.0$ $s''=7.4360$			$t_s=99.63$ $v''=1.6946$ $h''=2675.7$ $s''=7.3608$			$t_s=151.85$ $v''=0.37481$ $h''=2748.5$ $s''=6.8215$			$t_s=179.88$ $v''=0.1943$ $h''=2777.0$ $s''=6.5847$		
t/℃	v/(m^3/kg)	h/(kJ/kg)	s/[kJ/(kg·K)]	v/(m^3/kg)	h/(kJ/kg)	s/[kJ/(kg·K)]	v/(m^3/kg)	h/(kJ/kg)	s/[kJ/(kg·K)]	v/(m^3/kg)	h/(kJ/kg)	s/[kJ/(kg·K)]
0	0.0010002	0.0	-0.0001	0.0010002	0.0	-0.0001	0.0010000	0.5	-0.0001	0.0009997	1.0	-0.0001
10	0.0010002	42.0	0.1510	0.0010002	42.0	0.1510	0.0010000	425	0.1509	0.0009998	43.0	0.1509
20	0.0010017	83.9	0.2963	0.0010017	83.9	0.2963	0.0010015	84.3	0.2962	0.0010013	84.8	0.2961
30	0.0010043	125.7	0.4365	0.0010043	125.7	0.4365	0.0010041	125.7	0.4364	0.0010039	126.6	0.4362
40	0.0010078	167.4	0.5721	0.0010078	167.4	0.5721	0.0010076	167.9	0.5719	0.0010074	168.3	0.5717
50	0.0010121	209.3	0.7035	0.0010121	209.3	0.7035	0.0010119	209.7	0.7035	0.0010117	210.1	0.7030
60	0.0010171	251.1	0.8310	0.0010171	251.1	0.8310	0.0010169	251.1	0.8307	0.0010167	251.9	0.8305
70	0.0010228	293.0	0.9548	0.0010228	293.0	0.9548	0.0010290	293.4	0.9545	0.0010224	293.8	0.9452
80	0.0010292	334.9	1.0752	0.0010292	335.0	1.0752	0.0010292	335.3	1.0750	0.0010287	335.7	1.0746
90	0.0010361	376.9	1.1925	0.0010361	377.0	1.1925	0.0010359	377.3	1.1922	0.0010357	377.7	1.1918
100	2.127	2679.0	7.4712	1.696	2676.5	7.3628	0.0010435	419.4	1.3066	0.0010432	419.7	1.3062
120	2.247	2718.8	7.5750	1.793	2716.8	7.4681	0.0010605	503.9	1.5273	0.0010602	504.3	1.5269
140	2.366	2758.2	7.6729	1.889	2756.6	7.5669	0.0010800	589.2	1.7388	0.0010796	589.5	1.7383
160	2.484	2797.5	7.7658	1.984	2796.2	7.6605	0.3836	2767.4	6.8653	0.0011019	675.7	1.9420
180	2.601	2836.8	7.8544	2.078	2835.7	7.7496	0.4046	2812.1	6.9664	0.1944	2777.3	6.5854
200	2.718	2876.1	7.9393	2.172	2875.2	7.8348	0.4249	2855.4	7.0603	0.2059	2827.5	6.6940
220	2.835	2915.5	8.0208	2.266	2914.7	7.9166	0.4449	2897.9	7.1481	0.2169	2874.9	6.7921
240	2.952	2955.0	8.0994	2.359	2954.3	7.9954	0.4646	2939.9	7.2314	0.2275	2920.5	6.8826
260	3.068	2994.7	8.1753	2.453	2994.1	8.0714	0.4841	2981.4	7.3109	0.2378	2864.8	6.9674
280	3.184	3034.6	8.2846	2.546	3034.0	8.1449	0.5034	3022.8	7.3871	0.2480	3008.3	7.0475
300	3.300	3074.6	8.3198	2.639	3074.1	8.2162	0.5226	3064.2	7.4605	0.2580	3051.3	7.1239
400	3.879	3278.3	8.6472	3.103	3278.0	8.5439	0.6172	3271.8	7.7944	0.3066	3264.3	7.4606
500	4.457	3488.2	8.9378	3.565	3487.9	8.8346	0.7109	3483.6	8.0877	0.3540	3478.3	7.7627
600	5.035	3704.7	9.2011	4.028	3704.5	9.0979	0.8040	3701.4	8.3525	0.4010	3697.4	8.0292

（续）

p	2MPa			3MPa			4MPa			5MPa		
饱和参数	$t_s=212.37$ $v''=0.09953$ $h''=2797.48$ $s''=6.3373$			$t_s=233.84$ $v''=0.06662$ $h''=2801.9$ $s''=6.1832$			$t_s=250.33$ $v''=0.04974$ $h''=2799.4$ $s''=6.0670$			$t_s=263.92$ $v''=0.03941$ $h''=2792.8$ $s''=5.9712$		
t/℃	v/(m^3/kg)	h/(kJ/kg)	s/[kJ/(kg·K)]	v/(m^3/kg)	h/(kJ/kg)	s/[kJ/(kg·K)]	v/(m^3/kg)	h/(kJ/kg)	s/[kJ/(kg·K)]	v/(m^3/kg)	h/(kJ/kg)	s/[kJ/(kg·K)]
0	0.0009992	2.0	0.0000	0.0009987	3.0	0.0000	0.0009982	4.0	0.0002	0.0009977	5.1	0.0002
10	0.0009993	43.9	0.1508	0.0009988	44.9	0.1507	0.0009984	45.9	0.1506	0.0009979	46.9	0.1505
20	0.0110008	85.7	0.2959	0.0110004	86.7	0.2957	0.0000999	87.6	0.2955	0.0000995	88.6	0.2952
30	0.0010034	127.5	0.4359	0.0010030	128.4	0.4356	0.0010025	129.3	0.4353	0.0010021	130.2	0.4350
40	0.0010069	169.2	0.5713	0.0010065	170.1	0.5709	0.0010060	171.0	0.5706	0.0010056	171.9	0.5702
50	0.0010112	211.0	0.7026	0.0010108	211.8	0.7021	0.0010103	212.7	0.7016	0.0010099	213.6	0.7012
60	0.0010162	252.7	0.8299	0.0010158	253.6	0.8294	0.0010153	254.4	0.8288	0.0010149	255.3	0.8283
70	0.0010219	294.6	0.9536	0.0010215	295.4	0.9530	0.0010210	296.2	0.9524	0.0010205	297.0	0.9518
80	0.0010282	336.5	1.0740	0.0010278	337.3	1.0733	0.0010273	338.1	1.0726	0.0010268	338.8	1.0720
90	0.0010352	378.4	1.1911	0.0010347	379.3	1.1904	0.0010342	378.0	1.1879	0.0010337	378.7	1.1890
100	0.0010427	420.5	1.3054	0.0010422	421.2	1.3046	0.0010417	422.0	1.3038	0.0010412	422.7	1.3030
120	0.0010596	505.0	1.5260	0.0010590	505.7	1.5250	0.0010584	506.4	1.5242	0.0010579	507.1	1.5232
140	0.0010790	590.3	1.7373	0.0010783	590.8	1.7362	0.0010777	591.5	1.7352	0.0010771	592.1	1.7342
160	0.0011012	676.3	1.9408	0.0011005	676.9	1.9396	0.0010997	677.5	1.9385	0.0010990	678.0	1.9373
180	0.0011266	763.6	2.1379	0.0011258	764.1	2.1366	0.0011249	764.8	2.1352	0.0011241	765.2	2.1339
200	0.0011560	852.6	2.3300	0.0011550	853.0	2.3284	0.0011540	853.4	2.3268	0.0011530	853.8	2.3253
220	0.1021	2820.4	6.3842	0.0011891	943.9	2.5166	0.0011878	944.2	2.5147	0.0011866	944.4	2.5129
240	0.1084	2876.3	6.4953	0.06818	2823.0	6.2245	0.00112280	1037.7	2.7007	0.0012264	1037.8	2.6985
260	0.1144	2927.9	6.5941	0.07286	2885.5	6.3440	0.05174	2835.6	6.1355	0.0012750	1135.0	2.8842
280	0.1200	2876.9	6.6842	0.07714	2941.8	6.4477	0.05547	2903.2	6.2581	0.04224	2857.0	6.0889
300	0.1255	3024.0	6.7679	0.08116	2994.2	6.5408	0.05885	2961.5	6.3634	0.04532	2925.4	6.2104
400	0.1512	3248.1	7.1285	0.09933	3231.6	6.9231	0.07339	3214.5	6.7713	0.05780	3196.9	6.6486
500	0.1756	3467.4	7.4323	0.1161	3456.4	7.2345	0.08638	2445.2	7.0909	0.06853	3433.8	6.9768
600	0.1995	3689.5	7.7024	0.1324	3681.5	7.5084	0.09879	3673.4	0.3686	0.07864	3665.4	7.2586

（续）

p	6MPa			7MPa			8MPa			9MPa		
饱和参数	t_s = 275.56　v'' = 0.03241　h'' = 2783.3　s'' = 5.8878			t_s = 258.80　v'' = 0.02734　h'' = 2771.4　s'' = 5.8126			t_s = 294.98　v'' = 0.02349　h'' = 2757.5　s'' = 5.7430			t_s = 303.31　v'' = 0.02046　h'' = 2741.8　s'' = 5.6773		
t/℃	v/(m^3/kg)	h/(kJ/kg)	s/[kJ/(kg · K)]	v/(m^3/kg)	h/(kJ/kg)	s/[kJ/(kg · K)]	v/(m^3/kg)	h/(kJ/kg)	s/[kJ/(kg · K)]	v/(m^3/kg)	h/(kJ/kg)	s/[kJ/(kg · K)]
0	0.0009972	6.1	0.0003	0.0009967	7.1	0.0004	0.0009962	8.1	0.0004	0.0009958	9.1	0.0005
10	0.0009974	47.8	0.1505	0.0009970	48.8	0.1504	0.0009965	49.8	0.1503	0.0009960	50.7	0.1502
20	0.0000990	89.5	0.2951	0.0009986	90.4	0.2948	0.0009981	91.4	0.2946	0.0009977	92.3	0.2944
30	0.0010016	131.1	0.4347	0.0010012	132.0	0.4344	0.0010008	132.9	0.4340	0.0010003	133.8	0.4337
40	0.0010051	172.7	0.5698	0.0010071	173.6	0.5694	0.0010043	174.5	0.5690	0.0010038	175.4	0.5686
50	0.0010094	214.4	0.7007	0.0010090	215.3	0.7003	0.0010086	216.1	0.6998	0.0010081	217.0	0.6993
60	0.0010144	256.1	0.8278	0.0010140	256.9	0.8273	0.0010135	257.8	0.8267	0.0010131	258.6	0.8262
70	0.0010201	297.8	0.9512	0.0010196	298.7	0.9506	0.0010192	299.5	0.9500	0.0010187	300.3	0.9494
80	0.0010263	339.6	1.0713	0.0010259	340.4	1.0707	0.0010254	341.2	1.0700	0.0010249	342.0	1.0694
90	0.0010332	381.5	1.1882	0.0010327	382.3	1.1875	0.0010322	383.1	1.1868	0.0010317	383.8	1.1861
100	0.0010406	423.5	1.3023	0.0010401	424.2	1.3015	0.0010396	425.0	1.3007	0.0010391	425.8	1.3000
120	0.0010573	507.8	1.5224	0.0010567	508.5	1.5215	0.0010562	509.2	1.5206	0.0010556	509.9	1.5197
140	0.0010764	592.8	1.7332	0.0010758	593.4	1.7321	0.0010752	594.1	1.7311	0.0010745	594.7	1.7301
160	0.0010983	678.6	1.9361	0.0010976	679.2	1.9350	0.0010968	679.8	1.9338	0.0010961	680.4	1.9326
180	0.0011232	765.7	2.1325	0.0011224	766.2	2.1312	0.0011216	766.7	2.1299	0.0011207	767.2	2.1286
200	0.0011519	854.2	2.3237	0.0011510	854.6	2.3222	0.0011500	855.1	2.3207	0.0011490	855.5	2.3191
220	0.0011853	944.7	2.5111	0.0011841	945.0	2.5093	0.0011829	945.3	2.5075	0.0011817	945.6	2.5057
240	0.0012249	1037.9	2.6963	0.0012233	1038.0	2.6941	0.0012218	1038.2	2.6920	0.0012202	1038.3	2.6899
260	0.0012729	1134.8	2.8815	0.0012708	1134.7	2.8789	0.0012687	1134.6	2.8762	0.0012667	1134.4	2.8737
280	0.03317	2804.0	5.9253	0.0013307	1236.7	3.0667	0.0013277	1236.2	3.0633	0.0013249	1235.6	3.0600
300	0.03616	2885.0	6.0693	0.02946	2839.2	5.9322	0.02425	2785.4	5.7918	0.0014022	1344.9	3.2539
400	0.04738	3178.6	6.5438	0.03992	3159.7	6.4511	0.03431	3140.1	6.3670	0.02993	3119.7	6.2891
500	0.05662	3422.2	6.8814	0.04810	3410.5	6.7988	0.04172	3398.5	6.7254	0.03675	3386.4	6.6592
600	0.06521	3657.2	7.1673	0.05561	3649.0	7.0890	0.04841	3640.7	7.0201	0.04281	3632.4	6.9585

（续）

p	10MPa			12MPa			14MPa			16MPa		
饱和参数	$t_s=310.96$ $v''=0.01800$ $h''=2724.7$ $s''=5.6143$			$t_s=324.64$ $v''=0.01425$ $h''=2684.8$ $s''=5.4830$			$t_s=336.63$ $v''=0.01149$ $h''=2638.3$ $s''=5.3737$			$t_s=347.32$ $v''=0.009930$ $h''=2582.7$ $s''=5.2496$		
t/℃	v/ (m^3/kg)	h/ (kJ/kg)	s/ [kJ/(kg·K)]	v/ (m^3/kg)	h/ (kJ/kg)	s/ [kJ/(kg·K)]	v/ (m^3/kg)	h/ (kJ/kg)	s/ [kJ/(kg·K)]	v/ (m^3/kg)	h/ (kJ/kg)	s/ [kJ/(kg·K)]
0	0.0009953	10.1	0.0005	0.0009943	12.1	0.0006	0.0009933	14.1	0.0007	0.0009924	16.1	0.0008
10	0.0009956	51.7	0.1500	0.0009947	53.6	0.1498	0.0009938	55.6	0.1496	0.0009928	57.5	0.1494
20	0.0000972	93.2	0.2942	0.0009964	95.1	0.2937	0.0009955	97.0	0.2933	0.0009946	98.8	0.2928
30	0.0009999	134.7	0.4334	0.0009991	136.6	0.4328	0.0009982	138.4	0.4322	0.0009973	140.2	0.4315
40	0.0010034	176.3	0.5682	0.0010026	178.1	0.5674	0.0010017	179.8	0.5666	0.0010008	181.6	0.5659
50	0.0010077	217.8	0.6989	0.0010068	219.6	0.6979	0.0010060	221.3	0.6970	0.0010051	223.0	0.6961
60	0.0010126	259.4	0.8257	0.0010118	261.1	0.8246	0.0010109	262.8	0.8236	0.0010100	264.5	0.8225
70	0.0010182	301.1	0.9489	0.0010174	302.7	0.9477	0.0010164	304.4	0.9465	0.0010156	306.0	0.9453
80	0.0010244	342.8	1.0687	0.0010235	344.4	1.0674	0.0010226	346.0	1.0661	0.0010217	347.6	1.0648
90	0.0010312	384.6	1.1854	0.0010303	386.2	1.1840	0.0010293	387.7	1.1826	0.0010284	389.3	1.1812
100	0.0010386	426.5	1.2992	0.0010376	428.0	1.2977	0.0010366	429.5	1.2961	0.0010356	431.0	1.2946
120	0.0010551	510.6	1.5188	0.0010540	512.0	1.5170	0.0010529	513.5	1.5153	0.0010518	514.5	1.5136
140	0.0010739	595.4	1.7291	0.0010727	596.7	1.7271	0.0010715	598.0	1.7251	0.0010703	599.4	1.7231
160	0.0010954	681.0	1.9315	0.0010940	682.2	1.9292	0.0010926	683.4	1.9269	0.0010912	684.6	1.9247
180	0.0011199	767.8	2.1272	0.0011183	768.8	2.1246	0.0011167	769.9	2.1220	0.0011151	771.0	2.1195
200	0.0011480	855.9	2.3176	0.0011461	856.8	2.3146	0.0011442	857.7	2.3117	0.0011423	858.6	2.3087
220	0.0011805	946.0	2.5040	0.0011782	946.6	2.5005	0.0011759	947.2	2.4970	0.0011736	947.9	2.4936
240	0.0012188	1038.4	2.6878	0.0012158	1038.8	2.6837	0.0012129	1039.1	2.6796	0.0012101	1039.5	2.6756
260	0.0012648	1134.3	2.8711	0.0012609	1134.2	2.8661	0.0012572	1134.1	2.8612	0.0012535	1134.0	2.8563
280	0.00013221	1235.2	3.0567	0.0013167	1234.3	3.0503	0.0013115	1233.5	3.0441	0.0013065	1232.8	3.0381
300	0.0013978	1343.7	3.2494	0.0013895	1341.5	3.2407	0.0013816	1339.5	3.2324	0.0013742	1337.7	3.2245
400	0.02641	3098.5	6.2158	0.02108	3053.3	6.0787	0.01726	3004.0	6.3670	0.01427	2949.7	5.8215
500	0.03277	3374.1	6.5984	0.02679	3349.0	6.4893	0.02251	3323.0	6.7254	0.01929	3296.3	6.3038
600	0.03833	3624.0	6.9025	0.03161	3607.0	6.8034	0.02681	3589.8	7.0201	0.02321	3572.4	6.6401

（续）

p	18MPa			20MPa			25MPa			30MPa		
饱和参数	$t_s=356.96$　$v''=0.007534$　$h''=2514.4$　$s''=5.1135$			$t_s=365.71$　$v''=0.005873S$　$h''=2413.8$　$s''=4.9338$								
t/℃	v/(m³/kg)	h/(kJ/kg)	s/[kJ/(kg·K)]	v/(m³/kg)	h/(kJ/kg)	s/[kJ/(kg·K)]	v/(m³/kg)	h/(kJ/kg)	s/[kJ/(kg·K)]	v/(m³/kg)	h/(kJ/kg)	s/[kJ/(kg·K)]
0	0.0009914	18.1	0.0008	0.0009904	20.1	0.0008	0.0009881	25.1	0.0009	0.0009857	30.0	0.0008
10	0.0009919	59.4	0.1491	0.0009910	61.3	0.1489	0.0009888	66.1	0.1482	0.0009866	70.8	0.1475
20	0.0000937	100.7	0.2924	0.0009929	102.5	0.2919	0.0009907	107.1	0.2907	0.0009886	111.7	0.2895
30	0.0009965	142.0	0.4309	0.0009956	143.8	0.4303	0.0009935	148.2	0.4287	0.0009915	152.7	0.4271
40	0.0010000	183.3	0.5651	0.0009992	185.1	0.5643	0.0009971	189.4	0.5623	0.0009950	193.8	0.5604
50	0.0010043	224.7	0.6952	0.0010034	226.4	0.6943	0.0010013	230.7	0.6920	0.0009953	235.0	0.6897
60	0.0010092	266.1	0.8215	0.0010083	267.8	0.8204	0.0010062	272.0	0.8178	0.0010041	276.1	0.8153
70	0.0010147	307.6	0.9442	0.0010138	309.3	0.9430	0.0010116	313.3	0.9401	0.0010095	317.4	0.9373
80	0.0010208	349.2	1.0636	0.0010199	350.8	1.0623	0.0010177	354.8	1.0591	0.0010155	358.7	1.0560
90	0.0010274	390.8	1.1798	0.0010265	392.4	1.1784	0.0010242	396.2	1.1750	0.0010219	400.1	1.1716
100	0.0010346	432.5	1.2931	0.0010337	434.0	1.2916	0.0010313	437.8	1.2879	0.0010289	441.6	1.2843
120	0.0010507	516.3	1.5118	0.0010496	517.7	1.5101	0.0010470	521.3	1.5059	0.0010445	524.9	1.5017
140	0.0010691	600.7	1.7212	0.0010679	602.0	1.7192	0.0010650	605.4	1.7144	0.0010621	608.7	1.7096
160	0.0010899	685.9	1.9225	0.0010886	687.1	1.9203	0.0010853	690.2	1.9148	0.0010821	693.3	1.9095
180	0.0011136	772.0	2.1170	0.0011120	773.1	2.1145	0.0011082	775.9	2.1083	0.0011046	778.7	2.1022
200	0.0011405	859.5	2.3058	0.0011387	860.4	2.3030	0.0011343	862.8	2.2960	0.0011300	865.2	2.2891
220	0.0011714	948.6	2.4903	0.0011693	949.3	2.4870	0.0011640	951.2	2.4789	0.0011590	953.1	2.4711
240	0.0012074	1039.9	2.6717	0.0012047	1040.3	2.6678	0.0011983	1041.5	2.6584	0.0011922	1042.8	2.6493
260	0.0012500	1134.0	2.8516	0.0012466	1134.1	2.8470	0.0012384	1134.3	2.8359	0.0012307	1134.8	2.8252
280	0.00013017	1232.1	3.0323	0.0012971	1231.6	3.0266	0.0012863	1230.5	3.0130	0.0012762	1229.2	3.0002
300	0.0013672	1336.1	3.2168	0.0013606	1334.6	3.2095	0.0013453	1331.5	3.1922	0.0013315	1329.0	3.1763
400	0.01191	2889.0	5.6926	0.009952	2820.1	5.5578	0.006009	2583.2	5.1472	0.002806	2159.1	4.4854
500	0.01678	3268.7	6.2215	0.01477	3240.2	6.1440	0.01113	3165.0	5.9639	0.008679	3083.9	5.7954
600	0.02041	3554.8	6.5701	0.01816	3536.9	6.5055	0.01413	3491.2	6.3616	0.01144	344.2	6.2351

附录D　R12饱和液体及蒸汽的热力性质表

温度/℃	压力/kPa	比焓/（kJ/kg）		比熵/［kJ/（kg·K）］		比体积/（L/kg）	
t	p	h'	h''	s'	s''	v'	v''
-60	22.62	146.463	324.236	0.77977	1.61373	0.63689	637.911
-55	29.98	150.808	326.567	0.79990	1.60552	0.64226	491.000
-50	39.16	155.169	328.897	0.81964	1.59810	0.64782	383.105
-45	50.44	159.549	331.223	0.83901	1.59142	0.65355	302.683
-40	64.17	163.948	333.541	0.85805	1.58539	0.65949	241.910
-35	80.71	168.369	335.849	0.86776	1.57996	0.66563	195.398
-30	100.41	172.810	338.143	0.89516	1.57507	0.67200	159.375
-28	109.27	174.593	339.057	0.90244	1.57326	0.67461	147.275
-26	118.72	176.380	339.968	0.90967	1.57152	0.67726	136.284
-24	128.80	178.171	340.876	0.91686	1.56985	0.67996	126.282
-22	139.53	179.965	341.780	0.94400	1.56825	0.68269	117.167
-20	150.93	181.764	342.682	0.93110	1.56672	0.68547	108.847
-18	163.04	183.567	343.580	0.93816	1.56526	0.68829	101.242
-16	175.89	185.374	344.474	0.94518	1.56385	0.69115	94.2788
-14	189.50	187.185	345.365	0.95216	1.56256	0.69407	87.8951
-12	203.90	189.001	346.252	0.95910	1.56121	0.69703	82.0344
-10	219.12	190.822	347.134	0.96601	1.55997	0.70004	76.6464
-9	227.04	191.734	347.574	0.96945	1.55938	0.70157	74.1155
-8	235.19	192.674	348.012	0.97287	1.55897	0.70310	71.6864
-7	243.55	193.562	348.450	0.97629	1.55822	0.70465	69.3543
-6	252.14	194.477	348.886	0.97971	1.55765	0.70622	67.1146
-5	260.56	195.395	349.321	0.98311	1.55710	0.70780	64.9629
-4	270.01	196.313	349.755	0.98650	1.55657	0.70939	62.8952
-3	279.30	197.233	350.187	0.98989	1.55604	0.71099	60.9075
-2	288.82	198.154	350.619	0.99327	1.55552	0.71261	58.9963
-1	298.59	199.076	351.049	0.99664	1.55502	0.71425	57.1579
0	308.61	200.000	351.477	1.00000	1.55452	0.71590	55.3892
1	318.88	200.925	351.902	1.00335	1.55404	0.71756	53.6869
2	329.40	201.852	352.331	1.00670	1.55356	0.71924	52.0481
3	340.19	202.780	352.755	1.01004	1.55310	0.72094	50.4700
4	351.24	203.710	353.179	1.01337	1.55264	0.72265	48.9499
5	363.55	204.642	353.600	1.01670	1.55220	0.72438	47.4853
6	374.14	205.575	354.020	1.02001	1.55176	0.72612	46.0737
7	386.01	206.509	354.439	1.02333	1.55133	0.72788	44.7129
8	398.15	207.445	354.856	1.02663	1.55091	0.72966	43.4006
9	410.58	208.383	355.272	1.02993	1.55050	0.73146	42.1349
10	423.30	209.323	355.686	1.03322	1.55010	0.73326	40.9137
11	436.31	210.264	356.098	1.03650	1.54970	0.73510	39.7352
12	449.62	211.207	356.509	1.03978	1.54931	0.73695	38.5795
13	463.23	212.152	356.918	1.04305	1.54893	0.73882	37.4991
14	477.14	213.099	357.325	1.04632	1.54856	0.74071	36.4382
15	491.37	214.048	357.703	1.04958	1.54819	0.74262	35.4133

（续）

温度/℃	压力/kPa	比焓/（kJ/kg）		比熵/［kJ/（kg·K）］		比体积/（L/kg）	
t	p	h'	h''	s'	s''	v'	v''
16	505.91	214.998	358.134	1.05284	1.54783	0.74455	34.4230
17	520.76	215.951	358.535	1.05609	1.54748	0.74649	33.4658
18	535.94	216.906	358.935	1.05933	1.54713	0.74846	32.5405
19	551.45	217.863	359.333	1.06258	1.54679	0.75045	31.6457
20	567.29	218.821	359.729	1.06581	1.54645	0.75246	30.7802
21	583.47	219.783	360.122	1.06904	1.54612	0.75449	29.9429
22	599.98	220.746	360.514	1.07227	1.54579	0.75655	29.1327
23	616.84	221.712	360.904	1.07549	1.54547	0.75863	28.3485
24	634.05	222.680	361.291	1.07871	1.54515	0.76073	27.5894
25	651.62	223.650	361.676	1.08193	1.54484	0.76286	26.8542
26	669.54	224.623	362.059	1.08514	1.54435	0.76501	26.1422
27	687.82	225.598	362.439	1.08835	1.54423	0.76718	25.4524
28	706.47	226.570	362.817	1.09155	1.54393	0.76938	24.7840
29	725.50	227.557	363.193	1.09475	1.54363	0.77161	24.1362
30	744.90	228.540	363.566	1.09795	1.54334	0.77386	23.5082
31	764.68	229.526	363.937	1.10115	1.54305	0.77614	22.8993
32	784.85	230.515	364.305	1.10434	1.54276	0.77845	22.3088
33	805.41	231.506	264.670	1.10753	1.54247	0.78079	21.7359
34	826.36	232.501	365.033	1.11072	1.54219	0.78316	21.1802
35	847.72	233.498	365.392	1.11391	1.54191	0.78556	20.6408
36	869.48	234.499	365.749	1.11710	1.545163	0.78799	20.1173
37	981.04	235.503	266.103	1.12028	1.54135	0.79045	19.6091
38	914.23	236.510	366.454	1.12347	1.54107	0.79294	19.1156
39	937.23	237.521	366.802	1.12665	1.54079	0.79546	18.6362
40	960.65	238.535	367.146	1.12984	1.54051	0.79802	18.1706
41	984.51	239.552	367.487	1.13302	1.54024	0.80062	17.7182
42	1008.0	240.574	367.825	1.13620	1.53996	0.80325	17.2785
43	1033.5	241.598	368.160	1.14257	1.53968	0.80592	16.8511
44	1058.7	242.627	368.491	1.14575	1.53941	0.80863	16.4356
45	1084.3	243.659	368.818	1.14894	1.53913	0.81137	16.0316
46	1110.4	244.696	369.141	1.15213	1.53885	0.81416	15.6386
47	1136.9	245.736	369.461	1.15532	1.53856	0.81698	15.2563
48	1163.9	246.781	369.777	1.15891	1.53828	0.81985	14.8844
49	1191.4	247.830	370.088	1.15851	1.53799	0.82277	14.5224
50	1210.3	248.884	370.396	1.16170	1.53770	0.82573	14.1701
52	1276.6	251.004	370.997	1.16810	1.53712	0.83179	13.4931
54	1335.9	253.144	371.581	1.17451	1.53651	0.83804	12.8509
56	1397.2	255.304	372.145	1.18093	1.53589	0.84451	12.2412
58	1460.5	257.486	372.688	1.18738	1.53524	0.85121	11.6620
60	1525.9	259.690	373.210	1.19384	1.53457	0.85814	11.1113
62	1593.5	261.918	373.707	1.20034	1.53387	0.86534	10.5872
64	1663.2	264.172	374.180	1.20686	1.53313	0.87282	10.0881
66	1735.1	266.452	374.625	1.21342	1.53235	0.88059	9.6123
68	1809.3	268.762	375.042	1.22001	1.53153	0.88870	9.15844
70	1885.8	271.102	375.427	1.22665	1.53066	0.89716	8.72502
75	2087.5	277.100	376.234	1.24347	1.52821	0.92009	7.72258
80	2304.6	283.341	376.444	1.26069	1.52526	0.94612	6.82143
85	2538.0	289.978	376.985	1.27845	1.52164	0.97621	6.00494
90	2788.5	296.788	376.748	1.29691	1.51708	1.01190	5.25759
95	3056.9	304.181	375.887	1.31637	1.51113	1.05581	4.56341
100	3344.1	312.261	374.070	1.33732	1.50296	1.11311	3.90280

附录E　R22饱和液体及蒸汽的热力性质表

温度/℃	压力/kPa	比焓/（kJ/kg）		比熵/［kJ/（kg·K）］		比体积/（L/kg）	
t	p	h'	h''	s'	s''	v'	v''
-60	37.48	134.763	379.114	0.73254	1.87886	0.68208	537.152
-55	49.47	139.830	381.529	0.75599	1.86398	0.68856	414.827
-50	64.39	144.959	383.921	0.77919	1.85000	0.69526	324.557
-45	82.71	150.153	386.282	0.80216	1.83708	0.70219	256.990
-40	104.95	155.414	388.609	0.82490	1.82504	0.70936	205.745
-35	131.68	160.742	390.896	0.84743	1.81380	0.71680	166.400
-30	163.48	166.140	393.138	0.86976	1.80329	0.72452	135.844
-28	177.76	168.318	394.021	0.87864	1.79927	0.72769	125.563
-26	192.99	170.507	394.896	0.88743	1.79535	0.73092	116.214
-24	209.22	172.708	395.762	0.89630	1.79152	0.73420	107.701
-22	226.48	174.919	396.619	0.90509	1.78779	0.73753	99.9362
-20	244.83	177.142	397.467	0.91386	1.78415	0.74091	92.8432
-18	264.29	179.376	398.305	0.92259	1.78059	0.74436	86.3546
-16	284.93	181.622	399.133	0.93129	1.77711	0.74786	80.4103
-14	306.780	183.878	399.951	0.93997	1.77371	0.75143	74.9572
-12	329.89	186.147	400.759	0.94862	1.77039	0.75506	69.9478
-10	354.30	188.426	401.555	0.95725	1.76713	0.75876	65.3399
-9	367.01	189.571	401.949	0.96155	1.76553	0.76063	63.1746
-8	380.06	190.718	402.341	0.96585	1.76394	0.76253	61.0958
-7	393.47	191.868	402.729	0.97014	1.76237	0.76444	59.0996
-6	407.23	193.021	403.114	0.97442	1.76082	0.76636	57.1820
-5	421.35	194.176	403.496	0.97870	1.75928	0.76831	55.3394
-4	435.84	195.335	403.876	0.98297	1.75775	0.77028	53.5682
-3	450.70	196.497	404.252	0.98724	1.75624	0.77226	51.8653
-2	465.94	197.662	404.626	0.99150	1.75475	0.77427	50.2274
-1	481.57	198.8286	404.994	0.99575	1.75326	0.77629	48.6517
0	497.59	200.000	405.361	1.0000	1.75279	0.77834	47.1354
1	514.01	201.174	405.724	1.00424	1.75034	0.78041	45.6757
2	530.83	201.852	406.084	1.00848	1.74889	0.78249	44.2702
3	548.06	202.351	406.440	1.01271	1.74746	0.78460	42.9166
4	565.71	203.713	406.739	1.01694	1.74604	0.78673	41.6124
5	583.78	205.899	407.143	1.02116	1.74463	0.78889	40.3556
6	602.28	207.089	407.489	1.02537	1.74324	0.79107	39.1441
7	621.22	208.281	407.831	1.02958	1.74185	0.79327	37.9759
8	640.59	209.477	408.169	1.03379	1.74047	0.79549	36.8493
9	660.42	210.675	408.504	1.03799	1.73911	0.79775	35.7624
10	680.70	211.877	408.835	1.04218	1.73775	0.80002	34.7136
11	701.44	213.083	409.162	1.04637	1.73640	0.80232	33.7013
12	722.65	214.296	409.485	1.05056	1.73506	0.80465	32.7239
13	744.33	215.503	409.804	1.05474	1.73373	0.80701	31.7801
14	766.50	216.719	410.119	1.05892	1.73241	0.80939	30.8683
15	789.15	217.937	410.430	1.06309	1.73109	0.81180	29.9874

（续）

温度/℃	压力/kPa	比焓/（kJ/kg）		比熵/［kJ/（kg·K）］		比体积/（L/kg）	
t	p	h'	h''	s'	s''	v'	v''
16	812.15	219.160	410.736	1.06726	1.72978	0.81424	29.1361
17	835.93	220.386	411.038	1.07142	1.72848	0.81671	28.3131
18	860.08	221.615	411.336	1.07559	1.72719	0.81922	27.5173
19	884.75	222.848	411.629	1.07974	1.72590	0.82175	26.7477
20	909.93	224.084	411.918	1.08390	1.72462	0.82431	26.0032
21	935.64	225.324	412.202	1.08805	1.72334	0.82691	25.2829
22	961.89	226.568	412.481	1.09220	1.72206	0.82954	24.5857
23	988.67	227，816	412.755	1.09634	1.72080	0.83221	23.9107
24	1016.0	229.068	413.025	1.10048	1.71953	0.83491	23.2572
25	1043.9	230.324	413.289	1.10462	1.71827	0.83765	22.6242
26	1072.3	231.583	413.548	1.10876	1.71701	0.84043	22.0111
27	1101.4	232.847	413.802	1.11290	1.71576	0.84324	21.4169
28	1130.9	234.115	414.050	1.11703	1.71450	0.84610	20.8411
29	1161.1	235.387	414.293	1.12116	1.71325	0.84899	20.2829
30	1191.9	236.664	414.530	1.12530	1.71200	0.85193	19.7417
31	1223.2	237.944	414.762	1.12943	1.71075	0.85491	19.2168
32	1255.2	239.230	414.987	1.13355	1.70950	0.85793	18.7076
33	1287.8	240.520	415.207	1.13768	1.70826	0.86101	18.2135
34	1321.0	241.814	415.402	1.14181	1.70701	0.86412	17.7341
35	1354.8	243.114	415.627	1.14594	1.70576	0.86729	17.2686
36	1389.0	244.418	415.828	1.15007	1.70450	0.87051	16.8168
37	1424.3	245.727	416.021	1.15420	1.70325	0.87378	16.3779
38	1460.1	247.041	416.208	1.15833	1.70199	0.87710	15.5917
39	1496.5	248.361	416.388	1.16246	1.70073	0.88048	15.5375
40	1533.5	249.686	416.561	1.16655	1.69946	0.88392	15.1351
41	1571.2	251.016	416.726	1.17073	1.68819	0.88741	14.7439
42	1609.6	252.352	416.883	1.17486	1.69692	0.89097	14.3636
43	1648.7	253.694	417.033	1.17900	1.69564	0.89459	13.9938
44	1688.5	255.042	417.174	1.18310	1.69435	0.89828	13.6341
45	1729.0	256.396	417.308	1.18730	1.69305	0.90203	13.2841
46	1770.2	257.756	417.432	1.19145	1.69174	0.90586	12.9436
47	1812.1	259.123	417.548	1.19560	1.69043	0.90976	12.6122
48	1854.8	260.497	417.655	1.19977	1.68911	0.91374	12.2895
49	1898.2	261.877	417.752	1.20393	1.68877	0.91779	11.9753
50	1942.3	263.264	417.838	1.20811	1.68643	0.92193	11.6693
52	2032.8	266.062	417.983	1.21648	1.68370	0.93047	11.0806
54	2126.5	268.891	418.083	1.22489	1.68091	0.93939	10.5214
56	2223.2	271.754	418.137	1.23333	1.67805	0.94872	9，98952
58	2323.2	274.654	418.141	1.24183	1.67511	0.95850	9.48319
60	2426.6	277.593	418.089	1.25038	1.67208	0.96878	9.00062
62	2533.3	280.577	417.978	1.25899	1.66895	0.97960	8.54016
64	2643.5	283.607	417.802	1.26768	1.66576	0.99104	8.10023
66	2757.3	286.690	417.553	1.27647	1.66231	1.00317	7.67934
68	2874.7	289.832	417.226	1.28535	1.65870	1.01608	7.27605

（续）

温度/℃	压力/kPa	比焓/（kJ/kg）		比熵/［kJ/（kg·K）］		比体积/（L/kg）	
t	p	h'	h''	s'	s''	v'	v''
70	2995.9	293.038	416.809	1.29436	1.65504	1.02987	6.88899
75	3316.1	301.399	415.299	1.31758	1.64472	1.06916	5.98334
80	3662.3	310.424	412.898	1.34233	1.63239	1.11810	5.14862
85	4036.8	320.505	409.101	1.36936	1.61673	1.78328	4.35815
90	4442.5	332.616	402.653	1.40155	1.59440	1.68230	3.56440
95	4883.5	351.767	386.708	1.45222	1.54712	1.52064	3.55133

附录 F　HCFC134a 饱和液体及蒸汽的热力性质表

温度 t/℃	压力 p/kPa	密度 ρ/（kg/m³）		比焓 h/（kJ/kg）		比熵 s/［kJ/（kg·K）］		比定容热容 c_V/［kJ/（kg·K）］		比定压热容 c_p/［kJ/（kg·K）］		表面张力 σ/（N/m）
		液体	气体	液体	气体	液体	气体	液体	气体	液体	气体	
-40	52	1414	2.8	0.0	223.3	0.000	0.958	0.667	0.646	1.129	0.742	0.0177
-35	66	1399	3.5	5.7	226.4	0.024	0.951	0.696	0.659	1.154	0.758	0.0169
-30	85	1385	4.4	11.5	229.6	0.048	0.945	0.722	0.672	1.178	0.774	0.0161
-25	107	1370	5.5	17.5	232.7	0.073	0.940	0.746	0.685	1.202	0.791	0.0154
-20	133	1355	6.8	23.6	235.8	0.097	0.935	0.767	0.698	1.227	0.809	0.0146
-15	164	1340	8.3	29.8	238.8	0.121	0.931	0.786	0.712	1.250	0.828	0.0139
-10	201	1324	10.0	36.1	241.8	0.145	0.927	0.803	0.726	1.274	0.847	0.0132
-5	243	1308	12.1	42.5	244.8	0.169	0.924	0.817	0.740	1.297	0.868	0.0124
0	293	1292	14.4	49.1	247.8	0.193	0.921	0.830	0.755	1.320	0.889	0.0117
5	350	1276	17.1	55.8	250.7	0.217	0.918	0.840	0.770	1.343	0.912	0.0110
10	415	1259	20.2	62.6	253.5	0.241	0.916	0.849	0.785	1.365	0.936	0.0103
15	489	1242	23.7	69.4	256.3	0.265	0.914	0.857	0.800	1.388	0.962	0.0096
20	572	1224	27.8	76.5	259.0	0.289	0.912	0.863	0.815	1.411	0.990	0.0089
25	666	1206	32.3	83.6	261.6	0.313	0.910	0.868	0.831	1.435	1.020	0.0083
30	771	1187	37.5	90.8	264.2	0.337	0.908	0.872	0.847	1.460	1.053	0.0076
35	887	1167	43.3	98.2	266.6	0.360	0.907	0.875	0.863	1.486	1.089	0.0069
40	1017	1147	50.0	105.7	268.8	0.384	0.905	0.878	0.879	1.514	1.130	0.0063
45	1160	1126	57.5	113.3	271.0	0.408	0.904	0.881	0.896	1.546	1.177	0.0056
50	1318	1103	66.1	121.0	272.9	0.432	0.902	0.883	0.914	1.581	1.231	0.0050
55	1491	1080	75.9	129.0	274.7	0.456	0.900	0.886	0.932	1.621	1.295	0.0044
60	1681	1055	87.2	137.1	276.1	0.479	0.897	0.890	0.950	1.667	1.374	0.0038
65	1888	1028	100.2	145.3	277.3	0.504	0.894	0.895	0.970	1.724	1.473	0.0032
70	2115	999	115.5	153.9	278.1	0.528	0.890	0.901	0.991	1.794	1.601	0.0027
75	2361	967	133.6	162.6	278.4	0.553	0.885	0.910	1.014	1.884	1.776	0.0022
80	2630	932	155.4	171.8	278.0	0.578	0.879	0.922	1.039	2.011	2.027	0.0016
85	2923	893	182.4	181.3	276.8	0.604	0.870	0.937	1.060	2.204	2.408	0.0012
90	3242	847	216.9	191.6	274.5	0.631	0.860	0.958	1.097	3.554	3.056	0.0007
95	2590	790	264.5	203.1	270.4	0.662	0.844	0.988	1.131	3.424	4.483	0.0003
100	2971	689	353.1	219.3	260.4	0.704	0.814	1.044	1.168	10.793	14.807	0.0000

附录 G HCFC134a 过热蒸汽性质表

温度 t/℃	密度 ρ/ (kg/m³)	比焓 h/ (kJ/kg)	比熵 s/ [kJ/(kg·K)]	比定容热容 c_V/ [kJ/(kg·K)]	比定压热容 c_p/ [kJ/(kg·K)]
-26.1①	1.37	16.2	0.067	0.741	1.197
-26.1②	5.26	232.0	0.941	0.682	0.787
-25.0	5.23	232.9	0.944	0.684	0.788
-20.0	5.11	236.8	0.960	0.691	0.794
-15.0	5.00	240.8	0.976	0.699	0.799
-10.0	4.89	244.8	0.991	0.706	0.805
-5.0	4.79	248.8	1.006	0.714	0.811
0.0	4.69	252.9	1.021	0.722	0.818
5.0	4.59	257.0	1.036	0.730	0.825
10.0	4.50	261.2	1.051	0.738	0.831
15.0	4.42	265.3	1.066	0.746	0.838
20.0	4.34	269.6	1.080	0.754	0.846
25.0	4.26	273.8	1.095	0.762	0.853
30.0	4.18	278.1	0.109	0.770	0.860
35.0	4.11	282.4	1.123	0.778	0.867
40.0	4.04	286.8	1.137	0.786	0.875
45.0	3.97	291.1	1.151	0.793	0.882
50.0	3.91	295.6	1.165	0.801	0.890
55.0	3.84	300.0	1.178	0.809	0.897
60.0	3.78	304.6	1.192	0.817	0.905
65.0	3.73	309.1	1.206	0.825	0.912
70.0	3.67	313.7	1.219	0.833	0.920
75.0	3.57	318.3	1.232	0.841	0.927
80.0	3.56	322.9	1.246	0.849	0.935

附录 H 干空气的热物理性质（$p=1.013\times10^5$Pa）

t/ ℃	ρ/ (kg/m³)	c_p/ [kJ/(kg·℃)]	$\lambda\times10^2$/ [W/(m·℃)]	$\alpha\times10^6$/ (m²/s)	$\mu\times10^6$/ (Pa·s)	$v\times10^6$/ (m²/s)	Pr
-50	1.584	1.013	2.04	12.7	14.6	9.23	0.728
-40	1.515	1.013	2.12	13，8	15.2	10.04	0.728
-30	1.453	1.013	2.20	14.9	15.7	10.80	0.723
-20	1.395	1.009	2.28	16.2	16.2	11.61	0.716
-10	1.342	1.009	2.36	17.4	16.7	12.43	0.712
0	1.293	1.005	2.44	18.8	17.2	13.28	0.707
10	1.247	1.005	2.51	20.0	17.6	14.16	0.705
20	1.205	1.005	2.59	21.4	18.1	15.06	0.703
30	1.165	1.005	2.67	22.9	18.6	16.00	0.701
40	1.128	1.005	2.76	24.3	19.1	1.96	0.699
50	1.093	1.005	2.83	25.7	19.6	17.95	0.698
60	1.060	1.005	2.90	27.2	20.1	18.97	0.696
70	1.029	1.009	2.96	28.6	20.6	20.02	0.694
80	1.000	1.009	3.05	30.2	21.1	21.09	0.692
90	0.972	1.009	3.13	31.9	21.5	22.10	0.690
100	0.946	1.009	3.21	33.6	21.9	23.13	0.688
120	0.898	1.009	3.34	26.8	22.8	25.45	0.686
140	0.854	1.013	3.49	40.3	23.7	27.80	0.684
160	0.815	1.017	3.664	43.9	24.5	30.09	0.682
180	0.779	1.022	3.78	47.5	25.3	32.49	0.681
200	0.746	1.026	3.93	51.4	26.0	34.85	0.680
250	0.674	1.038	4.27	61.0	27.4	40.61	0.677
300	0.615	1.047	4.60	71.6	29.7	48.33	0.674
350	0.566	1.059	4.91	81.9	31.4	55.46	0.676
400	0.524	1.068	5.21	93.1	33.0	63.09	0.678
500	0.456	1.093	5.74	115.3	36.2	79.38	0.687

附录 I 饱和水的热物理性质

t/ ℃	$p\times10^{-5}$ Pa	ρ/ (kg/m³)	h′/ (kJ/kg)	c_p/ [kJ/(kg·℃)]	$\lambda\times10^2$/ [W/(m·℃)]	$\alpha\times10^8$/ (m²/s)	$\mu\times10^6$/ Pa·s	$v\times10^6$/ (m²/s)	$\beta\times10^4$/ (K⁻¹)	$\sigma\times10^4$/ (N/m)	Pr
0	0.00611	999.9	0	4.212	55.1	13.1	1788	1.789	-0.81	756.4	13.67
10	0.01227	999.7	42.04	4.191	57.4	13.7	1306	1.306	0.87	741.6	9.52
20	0.02338	998.2	83.91	4.183	59.9	14.3	1004	1.006	2.09	726.9	7.02
30	0.04241	995.7	125.7	4.174	61.8	14.9	801.5	0.805	3.05	712.2	5.42
40	0.07375	992.2	167.5	4.174	63.5	15.3	653.3	0.695	3.86	696.5	4.31
50	0.12335	988.1	209.3	4.174	64.8	15.7	549.4	0.556	4.57	676.9	3.54
60	0.19920	983.1	251.1	4.179	65.9	16.0	469.9	0.478	5.22	662.2	2.99
70	0.3116	977.8	293.0	4.187	66.8	16.3	406.1	0.415	5.83	643.5	2.55
80	0.4736	971.8	355.0	4.195	67.5	16.6	355.1	0.365	6.40	625.9	2.21
90	0.7011	965.3	377.0	4.208	68.0	16.8	314.9	0.326	6.96	607.2	1.95
100	1.013	958.4	419.1	4.220	68.3	16.9	282.5	0.295	7.50	588.6	1.75
110	1.43	951.0	461.4	4.233	68.5	17.0	259.0	0.272	8.04	569.0	1.60
120	1.98	943.1	503.7	4.250	68.6	17.1	237.4	0.252	8.58	548.4	1.47
130	2.70	934.8	546.4	4.266	68.6	17.2	217.8	0.233	9.12	528.8	1.36
140	3.61	926.1	589.1	4.287	68.5	17.2	201.1	0.217	9.68	507.2	1.26
150	4.76	917.0	632.2	4.313	68.4	17.3	186.4	0.203	10.26	486.6	1.17
160	6.18	907.0	675.4	4.346	68.3	17.3	173.6	0.191	10.87	466.0	1.10
170	7.92	897.3	719.3	4.380	67.9	17.3	162.8	0.181	11.52	443.4	1.05
180	10.03	886.9	763.3	4.417	67.4	17.2	153.0	0.173	12.21	422.8	1.00
190	12.55	876.0	807.8	4.459	67.0	17.1	144.2	0.165	12.96	400.2	0.96
200	15.55	863.0	852.8	4.505	66.3	17.0	136.4	0.158	13.77	376.7	0.93
210	19.08	852.3	897.7	4.555	65.5	16.9	130.5	0.153	14.67	354.1	0.91
220	23.20	840.3	943.7	4.614	64.5	16.6	124.6	0.148	15.67	331.6	0.89
230	27.98	827.3	990.2	4.681	63.7	16.4	119.7	0.145	16.80	310.0	0.88
240	33.48	813.6	1037.5	4.756	62.8	16.2	114.8	0.141	18.08	258.5	0.87
250	39.78	799.0	1085.7	4.844	61.8	15.9	109.9	0.137	19.55	261.9	0.86
260	46.94	784.0	1135.7	4.949	60.5	15.6	105.9	0.135	21.27	237.4	0.87
270	55.05	767.9	1185.7	5.070	59.0	15.1	202.0	0.133	23.31	214.8	0.88
280	64.19	750.7	1236.8	5.230	57.4	14.6	98.1	0.131	25.79	191.3	0.90
290	74.45	732.3	1290.0	5.485	55.8	13.9	94.2	0.129	28.84	168.7	0.93
300	85.92	712.5	1344.9	5.736	54.0	13.2	91.2	0.128	32.73	144.2	0.97
310	98.70	691.1	1402.2	6.071	52.3	12.5	88.3	0.128	37.85	120.7	1.03
320	112.90	667.1	1462.1	6.574	50.6	11.5	85.3	0.128	44.91	98.10	1.11
330	128.65	640.2	1526.2	7.244	48.4	10.4	81.4	0.127	55.31	76.71	1.22
340	146.08	610.1	1594.8	8.165	45.7	9.17	77.5	0.127	72.10	56.70	1.39
350	165.37	374.4	1671.4	9.504	43.0	7.88	72.6	0.126	103.7	38.16	1.60
360	186.74	528.0	1761.5	13.984	39.5	5.36	66.7	0.126	182.7	20.21	2.35
370	210.53	450.5	1892.5	40.321	33.7	1.86	56.9	0.126	676.7	4.709	6.79

附录 J　干饱和水蒸气的热物理性质表

t/℃	$p\times10^{-5}$/Pa	ρ''/(kg/m^3)	h''/(kJ/kg)	γ/(kJ/kg)	c_p/[kJ/(kg·℃)]	$\lambda\times10^2$/[W/(m·℃)]	$\alpha\times10^3$/(m^2/s)	$\mu\times10^6$/Pa·s	$\nu\times10^6$/(m^2/s)	Pr
0	0.00611	0.004847	2015.6	2501.6	1.8543	1.83	7313.0	8.022	1655.0	0.815
10	0.01227	0.009396	2520.0	2477.7	1.8594	1.88	3881.3	8.424	896.54	0.831
20	0.02338	0.01729	2538.0	2454.3	1.8661	1.94	2167.2	8.840	509.90	0.847
30	0.04241	0.03037	2556.6	2430.9	1.8744	2.00	1265.1	9.218	303.53	0.863
40	0.07375	0.05116	2574.5	2407.0	1.8853	2.06	768.45	9.620	188.04	0.883
50	0.12335	0.08302	2592.0	2382.7	1.8979	2.12	483.59	10.022	120.72	0.896
60	0.19920	0.1302	2609.6	2358.4	1.9155	2.19	315.55	10.424	80.07	0.913
70	0.3116	0.1982	2626.8	2334.1	1.9364	2.25	210.57	10.817	54.57	0.930
80	0.4736	0.2933	2643.5	2309.0	1.9615	2.33	145.53	11.219	38.25	0.947
90	0.7011	0.4235	2660.3	2283.1	1.9921	2.40	102.22	11.621	27.44	0.966
100	1.0130	0.5977	2676.2	2257.1	2.0281	2.48	73.57	12.023	20.12	0.984
110	1.4327	0.8265	2691.3	2229.9	2.0704	2.56	53.83	12.425	15.03	1.00
120	1.9854	1.122	2705.9	2202.3	2.1198	2.65	40.15	12.798	1.41	1.02
130	2.7013	1.497	2719.7	2173.8	2.1763	2.76	30.46	13.170	8.80	1.04
140	3.6114	1.967	2733.1	2144.1	2.2408	2.85	23.28	13.543	6.89	1.06
150	4.760	2.548	2745.3	2113.1	2.3145	2.97	18.10	13.896	5.45	1.08
160	6.181	3.260	2756.6	2081.3	2.3974	3.08	14.20	14.249	4.37	1.11
170	7.920	4.123	2767.1	2047.8	2.4911	3.21	11.25	14.612	3.54	1.13
180	10.027	5.160	2776.3	2013.0	2.5958	3.36	9.03	14.965	2.90	1.15
190	12.551	6.397	2784.2	1976.6	2.7126	3.51	7.29	15.298	2.39	1.18
200	15.549	7.864	2790.9	1938.5	2.8428	3.68	5.92	15.651	1.99	1.21
210	19.077	9.593	2796.4	1898.3	2.9877	3.87	4.86	15.995	1.67	1.24
220	23.198	11.62	2799.7	1856.4	3.1497	4.07	4.00	16.338	1.41	1.26
230	27.976	14.00	2801.8	1811.6	3.3310	4.30	3.32	16.701	1.19	1.29
240	33.478	16.76	2802.2	1764.7	3.5366	4.54	2.76	17.073	1.02	1.33
250	39.776	19.99	2800.6	1714.4	3.7723	4.84	2.31	17.446	0.873	1.36
260	46.943	23.73	2796.4	1661.3	4.0470	5.18	1.94	17.848	0.752	1.40
270	55.058	28.10	2789.7	1604.8	4.3735	5.55	1.63	18.280	0.651	1.44
280	64.202	33.19	2780.5	1543.7	4.7675	6.00	1.37	18.750	0.565	1.49
290	74.461	39.16	2767.5	1477.5	5.2528	6.55	1.15	19.270	0.492	1.54
300	85.927	46.19	2751.1	1405.9	5.8632	7.22	0.96	19.839	0.430	1.61
310	98.700	54.54	2730.2	1327.6	6.6503	8.06	0.80	20.691	0.380	1.71
320	112.89	64.60	2703.8	1241.0	7.7217	8.65	0.62	21.691	0.336	1.94
330	128.63	76.99	2670.3	1143.8	9.3613	9.61	0.48	23.093	0.300	2.24
340	146.05	92.76	2626.0	1030.8	12.2108	10.70	0.34	24.692	0.266	2.82
350	165.35	113.6	2567.8	895.6	17.1504	11.90	0.22	26.594	0.234	3.83
360	186.75	144.1	2485.3	721.4	25.1162	13.70	0.14	29.193	0.203	5.34
370	210.54	201.1	2342.9	452.6	76.9157	16.60	0.04	33.989	0.169	15.7
374.15	221.20	315.5	2107.2	0	—	23.79	0.0	44.992	0.143	—

附录 K　几种饱和液体的热物理性质表

	t/℃	$p\times10^{-5}$ Pa	ρ/(kg/m³)	r/(kJ/kg)	c_p/[kJ/(kg·℃)]	λ/[W/(m·℃)]	$\alpha\times10^7$/(m²/s)	$v\times10^6$/(m²/s)	$\beta\times10^4$/(K⁻¹)	Pr
	-40	0.6424	1517	170.9	0.8834	0.10	0.747	0.28	19.76	3.79
	-30	1.0047	1487	167.3	0.8960	0.0953	0.717	0.254	20.86	3.55
氟利昂-12 (CF_2Cl)	-20	1.5069	1456	163.5	0.9085	0.0910	0.686	0.236	21.90	3.44
	-10	2.1911	142	159.4	0.9211	0.0860	0.656	0.220	20.00	3.36
	0	3.0858	1394	154.9	0.9337	0.0814	0.625	0.211	23.75	3.38
	30	7.4347	1293	138.6	0.9839	0.0674	0.531	0.194	27.20	3.66
	60	15.1822	1167	116.9	1.1179	0.0535	0.411	0.184	37.70	4.49
	-70	0.2048	1489	250.6	0.9504	0.1244	0.878	0.434	15.60	3.94
	-60	0.3746	1465	245.1	0.9836	0.1198	0.833	0.323	16.91	3.88
	-50	0.6473	1439	239.5	1.0174	0.1163	0.794	0.275	19.50	3.46
	-40	1.0552	1411	233.8	1.0457	0.1116	0.753	0.249	19.84	3.31
	-30	0.6466	1382	227.6	1.0802	0.1081	0.722	0.232	20.82	3.20
	-20	2.4616	1350	220.9	1.1137	0.1035	0.689	0.218	23.74	3.17
氟利昂-22 (CHF_2Cl)	-10	3.5599	1318	214.4	1.1472	0.10	0.661	0.210	24.52	3.18
	0	5.0016	1285	207.0	1.1807	0.0953	0.628	0.204	29.72	3.25
	10	6.8551	1249	198.3	1.2142	0.0907	0.608	0.199	29.53	3.32
	20	9.1695	1213	188.4	1.2477	0.0872	0.578	0.197	30.51	3.41
	30	12.0233	1176	177.3	1.2770	0.0826	0.550	0.196	33.70	3.55
	40	15.4852	1132	164.8	1.3105	0.0791	0.531	0.196	39.95	3.67
	50	19.6434	1084	155.3	1.3440	0.0744	0.511	0.196	45.50	3.78
	60		1032	141.9	1.3733	0.0709	0.50	0.202	54.60	3.92
	70		969	125.6	1.4068	0.0733	0.492	0.208	68.83	4.11
	80		895	104.7	1.4403	0.0628	0.486	0.219	95.71	4.41
	-50	0.2808	1063.3	351.69	1.560			0.3822	16.25	
	-40	0.4798	1043.5	343.54	1.590			0.3374	17.18	
	-30	0.7799	1023.3	335.01	1.617			0.3007	18.30	
	-20	1.214	1002.5	326.06	1.645	0.1272	0.771	0.2703	19.64	3.506
	-10	1.821	981.1	316.63	1.674	0.1213	0.739	0.2449	21.23	3.314
R152*a*	0	2.642	958.9	306.66	1.707	0.1155	0.706	0.2235	23.17	3.166
	10	3.726	935.9	296.04	1.743	0.1097	0.673	0.2052	25.50	1.049
	20	5.124	911.7	284.67	1.785	0.1039	0.638	0.2893	28.38	2.967
	30	6.890	886.3	272.77	1.834	0.0982	0.604	0.1756	31.94	2.907
	40	9.085	859.4	259.15	1.891	0.0926	0.570	0.1635	36.41	2.868
	50	11.770	830.6	244.58	1.963	0.0872	0.535	0.1528	42.21	2.856
	-50	0.2990	1443.1	231.62	1.229	0.1165	0.657	0.4118	18.81	6.268
	-40	0.5164	1414.8	225.59	1.243	0.1119	0.636	0.3550	19.77	5.582
	-30	0.8474	1385.9	219.35	1.260	0.1073	0.614	0.3106	20.94	5.059
	-20	1.3299	1356.2	212.84	1.282	0.1026	0.590	0.2751	22.37	4.663
	-10	2.0073	1325.6	205.97	1.306	0.0980	0.566	0.2462	24.14	4.350
R134*a*	0	2.9282	1293.7	198.68	1.335	0.0934	0.541	0.2222	26.33	4.107
	10	4.1455	1260.2	190.87	1.367	0.0888	0.515	0.2018	29.05	3.918
	20	5.7160	1224.9	182.44	1.404	0.0842	0.490	0.1843	32.52	3.761
	30	7.7006	1187.2	173.29	1.447	0.0796	0.463	0.1691	36.98	3.652
	40	10.164	1146.2	163.23	1.500	0.0750	0.436	0.1554	42.86	3.564
	50	13.176	1102.0	152.04	1.569	0.0704	0.407	0.1431	50.93	3.516

附录 L 水蒸气 *h-s* 图

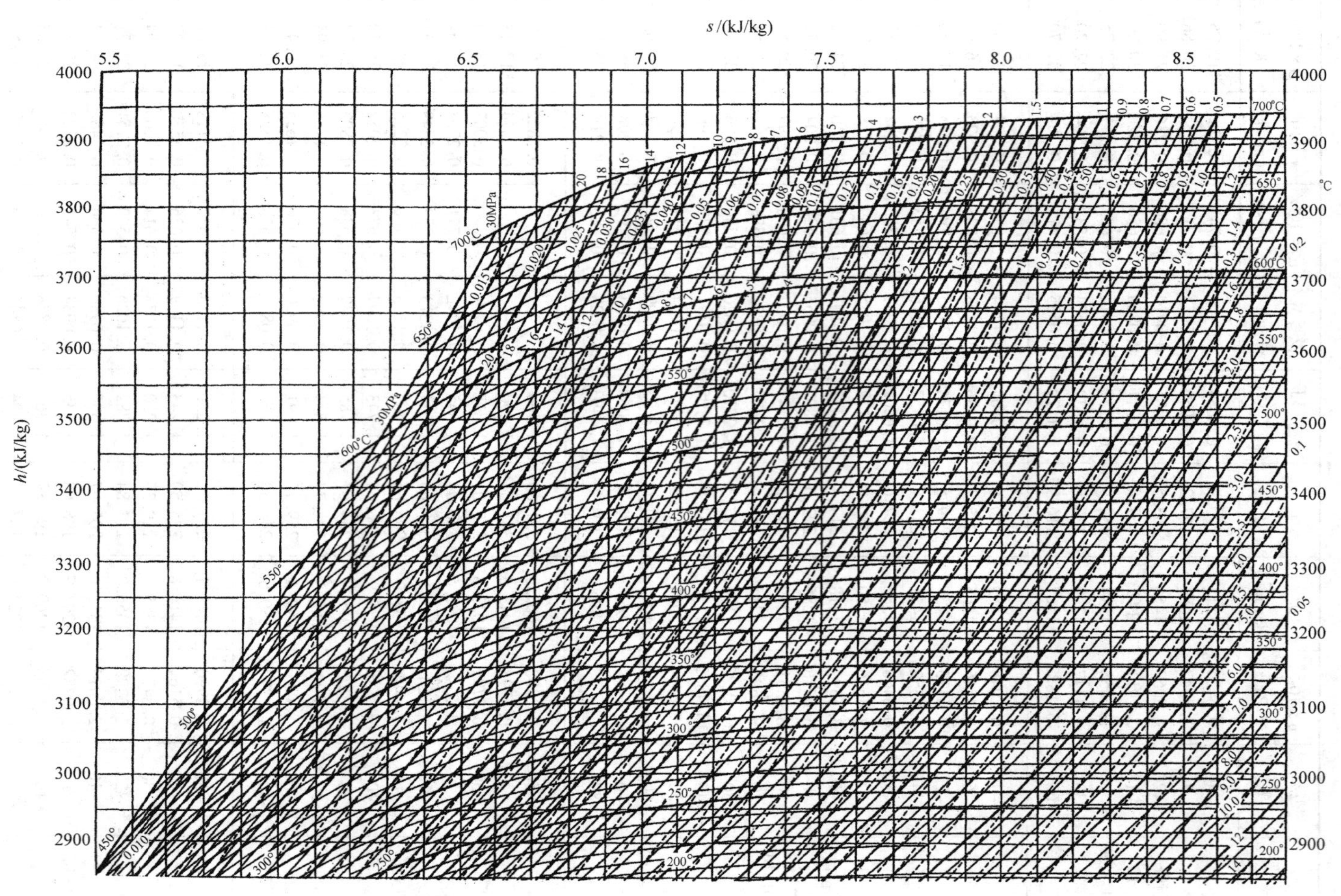

附录 L 图 水蒸气的焓熵图（过热蒸汽区）

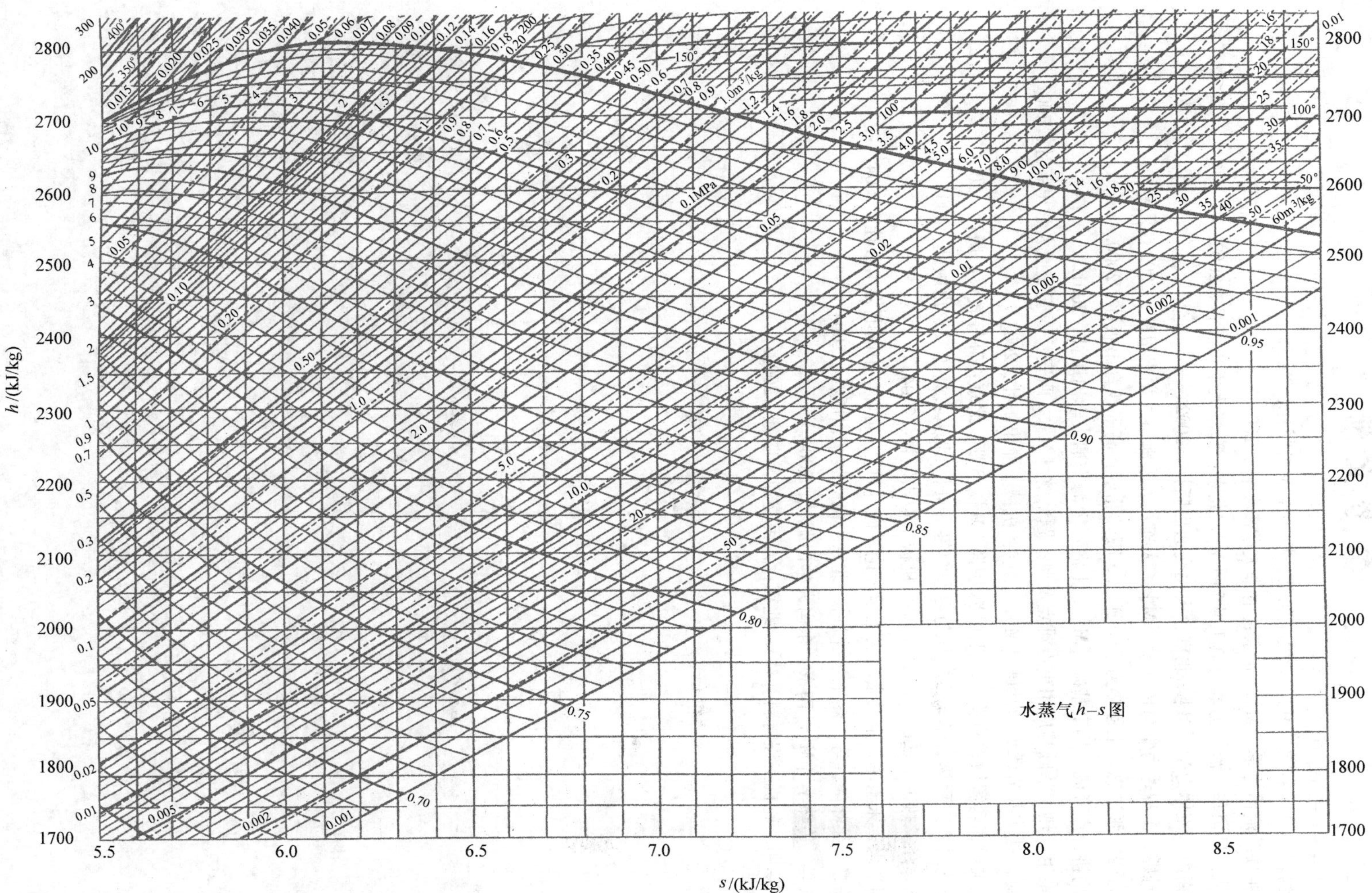

附录L图　水蒸气的焓熵图（湿蒸汽区）

参 考 文 献

[1] 罗惕乾. 流体力学 [M]. 2版. 北京：机械工业出版社，2003.

[2] 张兆顺. 流体力学 [M]. 北京：清华大学出版社，2001.

[3] 陈礼，吴勇华. 流体力学与热工基础 [M]. 北京：清华大学出版社，2002.

[4] 俞嘉虎. 流体力学 [M]. 北京：人民交通出版社，2002.

[5] 岳丹婷. 工程热力学与传热学 [M]. 大连：大连海事大学出版社，2002.

[6] 华自强，张进忠. 工程热力学 [M]. 3版. 北京：高等教育出版社，2000.

[7] 童均耕，卢万成. 热工基础 [M]. 上海：上海交通大学出版社，2001.

[8] 傅秦生. 热工基础与应用重点难点及典型题精解 [M]. 西安：西安交通大学出版社，2002.

[9] 黄敏. 热工与流体力学基础 [M]. 北京：机械工业出版社，2003.

[10] 沈维道，蒋智敏，童钧耕. 工程热力学 [M]. 3版. 北京：高等教育出版社，2004.

[11] 童钧耕. 工程热力学学习辅导与习题解答 [M]. 北京：高等教育出版社，2004.

[12] 刘春泽. 热工学基础 [M]. 北京：机械工业出版社，2004.

[13] 刘学来，宋永军，金洪文. 热工学理论基础 [M]. 北京：中国电力出版社，2004.

[14] 陈黟，吴味隆，等. 热工学 [M]. 北京：高等教育出版社，2004.

[15] 张奕. 传热学 [M]. 南京：东南大学出版社，2004.

[16] 顾卓明. 轮机工程材料 [M]. 北京：人民交通出版社，2002.